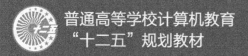
普通高等学校计算机教育
"十二五"规划教材

卓越工程师培养计划推荐教材
——软件开发类

ASP
应用开发与实践

U0342426

■ 刘乃琦 袁瞖 主编　□ 杨娜 贾志燕 副主编

人民邮电出版社
北　京

图书在版编目（CIP）数据

ASP应用开发与实践 / 刘乃琦，袁暋主编. -- 北京
: 人民邮电出版社，2012.12（2018.8 重印）
 普通高等学校计算机教育"十二五"规划教材
 ISBN 978-7-115-29819-5

Ⅰ. ①A… Ⅱ. ①刘… ②袁… Ⅲ. ①网页制作工具－
程序设计－高等学校－教材 Ⅳ. ①TP393.092

中国版本图书馆CIP数据核字(2012)第295006号

内 容 提 要

ASP（Active Server Pages）是 Microsoft 公司开发的一套服务器端脚本开发环境。使用 ASP 可以创建动态
交互的 Web 页面和基于 Web 的应用程序。正因为 ASP 具有开发速度快、语法简单易学、可以访问 ActiveX 组
件、开发环境简洁灵活等特点，成为世界上使用最广泛的 Web 开发工具之一，深受广大开发人员的青睐。本
书共分为 18 章，内容包括网络基础知识、ASP 概述、ASP 基础入门、Web 页面制作基础、VBScript 脚本语言、
ASP 内置对象、文件上传组件、SQL 语句在 ASP 中的应用、ADO 数据库访问、邮件收发组件、ASP 与 XML
高级编程、Ajax 编程技术、报表打印技术、ASP 程序调试与网站安全、网站发布、综合案例——博客网站、
课程设计——新闻网站、课程设计——新城校友录。全书每章内容都与实例紧密结合，有助于学生理解知识、
应用知识，达到学以致用的目的。

本书附有配套 DVD 光盘，光盘中提供本书所有实例、综合实例、实验、综合案例和课程设计的源代码、
制作精良的电子课件 PPT 及教学录像。其中，源代码全部经过精心测试，能够在 Windows XP、Windows 2003、
Windows 7 系统下编译和运行。

本书可作为应用型本科计算机类专业、软件学院、高职软件专业及相关专业的教材，同时也适合 ASP 爱
好者以及初、中级的 Web 程序开发人员参考使用。

普通高等学校计算机教育"十二五"规划教材
ASP 应用开发与实践

◆ 主　　编　刘乃琦　袁暋
　　副主编　杨　娜　贾志燕　羊秋玲
　　责任编辑　邹文波

◆ 人民邮电出版社出版发行　　北京市丰台区成寿寺路 11 号
　　邮编　100164　电子邮件　315@ptpress.com.cn
　　网址　http://www.ptpress.com.cn
　北京中石油彩色印刷有限责任公司印刷

◆ 开本：787×1092　　1/16
　　印张：27.25　　　　　　2012 年 12 月第 1 版
　　字数：729 千字　　　　2018 年 8 月北京第 4 次印刷

ISBN 978-7-115-29819-5

定价：52.00 元（附光盘）

读者服务热线：(010)81055256 印装质量热线：(010)81055316
反盗版热线：(010)81055315

前言

　　ASP（Active Server Pages）是 Microsoft 公司开发的一套服务器端脚本开发环境。使用 ASP 可以创建动态交互的 Web 页面和基于 Web 的应用程序。正因为 ASP 具有开发速度快、语法简单易学、可以访问 ActiveX 组件、开发环境简洁灵活等特点，成为世界上使用最广泛的 Web 开发工具之一，深受广大开发人员的青睐。

　　在当前的教育体系下，实例教学是计算机语言教学的最有效的方法之一，本书将 ASP 知识和实用的实例有机结合起来，一方面跟踪 ASP 发展，适应市场需求，精心选择内容，突出重点、强调实用，使知识讲解全面、系统；另一方面，设计典型的实例，将实例融入知识讲解中，使知识与实例相辅相成，既有利于学生学习知识，又有利于指导学生实践。另外，本书在每一章的后面还提供了习题和实验，方便读者及时验证自己的学习效果（包括理论知识和动手实践能力）。

　　本书作为教材使用时，课堂教学建议 58～66 学时，实验教学建议 24～30 学时。各章主要内容和学时建议分配如下，老师可以根据实际教学情况进行调整。

章	主 要 内 容	课堂学时	实验学时
第 1 章	网络基础知识，包括 Internet 基础、Web 简介、Web 程序开发环境	1	
第 2 章	ASP 概述，包括什么是 ASP、IIS 的安装、IIS 的配置、测试网站服务器、选择 ASP 开发工具、在 Dreamweaver 中设定开发环境、开发第一个 ASP 程序、综合实例——在 Windows 7 中配置 IIS	3	
第 3 章	ASP 基础入门，包括 ASP 构建网站的特点与工作原理、ASP 文件结构、ASP 语句书写规范、获取帮助信息	1	1
第 4 章	Web 页面制作基础，包括 HTML 标记语言、设置文字风格、建立超链接、多媒体效果、制作表格、建立表单、CSS 样式表、综合实例——防止表单在网站外部提交	3	1
第 5 章	VBScript 脚本语言，包括 VBScript 脚本语言基础、在 VBScript 中定义常量、VBScript 变量、VBScript 运算符、VBScript 数组、VBScript 条件语句、VBScript 循环语句、VBScript 过程、综合实例——编写温度单位转换器	3	1
第 6 章	ASP 内置对象，包括 ASP 内置对象概述、Request 输入对象、Response 输出对象、Application 应用程序对象、Session 会话对象、Server 服务对象、ObjectContext 事务处理对象、应用 Application 对象设计一个网站计数器	8	2
第 7 章	文件操作与上传组件，包括 FileSystemObject 文件系统组件、TextStream 文本流对象、AspUpload 上传组件、LyfUpload 上传组件、使用 ADODB.Stream 组件上传文件、综合实例——从文本文件中读取信息	6	2
第 8 章	SQL 语句在 ASP 中的应用，包括了解 SQL 语言、简单查询、聚合函数查询、模糊查询、分组查询、多表查询、嵌套查询、使用 SQL 命令操纵数据库数据、综合实例——使用嵌套查询检索数据	3	2

续表

章	主 要 内 容	课堂学时	实验学时
第 9 章	ADO 数据库访问，包括 ADO 概述、在 ODBC 数据源管理器中配置 DSN、Connection 对象连接数据库、Command 对象执行操作命令、Recordset 对象查询和操作记录、Error 对象返回错误信息、综合实例——获取 Access 数据库中插入记录的自动编号	4	2
第 10 章	邮件收发组件，包括认识 SMTP 邮件服务、使用 Jmail 组件发送邮件、综合实例——使用 Jmail 组件发送带附件的邮件	2	1
第 11 章	ASP 与 XML 高级编程，包括 XML 概述、XML 的 3 种显示格式、XMLDOMDocument 技术、ASP 对 XML 数据的基本操作、综合实例——分页显示 XML 文件中的数据	2	1
第 12 章	Ajax 编程技术，包括 Ajax 概述、Ajax 的实现过程、综合实例——XML 留言板	3	1
第 13 章	报表打印技术，包括报表打印技术概述、JavaScript 脚本打印报表、Excel 报表打印、XML 报表打印、综合实例——将页面中的客户列表导出到 Word 并打印	3	1
第 14 章	ASP 程序调试与网站安全，包括程序错误分类、常见程序调试方法、网站安全	2	1
第 15 章	网站发布，包括网站发布基础、在局域网内发布网站、使用 FTP 上载网站	2	1
第 16 章	综合案例——博客网站，包括概述、网站总体设计、数据库设计、文件架构设计、公共文件的编写、前台主页页面设计、文章展示模块设计、相册展示模块设计、博主登录模块设计、文章管理模块设计、相册管理模块设计、网站发布	4	2
第 17 章	课程设计——新闻网站，包括课程设计目的、功能描述、程序业务流程、数据库设计、前台主要功能模块详细设计、后台主要功能模块详细设计、程序调试及错误处理、课程设计总结	3	2
第 18 章	课程设计——新城校友录，包括课程设计目的、功能描述、程序业务流程、数据库设计、前台主要功能模块详细设计、后台主要功能模块详细设计、程序调试及错误处理、课程设计总结	3	2

如果您在学习或使用本书的过程中遇到问题或疑惑，可以通过如下方式与我们联系，我们会在 1 到 5 个工作日内给您提供解答：服务邮箱：mingrisoft@mingrisoft.com。

由于编者水平有限，书中难免存在疏漏和不足之处，敬请广大读者批评指正，使本书得以改进和完善。

编 者

2012 年 10 月

目 录

第1章
网络基础知识

本章要点：

- Internet 的一些基本概念
- Internet 和 Web 概念的区别
- Web 的访问原理和当前主要使用的几种 Web 开发语言
- 掌握一种 Web 开发工具

本章介绍网络基础知识，主要内容包括 Internet 和 Web 的相关概念以及 Web 程序开发环境。通过本章的学习，读者应了解什么是 Internet 和 Web、Web 的访问原理、不同的 Web 开发语言，并掌握 Web 开发工具的使用等。尤其要理解 Internet 的一些基本概念，如：TCP/IP、IP 地址、域名、URL。

1.1　Internet 基础

Internet，中文正式译名为因特网，又叫作国际互联网。它是由使用公用语言互相通信的计算机连接而成的全球网络。一个网络如果接受 Internet 的规定，就可以同它连接，共享 Internet 上提供的各类资源。本节介绍 Internet 的基本概念，包括 TCP/IP、IP 地址、域名和 URL。

1.1.1　Internet 概述

Internet 是由各种不同类型和规模的、独立管理和运行的主机或计算机网络组成的一个全球性网络。Internet 上提供了高级浏览 WWW 服务（包括浏览、搜索、查询各种信息，与他人进行交流，在 Internet 可以游戏、娱乐、购物等）、电子邮件 E-mail 服务、远程登录 Telnet 服务、文件传输 FTP 服务等。

Internet 源于 ARPA（美国国防部高级研究计划局）网络计划，最初使用在军事研究方面。随着社会科技的发展，Internet 被应用于更多的领域，覆盖了社会生活的方方面面。同时，Internet 也在不断发展中逐步完善其结构和功能，以适合社会的需求。

1.1.2　TCP/IP

Internet 使用的网络协议是 TCP/IP，凡是连入 Internet 的计算机都必须安装和运行 TCP/IP 软件。TCP/IP（Transmission Control Protocol/Internet Protocol 的简写，中文译名为传输控制协议/互

联网络协议）是 Internet 最基本的协议。TCP/IP 的开发工作始于 20 世纪 70 年代，是用于互联网的第一套协议。

TCP/IP 把整个网络分成 4 个层次：应用层、传输层、网络层和物理链接层。这些都建立在硬件基础之上。

（1）应用层，是 TCP/IP 参考模型的最高层。它是应用程序间沟通的层，如简单电子邮件传输协议（SMTP）、文件传输协议（FTP）、网络远程访问协议（Telnet）等。

（2）传输层，也称为 TCP 层。在此层中，它提供了节点间的数据传送服务，如传输控制协议（TCP）、用户数据报协议（UDP）等。TCP 和 UDP 给数据包加入传输数据并把它传输到下一层中，并且确定数据已被送达并接收。

（3）网络层，也称为 IP 层，负责提供基本的数据封包传送功能，让每一块数据包都能够到达目的主机（但不检查是否被正确接收）。

（4）物理链接层，它的主要功能是接收网络层的 IP 数据包，通过网络向外发送。同时，接收和处理从网络上来的物理帧，抽出 IP 数据包，向网络层发送。该层是主机与网络的实际连接层。

1.1.3　IP 地址、域名和 URL

1．IP 地址

IP 地址（Internet Protocol Address）是识别 Internet 网络中的主机及网络设备的唯一标识。它可以由一串 4 组以圆点分割的十进制数字组成，其中每一组数字都在 0～255 之间。IP 地址也可以由 32 位的二进制数值来表示，一个 32 位 IP 地址的二进制是由 4 个 8 位域组成的，如：11000000 10101000 00000001 00001001（192.168.1.9）。

每个 IP 地址又可分为两部分，即网络地址和主机地址。其中，网络地址表示其所属的网络段编号，主机地址表示网络段中该主机的地址编号。按照网络规模的大小，IP 地址可以分为 A、B、C、D、E 五类，其中 A、B、C 类是 3 种主要的类型地址，D 类是专供多目传送用的多目地址，E 类用于扩展备用地址。下面介绍 A、B、C 类 IP 地址。

● A 类 IP 地址

A 类地址用于规模很大、主机数目非常多的网络。A 类地址最高位为 0，接下来的 7 位为网络地址，其余 24 位为主机地址。地址范围从 1.0.0.0 到 126.0.0.0。A 类地址允许组成 126 个网络，每个网络可容纳 1700 万台主机。

● B 类 IP 地址

B 类地址用于中型到大型的网络。B 类地址最高两位为 10，接下来 14 位为网络地址，其余 16 位为主机地址。地址范围从 128.0.0.0 到 191.255.255.255。B 类地址允许 16 384 个网络，每个网络可容纳 65 000 台主机。

● C 类 IP 地址

C 类地址用于小型本地网络。C 类地址最高 3 位为 110，接下来 21 位为网络地址，其余 8 位为主机地址。地址范围从 192.0.0.0 到 223.255.255.255。

2．域名

IP 地址是 Internet 上网络计算机的地址标识，但是对于大多数人来说记住很多计算机的 IP 地址并不是很容易的事。因此，TCP/IP 中提供了域名服务系统（DNS），允许为主机分配字符名称，即域名。在网络通信过程中，DNS 会自动实现域名与 IP 地址的转换。例如，微软公司 Web 服务器的域名为 www.microsoft.com。

3. URL

URL（Uniform Resource Locator，统一资源定位器）也被称为网页地址，它是 Internet 上标准的资源地址。URL 的功能就是指出 Internet 上信息的所在位置及存取方式，即指明通信协议并定位资源所在位置来享用网络上提供的各种服务。其格式如下：

<信息服务类型>://<信息资源地址>/<文件路径>

<信息服务类型>：是指 Internet 的协议名，包括 ftp（文件传输服务）、http（超文本传输协议）、gopher（Gopher 服务）、mailto（电子邮件地址）、telnet（远程登录服务）、news（提供网络新闻服务）、wais（提供检索数据库信息服务）。

<信息资源地址>：一个网络主机的域名或者 IP 地址。

1.2　Web 简介

1.2.1　什么是 Web

Web，全称为 World Wide Web，缩写为 WWW，中文称万维网。Web 是基于 Internet、采用 Internet 协议的一种体系结构，通过它可以访问分布于 Internet 主机上的链接文档。

Web 具有以下特点。

（1）Web 是一种超文本信息系统。Web 的超文本链接使得 Web 文档不再像书本一样是固定的、线性的，而是可以从一个位置迅速跳转到另一个位置，从一个主题迅速跳转到另一个相关的主题。

（2）Web 是图形化的和易于导航的。Web 之所以能够迅速流行，一个很重要的原因就在于它可以在一页上同时显示图形和文本。在 Web 之前 Internet 上的信息只有文本形式。Web 还可以提供将图形、音频、视频信息集合于一体的特性。同时，Web 是非常易于导航的，只需要从一个链接跳到另一个链接，就可以在各页面、各站点之间进行浏览了。

（3）Web 与平台无关。Web 对系统平台没有什么限制，无论是 Windows 平台、UNIX 平台、Macintosh 还是其他平台，都可以毫无困难地访问 Web。

（4）Web 是分布式的。对于 Web，没有必要把大量的图形、音频和视频等信息放在一起，可以放在不同的站点上，只要通过超链接指向所需的站点，就可以使物理上不在一个站点的信息在逻辑上一体化。对于用户来说，这些信息是一体的。

（5）Web 是动态的、交互的。信息的提供者可以经常对 Web 站点上的信息进行更新，因此 Web 站点上的信息是动态的。Web 的交互性表现在它的超链接上，通过超链接用户的浏览顺序和所到站点完全由用户决定。用户还可以通过填写 FORM 表单的形式向服务器提交请求，服务器根据用户的请求返回相应信息。

1.2.2　C/S 模式与 B/S 模式

C/S 和 B/S 是目前开发模式技术架构的两大主流技术。C/S 由美国 Borland 公司最早研发，B/S 由美国微软公司研发。

（1）C/S 模式

C/S（Client/Server，客户机/服务器）模式又称为 C/S 结构，它是一种软件系统体系结构。这种结构是建立在局域网基础上的，它需要针对不同的操作系统开发不同版本的软件。同时，它不依赖于外网环境，即无论是否能够上网都不会影响应用。

（2）B/S 模式

B/S（Browser/Server，浏览器/服务器）模式又称为 B/S 结构。它是随着 Internet 技术的兴起，对 C/S 结构的一种变化或者改进的结构。在这种结构下，用户工作界面是通过 Web 浏览器来实现的。B/S 模式最大的好处是能实现不同人员、从不同地点、以不同的接入方式访问和操作共同的数据，这样减轻了系统维护与升级的成本和工作量、降低了用户的总体成本；最大的缺点是对外网环境依赖性较强。

1.2.3 Web 的访问原理

Web 应用程序是基于 B/S（Browser/Server，浏览器/服务器）架构的。下面首先熟悉服务器端与客户端的概念，然后了解静态网页和动态网页的工作原理。

1. 服务器端与客户端

通常来说，提供服务的一方被称为服务器端，而接受服务的一方则被称为客户端。例如，当浏览者在浏览网站主页时，网站主页所在的远程计算机就被称为服务器端，而浏览者的计算机就被称为客户端。

如果计算机上安装了 WWW 服务器软件，此时就可以把计算机作为服务器，成为服务器端，浏览者通过网络可以访问该计算机。对于初学者，在进行程序调试时，可以把自己的计算机既当作服务器，又当作客户端。

2. 静态网页的工作原理

所谓静态网页，就是在网页文件里不存在程序代码，只有 HTML 标记，其文件后缀名一般为.htm 或.html。静态网页创建成功后，其中的内容不会再发生变化，无论何时何人访问，显示的内容都一样。如果要对其内容进行添加、修改、删除等操作，就必须到程序的源代码中进行相关操作，然后再将修改后的静态网页重新上传到服务器上。

静态网页的工作原理如下。

当用户在客户端浏览器通过网址访问网页时，即表明向服务器端发出了一个浏览网页的请求。当服务器端接受请求后，便查找所要浏览的静态网页文件，并将找到的网页文件发送给客户端。其原理如图 1-1 所示。

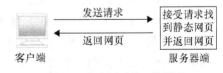

图 1-1 静态网页的工作原理

3. 动态网页的工作原理

所谓动态网页，就是在网页文件中不仅包含 HTML 标记，同时还包含实现特定功能的程序代码，该类网页的后缀名通常根据程序语言的不同而不同。例如，ASP 文件的后缀为.asp，JSP 文件的后缀则为.jsp。动态网页可以根据不同的时间、不同的浏览者而显示不同的信息。例如，常见的留言板、论坛、聊天室都是应用动态网页实现的。

动态网页的工作原理如下。

当用户在客户端浏览器通过网址访问网页时，即说明向服务器发出了一个浏览网页的请求。当服务器接受请求后，首先查找所要浏览的动态网页文件；其次执行查找到的动态网页文件中的程序代码；然后将动态网页转化成标准的静态网页；最后再将该网页发送给客户端。其工作原理如图 1-2 所示。

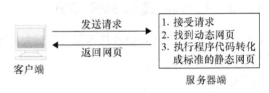

图 1-2 动态网页的工作原理

1.3　Web 程序开发环境

在 1.2 节中介绍了 Web 基础知识，本节介绍 Web 常用的开发工具以及几种 Web 开发语言的比较。

1.3.1　Web 开发工具

1. FrontPage

FrontPage 是微软公司开发的一种功能强大且无需编程就可以实现创建和管理 Web 站点的程序。通过 FrontPage 创建的网站不仅内容丰富而且专业，最值得一提的是，它的操作界面与 Word 的操作界面极为相似，非常容易学习和使用。

（1）优点

FrontPage 和其他开发工具相比具有以下优点。

● 操作简单

FrontPage 的界面与 Word 极为相似，主要命令基本集中在任务窗口，易于操作。FrontPage 允许同时编辑多个网页，并可在多个页面间切换，为每个页面提供了普通视图和 HTML 视图。

● 页面制作方便

FrontPage 操作界面中嵌有很多操作工具，在进行页面设计时不用编程就可以建立一个网站，并具有所见即所得的网页制作功能特性。

● 图片处理功能

FrontPage 通过图片库组件实现添加图片、定义图片布局、为图片添加文字说明、重新排列图片、更改图片尺寸、制作微缩图等功能。此外，为了方便页面设计，还提供了绘图工具和简单的图像处理功能。

● 易兼容

FrontPage 支持 Internet Explorer、Netscape Navigator、Microsoft Web TV 等多种浏览器，同时支持 IIS、Apache 等多种服务器。FrontPage 支持 Word 和 PowerPoint。

（2）缺点

FrontPage 也存在着一定的缺点。

● 无脚本库，很多通过代码实现的功能效果，通过 FrontPage 无法实现。

● 网页制作时，需要许多辅助文件的支持。

● 模板功能有限，步骤繁琐，在进行页面模板设计时耗损大量的时间。

综上所述，FrontPage 仅适用于制作功能简单的网页或网站。

2. Dreamweaver

Dreamweaver 是当今流行的网页编辑工具之一。它采用了多种先进技术，提供了图形化程序设计窗口，能够快速高效地创建网页，并生成与之相关的程序代码，使网页创作过程变得简单化，生成的网页也极具表现力。值得一提的是，Dreamweaver 在提供了强大的网页编辑功能的同时，还提供了完善的站点管理机制，极大地方便了程序员对网站的管理工作。

下面介绍应用 Dreamweaver 创建 Web 页面的步骤。

（1）安装 Dreamweaver 后，首次运行 Dreamweaver 时，展现给用户的是一个"工作区设置"的对话框，在此对话框中，用户可以选择自己喜欢的工作区布局，如"设计者"或"代码编写者"，如图 1-3 所示。这两者的区别是在 Dreamweaver 的右边或者左边显示窗口面板区。

（2）选择工作区布局，并单击"确定"按钮。之后选择"文件"/"新建"命令，将打开"新建文档"对话框。在该对话框中的"类别"列表区选择"动态页"，再根据实际情况来选择所应用的脚本语言，这里选择的是 ASP VBScript，然后单击"创建"按钮，创建以 VBScript 为主脚本语言的 ASP 文件，如图 1-4 所示。

图 1-3　"工作区设置"对话框

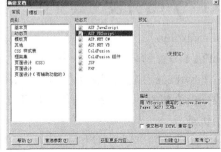

图 1-4　"新建文档"对话框

（3）在打开的页面中，有 3 种视图形式，分别为代码、拆分和设计。在代码视图中，可以编辑程序代码，如图 1-5 所示；在拆分视图中，可以同时编辑代码视图和设计视图中的内容，如图 1-6 所示；在设计视图中，可以在页面中插入 HTML 元素，进行页面布局和设计，如图 1-7 所示。

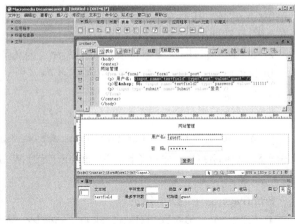

图 1-5　代码视图

图 1-6　拆分视图

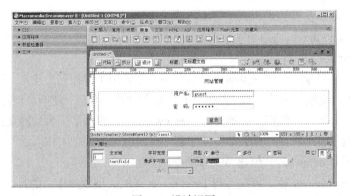

图 1-7　设计视图

在 Dreamweaver 中插入 HTML 元素后，通过"属性"面板可以方便地定义元素的属性，使其满足页面布局的要求。在页面中，允许多个表格的嵌套；还可以插入图像、Flash 等；可以插入表单元素，例如：文本框、列表/菜单、复选框、按钮等。

（4）设计页面及编写代码完成后，保存该文件到指定目录下。

3. Visual InterDev 6.0

Visual InterDev 是微软公司推出的一种供 Web 开发者快速建立动态数据库驱动的 Web 应用程序的超强开发工具。它不仅提供了可视化的 Web 开发平台，而且集成了 Web 服务器与浏览器上的资源，在程序中可以随时取用 ASP 内置对象、ActiveX 组件和浏览器的对象模型等。Visual InterDev 还具有完善的检测功能，可以设置服务器端与客户端两种检测方式。

Visual InterDev 最新推出的版本是 Visual InterDev 6.0。Microsoft 公司将 Visual InterDev 6.0 与 Visual Basic、Visual C++、Visual J++和 Visual Foxpro 一起集成到了 Visual Studio 6.0 之中。Visual InterDev 6.0 已经被公认为是最先进的开发 Intranet 和 Internet 应用程序的工具。

下面介绍使用 Visual InterDev 6.0 开发 ASP 应用程序的步骤。

（1）单击"开始"菜单，选择"程序"/Microsoft Visual Studio 6.0/Microsoft Visual InterDev 6.0 命令，运行 Visual InterDev 6.0。

（2）选择 File/New File 命令，将打开 New File 对话框。在此对话框的 New 选项卡中，依次选择 Visual InterDev 和 ASP Page，如图 1-8 所示。

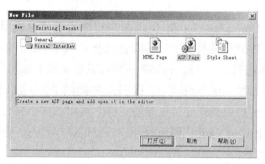

图 1-8　新建应用程序窗口

（3）单击"打开"按钮，新建一个包含 ASP 页面的工程。

（4）在打开的 ASP 应用程序中，单击 Design 按钮进入设计视图中，可以进行页面布局；单击 Source 按钮进入代码视图中，可以编写 ASP 程序代码，如图 1-9 所示。

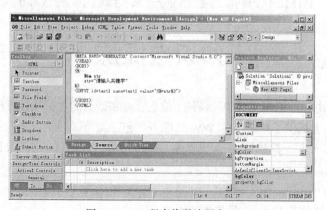

图 1-9　ASP 程序代码编写窗口

（5）编辑完成后，把文件保存在网站根目录中，在浏览器中输入 URL 便可以浏览 ASP 应用程序了。

1.3.2　Web 开发语言

目前，用于 Web 开发的主要有 4 种语言：ASP、ASP.NET、PHP 和 JSP。其中，ASP 学习简单、使用方便；ASP.NET 功能强大、编写容易；PHP 为开源软件，运行成本较低；JSP 有多平台支持、转换方便。

1. ASP

ASP（Active Server Page）是一种使用很广泛的开发动态网站的技术。它是微软公司提供的运行在服务器端的脚本环境。对于一些复杂的操作，ASP 可以调用存在于服务器端的 COM 组件来完成，所以说 COM 组件无限地扩充了 ASP 的能力。通过在 Windows 系统中安装 PWS 或者 IIS，就可以运行 ASP 应用程序了。

2. ASP.NET

ASP.NET 也是一种建立动态 Web 应用程序的技术，它是.NET 框架的一部分，可以使用任何.NET 兼容的语言，如 Visual Basic.NET、C#、J#等来编写 ASP.NET 应用程序。ASP.NET 页面（Web Forms）编译后可以提供比脚本语言更出色的性能表现。Web Forms 允许在网页基础上建立强大的窗体，即引入了服务器端控件。这样，使得开发交互式网站更加方便。

3. PHP

PHP 来自于 Personal Home Page 一词，但现在的 PHP 已经不再表示名词的缩写，而是一种开发动态网页技术的名称。PHP 语法类似于 C，并且混合了 Perl、C++和 Java 的一些特性。它是一种开源的 Web 服务器脚本语言，与 ASP 和 JSP 一样可以在页面中加入脚本代码来生成动态内容。对于一些复杂的操作可以封装到函数或类中，在 PHP 中提供了许多已经定义好的函数。例如，提供了标准的数据库接口，使得数据库连接更方便。PHP 可以被多个平台支持，主要被广泛应用于 UNIX/Linux 平台。由于 PHP 本身的代码对外开放，经过许多软件工程师的检测，因此到目前为止该技术具有公认的安全性能。

4. JSP

JSP（Java Server Pages）是由 Sun 公司倡导，与多个公司共同建立的一种技术标准，它建立在 Java Servlet 基础之上。它是运行在服务器端的脚本语言，是用于开发动态网页的一种技术。JSP 继承了 Java 技术的简单、便利、面向对象、跨平台和安全可靠等特点，可以利用 JavaBean 和 JSP 元素有效地将静态的 HTML 代码和动态数据区分开来，给程序的修改和扩展带来了很大方便。

知识点提炼

（1）Internet 是由各种不同类型和规模的、独立管理和运行的主机或计算机网络组成的一个全球性网络。Internet 上提供了高级浏览 WWW 服务（包括浏览、搜索、查询各种信息，与他人进行交流，可以游戏、娱乐、购物等）、电子邮件 E-mail 服务、远程登录 Telnet 服务、文件传输 FTP 服务等。

（2）TCP/IP（Transmission Control Protocol/Internet Protocol 的简写，中文译名为传输控制协议/互联网络协议）协议是 Internet 最基本的协议。

（3）IP 地址（Internet Protocol Address）是识别 Internet 网络中的主机及网络设备的唯一标识。

（4）IP 地址是 Internet 上网络计算机的地址标识，但是对于大多数人来说记住很多计算机的 IP 地址并不是很容易的事。因此，TCP/IP 中提供了域名服务系统（DNS），允许为主机分配字符名称，即域名。

（5）URL（Uniform Resource Locator，统一资源定位器）也被称为网页地址，它是 Internet 上标准的资源地址。URL 的功能就是指出 Internet 上信息的所在位置及存取方式，即指明通信协议并定位资源所在位置来享用网络上提供的各种服务。

（6）Web，全称为 World Wide Web，缩写为 WWW，中文称万维网。Web 是基于 Internet、采用 Internet 协议的一种体系结构，通过它可以访问分布于 Internet 主机上的链接文档。

（7）C/S 和 B/S 是目前开发模式技术架构的两大主流技术。C/S 由美国 Borland 公司最早研发，B/S 由美国微软公司研发。

（8）FrontPage 是微软公司开发的一种功能强大且无需编程就可以实现创建和管理 Web 站点的程序。通过 FrontPage 创建的网站不仅内容丰富而且专业，最值得一提的是，它的操作界面与 Word 的操作界面极为相似，非常容易学习和使用。

（9）Dreamweaver 是当今流行的网页编辑工具之一。它采用了多种先进技术，提供了图形化程序设计窗口，能够快速高效地创建网页，并生成与之相关的程序代码，使网页创作过程变得简单化，生成的网页也极具表现力。

（10）Visual InterDev 是微软公司推出的一种供 Web 开发者快速建立动态数据库驱动的 Web 应用程序的超强开发工具。

（11）ASP（Active Server Page）是一种使用很广泛的开发动态网站的技术。它是微软公司提供的运行在服务器端的脚本环境。

（12）ASP.NET 也是一种建立动态 Web 应用程序的技术，它是.NET 框架的一部分，可以使用任何.NET 兼容的语言，如 Visual Basic.NET、C#、J#等来编写 ASP.NET 应用程序。

（13）PHP 来自于 Personal Home Page 一词，但现在的 PHP 已经不再表示名词的缩写，而是一种开发动态网页技术的名称。PHP 语法类似于 C，并且混合了 Perl、C++和 Java 的一些特性。

（14）JSP（Java Server Pages）是由 Sun 公司倡导，与多个公司共同建立的一种技术标准，它建立在 Java Servlet 基础之上。它是运行在服务器端的脚本语言，是用于开发动态网页的一种技术。

习　　题

1-1　Internet 的中文译名是什么？

1-2　什么是 Web？Web 的全称是什么？

1-3　Web 开发工具有哪些？

1-4　用于 Web 开发的语言有哪些？

1-5　Web 具有哪些特点？

第2章
ASP 概述

本章要点：

- 了解运行 ASP 程序的基本环境
- IIS 服务器的安装与配置
- 合理选择运行 ASP 的 Web 服务器
- 设置虚拟目录与创建网站的方法
- 4 种测试网站服务器的方法
- 选择适用的 ASP 开发工具
- 在 Dreamweaver 中设定适合的开发环境
- 通过开发一个 ASP 程序来熟悉 ASP 编程特点

ASP 是微软公司开发的一套服务器端脚本开发环境。Windows 操作系统提供了 ASP 的运行环境。其中，IIS 服务器为 ASP 提供了各项基本的服务，使得 ASP 程序可以高效地运行在 Web 服务器上。本章在使读者了解网站运行环境的基础上，详细介绍安装和配置 IIS 服务器的步骤以及 ASP 的开发工具，使读者能够准确地完成 ASP 运行和开发环境的搭建。

2.1　什么是 ASP

ASP（Active Server Pages）是微软公司开发的服务器端的脚本编写环境。它支持 VBScript、JavaScript 等多种脚本语言，通过 ADO 可以快速地访问数据库。使用 ASP 可以组合 HTML 页面、脚本命令和 ActiveX 组件来完成 Web 应用程序的开发，以满足不同用户的需求。

ASP 包含以下 3 个方面的含义。

（1）Active：ActiveX 技术是微软公司组件技术的重要基础。它采用封装对象、程序调用对象的技术，从而简化编程，加强程序间的合作。

（2）Server：ASP 运行在服务器端，不仅能够方便、快捷地与服务器交换数据，还无需考虑客户端浏览器是否支持 ASP。

（3）Pages：ASP 返回标准的 HTML 页面，此页面在浏览器中可以正常显示。浏览者查看页面源文件时，看到的是 ASP 生成的 HTML 代码，而不是 ASP 程序代码，从而防止 ASP 源程序被抄袭。

2.1.1　ASP 的发展历程

1996 年，ASP 1.0 作为 IIS（Internet Information Server，Internet 信息服务管理器）的附属产品免费发布并得到广泛应用。它使得早期繁琐、复杂的 Web 程序开发变得简单容易。

1998 年，微软公司发布了 ASP 2.0。它与 ASP 1.0 的主要区别是可以对外部组件进行初始化。这样，ASP 内置的所有组件都有了独立的内存空间，并可以进行事务处理。

2000 年，微软公司开发的 Windows 2000 操作系统 IIS 5.0 所附带的 ASP 3.0 开始流行。与 ASP 2.0 相比，ASP 3.0 的优势在于它使用了 COM+，因而程序更稳定、执行效率更高。

2.1.2　ASP 技术特点

ASP 使得构造功能强大的 Web 应用程序的工作变得十分简单，其技术特点如下。

1. 使用脚本语言

ASP 不是一种语言，它只是提供一个环境来运行脚本。ASP 使用 VBScript（Visual Basic Script）、JavaScript 等简单易懂的脚本语言，结合 HTML 代码，即可快速地完成 Web 应用程序的开发。

2. 访问 ActiveX 组件

ASP 可以访问在 Web 服务器上的 ActiveX 组件。通过调用 Web 服务器上内置组件以及注册的第三方组件，可以实现很多功能（例如操作文件、广告轮显、发送邮件等），从而构建功能完备的网站。

3. 通过 ADO 访问数据库

ASP 通过 ADO 提供的对象，可以快速地访问各种数据库。例如 Access 数据库、SQL Server 数据库、Oracle 数据库、MySQL 数据库、FoxPro 数据库等。

4. 支持 HTTP 1.1 协议

运行在 Windows 操作系统下的 IIS 信息服务管理器和 PWS（Personal Web Server）个人服务管理器都支持 HTTP 1.1 协议。这样，在使用响应支持 HTTP 1.1 协议的浏览器时，ASP 也能够相应地提高网络传输效率。

5. 脚本解释执行

ASP 程序无需事先编译，在服务器端可以直接执行。

ASP 是服务器端的网页技术。ASP 不是一种语言，它只是提供一个环境来运行脚本。ASP 支持的脚本语言有 VBScript（Visual Basic Script）或 JavaScript，也可以是它们两者的结合。

2.1.3　ASP 的运行环境

ASP 程序是在服务器端执行的，因此必须在服务器上安装相应的 Web 服务器软件。下面介绍不同 Windows 操作系统下 ASP 的运行环境。

- Windows 98 操作系统

在 Windows 98 操作系统下安装并运行 PWS（Personal Web Server）。在 Windows 98 安装盘 \add-one\pws 目录下可以找到 PWS 的安装文件 setup.exe。

- Windows 2000 Server/Professional 操作系统

在 Windows 2000 Server/Professional 操作系统下安装并运行 IIS 5.0。

- Windows XP Professional 操作系统

在 Windows XP Professional 操作系统下安装并运行 IIS 5.1。

- Windows 2003 操作系统

在 Windows 2003 操作系统下安装并运行 IIS 6.0。

- Windows 7 操作系统

在 Windows 7 操作系统下安装并运行 IIS 7.0。

关于 IIS 的安装和配置请参见本章 2.2 节与 2.3 节的介绍。

2.2　IIS 的安装

IIS 已经被作为组件集成到 Windows 操作系统中。如果用户在安装系统时选择安装了 IIS，就不再需要单独进行安装；如果在安装时用户没有选择安装 IIS，可以像安装其他 Windows 组件一样进行安装。

2.2.1　IIS 简介

IIS（Internet Information Server，Internet 信息服务管理器）是一个功能强大的 Internet 信息服务系统，是 Windows 服务器操作系统 Windows NT 和 Windows 2000 中集成的最重要的 Web 技术。它的可靠性、安全性和可扩展性都非常好，并能很好地支持多个 Web 站点，是用户首选的服务器系统。

IIS 提供了最简捷的方式来共享信息、建立并部署企业应用程序以及建立和管理 Web 上的网站。通过 IIS，用户可以轻松地测试、发布、应用和管理自己的 Web 页和 Web 站点。

2.2.2　安装 IIS

下面以 Windows 2003 操作系统为例，介绍安装 IIS 的具体步骤。

（1）进入控制面板，双击"添加或删除程序"图标，打开"添加或删除程序"对话框，如图 2-1 所示。在左边项目栏中单击"添加/删除 Windows 组件"按钮，安装程序启动后，打开图 2-2 所示的对话框。

（2）在"组件"列表框中选中"应用程序服务器"复选框，然后单击"详细信息"按钮，打开"应用程序服务器"对话框，在

图 2-1　"添加或删除程序"对话框

"应用程序服务器的子组件"列表框中选中"Internet 信息服务（IIS）"复选框，如图 2-3 所示，然后单击"确定"按钮。

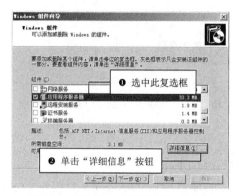

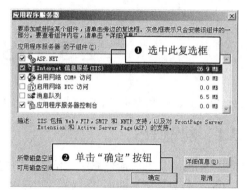

图 2-2 　"Windows 组件向导"对话框　　　　图 2-3 　"应用程序服务器"对话框

 说明　在图 2-3 中，单击"详细信息"按钮，可以查看和选取 Internet 信息服务（IIS）的子组件。

（3）返回到"Windows 组件向导"对话框，单击"下一步"按钮，开始配置组件并安装 IIS，如图 2-4 所示。

（4）安装程序配置组件后，将打开"完成'Windows 组件向导'"对话框，单击"完成"按钮，完成本次操作，如图 2-5 所示。

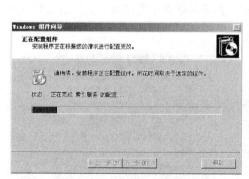

图 2-4 　安装程序配置组件　　　　图 2-5 　完成 IIS 服务器的安装

2.2.3　卸载 IIS

在实际应用中，用户有时需要重新安装 IIS。在重装 IIS 之前必须先卸载 IIS 再进行安装。卸载 IIS 的操作步骤如下。

（1）选择"开始"/"设置"/"控制面板"菜单项，打开"控制面板"窗口。

（2）在"控制面板"窗口中双击"添加或删除程序"图标，打开"添加或删除程序"对话框。在左边项目栏中，单击"添加/删除 Windows 组件"按钮。

（3）安装程序启动后，将打开"Windows 组件向导"对话框。在组件列表框中选中"应用程序服务器"，然后单击"详细信息"按钮。

（4）在打开的"应用程序服务器"对话框的组件列表框中取消"Internet 信息服务（IIS）"的选中状态，然后依次单击"确定"按钮和"下一步"按钮，完成 IIS 组件的卸载。

2.3　IIS 的配置

通过"Internet 信息服务（IIS）管理器"可以发布、测试和维护 Web 站点。

2.3.1　配置 IIS

下面以 Windows 2003 操作系统为例，介绍配置 IIS 的步骤。

（1）IIS 安装成功后，选择"开始"/"程序"/"管理工具"/"Internet 信息服务（IIS）管理器"命令，打开"Internet 信息服务（IIS）管理器"对话框，并展开"网站"节点，如图 2-6 所示。

 进入控制面板，双击"管理工具"图标，在打开的"管理工具"对话框中双击"Internet 信息服务（IIS）管理器"图标，也可以打开"Internet 信息服务（IIS）管理器"对话框。

 如果"默认网站"处于"停止"状态，可以通过单击工具栏上的黑色三角按钮来启动 IIS 服务器，服务器启动后黑色三角按钮将为不可用状态；也可以在"默认网站"上单击鼠标右键，在弹出的快捷菜单中选择"启动"命令即可启动 IIS 服务器。

（2）在图 2-6 所示的"默认网站"上单击鼠标右键，在弹出的快捷菜单中选择"属性"命令，将打开"默认网站 属性"对话框，如图 2-7 所示。在该对话框中有网站、主目录、文档等多个选项卡，下面对其中几个重要的选项卡进行介绍。

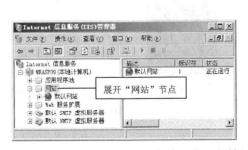

图 2-6　"Internet 信息服务（IIS）管理器"对话框　　图 2-7　"默认网站 属性"对话框

- "网站"选项卡（如图 2-7 所示）：在该选项卡中，可以在"描述"文本框中输入站点的名字。同时，因为 Web 站点是对外开放的，所以可以把 IP 地址设置为本机的 IP 地址。其他选项一般不用修改。

 在"网站"选项卡的"启用日志记录"栏中，"活动日志格式"一般选择"W3C 扩展日志文件格式"，单击"属性"按钮可以设置扩展日志文件的目录以及记录的扩展属性等。

- "主目录"选项卡（如图 2-8 所示）：在该选项卡的"此资源的内容来自"区域内，选中"此计算机上的目录"单选按钮，然后设置 Web 站点的实际路径。在下面的复选框中，选中"读取"和"索引资源"等复选框。然后对"执行权限"进行设置，如果在"执行权限"下拉列表框中选择"无"选项，网站程序将不能正常运行，将提示"无法显示网页"的信息，所以应选择"纯脚本"或"脚本和可执行文件"选项。其他选项保持默认设置即可。

说明　在图 2-8 中，单击"配置"按钮可以打开"应用程序配置"对话框，然后选择"选项"选项卡，可以定义是否"启用缓存"和是否"启用父路径"等。

- "文档"选项卡（如图 2-9 所示）：在该选项卡中可以设置站点默认文档的内容。选中"启用默认内容文档"复选框，在其列表框中可以添加或删除默认文档，IIS 的默认文档为 Default.htm 和 Default.asp。另外，还可以调整默认文档的优先级，选中一个默认文档，单击"上移"或"下移"按钮可以移动其位置。

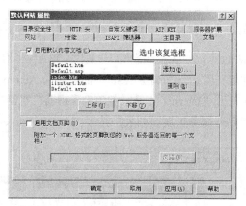

图 2-8　"主目录"选项卡　　　　　图 2-9　设置网站的默认文档

注意　运行程序时，系统会根据在"文档"选项卡中的设置查找默认的 Web 文档，如果查找到一个匹配的文档，就会在浏览器上显示。因此，在一个网站中不要在根目录下同时建立 Default.asp 文档和 index.asp 文档，以免区分不开网站的首页面。

- "目录安全性"选项卡（如图 2-10 所示）：此选项卡中包含 3 个栏，分别是"身份验证和访问控制"、"IP 地址和域名限制"和"安全通信"。

在"目录安全性"选项卡中，单击"身份验证和访问控制"栏中的"编辑"按钮，弹出"身份验证方法"对话框，在此可配置 Web 服务器的验证和匿名访问功能，如图 2-11 所示。

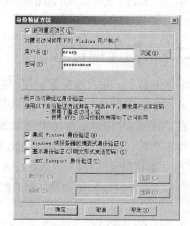

图 2-10　"目录安全性"选项卡　　　　图 2-11　"身份验证方法"对话框

在 IIS 中有两种验证方法：第一种是"匿名访问"，当使用此验证方法时，用户不需要任何验证就可以浏览站点内容，通常 Internet 站点都应用这个选项；第二种是"用户访问需经过身份验证"，该方法又分为"集成 Windows 身份验证"、"Windows 域服务器的摘要式身份验证"、"基本身份验证（以明文形式发送密码）"和".NET Passport 身份验证"。

说明　在应用组件对文件进行操作等情况下，有时会出现"没有权限"的错误，这时可以检查 IIS 中的"启用匿名访问"复选框是否被选中。如果此复选框已被选中，仍出现"没有权限"的错误，则考虑将匿名访问中的用户名和密码设置为计算机管理员登录计算机时的用户名和密码。

（3）单击"确定"按钮完成 IIS 服务器的配置。

2.3.2　启动 Active Server Pages 服务

在 Windows 2003 操作系统下，配置 IIS 后必须启动"Web 服务扩展"中的 Active Server Pages 服务，才能正常运行和浏览 ASP 页面。启动 Active Server Pages 服务的步骤如下。

（1）打开"Internet 信息服务(IIS)管理器"对话框，选择"Web 服务扩展"节点。在右侧窗口展开的"Web 服务扩展"列表中选择"Active Server Pages"，如图 2-12 所示。

图 2-12　选择"Active Server Pages"服务

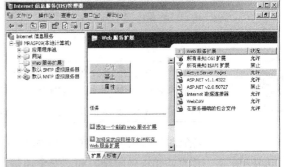

图 2-13　启动 Active Server Pages 服务

（2）单击"允许"按钮启动 Active Server Pages 服务。服务启动后的状态如图 2-13 所示。

2.3.3　设置虚拟目录

在 IIS 服务器上，用户根据需要可以在某一个站点上创建一个或者多个虚拟目录，具体的创建步骤如下。

（1）在"Internet 信息服务（IIS）管理器"对话框中用鼠标右键单击"默认网站"子结点，在弹出的快捷菜单中选择"新建"/"虚拟目录"命令，如图 2-14 所示。

（2）打开"虚拟目录创建向导"对话框，单击"下一步"按钮。

（3）在打开的"虚拟目录别名"对话框中的"别名"文

图 2-14　新建虚拟目录

本框中输入别名，如"博客网"。

（4）单击"下一步"按钮，然后设置本地路径，如图 2-15 所示。

（5）单击"下一步"按钮，在"虚拟目录访问权限"区域中同时选中"读取"、"执行（如 ISAPI 应用程序或 CGI）"和"写入"复选框，如图 2-16 所示。

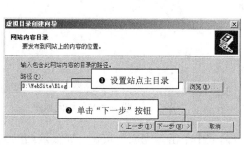

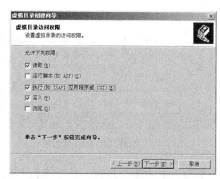

图 2-15 输入虚拟目录的路径　　　　　　　图 2-16 设置虚拟目录的访问权限

（6）单击"下一步"按钮，在打开的对话框中单击"完成"按钮，完成虚拟目录的创建。

在 IIS 中可以删除虚拟目录，例如，右键单击"博客网"，在弹出的快捷菜单中选择"删除"命令，即可删除此虚拟目录。

2.3.4 创建网站

在 Windows 2000 和 Windows 2003 操作系统环境下的 IIS 中，可以创建多个网站。下面介绍创建网站的具体步骤。

（1）在"Internet 信息服务（IIS）管理器"对话框中右键单击"网站"结点，在弹出的快捷菜单中选择"新建"/"网站"命令，如图 2-17 所示。

（2）打开"网站创建向导"对话框，单击"下一步"按钮。

（3）在打开的"网站创建向导"对话框的"描述"文本框中输入"音乐试听网"。

（4）单击"下一步"按钮，进行 IP 地址和端口的设置。这里在"网站 IP 地址"下拉列表框中选择"全部未分配"选项，在"网站 TCP 端口"文本框中输入"81"，"此网站的主机头"文本框为空，如图 2-18 所示，然后单击"下一步"按钮。

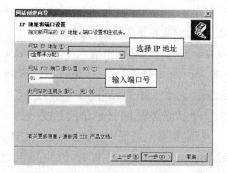

图 2-17 创建网站　　　　　　　　　　图 2-18 IP 地址和端口设置

（5）在打开的对话框中设置网站主目录的路径，如图 2-19 所示。

（6）单击"下一步"按钮，为网站设置访问权限，这里同时选中"读取"、"执行（如 ISAPI 应用程序或 CGI）"和"写入"复选框，如图 2-20 所示。

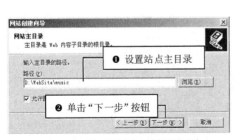

图 2-19　设置网站主目录的路径　　　　　图 2-20　设置网站的访问权限

（7）单击"下一步"按钮，然后在打开的对话框中单击"完成"按钮，完成网站的创建。

在 IIS 中可以删除网站。例如，右键单击"音乐试听网"，在弹出的快捷菜单中选择"删除"命令，即可删除所选择的网站。

2.4　测试网站服务器

通过前面的介绍，读者可以安装和配置 IIS 服务器，并可以创建虚拟目录和网站。架设网站服务器后，用户即可测试网站服务器，以保证网站能够正常运行。在 IIS 服务器上未改变"默认网站"默认路径的前提下（默认网站路径为系统盘 C:\Inetpub\wwwroot），可以通过 iisstart.htm 文件对网站服务器进行测试。

1. http://localhost 本地访问测试

在 IE 浏览器地址栏中输入 http://localhost，出现图 2-21 所示的结果，表明 ASP 网站开发环境构建成功。

图 2-21 中所展示的页面是存储在系统盘如 C:\Inetpub\wwwroot 目录下的 iisstart.htm 文件。

2. http://服务器名称访问测试

在 IE 浏览器地址栏中输入 http://mrasp09（其中 mrasp09 表示服务器的名称），同样会出现图 2-21 所示的结果，说明 ASP 网站开发环境构建成功。

3. http://服务器 IP 地址访问测试

在 IE 浏览器地址栏中输入 http://192.168.1.9（其中 192.168.1.9 表示服务器的 IP 地址），出现图 2-21 所示的结果，说明 ASP 网站开发环境构建成功。

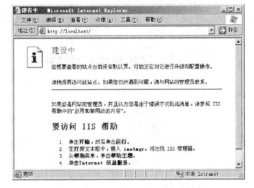

图 2-21　http://localhost 测试结果

在 DOS 环境下执行 ipconfig 命令可以获取到主机的 IP 地址。选择"开始"/"程序"/"附件"/"命令提示符"命令，进入"命令提示符"对话框，然后输入"ipconfig"命令，则将显示主机的 IP 地址以及子网掩码、默认网关。

4. http://127.0.0.1 本地访问测试

在 IE 浏览器地址栏中输入 http://127.0.0.1 时，会出现以下几种情况。

（1）出现图 2-21 所示的结果，说明 ASP 网站开发环境构建成功。

（2）出现图 2-22 所示的"输入网络密码"对话框，输入"用户名"和"密码"，即"管理员登录计算机的账号"和"登录密码"，并单击"确定"按钮后出现图 2-21 所示的结果，说明 ASP 网站开发环境构建成功。

（3）如果在图 2-22 中输入的账号和密码错误，或者单击"取消"按钮，将出现图 2-23 所示的页面。提示信息为"您未被授权查看该页"，这是网站安全设置的原因，但仍然表示 ASP 网站构建成功。

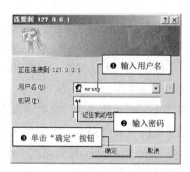

图 2-22　"输入网络密码"对话框

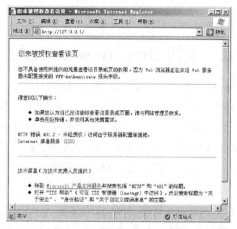

图 2-23　错误提示页面

在测试网站服务器时，如果出现"Server Application Error"的错误，则说明在安装 IIS 过程中出现异常错误，导致 IIS 服务器不能正常运行。这时，需要卸载 IIS 并重新进行安装。

2.5　选择 ASP 开发工具

开发 ASP 应用程序，没有固定的开发工具。因为 ASP 所应用的脚本语言是解释型的程序语言，它无需通过编译、链接等过程，只要使用一般的编辑工具就可以编写 ASP 代码。本节介绍如何使用记事本、Dreamweaver 和 Visual InterDev 6.0 开发 ASP 应用程序。

2.5.1　应用记事本开发

记事本是最原始的 ASP 开发工具。应用记事本开发 ASP 应用程序的最大优点是不需要独立安装，只要安装微软的操作系统，利用系统自带的记事本就可以完成开发工作。对于计算机硬件条件有限的读者来说，记事本是最好的 ASP 应用程序开发工具。

应用记事本开发 ASP 应用程序的步骤如下。

（1）选择"开始"/"程序"/"附件"/"记事本"命令，打开记事本。

（2）在记事本的工作区域输入 ASP 代码，包括 HTML 标记以及其他脚本程序代码，如图 2-24 所示。

图 2-24　应用记事本开发 ASP 应用程序

（3）编辑完毕后，选择"文件"/"保存"命令，在打开的"另存为"对话框中输入文件名（如 index.asp），然后单击"保存"按钮，保存程序文件。

利用记事本开发 ASP 应用程序也存在缺点，即无法预览 HTML 格式的外观等。HTML 标记及其属性都需要手动进行设置，这就增加了程序员的工作量，影响程序的开发速度。

保存文件时，必须输入完整的文件名，包括文件扩展名.asp。

2.5.2　应用 Dreamweaver 开发

Dreamweaver 是当今流行的网页编辑工具之一。它采用了多种先进技术，提供了图形化程序设计窗口，能够快速高效地创建网页，并生成与之相关的程序代码，使网页创作过程变得简单化，生成的网页也极具表现力。值得一提的是，Dreamweaver 在提供了强大的网页编辑功能的同时，还提供了完善的站点管理机制，极大方便了程序员对网站的管理工作。

Dreamweaver 提供了代码自动完成功能，其中包括提供代码的辅助功能，这意味着在编写程序时，Dreamweaver 知道程序员所操作的内容，并能很好地提供帮助和提示，大大简化了程序员的编写过程。例如，当在 ASP 页面中输入"Response."时，Dreamweaver 就会显示 Response 对象相应的属性和方法，如图 2-25 所示。这时，程序员只需选择所需要的内容，Dreamweaver 就会完成该行，并提供已输入代码所预期的参数的正确结构。这不但加快了 ASP 代码的编写速度，还减小了错误代码出现的几率。

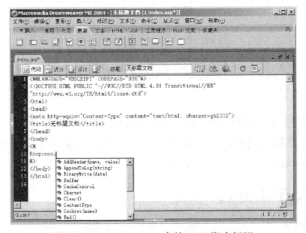

图 2-25　Dreamweaver 中的 ASP 脚本标识

Dreamweaver 是首选的网页开发工具。本书所介绍的网页都是使用 Dreamweaver 编辑的。

应用 Dreamweaver 开发 ASP 应用程序的步骤如下。

（1）安装 Dreamweaver 后，首次运行 Dreamweaver 时，展现给用户的是一个"工作区设置"对话框。在此对话框中，用户可以选择自己喜欢的工作区布局，如"设计者"或"代码编写者"，如图 2-26 所示。两者的区别是在 Dreamweaver 的右边或者左边显示窗口面板区。

（2）选择工作区布局，并单击"确定"按钮。选择"文件"/"新建"命令，将打开"新建文档"对话框。在该对话框的"类别"列表框中选择"动态页"选项，再根据实际情况来选择所应用的脚本语言，这里选择的是 ASP VBScript，然后单击"创建"按钮，创建以 VBScript 为主脚本语言的 ASP 文件，如图 2-27 所示。

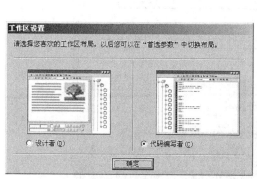

图 2-26　"工作区设置"对话框

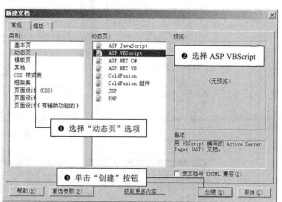

图 2-27　"新建文档"对话框

（3）在打开的页面中，有 3 种视图形式，分别为代码、拆分和设计。在代码视图中，可以编写 ASP 程序代码，如图 2-28 所示；在拆分视图中，可以同时编辑代码视图和设计视图中的内容，如图 2-29 所示；在设计视图中，可以在页面中插入 HTML 元素，进行页面布局和设计，如图 2-30 所示。

图 2-28　代码视图

在 Dreamweaver 中插入 HTML 元素后，通过"属性"面板可以方便地定义元素的属性，使其满足页面布局的要求。在页面中，允许多个表格的嵌套；可以插入图像、Flash 等；可以插入表单元素，如文本框、列表/菜单、复选框、按钮等。

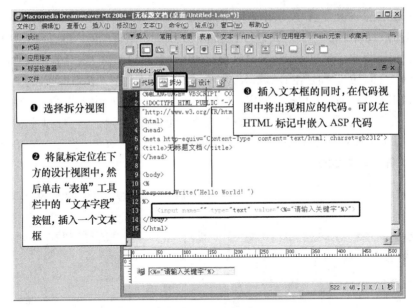

图 2-29　拆分视图

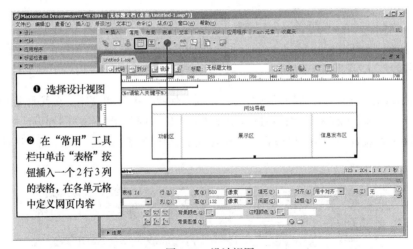

图 2-30　设计视图

（4）设计页面及编写代码完成后，保存该文件，然后通过 IIS 服务器进行浏览。

　虽然 Dreamweaver 具备直接可视化数据的操作环境，但它无法集成 ASP 内置对象以及浏览器的对象模型。

2.5.3　应用 Visual InterDev 6.0 开发

Visual InterDev 是微软公司推出的一种供 Web 开发者快速建立动态数据库驱动的 Web 应用程序的超强开发工具。它不仅提供了可视化的 Web 开发平台，而且集成了 Web 服务器与浏览器上的资源，在程序中可以随时取用 ASP 内置对象、ActiveX 组件和浏览器的对象模型等。Visual InterDev 还具有完善的检测功能，可以设置服务器端与客户端两种检测方式。Visual InterDev 6.0 已经被公认为是最先进的开发 Intranet 和 Internet 应用程序的工具。

使用 Visual InterDev 6.0 开发 ASP 应用程序的步骤如下。

（1）选择"开始"/"程序"/Microsoft Visual Studio 6.0/Microsoft Visual InterDev 6.0 命令，运行 Visual InterDev 6.0。

（2）选择 File/New File 命令，打开 New File 对话框。在 New 选项卡中，依次选择 Visual InterDev 和 ASP Page，如图 2-31 所示。

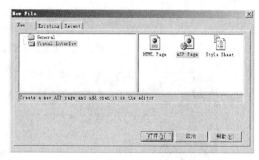

图 2-31　新建应用程序窗口

（3）单击"打开"按钮，新建一个包含 ASP 页面的工程。

（4）在打开的 ASP 应用程序中，单击 Design 按钮进入设计视图中，进行页面布局；单击 Source 按钮进入代码视图中，编写 ASP 程序代码，如图 2-32 所示。

图 2-32　ASP 程序代码编写窗口

（5）编辑完成后，把文件保存在网站根目录中，在浏览器中输入 URL 便可以浏览 ASP 应用程序了。

　　安装 Visual InterDev 6.0 需要占用较多的磁盘空间，打开此编辑器的过程也比较长，如果对页面进行小改动，笔者不建议使用此编辑器。

2.6　在 Dreamweaver 中设定开发环境

为了方便和简化操作步骤，加快制作网页的速度，在 Dreamweaver 中用户可以根据自己的需要设置 Dreamweaver 中的默认参数值，从而设定适合自己的开发环境。

2.6.1　更改工具栏的显示样式

在 Dreamweaver 中，选择"窗口"/"插入"命令即可显示工具栏窗口。工具栏的默认显示样式为"显示为菜单"，如图 2-33 所示。为了方便操作可以更改工具栏的显示样式为"显示为制表符"，操作方法是单击图 2-33 中的▼图标，在弹出的下拉菜单中选择"显示为制表符"命令，如图 2-34 和图 2-35 所示。

图 2-33　工具栏的默认显示样式为"显示为菜单"

图 2-34　选择"显示为制表符"命令

图 2-35　工具栏的显示样式为"显示为制表符"

2.6.2　插入标签时隐藏辅助功能属性对话框

默认情况下，在 Dreamweaver 页面中插入表单对象、框架、媒体和图像时，会自动弹出"输入标签辅助功能属性"对话框，如图 2-36 所示。为了简化操作步骤，可以在插入对象时隐藏"输入标签辅助功能属性"对话框。操作方法是选择"编辑"/"首选参数"命令，打开"首选参数"对话框，在"分类"列表框中选择"辅助功能"选项，然后在右侧区域使"表单对象"、"框架"、"媒体"和"图像"复选框处于未选中状态（默认情况下，这 4 个复选框处于

图 2-36　"输入标签辅助功能属性"对话框

选中状态），单击"确定"按钮保存设置，如图 2-37 所示。下次在页面中插入对象时将不会显示"输入标签辅助功能属性"对话框。

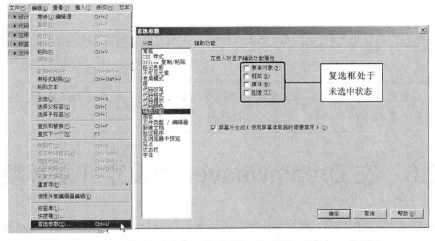

图 2-37　设置辅助功能参数隐藏"输入标签辅助功能属性"对话框

2.6.3　设置在粘贴时不改变表单项的名称

在 Dreamweaver 中编辑网页时，如果将选中的表单项粘贴到页面中的另一位置，或者粘贴到另一页面时，在默认情况下系统将自动更改表单项的名称。如果程序员忽略了表单项的名称，在进行程序调试时将会出现错误，这样就会产生不必要的麻烦耽误程序的开发时间。

为了解决这一问题，可以修改 Dreamweaver 中相应的默认参数值。操作方法是选择"编辑"/"首选参数"命令，打开"首选参数"对话框，在"分类"列表框中选择"代码改写"选项，然后在右侧区域使"粘贴时重命名表单项目"复选框处于未选中状态，如图 2-38 所示。

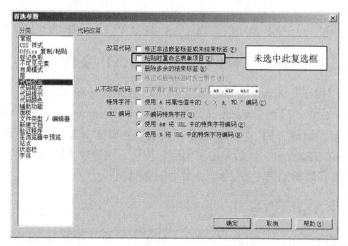

图 2-38　设置在粘贴时不重命名表单项目

2.6.4　在"首选参数"/"常规"对话框中设置常用项

在 Dreamweaver 中，选择"编辑"/"首选参数"命令，打开"首选参数"对话框，在"分类"列表框中选择"常规"选项，这时在右侧区域就可以设置常用项。例如，选中"允许多个连续的空格"复选框后，在页面中就可以连续插入多个空格（默认情况下，一次只能插入一个空格）；可以设置"历史步骤最多次数"，即可设置操作的最多次数。具体设置如图 2-39 所示。

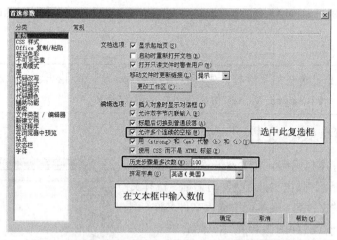

图 2-39　在"首选参数"/"常规"对话框中设置常用项

 在图 2-39 中，单击"更改工作区"按钮可以更换工作区布局为"设计者"或者"代码编写者"。

2.7 开发第一个 ASP 程序

本节通过介绍编写一个 ASP 程序的实现过程，将读者引入 ASP 的开发世界。

2.7.1 使用 Dreamweaver 创建一个 ASP 文件

选择"开始"/"程序"/Macromedia/Macromedia Dreamweaver MX 2004（根据版本的不同，此名称也有所不同）命令，启动 Dreamweaver 编辑器。在 Dreamweaver 编辑器中，选择"文件"/"新建"命令，打开"新建文档"对话框，在"类别"列表框中选择"动态页"选项，在"动态页"列表区选择 ASP VBScript，然后单击"创建"按钮，创建以 VBScript 为主脚本语言的 ASP 文件。详细的创建步骤请参见第 1 章 1.3.1 小节中的介绍。

2.7.2 编写 ASP 代码

在打开页面的代码视图中，<body>与</body>标记之间输入 ASP 程序代码。

【例 2-1】 编写代码，应用 Year()函数和 Now()函数以及 ASP 的输出指令输出当前系统日期的年份；应用 Time()函数以及 ASP 的输出指令输出当前系统时间。代码如下：（实例位置：光盘\MR\源码\第 2 章\2-1）

```
<center>                              <!--定义 center 标记用于将页面内容进行居中显示-->
<h3>第一个 ASP 程序</h3>               <!--定义 h3 标记用于将文字内容定义为 3 级标题-->
<div align="left" style="width:200px "><!--定义 div 标记用于固定显示内容的范围-->
当前日期年份：<%=Year(Now())%>年        <!--通过 Year()和 Now()函数输出当前日期年份-->
<br>                                  <!--定义 br 换行标记-->
<% Response.Write("当前时间："&Time()) %>  <!--使用 Time()函数输出当前时间-->
</div>
</center>
```

在输出当前日期年份时，使用的是<%=expression%>输出指令；在输出当前时间时，使用的是<% Response.Write("输出语句")%>输出语句。

2.7.3 保存 ASP 文件

编写完 ASP 程序代码后，在 Dreamweaver 中选择"文件"/"保存"命令，弹出"另存为"对话框，选择文件的保存位置，在"文件名"文本框中输入文件名称（例如，输入"index.asp"），如图 2-40 所示，然后单击"保存"按钮，即可保存创建的 ASP 文件。

图 2-40 保存 ASP 文件

2.7.4 配置 IIS 运行 ASP 程序

创建并保存 ASP 文件后，配置 IIS 服务器以运行 ASP 程序。下面介绍配置 IIS 服务器的具体步骤。

（1）以 Windows 2003 操作系统为例，选择"开始"/"程序"/"管理工具"/"Internet 信息服务（IIS）管理器"命令，打开"Internet 信息服务（IIS）管理器"对话框，并展开"网站"结点，如图 2-41 所示。

（2）右键单击"默认网站"，在弹出的快捷菜单中选择"属性"命令，打开"默认网站属性"对话框，然后选择"主目录"选项卡，单击"浏览"按钮选择 ASP 程序所在的路径，其他设置如图 2-42 所示。

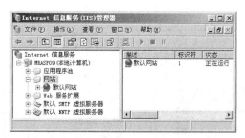

图 2-41　"Internet 信息服务（IIS）管理器"对话框　　　　图 2-42　"默认网站 属性"对话框

（3）单击"确定"按钮完成 IIS 配置。

配置 IIS 服务器后，可以直接打开 IE 浏览器，在浏览器的地址栏中输入网址浏览网页，这里输入"http://localhost/index.asp"。ASP 程序的运行结果如图 2-43 所示。

图 2-43　ASP 程序运行结果

2.7.5　在浏览器中查看源代码

运行 ASP 程序后，浏览者通过浏览器看不到 ASP 文件中的<%和%>分界符之间的脚本命令。这是因为 ASP 程序代码是运行在服务器端的，当服务器端接受客户端的请求后，则使用对应的脚本引擎来解释 ASP 程序代码，然后将解释生成的 HTML 代码返回给客户端浏览器。

在 IE 浏览器中，选择"查看"/"源文件"命令，可以查看到程序的源代码，如图 2-44 所示。

在浏览器端查看到的源代码是已经过解释的 HTML 代码，其中不会显示 ASP 脚本程序。

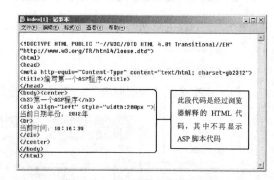

图 2-44　在浏览器中查看源代码

2.8　综合实例——在 Windows 7 中配置 IIS

1．IIS 的添加

进入"控制面板"，依次选"程序"/"程序和功能"打开图 2-45 所示的界面。选择界面左侧的"打开或关闭 Windows 功能"，在弹出的安装 Windows 功能的选项菜单中，按照图 2-46 所示手动选择需要的功能，然后单击"确定"按钮即可完成 IIS 组件的添加。

图 2-45　打开程序界面　　　　　　　图 2-46　加载 IIS 功能

没有说明的勾选项为必选项或默认安装项。

2. 配置 IIS 7 的站点

（1）依次选择"控制面板"/"系统和安全"/"管理工具"，如图 2-47 所示。

图 2-47　管理工具窗口

（2）双击 IIS 管理器来启动 IIS 管理器。然后依次选择"计算机名（图中为 LH-PC）"/"网站"/Default Web Site，然后双击 ASP 图标，对 ASP 模块进行如下配置（本步骤非必要操作），如图 2-48 所示。

图 2-48 配置 IIS 界面

● 为了保证部分使用了父路径的 ASP 程序的正常运行，这里将"启用父路径"选项设置为 True，如图 2-49 所示。

修改位置：行为→启用父路径→True。

图 2-49 启用父路径

如果您的网站没有使用父路径，则本操作可省略。

● 为了调试方便，还需要启用 2 个调试选项，如图 2-50 所示。

修改位置：

· 调试→将错误发送到浏览器→True；

· 调试→启用服务器端调试→True；

· 调试→启用客户端调试→True；

仅在开发调试过程中需要启用。

图 2-50　启动调试

（3）如果需要绑定域名或者修改网站所用端口，可单击图 2-48 右侧的"绑定..."进行设置，设置步骤如图 2-51 所示。

图 2-51　端口号设置

（4）网站物理路径默认是 "C:\inetpub\wwwroot"，如需修改，单击图 2-48 右侧的 "高级设置..." 进行配置，具体的配置方法如图 2-52 所示。

图 2-52　设置网站的物理路径

接着，为网站物理路径设定 IIS 匿名用户的读写权限。单击图 2-48 右侧的 "编辑权限..."，为网站目录增加 IIS_USERS 用户组的读写权限，如图 2-53 所示。

　这是最关键的步骤，很多读者安装后访问 Access 数据库出错就是因为忘了做这一步。因此，每次修改网站物理路径或增加虚拟目录之后，别忘了对这些目录增加相应的 IIS_USERS 用户组权限。

（5）双击图 2-48 中的 "默认文档" 图标，设置网站的默认文档为 index.asp，设置方式如图 2-54 所示。

图 2-53　为网站的物理路径设定 IIS 匿名用户的读写权限　　　图 2-54　设置网站的默认文档

至此，IIS 7 的安装和配置全部完成。

知识点提炼

（1）ASP（Active Server Pages）是微软公司开发的服务器端的脚本编写环境。它支持 VBScript、JavaScript 等多种脚本语言，通过 ADO 可以快速地访问数据库。使用 ASP 可以组合 HTML 页、脚本命令和 ActiveX 组件来完成 Web 应用程序的开发，以满足不同用户的需求。

（2）记事本是最原始的 ASP 开发工具。应用记事本开发 ASP 应用程序的最大优点是不需要独立安装，只要安装微软的操作系统，利用系统自带的记事本就可以完成开发工作。

（3）IIS（Internet Information Server，Internet 信息服务管理器）是一个功能强大的 Internet 信息服务系统，是 Windows 服务器操作系统 Windows NT 和 Windows 2000 中集成的最重要的 Web 技术。

（4）Dreamweaver 是当今流行的网页编辑工具之一。它采用了多种先进技术，提供了图形化程序设计窗口，能够快速高效地创建网页，并生成与之相关的程序代码，使网页创作过程变得简单化，生成的网页也极具表现力。

（5）Visual InterDev 是微软公司推出的一种供 Web 开发者快速建立动态数据库驱动的 Web 应用程序的超强开发工具。它不仅提供了可视化的 Web 开发平台，而且集成了 Web 服务器与浏览器上的资源，在程序中可以随时取用 ASP 内置对象、ActiveX 组件和浏览器的对象模型等。

习　　题

2-1　ASP 的全称是什么？

2-2　在不同版本的 Windows 平台上，ASP 的运行环境有什么要求？

2-3　在 Windows 2000/Windows 2003 上安装 IIS 后，需要启动什么服务才能正常运行 ASP 应用程序？

2-4　测试 IIS 网站服务器主要有哪几种方法？

实验：在 Windows XP 中配置 IIS

实验目的

掌握在 Windows XP 中配置 IIS 的方法。

实验内容

在 Windows XP 操作系统下安装及配置 IIS 服务器。

实验步骤

1. IIS 的添加

请进入"控制面板"，依次选"添加/删除程序→添加/删除 Windows 组件"，将"Internet 信息服务（IIS）"前的复选框选中（如复选框已选中，取消选中，重选，用这种方法添加的 IIS 组件中将包括 Web、FTP、NNTP 和 SMTP 等全部 4 项服务），按提示操作即可完成 IIS 组件的添加。

2. IIS 的运行

当 IIS 添加成功之后，进入"开始"/"程序"/"管理工具"/"Internet 服务管理器"命令以打开 IIS 管理器，对于有"已停止"字样的服务，请单击鼠标右键，选"启动"来开启 IIS。

建立 Web 站点。本机的 IP 地址为 192.168.1.101，网页放在"E:\work"目录下，网站的首页文件名为 index.asp。

（1）设置默认 Web 站点：在"默认 Web 站点"上单击右键，选择"属性"，进入名称为"默认 Web 站点属性"的设置界面。

（2）修改 IP 地址：单击"Web 站点"窗口，在"IP 地址"后的下拉菜单中选择所需用到的本机 IP 地址"192.168.1.101"，如图 2-55、图 2-56 所示。

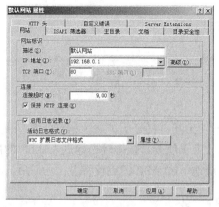
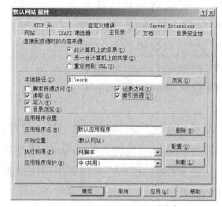

图 2-55　"默认网站属性"对话框　　　　图 2-56　"主目录"选项卡

（3）修改主目录：单击"主目录"选项卡，在"本地路径"输入（或用"浏览"按钮选择）自己网页所在的目录，例如"E:\work"。

（4）设置默认文档：单击"文档"，再单击"添加"按钮，根据提示在"默认文档名"后输入自己网页的首页文件名"index.asp"。

（5）添加虚拟目录：请在"默认 Web 站点"上单击右键，选"新建"/"虚拟目录"，依次在"别名"处输入"test"，在"目录"处输入路径（或单击"浏览"按钮选择路径），单击"下一步"按钮，弹出"设置 Web 站点的访问权限"对话框，一般情况都采用 IIS 5.0 的默认值，除非有特殊的需要。单击"下一步"按钮，再单击"完成"按钮，完成 Web 虚拟目录的创建。打开 IE 浏览器，在地址栏输入"192.168.1.101/test"之后再按回车键，就能看到你创建虚拟目录的网页。

（6）效果的测试：打开 IE 浏览器，在地址栏输入"192.168.1.101"之后再按回车键，此时就能够调出你自己网站的首页，则说明设置成功。

第3章
ASP 基础入门

本章要点：

- ASP 构建网站的特点和工作原理
- ASP 文件的基本结构、声明脚本语言的方法
- ASP 的输出指令与#include 包含指令
- ASP 语句的书写规范
- 获取帮助信息的途径

ASP 是当前流行的网络开发工具，使用它可以开发出具有良好的扩展性和兼容性、强大的动态交互能力和数据处理能力的 Web 应用程序。本章致力于使读者能够轻松地进入 ASP 的网络编程世界，主要介绍 ASP 的基础知识，使读者能够系统地了解 ASP 的编程特点，为以后的学习奠定坚实的基础。

3.1 ASP 构建网站的特点与工作原理

ASP 提供一个环境来运行脚本，具有其独特的构建网站的特点。为了更好地掌握 ASP，本节介绍 ASP 构建网站的特点及其工作原理。

3.1.1 ASP 构建网站的特点

ASP 通过结合 HTML 代码、ASP 指令和 ActiveX 组件能够建立动态、交互和高效的 Web 服务器应用程序。应用 ASP 构建动态网站具有以下特点。

（1）ASP 使用的是标准的 Internet 编程语言。例如，通过应用 VBScript 和 JavaScript 两种脚本语言可以控制网页整体的逻辑性。熟练掌握这两种脚本语言，可以很容易地应用 ASP 构建动态网站。当然，也可以使用 Perl 等其他能被服务器所执行的脚本语言来开发 ASP 应用程序。

（2）如果将 Windows NT 系统作为网站服务器的开发平台，并在这个平台上安装和配置 Internet 信息服务 IIS（Internet Information Server）管理器，就可以免费拥有 ASP 脚本编写环境。如果将 Windows 98 系统作为开发平台，则可以安装个人 Web 服务 PWS（Personal Web Server）管理器。

（3）在 ASP 中，可以使用其内置对象完成基本的操作，还可以应用 ActiveX 控件扩充其功能。

（4）ASP 通过 ADO 提供的对象，可以快速访问各种数据库，如 Access 数据库、SQL Server 数据库、Oracle 数据库、MySQL 数据库、FoxPro 数据库等。

3.1.2　ASP 的工作原理

通过 ASP 处理客户端请求的过程，可以了解 ASP 的工作原理。

（1）用户在客户端浏览器的地址栏中输入 ASP 动态网站的网址，即说明用户向服务器发出了一个浏览网页的请求。

（2）服务器接受请求后，查找所要浏览的网页文件，如果该网页是一个普通的 HTML 文件，则将此文件直接返回给客户端浏览器；如果查找到的文件是一个.asp 文件，则执行该文件中的程序代码，然后将最终结果转化成一个标准的 HTML 文件发送给客户端。

由于最后传送给客户端的是一个标准的 HTML 文件，用户在浏览器上是看不到 ASP 文件的源代码的。

3.2　ASP 文件结构

ASP 脚本程序可以嵌入在 HTML 网页中，从而实现特定的功能。ASP 程序是在服务器端运行的，当客户端浏览 ASP 网页源文件时，只能查看到 HTML 代码，不能浏览到 ASP 程序代码。为了使读者对 ASP 文件有一个明确的认识，本节介绍 ASP 文件的基本结构、声明脚本语言的 3 种方法、输出指令与#include 包含指令的运用。

3.2.1　ASP 文件基本结构

ASP 文件以.asp 为扩展名。在 ASP 文件中，可以包含以下内容。

● HTML 标记：HTML 标记语言包含的标记。HTML 标记语言是所有网页制作技术的核心与基础。关于 HTML 标记语言，请参见本书第 4 章的介绍。

● 脚本命令：包括 VBScript 或 JavaScript 脚本。

● ASP 代码：位于<%和%>分界符之间的命令。在编写服务器端的 ASP 脚本时，也可以在<script>和</script>标记之间定义函数、方法和模块等，但必须在<script>标记内指定 runat 属性值为 server。如果忽略了 runat 属性，脚本将在客户端执行。

● 文本：网页中说明性的静态文字。

【例 3-1】下面给出一个简单的 ASP 程序，以了解 ASP 文件的结构。该程序用于输出当前系统时间。代码如下：

```
<html>
<head><title>一个简单的 ASP 程序</title></head>
<body>
现在时间是: <%= Time()%>
</body>
</html>
```

运行以上程序代码，在浏览器中将显示"现在时间是：15:00:00"的输出结果。

以上代码是在一个标准的 HTML 文件中嵌入 ASP 程序而形成的.asp 文件。其中，<html>…</html>为 HTML 文件的开始标记和结束标记；<head>…</head>为 HTML 文件的头部标记，在头部标记之间，定义了<title>…</title>标题标记，用于显示 ASP 文件的标题信息；<body>…</body>为 HTML 文件的主体标记。文本内容"现在时间是:"以及 ASP 代码"<%= Time()%>"都是嵌入在<body>…</body>标记之间的。

 <head>…</head>与<body>…</body>标记都是包含于<html>…</html>标记之间的，并且<head>…</head>与<body>…</body>标记是独立的部分，不能互相嵌套。

3.2.2 声明脚本语言

在编写 ASP 程序时，可以声明 ASP 文件所使用的脚本语言，以通知 Web 服务器该文件是使用何种脚本语言来编写程序的。声明脚本语言有 3 种方法，下面分别介绍。

1. 在 IIS 服务器中设置

在配置 IIS 服务器时，可以设置 ASP 程序所使用的脚本语言，具体步骤如下。

（1）以 Windows 2003 操作系统为例，打开"Internet 信息服务（IIS）管理器"对话框，展开"网站"节点。右键单击"默认网站"子节点，在弹出的快捷菜单中选择"属性"命令，打开"默认网站 属性"对话框，然后选择"主目录"选项卡，并单击"配置"按钮，如图 3-1 所示。

（2）打开"应用程序配置"对话框，选择"选项"选项卡，在"默认 ASP 语言"文本框中输入所要声明的脚本语言，如图 3-2 所示。

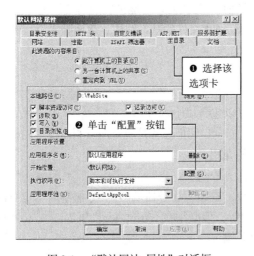

图 3-1　"默认网站 属性"对话框

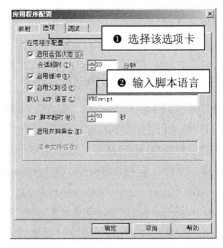

图 3-2　"应用程序配置"对话框

（3）依次单击"确定"按钮，完成设置。

2. 使用 @LANGUAGE 处理指令

在 ASP 处理指令中，可以使用 LANGUAGE 关键字在 ASP 文件的开始设置使用的脚本语言。使用这种方法声明的脚本语言只作用于该文件，对其他文件不会产生影响。

语法：

```
<%@LANGUAGE=scriptengine%>
```

其中，scriptengine 表示编译脚本的脚本引擎名称。Internet 信息服务（IIS）管理器中包含两个脚本引擎，分别为 VBScript 和 JavaScript。默认情况下，文件中的脚本将由 VBScript 引擎进行解释。

【例 3-2】 在 ASP 文件的第 1 行设定页面使用的脚本语言为 VBScript。代码如下：

```
<%@LANGUAGE="VBScript"%>
```

注意

（1）使用@LANGUAGE 处理指令声明脚本语言的语句必须放在 ASP 文件的第 1 行。

（2）如果在 IIS 服务器中设置的默认 ASP 语言为 VBScript，且文件中使用的也是 VBScript，则在 ASP 文件中可以不用声明脚本语言；如果文件中使用的脚本语言与 IIS 服务器中设置的默认 ASP 语言不同，则需使用@LANGUAGE 处理指令声明脚本语言。

3. 通过<script>标记

通过设置<script>标记中的 language 属性值可以声明脚本语言。需要注意的是，此声明只作用于<script>标记。

语法：

```
<script language=scriptengine runat="server">
//脚本代码
</script>
```

其中，scriptengine 表示编译脚本的脚本引擎名称；runat 属性值设置为 server 表示脚本运行在服务器端。

【例 3-3】 在<script>标记中声明脚本语言为 JavaScript，并编写程序用于向客户端浏览器输出指定的字符串。代码如下：

```
<script language="javascript" runat="server">
Response.Write("Hello World!");        //调用 Response 对象的 Write 方法输出指定字符串
</script>
```

运行程序，输出的结果为：Hello World!

3.2.3　使用输出指令

在 ASP 文件中，使用输出指令向客户端浏览器输出指定的信息。

ASP 输出指令的形式如下：

```
<%=expression%>
```

其中，expression 为表达式。在<%和%>分隔符之间使用赋值符号可以显示表达式的值。ASP 输出指令等同于调用 Response 对象的 Write 方法显示指定的信息。

【例 3-4】 在 ASP 文件中，首先为变量 str 赋值，然后输出该变量的值。代码如下：

```
<%
    Dim str                          '定义变量 str
    str="This is a Program!"         '为变量 str 赋值
%>
<%=str%>                             <!--使用输出指令输出变量 str 的值-->
```

或者

```
<%
    Dim str                          '定义变量 str
    str="This is a Program!"         '为变量 str 赋值
%>
<%Response.Write(str)                '调用 Response 对象的 Write 方法输出变量 str 的值%>
```

通过以上两种方法，运行程序输出的结果都为：This is a Program!

3.2.4　使用#include 指令

在 ASP 文件中，可以使用#include 指令调用指定路径的其他文件。

语法：

```
<!--#include keyword=filename-->
```

其中，keyword 表示指令关键字，它可以为 file 或 virtual 关键字；filename 表示指定文件的路径。

 使用#include 指令的文件中不能存在与现有文件重复的 HTML 文件结构，即不能出现两对或更多的<html>…</html>、<head>…</head>与<body>…</body>标记，否则将出现错误。

在调用#include 指令的语句中可以使用 file 或者 virtual 关键字指定文件的相对路径或者虚拟路径。下面介绍#include file 与#include virtual 的区别。

（1）如果文件在网站根目录下，可以直接引用该文件的名称。

【例 3-5】 使用 file 或 virtual 关键字包含 conn.asp 文件。代码如下：

```
<!--#include file="conn.asp"-->
```

或者

```
<!--#include virtual="conn.asp"-->
```

以上两个语句实现的效果是等同的。

假设网站虚拟目录的名称为 ASPWeb，还可以使用如下代码：

```
<!--#include virtual="ASPWeb/conn.asp"-->
```

 使用网站虚拟目录的名称来确定文件路径时，只能使用 virtual 关键字，而不能使用 file 关键字。

（2）如果同一站点下有两个虚拟目录，分别为 ASPWeb1 和 ASPWeb2，并且在 ASPWeb1 下的文件需要引用 ASPWeb2 下的文件，可以使用 virtual 关键字。

【例 3-6】 在 ASPWeb1 下的文件中，引用 ASPWeb2 下的 counter.asp 文件。代码如下：

```
<!--#include virtual="ASPWeb2/counter.asp"-->
```

在这种情况下，不能使用#include file 语句包含文件。

（3）在#include file 语句中使用 "../" 表示文件的相对路径；在#include virtual 语句中使用 "/" 表示相对于网站根目录的文件相对路径。

【例 3-7】 在 manage 文件夹下的文件引用 include 文件夹下的 conn.asp 文件，其中 manage 文件夹和 include 文件夹都位于网站根目录下。代码如下：

```
<!--#include file="../include/conn.asp"-->
```

或者

```
<!--#include virtual="/include/conn.asp"-->
```

（4）如果存在文件 a.inc 和文件 b.inc，在 a.inc 中使用#include 指令包含了 b.inc，那么在 b.inc 中就不能再引用 a.inc 文件了。

3.3 ASP 语句书写规范

在书写 ASP 程序代码时，要遵守一定的规则，以保证程序能够正常运行，减少出现错误的几率，并增强程序的可读性。为了使读者在学习的初级阶段就能养成良好的编程习惯，本节介绍在 ASP 语句中标点符号的使用、变量及函数的命名规则、ASP 语句书写规则和注释语句规则。

3.3.1　ASP 语句中标点符号的使用

在书写 ASP 语句时，一定要使用英文的半角标点符号，否则程序会出现错误，而在字符串中可以使用中文的标点符号。

【例 3-8】　定义一个变量，并为该变量进行赋值。代码如下：

```
<%
    Dim str1,str2                    '声明变量 str1 与 str2
    str1="看这里，世界更精彩！"        '为变量 str1 赋值
    str2="one world, one dream！"     '为变量 str2 赋值
%>
```

在以上代码中，通过比较可以看出：在声明变量的代码行中使用的是英文半角形式的逗号","，而在 str1 与 str2 字符串中使用的是中文形式的逗号"，"；另外，在定义字符串时使用的是英文半角形式的双引号"""，注释语句中使用的是英文半角形式的单引号"'"。

3.3.2　变量及函数的命名规则

变量及函数的命名是以能表达变量或函数的动作意义为原则的。一般由动词开头，然后跟上表示动作对象的名词，各单词的首字母可以大写。另外，还有一些函数命名的通用规则。例如，取数则用 Get 开头，然后跟上要取的对象的名字；设置数则用 Set 开头，然后跟上要设的对象的名字，如 GetXXX 或 SetXXX。

ASP 中的变量及函数名不区分大小写，但是笔者建议相同的变量或函数应使用相同的大小写规范（例如，在程序开始处使用 UserName 变量，那么在以后就不要使用 Username 或 username 来代表该变量），同时按照以下规则为变量或函数命名。

- 名称的开头不能使用数字及特殊符号。
- "."及类型声明等专用语不能作为名称。
- 名称的长度必须在 255 个字符以内。
- 与保留字相同的名称不能使用。

在定义变量时，不能以变量名的大小写来区分变量。

3.3.3　语句书写规则

ASP 语句是以行的形式编写的。一般情况下，一条 ASP 语句占页面的一行。但是，为了使页面更美观，增强代码的可读性，可以使用连接字符"_"和"&"来分行编写长语句。

【例 3-9】　输出一个字符串，使用连接字符"_"和"&"分行编写此语句。代码如下：

```
<%
Response.Write("使用连接字符分行"_
&"编写此语句！")
%>
```

运行程序，输出的结果为：使用连接字符分行编写此语句！

需要注意的是，使用连接字符分行编写程序代码，并不表示程序在执行后显示的文字内容也进行分行显示。上面代码中的输出语句与 Response.Write("使用连接字符分行编写此语句！")所实

现的效果是相同的。

另外，如果要在一行中编写多条 ASP 语句，可以使用连接符 ":"。

【例 3-10】输出两个字符串，使用连接符 ":" 在一行中编写两条 ASP 输出语句。代码如下：

```
<%
Response.Write("输出语句一! <br>"):Response.Write("输出语句二! ")
%>
```

运行程序，输出的结果为：

输出语句一!

输出语句二!

注意

一般情况下，不建议在一行中书写多条 ASP 语句。

3.3.4 注释语句规则

在 ASP 中，可以使用注释语句为程序代码添加注释。注释语句不会被执行，也不会显示在页面上，它只是为了增强源程序的可读性，便于程序员阅读和理解。VBScript 脚本语言中有两种注释方式：使用 rem 语句和使用单引号 "'"。

（1）使用 rem 语句

使用 rem 语句的语法格式如下：

```
rem 注释语句
```

【例 3-11】使用 rem 语句为程序代码添加注释。代码如下：

```
<%  Dim str              rem 定义一个名为 str 的变量    %>
```

（2）使用单引号 "'"

使用单引号 "'" 的语法格式如下：

```
'注释语句
```

【例 3-12】使用单引号 "'" 为代码添加注释。代码如下：

```
<%  str="注释规则"          '为变量 str 赋值                    %>
```

3.4　获取帮助信息

为了方便读者学习，本节介绍获取帮助信息的方式。当读者在开发过程中遇到问题时，可以通过寻找帮助信息，使问题得以解决。

3.4.1 安装和使用 MSDN Library

在实际应用中，通过 MSDN Library 可以获取到相关的帮助信息。准备一张 MSDN 安装盘，然后运行 MSDN 光盘上的 Setup.exe 程序，安装 MSDN Library。

安装完成后，选择 "开始" / "程序" /Microsoft Developer Network/MSDN Library Visual Studio 6.0（CHS）命令，即可打开 MSDN Library Visual Studio 6.0，如图 3-3 所示。

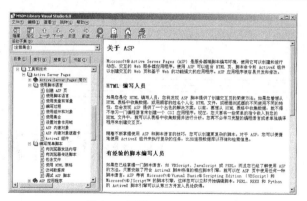

图 3-3　打开 MSDN Library

其中，"目录"选项卡以树状结构列出了要查找内容的目录；"索引"选项卡通过索引表查找相关内容，输入要查找的关键字，即可检索到相关的内容；"搜索"选项卡用来通过全文搜索来查找相关内容。

通过 MSDN Library 可以了解 ASP 中的基本概念，掌握其中的理论知识；读者也可以尝试运行 MSDN Library 中给出的 ASP 程序，在不断的实践中体会 ASP 的编程乐趣。

3.4.2　网上获取资源

通过网上资源可以获得帮助信息，下面提供两个常用网址。

MSDN 中文网站：http://www.microsoft.com/china/msdn，提出问题即可找出答案。

CSDN 中文网站：http://www.csdn.net，专业的程序开发网站。

知识点提炼

（1）HTML 标记语言是所有网页制作技术的核心与基础。

（2）变量及函数的命名是以能表达变量或函数的动作意义为原则的。一般由动词开头，然后跟上表示动作对象的名词，各单词的首字母可以大写。

（3）ASP 语句是以行的形式编写的。一般情况下，一条 ASP 语句占页面的一行。但是，为了使页面更美观，增强代码的可读性，可以使用连接字符"_"和"&"来分行编写长语句。

（4）注释语句不会被执行，也不会显示在页面上，它只是为了增强源程序的可读性，便于程序员阅读和理解。VBScript 脚本语言中有两种注释方式：使用 rem 语句和使用单引号"'"。

习　　题

3-1　ASP 文件是以什么为扩展名的？

3-2　VBScript 脚本语言中有哪两种注释方式？

3-3　在 ASP 文件中，可以包含哪些内容？

3-4　ASP 中的变量及函数名是否区分大小写？

3-5　变量或函数的命名规则是什么？

第4章
Web 页面制作基础

本章要点：

- 使用各种 HTML 标记以及 CSS 样式表制作 Web 页面
- 设置页面中的文本内容技术
- 在页面中建立超链接技术
- 使用表格实现页面布局技术
- 在表单中插入控件技术
- 使用 CSS 样式规范页面显示格式技术

本章介绍 Web 页面制作基础，主要内容包括 HTML 标记语言概述、常用的 HTML 标记、CSS 样式表等。通过本章的学习，读者应了解什么是 HTML 和 CSS 样式表，并能掌握关于文本、超链接、表格、表单等常用的 HTML 标记以及如何定义和引用 CSS 样式表。

4.1　HTML 标记语言

在 Internet 上浏览的大部分网页都是由 HTML 语言构建的。HTML 语言是制作网页的基础，可以说 Web 动态编程都是在 HTML 的基础上运作的。

4.1.1　什么是 HTML

HTML（Hypertext Markup Language，超文本标记语言）是 Web 页面的描述性语言，是在标准通用化标记语言 SGML（Standard Generalized Markup Language）的基础上建立起来的，按其语法规则建立的文本可以运行在不同的操作系统平台和浏览器上，是所有网页制作技术的核心与基础。无论是在 Web 上发布信息，还是编写可供交互的程序，都离不开 HTML 语言的应用。

4.1.2　HTML 文件结构

使用 HTML 语言编写的超文本文件称为 HTML 文件。可以在 Windows 下的文本编辑器中手工直接编写 HTML 文件，也可以使用 FrontPage、Dreamweaver 等可视化编辑软件编写 HTML 文件。

HTML 通过在文本中嵌入各种标记，使普通文本具有超文本的功能。在 HTML 文件中，所有的标记都必须用尖括号"<"和">"括起来。大部分标记都是成对出现的，即包括开始标记和结束标记（结束标记是在开始标记前添加一个斜杠"/"）。开始标记和相应的结束标记定义了标记所影响的范围。但也有一些标记只要求单一标记符号，如
换行标记。

HTML 文件的基本结构如下：

```
<HTML>
  <HEAD>
  …头部信息
  </HEAD>
  <BODY>
  …主体内容
  </BODY>
</HTML>
```

<HTML>…</HTML>：HTML 文件的开始和结束，其中包含<HEAD>和<BODY>标记的内容。

<HEAD>…</HEAD>：HTML 文件的头部标记，用于包含文件的基本信息。

<BODY>…</BODY>：HTML 文件的主体标记，在头部标记</HEAD>之后。它定义了 HTML 文件显示的主要内容和显示格式。

这里需要注意的是，<HEAD>与<BODY>标记是两个独立的部分，不能互相嵌套。

下面编写一个 HTML 文件，代码如下：

```
<html>
<head>
<title>一个 HTML 文件</title>
</head>
<body>
    <P align="center">在这里显示网页内容</P>
</body>
</html>
```

在 IE 浏览器中打开上面建立的 HTML 文件，运行结果如图 4-1 所示。

图 4-1　运行 HTML 文件

4.1.3　HTML 头部标记与主体标记

任何 HTML 文件都是由<HTML>和</HTML>标记包含的。一个标准的 HTML 文件分为头部和主体两大部分。其中，头部标记为<HEAD>，主体标记为<BODY>。

1．头部标记<HEAD>

<HEAD>标记是页面的第二层标记，用于提供与 Web 页面有关的各种信息。在头部标记中，可以使用<TITLE>…</TITLE>标记来指定网页的标题；使用<META>标记设置页面关键字、设定页面字符集、刷新页面等；使用<STYLE>…</STYLE>标记来定义 CSS 样式表；使用<SCRIPT>…</SCRIPT>标记来插入脚本等。一般来说，位于头部标记中的内容都不会在网页上直接显示。

【例 4-1】　在<HEAD>标记内设置页面信息（实例位置：光盘\MR\源码\第 4 章\4-1）

使用<TITLE>标题标记为网页设置标题，并通过<META>元信息标记设置每隔 3 秒钟页面自动刷新一次，代码如下：

```
<html>
<head>
<meta http-equiv="Content-Type" content="text/html; charset=gb2312">  <!--定义页面字符集-->
<meta http-equiv="refresh" content="3"><!--刷新页面-->
<title>美好编程世界</title>  <!--设置页面标题-->
```

```
</head>
<body>
</body>
</html>
```

保存文件为 index.htm。在 IE 浏览器中打开该文件，运行结果如图 4-2 所示。

图 4-2　<HEAD>头部标记

 在 HTML 头部可以包括任意数量的<META>标记。

2. 主体标记<BODY>

在<BODY>和</BODY>中放置的是页面展示的所有内容。作为网页的主体部分，<BODY>标记有很多的内置属性，通过这些属性可以设定网页的总体风格。例如，定义页面的背景图像、背景颜色、文字颜色以及超文本链接颜色等。

（1）Background 属性：用于设定网页的背景图像。属性值为背景图像文件存放的相对路径，如"images/bg.jpg"。

（2）Bglolor 属性：用于设定网页的背景颜色。颜色值是使用颜色的英文名称或者十六进制值表示的，如 red 或者#FF0000。

（3）Bgproperties 属性：用于设定网页的背景图像是否随滚动条滚动。如果属性值为"FIXED"，则表示页面滚动时背景图像不随之滚动；如果属性值为空或者不使用该属性，则表示背景图像同页面内容一起滚动。

（4）Text 属性：用于设定网页文字的颜色。

（5）Link 属性：用于设定未访问时超链接文字的颜色。

（6）Alink 属性：用于设定鼠标单击时超链接文字的颜色。

（7）Vlink 属性：用于设定访问过超链接文字的颜色。

（8）Topmargin 属性：用于设定网页内容与网页上边沿的距离。

（9）Leftmargin 属性：用于设定网页内容与网页左边沿的距离。

【**例 4-2**】 通过<BODY>标记定义页面显示风格（实例位置：光盘\MR\源码\第 4 章\4-2）

通过<BODY>标记的 Background 属性为页面设置背景，通过 Text 属性设置页面文字的颜色，代码如下：

```
<html>
<head>
<meta http-equiv="Content-Type" content="text/html; charset=gb2312">
<title>定义页面显示风格</title>
</head>
<body background="bg.bmp" text="#FF00FF">
<p>页面设置了背景</p>
<p>文字颜色为粉色</p>
</body>
</html>
```

保存文件为 index.htm。在 IE 浏览器中打开该文件，运行结果如图 4-3 所示。

图 4-3　<BODY>主体标记

4.2　设置文字风格

文字是网页的基础部分，突出的文字内容、合理的文字排版能够确切地传达出页面的主要信息。本节介绍字体标记<FONT>、标题字标记<H>、段落标记<P>、换行标记
以及注释标记<!--...-->和<COMMENT>。

4.2.1　定义文字字体

1. 字体标记<FONT>

<FONT>标记可以设定文字的字体、大小和颜色。<FONT>标记的属性包括 FACE（字体）、SIZE（字号）和 COLOR（颜色）。

● FACE 属性

对于中文网页来说，一般汉字使用宋体或者黑体。因为大多数计算机中，默认时都安装这两种字体。不建议在网页中使用过于特殊的字体。

例如：

```
<font face="宋体,黑体">应用指定字体的文字</font>
```

在 FACE 属性中可以定义多个字体，字体之间使用逗号","分开。在这种情况下，浏览器首先查找第一种字体，如果找到，就应用这种字体显示文字；如果没有找到，则依次查找后面列出的字体。如果都没有找到，则使用浏览器默认的字体。

● SIZE 属性

SIZE 属性用于设定文字的字号。字号指的是字体的大小，它没有一个绝对的大小标准，其大小只是相对于默认字体而言。HTML 页面中的文字字号默认为 3。

字号的取值范围为从 1~7 或者从+1~+7、从-1~-7。1 是最小的字号，7 是最大的字号。也可以以像素为单位定义数值，对文字大小进行细微的调节。

例如：

```
<font size="+1">设定大小的文字</font>
```

以上代码的含义：在默认字号的基础上，增大一号显示文字。

● COLOR 属性

HTML 页面中的文字可以使用不同的颜色表示。颜色值可以使用颜色的英文名称或者十六进制代码表示。

例如，定义文字颜色为黄色。

```
<font color="#FFFF00">设定文字的颜色</font>
```

或

```
<font color="yellow">设定文字的颜色</font>
```

<FONT>标记应用于文件的主体标记<BODY>与</BODY>之间，并且只影响它所标识的文字。

【例 4-3】　使用<FONT>标记定义文字（实例位置：光盘\MR\源码\第 4 章\4-3）

通过<FONT>标记的 FACE 属性定义字体为"黑体"，通过 SIZE 属性定义大小为"16px"，通过 COLOR 属性定义颜色为粉色，代码如下：

```
<html>
```

```
<head>
<title></title>
</head>
<body>
使用 font 标记：<br>
<font face="黑体" size="16px" color="#FF00FF">定义文字
字体</font>
</body>
</html>
```

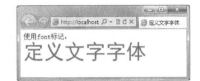

保存文件为 index.htm。在 IE 浏览器中打开该文件，运行
结果如图 4-4 所示。

图 4-4　<FONT>字体标记

2. 标题字标记<H>

标题文字是指以某几种固定的字号显示文字。标题标记由<H1>到<H6>，分别表示 1 级至 6 级标
题，每级标题文字的字体大小依次递减。每个标题标记所标识的文字将独占一行且上下留一空白行。

【例 4-4】使用标题字（实例位置：光盘\MR\源码\第 4 章\4-4）

分别使用<h2>、<h3>、<h4>标记定义不同的标题字，代码如下：

```
<html>
<head>
<title>使用标题字</title>
</head>
<body>
<h2>H2 标题效果</h2>
<h3>H3 标题效果</h3>
<h4>H4 标题效果</h4>
</body>
</html>
```

图 4-5　使用标题字

保存文件为 index.htm。在 IE 浏览器中打开该文件，运行结果如图 4-5 所示。

4.2.2　文字的排版

一个清晰、排版整齐的 Web 页面更能反映其所包含的内容，让读者一目了然。使用文字的排版
标记可以使文字按照定义的规则显示。下面我们来看一下常用的段落标记<P>和换行标记
。

1. 段落标记<P>

段落是指一段格式统一的文本。使用段落标记<P>，将在段落之间间隔一空白行。

语法：

```
<P ALIGN="对齐方式">…</P>
```

其中，ALIGN 是段落标记<P>的常用属性，取值为 LEFT、CENTER 或 RIGHT，即可以实现
段落在水平方向上的左、中、右的对齐。

【例 4-5】　使用<P>标记对文字进行排版（实例位置：光盘\MR\源码\第 4 章\4-5）

通过<P>标记分清文章段落，代码如下：

```
<html>
<head>
<title>使用 P 标记对文字进行排版</title>
</head>
<body>
注意事项：
```

```
<p>（1）使用段落标记&lt;p&gt;,，将在段落之间间隔一空白行。
</p>
<p>（2）&lt;p&gt;标记可以成对使用，也可以单独使用。
</body>
</html>
```

保存文件为 index.htm。在 IE 浏览器中打开该文件，运行结果如图 4-6 所示。

图 4-6　使用<P>标记对文字进行排版

 说明　　<P>标记可以成对出现，即<P>…</P>；也可以单独使用<P>对段落进行控制。

2. 换行标记

标记相当于一个换行符，它可以使内容换行显示。与<P>标记不同：使用
标记后两行之间是没有明显间隔的；而使用<P>标记是开始一个新的段落，段落与段落之间是有很大间隔的（间隔一空白行）。

【例 4-6】　换行显示文字（实例位置：光盘\MR\源码\第 4 章\4-6）

使用
标记在适当位置换行显示文字内容，代码如下：

```
<html>
<head>
<title>换行显示文字</title>
</head>
<body>
第一行文字内容<br>第二行文字内容
</body>
</html>
```

图 4-7　换行显示文字

保存文件为 index.htm。在 IE 浏览器中打开该文件，运行结果如图 4-7 所示。

4.2.3　注释标记

在页面中可以使用注释语句来标注一行源代码或一段源代码的用途，这样便于源代码编写者对代码的检查与维护；还可以使用注释语句添加版权说明等。值得注意的是，注释语句不会显示在浏览器窗口中。在 HTML 文件中，使用注释标记<!--…-->和<COMMENT>来书写注释语句。

语法：

```
<!--…-->
```

或者

```
<COMMENT>…</COMMENT>
```

上述两种表示方法的功能是一样的，都可以为页面添加注释语句。

【例 4-7】　添加注释（实例位置：光盘\MR\源码\第 4 章\4-7）

在页面中，分别使用<!--…-->和<COMMENT>为一行以及整段代码添加注释语句，代码如下：

```
<html>
<head>
<title>添加注释</title>
</head>
<body>
<h2>活动概要：</h2><!--使用 H2 标题字-->
```

```
<p align="center">主题明确；
<br>内容新颖；
<br>深刻寓意。
</p>
<comment>
在 body 标记中，先后使用 H2 标记定义文章主题，
使用 P 标记和 br 标记对文章内容进行排版。
</comment>
</body>
</html>
```

图 4-8　添加注释

保存文件为 index.htm。在 IE 浏览器中打开该文件，运行结果如图 4-8 所示。

4.3　建立超链接

超链接是网页中最重要的元素之一。一个网站是由多个页面组成的，页面之间是根据链接确定相互的导航关系。单击网页上的链接文字或者图像后，就可以跳转到另一个网页。每一个网页都有唯一的地址，在英文中被称作 URL（Uniform Resource Locator，统一资源定位符）。

4.3.1　链接标记<A>

在网页中使用<A>标记建立超链接。链接标记<A>的属性如下。

● href 属性

href 属性用于指定链接地址。例如：

```
<a href="index.htm"></a>
<a href="http://www.mrbccd.com"></a>
<a href="#"></a>
```

以上第 1 行代码为建立的内部链接；第 2 行代码为建立的外部链接；第 3 行代码中，通过#符号实现了空链接，即鼠标单击链接后仍然停留在当前页面。

● target 属性

target 属性用于指定链接的目标窗口。target 属性的取值如表 4-1 所示。

表 4-1　　　　　　　　　　　　　　　　target 属性的取值

属性值	描　　述
_parent	在上一级窗口中打开。一般使用框架页时使用
_blank	在新窗口中打开
_self	在当前窗口中打开
_top	在浏览器的整个窗口中打开，忽略任何框架

例如，在新窗口中打开链接页面。

```
<a href="http://www.mrbccd.com" target="_blank"></a>
```

● title 属性

title 属性用于定义链接的提示文字，即当鼠标悬停在超链接文字或图像上时显示的文字信息。例如：

```
<a href="index.htm" title="新闻网站--首页面"></a>
```

● name 属性

name属性用于定义链接的名称，使用该属性可以建立书签链接。

例如，建立并引用书签链接。

```
<a name="content_link"></a><!--建立书签链接-->
…
<a href="#content_link"></a><!--引用书签链接-->
```

4.3.2　建立内部链接

内部链接指的是在同一个网站内部，不同的 HTML 页面之间的链接关系，即链接指向的是站点文件夹之内的文件。

语法：

```
<a href="链接文件的路径">链接内容</a>
```

其中，链接文件的路径使用的是相对文件路径；链接内容可以是文字或者图像等。

 相对文件路径是指在同一网站下，通过给定的目录以及文件名称确定文件的位置。如果链接同一目录下的文件，则只需指定链接文件的名称；如果链接下一级目录中的文件，则先输入目录名，然后加符号"/"，再输入文件名；如果链接上一级目录中的文件，则需先输入符号"../"，再输入目录名、文件名。

【例 4-8】建立内部链接（实例位置：光盘\MR\源码\第 4 章\4-8）

通过<A>标记，并使用"相对文件路径"指定 href 属性值来建立内部链接，代码如下：

```
<html>
<head>
<title>建立超链接</title>
</head>
<body>
<h2>建立超链接: </h2>
<p align="center">
<a href="sub_01.htm">了解链接标记A</a><br><br>
<a href="sub_02.htm" target="_blank">练习建立内部链接
</a><br><br>
<a href="sub_03.htm" target="_blank">实践建立外部链接</a>
</p>
</body>
</html>
```

图 4-9　建立内部链接

保存文件为 index.htm，并建立相应的目标文件 sub_01.htm、sub_02.htm 和 sub_03.htm。在 IE 浏览器中打开该文件，运行结果如图 4-9 所示。

4.3.3　建立外部链接

外部链接指的是跳转到当前网站外部，与其他网站中的页面或者其他元素之间的链接关系。这种链接在一般情况下需要书写绝对的链接地址。

建立外部链接时，通常使用 URL 统一资源定位符来定位万维网信息。这种方式可以简洁、明了、准确地描述信息所在的地点。下面看一下通过"http://"和"mailto:"如何实现链接到外部网站和发送邮件的。

1. http://链接到外部网站

语法：

```
<a href="http://">链接内容</a>
```

http://后面写下的是网站地址。

例如，在网页中建立链接，链接到其他外部网站。

```
<a href="http://www.mrbccd.com">单击这里</a>
```

2. mailto:发送邮件

在 HTML 页面中可以建立 E-mail 链接，当浏览者单击 E-mail 链接后，系统会启动默认的电子邮件软件进行 E-mail 的发送。

语法：

```
<A HREF="MAILTO:A@B.C">发送 E-mail</A>
<A HREF="MAILTO:A@B.C?SUBJECT=CONTENT">发送 E-mail</A>
<A HREF="MAILTO:A@B.C?CC=A@B.C">发送 E-mail</A>
<A HREF="MAILTO:A@B.C?BCC=A@B.C">发送 E-mail</A>
```

其中，各参数说明如表 4-2 所示。

表 4-2　　　　　　　　　　　　　　　参数说明

参　　　数	描　　　述
A@B.C	代表邮件地址
SUBJECT	电子邮件主题
CC	抄送收件人
BCC	暗送收件人

E-mail 链接地址中包含多个参数时，参数间使用"&"符号分隔。

【例 4-9】 发送 E-mail（实例位置：光盘\MR\源码\第 4 章\4-9）

通过 mailto:建立发送 E-mail 的超链接，并设置其 SUBJECT、CC 和 BCC 参数值，代码如下：

```
<html>
<head>
<title>发送 E-mail</title>
</head>
<body>
<p><a href="mailto:mingrisoft@mingrisoft.com">给作者的信 1</a></p>
<p><a href="mailto:mingrisoft@mingrisoft.com?subject=意见反馈&cc=a@b.c&bcc=a@b.c">给作者的信 2</a></p>
</body>
</html>
```

保存文件为 index.htm。在 IE 浏览器中打开该文件，运行结果如图 4-10 所示。

在图 4-10 中单击"给作者的信 1"和"给作者的信 2"超链接后，运行结果如图 4-11、图 4-12 所示。

图 4-10　建立发送 E-mail 的超链接

图 4-11　单击"给作者的信 1"运行结果　　　　图 4-12　单击"给作者的信 2"运行结果

4.4　多媒体效果

在网站中使用图像或者多媒体，不但可以使网站更美观，还可以增加网站的访问量。多媒体是指利用计算机技术，把多种媒体综合在一起，使之建立起逻辑上的联系，并能对其进行各种处理的一种方法。多种媒体主要包括文字、声音、图像和动画等各种形式。本节介绍如何在网页中插入图片，播放音乐、视频和 Flash 动画，播放背景音乐以及实现文字或图片的滚动效果。

4.4.1　插入图片

在纯文本的 HTML 页面中插入图片，可以给原来单调乏味的页面添加生气。HTML 语言中使用<IMG>标记插入图片，这个标记没有终止标记。<IMG>标记的常用属性如下。

● src 属性

src 属性用于指出图片的 URL 地址，可以是绝对地址或者相对地址。

● width、height 属性

设定图片的宽度和高度，一般采用像素为单位。

● hspace、vspace 属性

设定图片边沿空间，即调整图片与文字（或其他元素）之间的左右距离和上下距离。hspace设定图片左右空间，vspace 设定图片上下空间。

● border 属性

设定图片边框大小。

● align 属性

调整图片与文字的位置。控制文字出现在图片的偏上方、中间、底端、左右，其取值分别为top、middle、bottom、left、right。

● alt 属性

设定描述图片的文字。在浏览器中当鼠标放在图片上时，会出现所设置的描述文字。如果浏览器不支持显示图片文件时，所设置的描述文字将代替图片显示。

● lowsrc 属性

指定低分辨率图片的 URL 地址。低分辨率的图像画质较差，但占用空间较小、传送文件较快，可以应用在网络拥塞的线路上。

图片有多种格式，如 jpg、gif、png、bmp、tif、pic 等。目前在网页设计中常用的是 jpg 和 gif格式的图片。

【例 4-10】 在网页中插入图片（实例位置：光盘\MR\源码\第 4 章\4-10）

在网页中使用<IMG>标记插入图片 flower.jpg 文件，并设定 hspace 属性值为 5，文字对齐方式为 left，代码如下：

```
<html>
<head>
<title>在网页中插入图片</title>
</head>
<body>
<img src="flower.jpg" width="378" height="275"
hspace="5" align="left" />
主题：<br><font style="font-size:20px;
font-weight:bold">百花争艳</font>
</body>
</html>
```

图 4-13　在网页中插入图片

保存文件为 index.htm。在 IE 浏览器中打开该文件，运行结果如图 4-13 所示。

4.4.2　播放音乐、视频和 Flash 动画

在 HTML 文件中，使用<EMBED>标记可以直接嵌入多媒体文件，如播放音乐、视频和 Flash 动画。<EMBED>标记的属性如表 4-3 所示。

表 4-3　　　　　　　　　　　　　　　　　　<EMBED>标记的属性

属　　　性	描　　　述
src	多媒体文件路径
width	播放多媒体文件区域的宽度
heigth	播放多媒体文件区域的高度
hidden	控制播放面板的显示和隐藏，取值为 True 代表隐藏面板，取值为 No 代表显示面板
autostart	控制多媒体内容是否自动播放，取值为 True 代表自动播放，取值为 False 代表不自动播放
loop	控制多媒体内容是否循环播放，取值为 True 代表无限次循环播放，取值为 No 代表仅播放一次

1.　播放 MP3 音乐

MP3（MPEG Layer3）是一种数字音频格式，是以 MPEG Layer3 压缩编码为标准压缩音频。MP3 压缩率可以达到 1：12，也就是说 1 分钟的 CD 音质的音乐经过 MPEG Layer3 压缩编码可以压缩到 1 兆左右而基本保持不失真。在网页中可以嵌入 MP3 声音文件，以满足浏览者的需要。

例如，在网页中<EMBED>标记嵌入 MP3 音乐文件，并设置在网页打开时自动播放 MP3 音乐，代码如下：

```
<embed src="3-01.mp3" width="300" height="200" hidden="no" autostart="true"></embed>
```

2.　播放 MPG 电影和 AVI 视频

● 播放 MPG 电影

MPEG（Moving Pictures Experts Group，动态图像专家组）数字视频格式是运动图像压缩算法的国际标准，采用了有损压缩方法减少运动图像中的冗余信息。它在数字电视、动态图像、因特网、实时多媒体监控、移动多媒体通信、Internet/Intranet 上的视频服务与可视游戏、DVD 上的交互多媒体等方面都有应用。

【例 4-11】 播放 MPG 电影（实例位置：光盘\MR\源码\第 4 章\4-11）

使用<EMBED>标记嵌入 MPG 电影文件，并设置显示播放面板和自动播放的功能，代码如下：

```
<html>
<head>
<title>播放 MPG 电影</title>
</head>
<body>
<embed    src="mingrisoft.mpg"    width="300"    height="260"
hidden="no"
    autostart="true"></embed>
</body>
</html>
```

图 4-14　播放 MPG 电影

保存文件为 index.htm。在 IE 浏览器中打开该文件，运行结果如图 4-14 所示。

- 播放 AVI 视频

AVI（Audio Video Interlaced）是一种不需要专门硬件参与就可以实现大量视频压缩的数字视频压缩格式，是文件音频数据和视频数据的混合，即音频数据和视频数据交错存放在同一个文件中。在 Microsoft 公司的 Video For Windows 支持下，可以用软件来播放 AVI 视频信号，因此它是视频编辑中经常用到的文件格式。大多数的 CD-ROM 多媒体光盘也都选用 AVI 作为视频文件的存储格式。

【例 4-12】 播放 AVI 视频（实例位置：光盘\MR\源码\第 4 章\4-12）

使用<EMBED>标记嵌入 AVI 视频文件，并设置显示播放面板、页面打开时自动播放视频文件以及循环播放的功能，代码如下：

```
<html>
<head>
<title>播放 AVI 视频</title>
</head>
<body>
<h2>播放 AVI 视频</h2>
<embed    src="mingrisoft.avi"    width="300"    height="260"
hidden="no" autostart="true"
    loop="true"></embed>
</body>
</html>
```

图 4-15　播放 AVI 视频

保存文件为 index.htm。在 IE 浏览器中打开该文件，运行结果如图 4-15 所示。

3. 播放 Flash 动画

Flash 动画是一种矢量动画格式，是用 Macromedia 公司的 Flash 软件编辑而成，具有体积小、兼容性好、直观动感、互动性强大、支持 MP3 音乐等诸多优点，是当今比较流行的 Web 页面动画格式。在任何一个版本的浏览器上只要安装好插件，就可以观看 Flash 动画了。

【例 4-13】 播放 Flash 动画（实例位置：光盘\MR\源码\第 4 章\4-13）

使用<EMBED>标记嵌入 Flash 动画，并定义播放区域的尺寸（即宽和高），代码如下：

```
<html>
<head>
<title>播放 Flash 动画</title>
</head>
<body>
<h3>播放 Flash 动画</h3>
<embed src="car.swf" width="300" height="200"></embed>
```

```
</body>
</html>
```

保存文件为 index.htm。在 IE 浏览器中打开该文件，运行结果如图 4-16 所示。

图 4-16　播放 Flash 动画

4.4.3　播放背景音乐

在网页中使用<BGSOUND>标记可以为页面设置背景音乐。与使用<EMBED>标记不同：<BGSOUND>标记不但可以实现无限次循环播放音乐文件的功能,而且在网页最小化的时候背景音乐将自动停止；其没有显示效果，是真正的背景音乐标记。

语法：

```
<bgsound src="file_name" loop="loop_value">
```

其中，src 为指定的背景音乐文件路径；loop 为播放的循环次数，取值为-1 或者 Infinite 表示无限次循环。

通过<BGSOUND>标记可以嵌入多种格式的音乐文件，常用的是 MIDI 文件。MIDI（Musical Instrument Digital Interface，乐器数字化接口）接口技术的作用是使电子乐器与电子乐器、电子乐器与计算机之间通过一种通用的通信协议进行通信。MIDI 技术使得乐器与计算机之间的通信数据量很低，便于在互联网传输数据。

例如，使用<BGSOUND>标记为网页设置循环播放的背景音乐，代码如下：

```
<bgsound src="3-01.mid" loop="-1">
```

4.4.4　滚动效果

在 HTML 页面中，可以实现文字或者图片的滚动效果。例如，可以使一段文字从浏览器的右边进入，横穿屏幕，从浏览器的左边退出等。在静态的页面中使用滚动的效果，可以突出页面中想要强调的内容。在 HTML 语言中使用<MARQUEE>标记实现滚动效果。

语法：

```
<MARQUEE>滚动内容</MARQUEE>
```

<MARQUEE>标记的常用属性如下。

● direction 属性

确定滚动的方向，分为向上、向下、向左、向右，对应的取值为 up、down、left、right。

● behavior 属性

设置滚动的方式，包括循环滚动、一次滚动、交替滚动，对应的取值为 scroll、slide、alternate。

● loop 属性

设置循环滚动的次数。

● scrollamount 属性

设置滚动的速度，单位为像素。值越大滚动速度越快。

● scrolldelay 属性

设置两次滚动的间隔时间，即每一次滚动间隔产生的时间延迟。值越大滚动的速度越慢。

● width 属性

设置滚动区域的宽度。

● height 属性

设置滚动区域的高度。

- bgcolor 属性

设置滚动区域的背景颜色。

【例 4-14】　实现文字滚动效果（实例位置：光盘\MR\源码\第 4 章\4-14）

使用<MARQUEE>标记实现文字由下向上循环滚动的效果，并设置滚动区域的宽度、高度以及背景颜色等，代码如下：

```
<html>
<head>
<meta http-equiv="Content-Type" content="text/html; charset=gb2312" />
<title>实现文字滚动效果</title>
</head>
<body>
<h3>文字以循环方式从下向上滚动</h2>
<marquee width="230" height="150" bgcolor="#FF9900" hspace="5" vspace="15" direction="up" behavior="scroll" scrollamount="2" scrolldelay="0">
<font color="#0099FF" style="font-weight:bold ">
（1）最新新闻动态<br><br>
（2）体育新闻<br><br>
（3）娱乐新闻<br><br>
（4）国际新闻
</font>
</marquee>
</body>
</html>
```

图 4-17　实现文字滚动效果

保存文件为 index.htm。在 IE 浏览器中打开该文件，运行结果如图 4-17 所示。

4.5　制作表格

表格是网站常用的页面元素，是网页排版的灵魂，在页面中用表格来加强对文本位置的控制和显示数据，直观清晰，而且 HTML 的表格使用起来非常灵活。

4.5.1　表格的基本结构

表格是网页排版的最佳手段，利用表格的丰富属性可以设计出各种复杂的表格。在 HTML 中，表格主要由 3 个标记来构成：表格标记<TABLE>、行标记<TR>、单元格标记<TD>。

表格的基本结构如下：

```
<TABLE>
    <TR>
        <TD>…</TD>
        …
    </TR>
    <TR>
        <TD>…</TD>
        …
    </TR>
```

```
    ...
</TABLE>
```

例如，制作一个简单的 2 行 2 列的表格，代码如下：

```
<table width="200" border="1">
  <tr>
    <td>第一行第一列</td>
    <td>第一行第二列</td>
  </tr>
  <tr>
    <td>第二行第一列</td>
    <td>第二行第二列</td>
  </tr>
</table>
```

4.5.2 定义表格的标题和表头

在 HTML 语言中，可以通过<CAPTION>标记为表格添加标题，通过<TH>标记定义表格表头。

● <CAPTION>标记定义表格标题

语法：

```
<CAPTION>…</CAPTION>
```

通过<CAPTION>标记的 align 属性可以设置标题在水平方向相对于表格的对齐方式，如居左对齐（left）、居中对齐（center）、居右对齐（right）。

通过<CAPTION>标记的 valign 属性可以设置标题在垂直方向相对于表格的对齐方式，如在表格上方（top）、在表格下方（bottom）。

【例 4-15】 定义表格的标题（实例位置：光盘\MR\源码\第 4 章\4-15）

使用<CAPTION>标记为表格添加标题，代码如下：

```
<table width="300" border="1">
<caption align="center">一个简单的表格</caption>
  <tr>
    <td>第一行第一列</td>
    <td>第一行第二列</td>
  </tr>
  <tr>
    <td>第二行第一列</td>
    <td>第二行第二列</td>
  </tr>
</table>
```

图 4-18　定义表格的标题

保存文件为 index.htm。在 IE 浏览器中打开该文件，运行结果如图 4-18 所示。

● <TH>标记定义表格表头

表头是指表格的第一行。通过<TH>标记可以定义表格的表头，其中的文字居中对齐并且加粗显示。

语法：

```
<TABLE>
    <TR>
        <TH>…</TH>
        ...
```

```
    </TR>
    <TR>
        <TD>…</TD>
        …
    </TR>
    …
</TABLE>
```

通过定义表头，可以很容易地将表格第一行文字与其他行文字形成显著对比。

【例 4-16】定义表格表头（实例位置：光盘\MR\源码\第 4 章\4-16）

使用<TH>标记定义表格表头，即定义表头内容居中对齐并且加粗显示，代码如下：

```
<table width="300" border="1">
  <tr>
    <th>姓名</th>
    <th>年龄</th>
  </tr>
  <tr>
    <td>张三</td>
    <td>27</td>
  </tr>
  <tr>
    <td>李四</td>
    <td>28</td>
  </tr>
</table>
```

图 4-19　定义表格表头

保存文件为 index.htm。在 IE 浏览器中打开该文件，运行结果如图 4-19 所示。

4.5.3　设置表格的边框和间隔

<TABAL>标记的 border 属性用于设置表格的边框大小，cellspacing 属性和 cellpadding 属性用于设置表格内元素的间隔。

- border 属性

定义表格边框线的宽度，单位为像素。默认情况下，表格的边框为 0 像素。

- cellspacing 属性

设定表格的单元格与单元格之间的间距。间距以像素为单位。

- cellpadding 属性

设定表格的单元格内容和边框之间的距离。边距以像素为单位。

【例 4-17】　设置表格的边框和间隔（实例位置：光盘\MR\源码\第 4 章\4-17）

通过<TABAL>标记的 border 属性设置边框为 5 像素，cellspacing 属性设置间距为 8 像素，cellpadding 属性设置边距为 10 像素，代码如下：

```
<table width="300" border="5" cellpadding="10" cellspacing="8">
  <tr>
    <td>第一行第一列</td>
    <td>第一行第二列</td>
  </tr>
  <tr>
    <td>第二行第一列</td>
    <td>第二行第二列</td>
```

```
    </tr>
</table>
```

保存文件为 index.htm。在 IE 浏览器中打开该文件，运行结果
如图 4-20 所示。

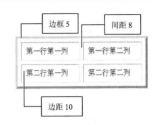

图 4-20　设置表格的边框和间隔

4.5.4　定义表格尺寸和背景颜色

- 定义表格尺寸

通过<TABAL>标记的 width 和 height 属性可以设置整个表格的
宽度和高度；通过<TD>标记的 width 和 height 属性可以设置表格内单元格的宽度和高度。单位为
像素或者以百分比形式表现。

【例 4-18】 定义表格尺寸（实例位置：光盘\MR\源码\第 4 章\4-18）

设定表格的宽度为 300 像素，并设置第一列单元格的相对宽度为 30%，单元格的高度为 20 像
素，代码如下：

```
<table width="300" border="1">
  <tr>
    <td width="30%" height="20">******</td>
    <td height="20" >******</td>
  </tr>
  <tr>
    <td width="30%" height="20">******</td>
    <td height="20" >******</td>
  </tr>
</table>
```

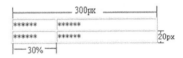

图 4-21　定义表格尺寸

保存文件为 index.htm。在 IE 浏览器中打开该文件，运行结果如图 4-21 所示。

- 设置表格背景颜色

通过<TABAL>标记的 bgcolor 属性可以设置整个表格的背景颜色，通过<TR>标记的 bgcolor 属
性可以设置表格同一行的背景颜色，通过<TD>标记的 bgcolor 属性可以设置一个单元格的背景颜色。

【例 4-19】 设置表格背景颜色（实例位置：光盘\MR\源码\第 4 章\4-19）

通过<TABAL>标记、<TR>标记和<TD>标记的 bgcolor 属性分别设置整个表格、表格的一行、
单元格的背景颜色，代码如下：

```
<table width="300" border="1" bgcolor="#FF6600">
  <tr>
    <td>第一行第一列</td>
    <td>第一行第二列</td>
  </tr>
  <tr>
    <td>第二行第一列</td>
    <td bgcolor="#FFFFFF">第二行第二列</td>
  </tr>
  <tr bgcolor="#FFFF00">
    <td>第三行第一列</td>
    <td>第三行第二列</td>
  </tr>
</table>
```

图 4-22　设置表格背景颜色

以上代码中设置整个表格的背景颜色为橘黄色，可参见"第一行第一列"、"第一行第二列"、
"第二行第一列"；设置"第二行第二列"的背景颜色为白色；设置第三行的背景颜色为浅灰色。

保存文件为 index.htm。在 IE 浏览器中打开该文件，运行结果如图 4-22 所示。

4.5.5　设定表格的对齐方式

通过<TABAL>标记的 align 属性可以设定表格相对于页面的水平对齐方式，通过<TR>标记的 align 属性、valign 属性可以设定一行内容的水平和垂直对齐方式，通过<TD>标记的 align 属性、valign 属性可以设定单元格内容的水平和垂直对齐方式。

【例 4-20】　设定表格的对齐方式（实例位置：光盘\MR\源码\第 4 章\4-20）

通过<TABAL>标记的 align 属性定义整个表格居右对齐，通过<TR>标记和<TD>标记的 align 属性、valign 属性设定行、单元格内容的对齐方式，代码如下：

```
<table width="300" border="1">
  <tr>
    <td height="30" align="center" valign="middle">第一行第一列</td>
    <td height="30" align="center" valign="middle">第一行第二列</td>
  </tr>
  <tr>
    <td height="30" align="left" valign="top">第二行第一列</td>
    <td height="30" align="right" valign="bottom">第二行第二列</td>
  </tr>
</table>
```

以上代码中设置整个表格居右对齐，设置第一行内容水平居中、垂直居中对齐；设置"第二行第一列"内容水平居左、垂直居上对齐；设置"第二行第二列"内容水平居右、垂直居下对齐。保存文件为 index.htm。在 IE 浏览器中打开该文件，运行结果如图 4-23 所示。

图 4-23　设定表格的对齐方式

4.5.6　设置跨行、跨列的表格

在设计网页过程中，有时需要设置跨行、跨列的表格，即表格中的一个单元格占用多行或者多列。

- <TD>标记的 rowspan 属性

设置单元格在水平方向上跨越的单元格个数。

- <TD>标记的 colspan 属性

设置单元格在垂直方向上跨越的单元格个数。

【例 4-21】　设置跨行、跨列的表格（实例位置：光盘\MR\源码\第 4 章\4-21）

通过<TD>标记的 rowspan 属性、colspan 属性分别设置跨行、跨列的单元格，代码如下：

```
<table width="300" border="1">
  <tr>
    <td width="85" rowspan="2">跨两行</td>
    <td colspan="2">跨两列</td>
  </tr>
  <tr>
    <td width="128">data1</td>
    <td width="65">data2</td>
  </tr>
  <tr>
    <td>data3</td>
    <td>data4</td>
```

```
    <td>data5</td>
  </tr>
</table>
```

保存文件为 index.htm。在 IE 浏览器中打开该文件，运行结
果如图 4-24 所示。

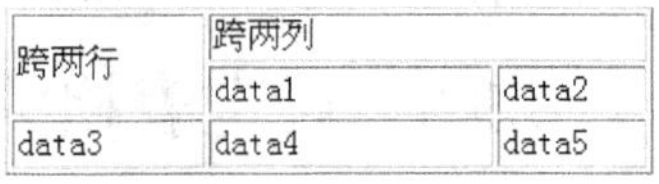

跨两行	跨两列	
	data1	data2
data3	data4	data5

图 4-24 定义表格尺寸

4.6 建立表单

表单是客户端和服务器端交互的重要手段。利用表单可以收集客户端提交的有关信息。例如，
注册一个电子信箱时，用户需要填写网站提供的表单，其内容包括用户名、密码、联系方式等信息。

提交表单信息的处理过程：单击表单中的提交按钮时，在表单中输入的信息会上传到服务器；
然后由服务器上的相关应用程序进行处理；处理后或者将用户提交的信息储存在服务器端的数据
库中，或者将一些信息返回给客户浏览器端。

4.6.1 表单的结构

表单是网页上的一个特定区域，这个区域是由<FORM>、</FORM>标记定义的。其他的表单
对象，都要插入表单之中；单击表单的提交按钮时，提交的也是表单范围之内的内容。表单区域
还携带表单的相关信息，例如处理表单的脚本程序的位置、提交表单的方法等。

表单的结构如下：

```
<FORM  NAME="form_name"  METHOD="method"  ACTION="URL"  ENCTYPE="value"  TARGET=
"target_win"">
...
</FORM>
```

<FORM>标记的属性如下。

● name 属性

定义表单的名称，这样可以准确地控制表单及其内容。

● method 属性

设定表单内容的提交方式。其取值为 GET 或 POST。GET 方法是将表单内容附加在 URL 地
址后面；POST 方法是将用户在表单中填写的数据包含在表单的主体中一起传送到服务器上的处
理程序中，在浏览器的地址栏不显示提交的信息。method 属性默认的提交方式为 GET。

● action 属性

定义表单提交的地址，即相应的处理页面。提交的 URL 地址可以为绝对地址或者相对地址。

● enctype 属性

设置表单内容的编码方式。enctype 属性的 VALUE 取值有 3 种。

Text/plain：以纯文本形式传送信息。

Application/x-www-Form-urlencoded：默认的编码形式。

Multipart/Form-data：使用 MINE 编码。

● target 属性

设置返回信息的显示方式。其取值有 "_blank"、"_parent"、"_self" 和 "_top"。

4.6.2　在表单中插入控件

表单相当于一个容器，只有在表单中添加表单元素，表单才具有实际意义。例如，在表单中插入文本框、单选框、按钮、文本域、列表/菜单等。下面介绍表单控件对应的标记：<INPUT>标记、<TEXTAREA>标记、<SELECT>和<OPTION>标记。

1. 输入域标记<INPUT>

<INPUT>标记是表单中最常用的标记之一。

语法：

```
<FORM>
<INPUT NAME="filed_name" TYPE="type_name">
</FORM>
```

其中，NAME 表示输入域的名称，TYPE 表示输入域的类型。根据 TYPE 取值的不同，所表示的控件也不同。

TYPE 属性的取值如下。

（1）文字域 TEXT

<INPUT>标记的 TYPE 属性值为 TEXT 表示控件为文本框。在文本框中可以输入任何类型的文本、数字、字母等字符串。输入的内容以单行显示。

语法：

```
<FORM>
<INPUT    Type="text"    NAME="field_name"    MAXLENGTH="value"    SIZE="value"
VALUE="field_value">
</FORM>
```

文本框对应的属性如下。

- NAME 属性：文本框的名称。
- SIZE 属性：文本框的宽度（以字符为单位）。
- MAXLENGTH 属性：文本框的最大输入字符数。
- VALUE 属性：文本框的默认值。

（2）密码域 PASSWORD

在表单中还有一种文本域的形式为密码域，输入到文本域中的文字均以星号或者圆点显示。

语法：

```
<FORM>
<INPUT Type="password" NAME="field_name" MAXLENGTH="value" SIZE="value">
</FORM>
```

密码域对应的属性如下。

- NAME 属性：密码域的名称。
- SIZE 属性：密码域的宽度（以字符为单位）。
- MAXLENGTH 属性：密码域的最大输入字符数。
- VALUE 属性：密码域的默认值。

（3）文件域 FILE

文件域的外观是一个文本框加一个浏览按钮。用户既可以直接在文本框中输入上传文件的路径，也可以单击浏览按钮选择要上传的文件，然后通过表单将文件上传到服务器上。例如，上传附件、Office 文档、图片等各种类型的文件，都要用到文件域。

语法：

```
<FORM>
<INPUT Type="file" NAME="field_name">
</FORM>
```

（4）单选按钮 RADIO

单选按钮要求在所给出的项目中只允许选择一项。

语法：

```
<FORM>
<INPUT Type="radio" NAME="field_name" Value="value">
</FORM>
```

（5）复选按钮 CHECKBOX

复选按钮能够进行项目的多项选择。

语法：

```
<FORM>
<INPUT Type="checkbox" NAME="field_name" checked Value="value">
</FORM>
```

（6）提交按钮 SUBMIT

单击提交按钮，可以实现表单内容的提交。

语法：

```
<FORM >
<INPUT Type="submit" NAME="field_name" Value="button_text">
</FORM>
```

其中，VALUE 代表显示在按钮上面的文字。

（7）重置按钮 RESET

单击重置按钮，可以清除表单的内容，恢复默认的表单内容设定。

语法：

```
<FORM>
<INPUT Type="reset" NAME="name" Value="button_text">
</FORM>
```

（8）普通按钮 BUTTON

普通按钮一般是配合 JavaScript 脚本来进行表单的处理。

语法：

```
<FORM>
<INPUT Type="BUTTON" NAME="field_name" Value="button_text">
</FORM>
```

（9）隐藏域 HIDDEN

隐藏域在页面中对于用户而言是不可见的，插入隐藏域的目的在于通过隐藏的方式收集或者发送信息。浏览者单击发送按钮发送表单的时候，隐藏域的信息也被一起发送到相关页面。

语法：

```
<FORM>
<INPUT Type="hidden" NAME="name" Value="value">
</FORM>
```

（10）图像域 IMAGE

图像域是指设置图片为表单的提交按钮，即图片具有按钮的功能。

语法：

```
<FORM>
<INPUT Type="image" NAME="name" SRC="image_url">
</FORM>
```

其中，在 SRC 属性中给出图片文件存放的路径。

2. 文字域标记<TEXTAREA>

文字域标记<TEXTAREA>用来制作多行的文字域，可以在其中输入更多的文本。

语法：

```
<FORM>
<TEXTAREA NAME="name" Rows=value Cols=value Value="value">
    …文本内容
</TEXTAREA>
</FORM>
```

文字域标记<TEXTAREA>的属性如下。

- name 属性：文字域的名称。
- rows 属性：文字域的行数。
- cols 属性：文字域的列数。
- value 属性：文字域的默认值。

3. 选择域标记<SELECT>和<OPTION>

通过选择域标记<SELECT>和<OPTION>可以建立一个列表或者菜单。菜单节省空间，正常状态下只能看到一个选项，单击按钮打开菜单后才能看到全部的选项。列表可以显示一定数量的选项，如果超出了这个数量，会自动出现滚动条，浏览者可以通过拖动滚动条来查看各选项。

语法：

```
<FORM>
<SELECT NAME="name" SIZE="value" Multiple>
<option value="value" Selected>选项 1
<option value="value">选项 2
<option value="value">选项 3
…
</SELECT>
</FORM>
```

选择域标记<SELECT>和<OPTION>的属性如下。

- name：文字域的名称。
- size：文字域的行数。
- multiple：列表中的项目支持多选。
- value：选项值。
- selected：表示此选项为默认选项。

【例 4-22】 建立表单（实例位置：光盘\MR\源码\第 4 章\4-22）

建立表单并应用表格布局来制作个人简历表，在表单中插入了文本框、单选框、列表/菜单、文件域、复选框、多行文本框、提交按钮、重置按钮等控件，代码如下：

```
<html>
<head>
<meta http-equiv="Content-Type" content="text/html; charset=gb2312" />
<title>建立表单</title>
<style type="text/css">
<!--
```

```
    body{font-size:12px}
    -->
    </style>
    </head>
    <body topmargin="0">
    <form name="form1" method="post" action="" enctype="multipart/form-data">
    <table width="550" border="0" align="center" cellpadding="2" cellspacing="1" bgcolor
="#3399FF">
      <tr align="center" valign="middle" bgcolor="#FFFFFF">
       <td height="30" colspan="4" bgcolor="#B7DAF9">个人简历</td>
      </tr>
      <tr bgcolor="#FFFFFF">
       <td width="16%" height="30">真实姓名:</td>
       <td height="30" colspan="3"><input name="name" type="text" id="name" maxlength
="50"></td>
      </tr>
      <tr bgcolor="#FFFFFF">
       <td height="30">年龄:</td>
       <td width="36%" height="30"><input name="age" type="text" id="age" size="10"
maxlength="10"></td>
       <td width="9%" height="30">性别:      </td>
       <td width="39%" height="30">
        <input name="sex" type="radio" value="0" checked>男
        <input type="radio" name="sex" value="1">女
      </td>
      </tr>
      <tr bgcolor="#FFFFFF">
       <td height="30">毕业院校:</td>
       <td height="30" colspan="3"><input name="school" type="text" id="school" maxlength
="50"></td>
      </tr>
      <tr bgcolor="#FFFFFF">
       <td height="30">所学专业:</td>
       <td height="30" colspan="3"><select name="spe" id="spe">
        <option value="0">选择专业</option>
        <option value="1">计算机应用</option>
        <option value="2">土木工程</option>
        <option value="3">软件工程师</option>
        <option value="4">注册会计师</option>
       </select></td>
      </tr>
      <tr bgcolor="#FFFFFF">
       <td height="30">联系方式:</td>
       <td height="30" colspan="3"><input name="tel" type="text" id="tel"></td>
      </tr>
      <tr bgcolor="#FFFFFF">
       <td height="30">照片上传:</td>
       <td height="30" colspan="3"><input name="pic" type="file" id="pic"></td>
      </tr>
      <tr bgcolor="#FFFFFF">
       <td height="30">爱 好:</td>
       <td height="30" colspan="3">
         <input name="favorite" type="checkbox" id="favorite" value="0"> 计算机
        <input name="favorite" type="checkbox" id="favorite" value="1">英语
        <input name="favorite" type="checkbox" id="favorite" value="2">体育
        <input name="favorite" type="checkbox" id="favorite" value="3">旅游
       </td>
      </tr>
```

```
  <tr bgcolor="#FFFFFF">
    <td height="30">工作简历:</td>
    <td height="30" colspan="3"><textarea name="summery" cols="60" rows="8" id=
"summery"></textarea></td>
  </tr>
  <tr bgcolor="#FFFFFF">
    <td height="30"> </td>
    <td height="30" colspan="3" align="center"><input
type="submit" name="Submit" value="提交">

           &
nbsp; <input type="reset" name= "Submit2" value="
重置"></td>
  </tr>
</table>
</form>
</body>
</html>
```

保存文件为 index.htm。在 IE 浏览器中打开该文件，
运行结果如图 4-25 所示。

图 4-25　建立表单

4.7　CSS 样式表

CSS（Cascading Style Sheets，层叠样式表）是 W3C 协会为弥补 HTML 在显示属性设定上的不足而制定的一套扩展样式标准。CSS 标准中重新定义了 HTML 中原来的文字显示样式，增加了一些新概念，如类、层等，可以对文字重叠、定位等。所谓"层叠"，实际上就是将显示样式独立于显示的内容，进行分类管理，例如分为字体样式、颜色样式等，需要使用样式的 HTML 文件进行套用。

4.7.1　CSS 的特点

为了使读者更好地了解 CSS，下面介绍 CSS 样式表的特点。

（1）将显示格式和文档结构分离

HTML 语言定义文档的结构和各要素的功能，而层叠样式表将定义格式的部分和定义结构的部分分离，能够对页面的布局进行灵活地控制。

（2）对 HTML 语言处理样式的最好补充

HTML 语言对页面布局上的控制很有限，如精确定位、行间距或者字间距等；CSS 样式表可以控制页面中的每一个元素，从而实现精确定位，因此 CSS 样式表控制页面布局的能力已逐步增强。

（3）体积更小加快网页下载速度

样式表是简单的文本，文本不需要图像，不需要执行程序，不需要插件。这样层叠样式表就可以减少图像用量、减少表格标签及其他加大 HTML 体积的代码，从而减小文件尺寸加快网页的下载速度。

（4）实现动态更新、减少工作量

定义样式表，可以将站点上的所有网页指向一个独立的 CSS 样式表文件，只要修改 CSS 样式表文件的内容，整个站点相关文件的文本就会随之更新，减轻了工作负担。

（5）支持 CSS 的浏览器增多

样式表的代码有很好的兼容性，只要是识别串接样式表的浏览器就可以应用 CSS 样式表。当

用户丢失了某个插件时不会发生中断；使用老版本的浏览器代码不会出现乱码的情况。

 　　　　样式可以内嵌在 HTML 文件中，也允许定义为一个独立的 CSS 样式文件，这样可以把显示的内容和显示样式定义分离。一个独立的样式表可以用于多个 HTML 文件，为整个 Web 站点定义一致的外观。更改 CSS 样式表的内容，与之相连接文件的文本将自动更新。

4.7.2　定义 CSS 样式

CSS 样式中主要包含 3 种选择符，分别为标记选择符、类选择符和 ID 选择符。下面根据这 3 种选择符来介绍如何定义 CSS 样式。

（1）标记选择符

标记选择符就是 HTML 的标记符，例如 BODY、TABLE、P、A 等。如果在 CSS 中定义了标记使用的样式，那么在整个网页中，该标记的属性都将应用定义中的设置。

语法：

```
tag{property:value}
```

例如，设置表格的单元格内的文字大小为 9pt，颜色为红色的 CSS 代码如下：

```
td{ font-size: 9pt; color: red;}
```

CSS 可以在一条语句中定义多个标记选择符。例如，将单元格内的文字和段落文本设置为蓝色的 CSS 代码如下：

```
td,p{color: blue;}
```

（2）类选择符

如果在页面中不希望一种标记遵循同一种样式或者希望不同的标记遵循相同的样式，利用类选择符和标记的 class 属性就可以做到这两点。

类选择符在 CSS 样式表中有两种定义格式。

● 格式 1

语法：

```
tag.Classname{property:value}
```

这种格式的类选择符所定义的样式只能用在特定的标记上。

例如，针对<p>标记定义一个类 blue 样式，即只有 class 属性为"blue"的<p>标记才遵循此样式中的定义，代码如下：

```
<head>
<style type="text/css">
p.blue{background-color:#0000FF;}
</style>
</head>
<body>
<p class="blue">本段文字的背景颜色为#0000FF（蓝色）</p>
<p>本段文字无背景颜色</p>
</body>
```

● 格式 2

语法：

```
.Classname{property:value}
```

这种格式的类选择符可以使不同的标记遵循相同的样式，只要将标记的 class 属性值设置为类名就可以了。

例如，定义类 text，这相当于*.text（即标记名是通配符表示的，匹配所有标记），该样式将应用于<h2>标记和<font>标记，代码如下：

```
<head>
<style type="text/css">
.text{font-family:"宋体";font-size:12px;color:red;}
</style>
</head>
<body>
<h2 class="text">美丽天空</h2>
<font class="text">美丽天空，有梦飞翔</font>
</body>
```

（3）ID 选择符

ID 选择符用于定义一个元素的独有样式。ID 选择符的用法是在 HTML 标记的 ID 属性中引用 CSS 样式。

语法：

```
#IDname{property:value}
```

例如，定义#text 样式，引用该样式的<p>标记内的文本字体为"黑体"，代码如下：

```
<head>
<style type="text/css">
#text{font-family:"黑体"; }
</style>
</head>
<body>
<p id="text">我的文字</font>
</body>
```

4.7.3　引用 CSS 样式的方式

引用 CSS 样式的方式有 4 种，分别为链接到外部的样式表、引入外部的样式表、<style>标记嵌入样式和内联样式。

1. 链接到外部的样式表

如果多个 HTML 文件要共享样式表，可以将样式表定义为一个独立的 CSS 样式文件。HTML 文件在头部用<link>标记链接到 CSS 样式文件。

例如，在<HEAD>标记内用<link>标记链接 CSS 样式文件 style1.css，代码如下：

```
<link rel="stylesheet" href="style1.css" type="text/css">
```

2. 引入外部的样式表

这种方式是在 HTML 文件的头部<style></style>标记之间，通过@import 声明引入外部样式表。

格式如下：

```
<style>
    @import URL("外部样式表文件名称");
    …
</style>
```

例如，@import 声明引入外部样式表，代码如下：

```
<style>
    @import URL("style1.css");
    @import URL("http://www.mrbccd.com/css/style2.css");
</style>
```

引人外部样式表的使用方式与链接到外部样式表很相似，都是将样式定义保存为单独文件。两者的本质区别是：引人方式在浏览器下载 HTML 文件时将样式文件的全部内容复制到@import 关键字位置，以替换该关键字；而链接到外部的样式表方式仅在 HTML 文件需要引用 CSS 样式文件中的某个样式时，浏览器才链接样式文件，读取需要的内容并不进行替换。

3. \<style\>标记嵌入样式

在 HTML 文件的头部\<style\>…\</style\>标记内可以定义 CSS 样式。

例如，对 P 标记定义段落文字大小为 16pt，代码如下：

```
<head>
<style type="text/css">
<!--
p{font-size:16pt;}
</style>
-->
```

\<style\>标记的 type 属性用于指明样式的类别，其默认值为 text/css。\<style\>标记内定义的前后加上注释符\<!--………--\>的作用是使不支持 CSS 的浏览器忽略样式表的定义。\<style\>标记内定义的样式的作用范围是在本 HTML 文件内。

4. 内联样式

这种方式是在 HTML 标记中，将定义的样式规则作为标记 style 属性的属性值。样式定义的作用范围仅限于此标记范围之内。

一个内联样式的应用如下：

```
<table style="font-family:"宋体";font-size:12pt;background-color:yellow">
```

以上代码表明在此\<table\>标记中的内容将应用 style 属性内的设置。

要在一个 HTML 文件中使用内联样式，必须在该文件的头部对整个文件进行单独的样式表语言声明，声明如下：

```
<meta http-equiv="Content-Type" content="text/css">
```

内联样式主要应用于样式仅适用于单个页面元素的情况。它将样式和要展示的内容混在一起，自然会失去一些样式表的优点，因此建议尽量少用这种方式。

4.8 综合实例——防止表单在网站外部提交

如果静态网页中含有用户提交的表单和字段信息，而从网页的源代码中，又可以看到网页被提交的目标地址，因此修改静态页面表单提交的目标地址，就可以实现在本地运行静态网页并向服务器提交数据。这样，任何人都可以利用网页在网站外登录网站，从而给网站留下了严重的安全隐患。为了解决该问题，本实例介绍一种防止表单在网站外部提交的方法，运行本实例，如图 4-26 所示。在"用户名"文本框中输入"无语"后，单击"提交"按钮即可进入网页的处理页面，此时地址栏中的地址即为处理页地址（用户也可以通过其他方法获得），当用户在本地计算机上编写静态表单页时，将目标地址设置为以上地址后，运行网页并提交表单将显示图 4-27 所示的提示信息。

图 4-26　表单提交前

图 4-27　从外部提交表单后

具体实现步骤如下。

（1）在网页中添加表单及相关的表单元素，并设置 Form 表单的相关属性值。

```
<form name="form1" action="index.asp" method="post">
  <div align="center">
  <input type="text" name="textfield">
  <input type="submit" name="action" value="提交">
  <br>
  </div>
</form>
```

（2）如果表单被提交，将判断表单提交的路径是否有误，如果提交的路径有误，系统将给予提示，禁止从网站外部进行表单的提交。代码如下：

```
<%
if request("action")="提交" then
ServerName1=Cstr(Request.ServerVariables("HTTP_REFERER"))
ServerName2=Cstr(Request.ServerVariables("SERVER_NAME"))
if Mid(ServerName1,8,len(ServerName2))<>ServerName2 then
  Response.Write "禁止从网站外部提交表单!! "
else
response.Write("页面提交成功! ")
end if
end if
%>
```

知识点提炼

（1）HTML（Hypertext Markup Language，超文本标记语言）是 Web 页面的描述性语言，是在标准通用化标记语言 SGML（Standard Generalized Markup Language）的基础上建立起来的，按其语法规则建立的文本可以运行在不同的操作系统平台和浏览器上，是所有网页制作技术的核心与基础。

（2）<FONT>标记可以设定文字的字体、大小和颜色。<FONT>标记的属性包括 FACE（字体）、SIZE（字号）和 COLOR（颜色）。

（3）在<BODY>和</BODY>中放置的是页面展示的所有内容。作为网页的主体部分，<BODY>标记有很多的内置属性，通过这些属性可以设定网页的总体风格。

（4）<P>标记是段落标记，段落是指一段格式统一的文本。

（5）
标记相当于一个换行符，它可以使内容换行显示。与<P>标记不同的是：使用
标记后两行之间没有明显的间隔；而使用<P>标记是开始一个新的段落，段落与段落之间是有很大间隔的（间隔一空白行）。

（6）<A>标记是建立超链接。一个网站是由多个页面组成的，页面之间是根据链接确定相互的导航关系。单击网页上的链接文字或者图像后，就可以跳转到另一个网页。

（7）<IMG>标记是图片标记，在纯文本的 HTML 页面中插入图片，可以给原来单调乏味的页面添加生气。HTML 语言中使用<IMG>标记插入图片，这个标记没有终止标记。

（8）<EMBED>标记是多媒体标记，在 HTML 文件中，使用<EMBED>标记可以直接嵌入多媒体文件，如播放音乐、视频和 Flash 动画等。

（9）<BGSOUND>标记是背景音乐标记，与使用<EMBED>标记不同：<BGSOUND>标记不但可以实现无限次循环播放音乐文件的功能，而且在网页最小化的时候背景音乐将自动停止；其没有显示效果，是真正的背景音乐标记。通过<BGSOUND>标记可以嵌入多种格式的音乐文件，常用的是 MIDI 文件。

（10）<MARQUEE>标记是滚动标记，在 HTML 页面中，可以实现文字或者图片的滚动效果。例如，可以使一段文字从浏览器的右边进入，横穿屏幕，从浏览器的左边退出等。在静态的页面中使用动态的效果，可以突出页面中想要强调的内容。

（11）<INPUT>标记是输入域标记，是表单中最常用的标记之一。

（12）<TEXTAREA>标记是文字域标记，用来制作多行的文字域，可以在其中输入更多的文本。

（13）<SELECT>和<OPTION>标记是选择域标记，通过选择域标记可以建立一个列表或者菜单。

（14）CSS（Cascading Style Sheets，层叠样式表）是 W3C 协会为弥补 HTML 在显示属性设定上的不足而制定的一套扩展样式标准。CSS 标准中重新定义了 HTML 中原来的文字显示样式，增加了一些新概念，如类、层等，可以对文字重叠、定位等。

习　　题

4-1　什么是 HTML？构成 HTML 文件的主要标记有哪些？

4-2　段落标记<P>与换行标记
的区别是什么？

4-3　在 Web 页面中插入图像、播放视频、播放背景音乐分别使用什么标记？

4-4　表格的基本标记有哪些？

4-5　在 Web 页面中引用 CSS 样式的方法有哪些？

4-6　在 Web 页面中，使用<EMBED>标记可以做什么？

实验：播放图片

实验目的

（1）掌握 CSS 的 RevealTrans 滤镜的使用。

（2）熟悉 RevealTrans 滤镜提供的转换效果，并能使用不同的参数值来设置不同的动画效果。

实验内容

图 4-28　播放图片的运行效果

实现播放图片的效果，根据参数的不同会有不同的播放效果，单击"下一张"按钮会显示下一张图片；单击"上一张"按钮会显示上一张图片；如果不按任何按钮，就会自动播放图片，运行效果如图 4-28 所示。

实验步骤

（1）设置图片的路径。

```
<SCRIPT language=javascript type=text/javascript>
<!--
var sPicArr = new Array();
```

```
sPicArr[0] = new Array("images/1.jpg");
sPicArr[1] = new Array("images/2.jpg");
sPicArr[2] = new Array("images/3.jpg");
sPicArr[3] = new Array("images/4.jpg");
sPicArr[4] = new Array("images/5.jpg");
sPicArr[5] = new Array("images/6.jpg");
-->
</SCRIPT>
```

（2）定义翻动图片的自定义函数。

```
<SCRIPT language=javascript type=text/javascript>
<!--
var plPic = new Image();
var gIndex = 0;
function SlidePic(index){
gIndex = index;
if ('Microsoft Internet Explorer' == navigator.appName)
{
document.images["slidePic"].filters.item(0).Apply();
}
document.images["slidePic"].src = sPicArr[index][0];
f ('Microsoft Internet Explorer' == navigator.appName)
{
document.images["slidePic"].filters.item(0).play();
}
}
-->
</SCRIPT>
```

（3）单击"上一张"或者"下一张"按钮时，调用自定义函数。

```
function NextPic(){
gIndex = ((gIndex+1)>=sPicArr.length?0:(gIndex+1));
SlidePic(gIndex);}
function PrevPic(){
gIndex = ((gIndex-1)<0?(sPicArr.length-1):(gIndex-1));
SlidePic(gIndex)}
```

（4）自动播放的自定义函数。

```
var sid;
function inislide(){
if(sid==null) sid = setInterval('NextPic()', 3000);//fixed by AmourGUO, 051017}
```

（5）调用自定义函数，并设置图片的样式。

```
<BODY bgColor=#ffffff leftMargin=5 topMargin=5 onload=inislide(); marginwidth="5"
marginheight="5">
<div align="center"> <table width="352" border="1" bordercolordark="#FFFF00" border
colorlight="#FF0000">
    <tr>
    <td width="67" bgcolor="#CCFF00"><input name="Submit" type="button" class=
"unnamed1" value="上一张" onClick=PrevPic()></td>
    <td width="200"><img  src="images/1.jpg" name=slidePic width=200 height=180
id=slidePic style="BORDER-TOP: #000 1px solid; FILTER: revealtrans(duration=2.0, trans
ition=5); BORDER-BOTTOM: #000 1px solid"  onMouseOut=;></td>
    <td width="63" bgcolor="#CCFF00"><input name="Submit2" type="button" class= "un
named1" value="下一张" onClick=NextPic()></td>
    </tr>
  </table>
</div>
</body>
```

第 5 章
VBScript 脚本语言

本章要点：

- VBScript 脚本语言基础
- VBScript 常量、变量和数组
- VBScript 运算符
- 使用 VBScript 条件语句
- 使用 VBScript 循环语句
- 应用 VBScript 过程

VBScript（Microsoft Visual Basic Scripting Edition）是微软公司推出的一种脚本语言，它是程序开发语言 Visual Basic（VB）和 Visual Basic for Application（VBA）的一个子集，VBScript 程序设计与 VB 和 VBA 基本相同，只是为了简单和安全，把 VB 和 VBA 一些强大的功能去掉了，如调用 API。

在兼容方面，VBScript 有一定的局限性。很多浏览器不支持 VBScript，但是可以完全被微软本身的 IE 浏览器支持。考虑兼容性问题，通常 VBScript 代码主要运行在服务器端，实现服务器端程序。而客户端程序往往使用 JavaScript 脚本来实现。

5.1　VBScript 脚本语言基础

在 ASP 编程设计过程中，主要使用 VBScript 脚本语言编写程序代码，从而实现主要的功能模块，也实现了方便快捷的操作。本节将介绍 VBScript 脚本语言基础，使读者可以对 VBScript 脚本语言有初步的了解。

5.1.1　了解 VBScript 语言

VBScript 是一种脚本语言，是 ASP 默认的脚本编程语言。脚本语言是介于 HTML 和 Visual Basic、Java 等编程语言之间的语言，其最大优点是语言编写简单，由于 VBScript 程序是纯脚本，因此可以直接使用文本编辑器进行编辑。但是 VBScript 没有一个集成的调试开发环境，其代码的调试比较难，用户往往需要根据运行结果进行判断。

在 ASP 编程设计过程中，对 VBScript 脚本的使用可以分为两种模式：服务器端脚本模式和客户端脚本模式。由于两种脚本执行的位置不同，其格式也不相同。

1. 服务器端脚本

通常情况下，ASP 程序在服务器端执行 VBScript 程序代码。而在编写服务器端脚本时，有两种方法：

（1）方法一

将脚本代码放置在<script>…</script>标记之间。

语法：

```
<script language="vbscript" runat="server">
    …VBScript 代码
</script>
```

【例 5-1】 使用服务器端脚本。代码如下：（实例位置：光盘\MR\源码\第 5 章\5-1）

```
<Script language="VBScript" runat="server">
    <!--服务器端脚本模式开始-->
    Response.Write("现在使用的是服务器端脚本模式")
</Script>
    <!--服务器端脚本模式结束-->
```

在 IIS 中浏览 index.asp 文件，运行结果如图 5-1 所示。

图 5-1　服务器端脚本模式（1）

（2）方法二

将脚本代码放置在 "<%" 和 "%>" 标识符之间。

语法：

```
<% VBScript 代码 %>
```

【例 5-2】 使用服务器端脚本。代码如下：（实例位置：光盘\MR\源码\第 5 章\5-2）

```
<%                        '服务器端脚本模式开始
Response.Write("现在使用的是服务器端脚本模式")
%>
<!--服务器端脚本模式结束-->
```

在 IIS 中浏览 index.asp 文件，运行结果如图 5-2 所示。

图 5-2　服务器端脚本模式（2）

　　　　　一般情况下都使用第 2 种方法编写服务器端脚本程序，第 1 种方法在 global.asa 文件中比较常见。

2. 客户端脚本

在动态网页中，必须把客户端基本代码写在<script>和</script>标记之间，并将其嵌入 HTML 页面中，VBScript 脚本也不例外。

【例 5-3】 使用客户端脚本。代码如下：

```
<Script language="VBScript">                          <!--客户端脚本模式开始-->
    MsgBox("此为客户端脚本模式")
</Script>                                             <!--客户端脚本模式结束-->
```

　　　　　Script 可以在 HTML 中的<head>…</head>或<body>…</body>标签中的任意位置出现任意次。

服务器端脚本与客户端脚本的主要区别如下所述。

（1）客户端脚本模式

严格来讲，如 HTML、XML、VRML 或 CSS 所撰写的网页都属于静态网页，无法满足每个人的需求，例如有人希望网页显示实时更新的资料，而有人却希望当浏览者选取网页的某个组件时，组件的外观会随之改变。

目前这类需求可以通过客户端脚本模式来实现，Script 是一段嵌入在 HTML 源代码中的小程序，而客户端 Script 就是在客户端执行的小程序。Netscape 公司开发的 JavaScript 和 Microsoft 公司开发的 VBScript 都能用来撰写客户端脚本，其中以 JavaScript 为主流，因为市场上两大商用浏览器 Communicator 和 Internet Explorer 都支持 JavaScript，而 VBScript 只有 Internet Explorer 才支持。

（2）服务器端脚本模式

虽然客户端脚本已经可以实现很多工作，但有些工作还是需要在服务器端执行，如数据库的存取与搜索等。由于在服务器端执行脚本语句必须拥有特殊权限，而且会增加服务器端的负担，因此网页设计者应尽量使用客户端脚本模式或 DHTML 技术取代服务器端脚本模式。

目前常见的服务器端脚本有 CGI 程序和 ASP 程序两种，CGI 是 Common Gateway Interface 的缩写，中文翻译为"通用网关接口"，这是在服务器与程序之间传送信息的标准接口；而 CGI 程序则是符合 CGI 标准接口的脚本，通常是由 Perl 或 C 语言撰写而成。不过现在对于 CGI 程序的使用已经越来越少了。ASP 是 Active Server Pages 的缩写，中文翻译为"动态服务器页面"，ASP 程序是在 Microsoft IIS 或 PWS 等 Web 服务器执行的脚本，通常是由 VBScript 或 JavaScript 撰写而成的。

5.1.2　VBScript 与 Visual Basic 的区别

VBScript 与 Visual Basic 虽然都是微软公司开发的，但是两者之间存在着巨大的差异，主要表现在以下几个方面。

- 对类的支持。VBScript 不支持 VB 中使用的类，只能建立简单的、可以重复使用的过程。
- 对控件数据的支持。VBScript 不支持控件数组。当定义多个控件时，用户只能一次访问一个控件。
- 文件操作。VBScript 不支持 VB 的文件操作。如果要对文件进行操作，必须使用 ASP 自带的对象。
- 调试支持。VBScript 不支持任何调试。为了调试程序，用户只能通过 Msgbox 函数模拟调试。
- 菜单支持。VBScript 不支持 Windows 菜单。在 ASP 中，实现菜单必须手工编写菜单。
- 变量支持。VBScript 不支持一种数据类型，即变体类型。而 VB 支持多种数据类型。

5.1.3　在 HTML 中使用 VBScript

VBScript 脚本程序可以嵌入到 HTML 中，开发动态的交互 Web 页面来扩展 HTML 的功能，从而获得单凭 HTML 语言无法实现的效果。原则上，可以将 VBScript 脚本代码放置在 HTML 文档中的任何位置。例如，Head 或 Body 部分之中，但是通常情况下，是将脚本代码放在 Head 部分中，这样可以集中放置所有脚本代码，以便查看和使用。

Script 元素用于将 VBScript 代码添加到 HTML 页面中。VBScript 代码写在成对的<script>标记之间。

语法：

```
<script language="脚本语言" [event="事件名称"] [for="对象名称"]>
```

```
<!--
…脚本代码
-->
</script>
```

● language：用于指定脚本代码所使用的脚本语言。其参数值可以为 JavaScript、VBScript、JScript 等。

● event：用于指定与脚本代码相关联的事件。

● for：用于指定与脚本代码相关联的对象。

【例 5-4】在 HTML 中使用 VBScript 脚本。代码如下：（实例位置：光盘\MR\源码\第 5 章\5-3）

```
<html>
<head>
<meta http-equiv="Content-Type" content="text/html; charset=gb2312">
<title>在 HTML 中使用 VBScript</title>
<script language="vbscript">    '使用 VBScript 脚本
<!--
MsgBox"欢迎您学习 ASP! "
                                  '弹出一个对话框
-->
</script>
     <!--VBScript 脚本结束-->
</head>
<body>
</body>
</html>
```

在 IIS 中浏览 index.html 文件，运行结果如图 5-3 所示。　　图 5-3　在 HTML 中使用 VBScript 脚本

　　　　在<script></script>之间嵌入注释标记<!--和-->，其目的是为了使不能识别 Script 标记的浏览器在遇到此段代码时忽略其功能，使页面能够正常浏览。

5.1.4　在 ASP 中使用 VBScript

VBScript 脚本不仅可以与 HTML 结合在一起使用，也可以与 ASP 结合使用。由于 ASP 是一套服务器端的对象模型，而不是一种编程语言，因此 ASP 通过内置对象所提供的方法和属性可以很容易地操作服务器端的数据。但是在 ASP 进行编写程序之前，需要声明服务器端的脚本语言，来实现动态、交互的网页设计。服务器端脚本是 ASP 网页中最主要的部分，其中，VBScript 是默认情况下 ASP 的主脚本语言，用来处理在分界符 "<%" 和 "%>" 内部的命令。

编写一个 ASP 页时，需要指定主脚本语言。

语法：

```
<% @LANGUAGE=ScriptingLanguage %>
```

　　　　@LANGUAGER 指令必须放在文档的第一行。

分界符 "<%" 和 "%>" 的作用与 HTML 中的分界符 "<" 和 ">" 的作用类似。不过，"<" 和 ">" 用来指明 HTML 标识，而 "<%" 和 "%>" 用来指明脚本。当 Web 服务器处理 "<%" 和 "%>" 之间的数据时，会将它们之间的内容解释为一个脚本。

具体实例在下面的讲解过程中会涉及。

5.2 在 VBScript 中定义常量

常量是具有一定含义的名称，用于代替数值或字符串，在程序执行期间其值不会发生变化。常量通常分为普通常量和符号常量。普通常量不必定义就可以在程序中使用，而符号常量则要用 Const 语句加以声明方可使用。

1. 普通常量

普通常量又被称为文字常量。通常按照数据类型的不同，普通常量可以分为字符串常量、数值常量和日期时间常量。

（1）字符串常量

主要由一对双引号括起来的字符序列组成。包含字母、数字、汉字以及标点符号等，长度不能超过 20 亿字符。

例如，"ASP 从入门到精通"，"IIS 7.0"。

（2）数值常量

可以分为整型常量、长整型常量和浮点型常量。其中整型常量和长整型常量可以用十进制、十六进制和八进制 3 种形式来表示。

例如，&H72（十六进制）、&O34（八进制）。

（3）日期时间常量

用#号括起来。

例如，#2012-8-8#、#2012-8-8 10:00:00#等。

2. 符号常量

符号常量是通过一个标识符表示的常量，用于代替数字或字符串，在程序执行期间其值不会发生变化。在 VBScript 中，可以通过关键字 Const 语句定义符号常量。符号常量可以分为预定义符号常量和用户自定义常量。

（1）预定义符号常量

预定义符号常量是在 VBScript 中建立的，并且在使用之前不必定义的常量。在代码的任意位置都可以使用此常量所表示的说明值。

例如，vbCr 表示回车、Empty 表示没有初始化之前的值。

（2）用户自定义常量

用户自定义常量是通过 Const 语句创建的。使用 Const 语句可以创建具有一定意义的字符串型或数值型常量，并赋给一个常量值。

【例 5-5】 定义常量。代码如下：

```
Const BookName= "ASP 从入门到精通"
Const PI=3.14159265
```

5.3　VBScript 变量

VBScript 中的变量是一种使用方便的占位符，主要用于引用计算机的内存地址来存储脚本运行时更改的数据信息。在 VBScript 中的变量不区分大小写，在使用变量时，用户不需要知道变量在计算机的内存中是如何存储的，只要引用变量名来查看或更改变量的值即可。

5.3.1　变量的命名规则

在 VBScript 脚本中，变量主要是通过变量名来进行区分的。变量的命名规则如下。
- 变量名必须以字母开头，如 Name、Sex 等。
- 变量名中不能含有句点（.），如 User.Name 等为错误变量名，可以在其中间使用下画线，如 User_Name 等。
- 不能与 VBScript 的关键字相同。
- 名字的长度不能超过 255 个字符。
- 为了提高程序的可读性，在给变量命名时，应尽量使用见名知意、含义清楚的变量名。最好通过变量的名称就可以明白变量的子类型及变量中所存放的数据信息。
- 在被声明的作用域内必须唯一。

5.3.2　声明变量

VBScript 不必像其他编程语言必须事先声明变量，它不需要在使用前先声明变量名称，而可以直接指定一个变量，然后设置其值。但是当程序很复杂时，如果在使用前不先声明变量，可能会造成在调试时产生不必要的麻烦。因此，在编写复杂的程序时最好事先声明变量。

VBScript 中声明变量有两种方式：一种是显式声明，另一种是隐式声明。下面分别对这两种方式进行详细介绍。

1．显式声明

显式声明方式是通过变量声明语句来声明变量的，它可以在定义变量时为变量在内存中预留空间。声明语句包括 Dim 语句、Public 语句和 Private 语句。

语法：

```
Dim VarName
Dim Var1,Var2
```

其中，VarName 为所声明的变量名。当声明多个变量时，可以用逗号将多个变量隔开。

Public 语句是用来声明全局变量的，这些变量可以在网页中的所有脚本和所有过程中使用。

语法：

```
Public 变量名[,变量名]
```

Private 语句是用来声明私有变量和分配存储空间的，声明的变量只能在声明它的脚本中使用，即只在其所属的<Script></Script>标记之间使用。

语法：

```
Private 变量名[,变量名]
```

用 Private 强制声明变量，其作用域仅在其定义的脚本体内，为私有变量。这些变量只能在声明它的脚本中使用，即在它们所在的<Script></Script>标记中间使用。

2. 隐式声明

在 VBScript 中使用一个变量前无须声明，并且可以直接在脚本代码中使用（因为在 VBScript 中只有一种数据类型，即变体类型）。当在程序运行过程中检查到该变量时，系统会自动在内存中开辟存储区域并登记变量名。

这种变量的声明方式简单，可以在需要时随意声明变量。在 VBScript 中提供了 Option Explicit 语句来强制显示声明变量。如果在程序中应用了该语句，则所有的变量必须先声明之后方可使用，否则会出错。强制声明会增加代码量，但可以提高程序的可读性，减少出错的机会。

【例 5-6】 隐式声明变量。代码如下：

```
<%@LANGUAGE=VBSCRIPT%>
<%
Option Explicit
Dim schooled
Dim sool
%>
```

Option Explicit 语句在其他脚本代码中不可以应用，只能应用在 VBScript 编写的脚本代码中，而且必须位于 ASP 处理命令之后、任何 HTML 文本或脚本命令之前。

5.3.3 为变量赋值

在 VBScript 中，可以通过赋值运算符 "=" 为指定的变量赋值。变量位于赋值运算符的左边，要赋的值位于赋值运算符的右边。所赋的值可以是任何数值、字符串、常数或表达式。

语法：

变量名=变量值

【例 5-7】 为变量赋值。代码如下：

```
BookName =" ASP 从入门到精通"
PI="3.14159265"
```

在给几个变量赋相同的值时，也不可以写成连等的形式，而应逐个赋值。

5.3.4 变量的作用域和存活期

变量的作用域是指变量的可访问性和生存周期，它决定着当前脚本是否可以访问变量。通常利用 Dim 语句来声明一个新变量并分配存储空间。变量的作用域由声明它的位置所决定，如果在过程中声明变量，则只有该过程中的代码可以访问、更改变量值，此时变量具有局部作用域并被称为过程级（procedure lever）变量。如果在过程之外声明变量，则该变量可以被脚本中所有过程所识别，称之为脚本级变量，具有脚本级作用域。

1. 变量的作用域

变量的作用域的选择要根据程序设计的需要。声明变量时，过程级变量和脚本级变量可以用相同的名称，而且改变其中的一个变量的值并不会影响另一个的值。如果没有声明变量，则可能会不小心改变一个脚本级变量的值。

2. 变量的存活期

变量存活的时间称为存活期。脚本级变量的存活期方式从被声明的那一刻起，直到脚本言行结束。过程级变量的存活期仅是指该过程运行的时间，该过程结束后该变量随之消失。程序执行过程中，局部变量是最理想的临时存储空间。在不同的过程中可以使用同名的局部变量，这是因为每个局部变量只在声明它的过程中被识别。使用局部变量可以在程序不需要变量时释放系统资源。

5.4　VBScript 运算符

运算符是完成操作的一系列符号。在 VBScript 中，运算符包括比较运算符、算术运算符、逻辑运算符等几种类型。这几种运算符的组合可以构成用户所需要的各种表达式。

5.4.1　运用算术运算符

算术运算符可以分为一元运算符和二元运算符，其中一元运算符分为+（正号）和-（负号）等运算符；二元运算符分为+（加法）、-（减法）、*（乘法）、/（除法）、\（整数除法）、Mod（余数）以及^（指数）等运算符。算术运算符如表 5-1 所示。

表 5-1　　　　　　　　　　　　　　算术运算符

运　算	运　算　符	表　达　式
加法	+	A + B
减法	−	A − B
乘法	*	A * B
浮点除法	/	A / B
整数除法	\	A \ B
余数	Mod	A Mod B
指数	^	A ^ B
正号	+	+ A
负号	−	− A
字符串连接符	&	A & B

【例 5-8】 使用算术运算符进行运算。代码如下：（实例位置：光盘\MR\源码\第 5 章\5-4）

```
<%
a=5
b=4
response.Write("a = "&a&"<br>"&_                    '输出 a 的值
        "b = "&b&"<br>"&_                           '输出 b 的值
            "a + b="&a + b&"<br>"&_                 '加运算
            "a - b="&a - b&"<br>"&_                 '减运算
            "a * b="&a * b&"<br>"&_                 '乘运算
            "a / b="&a / b&"<br>"&_                 '除运算
```

```
                      "a \ b="&a \ b&"<br>"&_    '整数除法运算
                      "a Mod b="&a Mod b&"<br>"&_ '余数运算
                      "a ^ b="&a ^ b&"<br>"&_     '指数运算
                      "a & b="&a & b&"<br>")      '连接字符串
%>
```

在 IIS 中浏览 index.asp 文件，运行结果如图 5-4 所示。

图 5-4　使用算术运算符进行运算

5.4.2　运用比较运算符

比较运算符有>（大于）、<（小于）、=（等于）、<>（不等于）、>=（大于等于）、<=（小于等于）等。如果相比较的两个表达式的结果是正确的，则会返回"True"，反之则返回"False"。比较运算符如表 5-2 所示。

表 5-2　　　　　　　　　　　　　　　　比较运算符

运　　算	运　算　符	说　　　　明
相等	=	当 A = B 成立时，返回值为 Ture，反之为 False
不相等	<>	当 A <> B 成立时，返回值为 Ture，反之为 False
大于	>	当 A > B 成立时，返回值为 Ture，反之为 False
小于	<	当 A < B 成立时，返回值为 Ture，反之为 False
大于等于	>=	当 A >= B 成立时，返回值为 Ture，反之为 False
小于等于	<=	当 A <= B 成立时，返回值为 Ture，反之为 False
对象相等	Is	当 A Is B 成立时，返回值为 Ture，反之为 False

【例 5-9】　使用比较运算符进行运算。代码如下：（实例位置：光盘\MR\源码\第 5 章\5-5）

```
<%
a=5
b=4
response.Write("a = "& a & "<br>")                  '输出 a 的值
response.Write("b = "& b & "<br>")                  '输出 b 的值
response.Write("a > b 的值为:"&(a > b)&"<br>")       '运算 a > b 的值
response.Write("a < b 的值为:"&(a < b)&"<br>")
'运算 a < b 的值
response.Write("a <> b 的值为:"&(a <> b)&"<br>")
'运算 a <> b 的值
response.Write("a >= b 的值为:"&(a >= b)&"<br>")
'运算 a >= b 的值
response.Write("a <= b 的值为:"&(a <= b))
'运算 a <= b 的值
%>
```

图 5-5　使用比较运算符进行运算

在 IIS 中浏览 index.asp 文件，运行结果如图 5-5 所示。

5.4.3　运用逻辑运算符

逻辑运算符有 Not、And、Or、Xor、Eqv、Imp 等，逻辑运算是结合两个比较运算，再返回一个 True 和 False 值，最常用的逻辑运算符是 And 和 Or。And 是两个比较运算都正确时，才返回 True，否则都返回 False。Or 是只有两个比较运算是错误时，才返回 False，否则都是 True。逻辑运算符如表 5-3 所示。

表 5-3　　　　　　　　　　　　　　　　　逻辑运算符

运　　算	运　算　符	说　　明
逻辑与	And	结果 = 表达式 1 And 表达式 2
逻辑非	Not	结果 = Not 表达式
逻辑或	Or	结果 = 表达式 1 Or 表达式 2
逻辑相等	Eqv	结果 = 表达式 1 Eqv 表达式 2
异或	Xor	结果 = 表达式 1 Xor 表达式 2
逻辑蕴含	Imp	结果 = 表达式 1 Imp 表达式 2

【例 5-10】 使用逻辑运算符进行运算。代码如下：（实例位置：光盘\MR\源码\第 5 章\5-6）

```
<%
a=4
b=5
c=6
Response.Write("4<5 And 5<6 的值为："&(a<b And b<c)&"<br>")    '运算 4<5 And 5<6 的值
Response.Write("4<5 And 5>6 的值为："&(a<b And b>c)&"<br>")    '运算 4<5 And 5>6 的值
Response.Write("4<5 Or 5<6 的值为："&(a<b Or b<c)&"<br>")      '运算 4<5 Or 5<6 的值
Response.Write("4>5 Eqv 5>6 的值为："&(a<b Eqv b>c)&"<br>")
'运算 4>5 Eqv 5>6 的值
Response.Write("4>5 Xor 5<6 的值为："&(a<b Xor b<c)&"<br>")
'运算 4>5 Xor 5<6 的值
Response.Write("4<5 Imp 5<6 的值为："&(a<b Imp b<c))
'运算 4<5 Imp 5<6 的值
%>
```

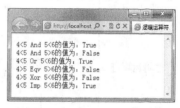

在 IIS 中浏览 index.asp 文件，运行结果如图 5-6 所示。

图 5-6　使用逻辑运算符进行运算

5.4.4　运算符的优先级

在对表达式进行运算时，是按照先括号内后括号外的顺序执行的。在括号中仍要遵循标准运算优先级，优先级相同时按照从左到右的顺序计算。VBScript 运算符及其优先级如表 5-4 所示。

表 5-4　　　　　　　　　　　VBScript 运算符及其优先级

运算符类型	运　算　符	描　述	优先级	说　　明
其他	( )	括号	1	括号内包含的表达式
	函数	函数	2	VBScript 函数或自定义函数
算术运算符	^	指数	3	计算数值表达式的乘方或方根
	−	负号	4	表示数值表达式的负值
	*	乘法	5	计算两个数值表达式的乘积
	/	除法	5	完成两个数值相除并返回以浮点数表示的结果
	\	整除	6	完成两个数值相除并返回以整数形式表示的结果
	Mod	取模	7	计算两个数值相除的余数
	+	加法	8	计算两个数值表达式的和
	−	减法	8	计算两个数值表达式的差

续表

运算符类型	运算符	描 述	优先级	说 明
连接运算符	&	字符串连接	9	对两个表达式进行字符串连接
比较运算符	=	相等	10	比较两个表达式，若两者的值相等，则返回真，否则返回假
	<>	不相等	10	比较两个表达式，若第一个表达式的值不等于第二个表达式的值，则返回真，否则返回假
	<	小于	10	比较两个表达式，若第一个表达式的值小于第二个表达式的值，则返回真，否则返回假
	>	大于	10	比较两个表达式，若第一个表达式的值大于第二个表达式的值，则返回真，否则返回假
	<=	小于等于	10	比较两个表达式，若第一个表达式的值小于或等于第二个表达式的值，则返回真，否则返回假
	>=	大于等于	10	比较两个表达式，若第一个表达式的值大于等于第二个表达式的值，则返回真，否则返回假
	Is	对象相等	10	比较两个对象的引用变量，若引用的是同一对象，则返回真，否则返回假
逻辑运算符	Not	非	11	对运算进行取反操作，取由真变假或由假变真
	And	与	12	两个表达式同时为真，结果为真；两个表达式中只要有一个为假，结果为假
	Or	或	13	两个表达式中只要有一个为真，结果即为真；两个表达式同时为假，结果为假
	Xor	异或	14	两个表达式同时为真或同时为假，结果为假；两个表达式中有一个为真，另一个为假，结果为真

【例 5-11】 利用括号改变运算符的运算顺序。代码如下：（实例位置：光盘\MR\源码\第 5 章 \5-7）

```
<%
Response.Write("2+3*4="&(2+3*4)&"<br>")
'正常的运算符运算
Response.Write("(2+3)*4="&(2+3)*4)
'通过括号改变运算符的运算顺序
%>
```

图 5-7　改变运算符的运算顺序

在运算过程中，可以用括号来改变表达式的运算顺序，运行结果如图 5-7 所示。

5.5　VBScript 数组

数组是有序数据的集合。数组中的每一个元素都属于同一种数据类型，用一个统一的数组名和下标来唯一地确定数组中的元素。

5.5.1　声明数组

数组的声明同变量一样，也可以使用 Dim 语句进行声明。

语法：
```
Dim array(i)
```
在 VBScript 中，数组的项目数是从 0 开始计数的，所以数组的长度应为 "i+1"。

【例 5-12】 使用 Dim 语句声明数组。代码如下：
```
Dim array(3)        '该数组的长度是 4，而不是 3
```
A 中共有 4 个元素，通过数组名可以唯一指定一个数组元素：
```
A(0)=0
A(1)=1
A(1)=2
A(5)=3
```
声明数组时可以不指明它的项目数，这样的数组叫作变长数组，也称为动态数组。动态数组的声明方法和一般数组的声明方法一样，唯一不同的是没有指明项目数。例如：
```
Dim array()
```
虽然动态数组声明时无须指明项目数，但在使用它之前必须使用 ReDim 语句确定数组的维数。

语法：
```
Dim array()
Redim array(i)
```
数组变量并不局限于一维，多维数组变量的声明方式与一维数组变量的声明方式是相同的，但对于每一维都要有一个下标值。元素的个数也是放在变量名后面的括号里，之间以逗号分隔，在二维数组变量中，括号中的第一个数字代表行数，第二个数字代表列数。

【例 5-13】 使用 Dim 语句声明二维数组。代码如下：
```
Dim B(2,6)
```
可以使用 Dim 或 ReDim 语句来声明动态数组变量。动态数组变量的大小能够在脚本或函数执行期间改变。

【例 5-14】 使用 ReDim 语句重定义数组。代码如下：
```
Dim C(2)
ReDim C(6)
```
这就可以将数组变量的大小由 3 改为 7 了。

注意

> Redim 可以多次使用，但使用 Redim 重新声明数组后，原有数组的数值将全部清空，如果希望保留原有项目的数值，可以使用 Preserve 关键字。还需要注意一点，使用 Redim 声明数组时，可以使用变量，而 Dim 则不能。

5.5.2 为数组元素赋值

对数组元素进行赋值与对变量进行赋值的方法是基本相同的，不同的是由于数组中含有多个元素，在对数组进行赋值时必须指明它的位置。

【例 5-15】 在数组中使用索引为数组的每个元素赋值。代码如下：
```
Dim array(3)
Array(0)="数组 1"
Array(1)="数组 2 "
Array(2)="数组 3"
```

5.5.3　应用数组函数

比较常用的数组函数主要有 LBound 函数、UBound 函数、Join 函数、Filter 函数、Split 函数和 Erase 函数等。本节将对这几个函数进行详细介绍。

1．LBound 函数

该函数返回指定数组维数的最小可用下标。

语法：

```
LBound(数组名称[,维数])
```

维数是指要返回哪一维下界的整数。如果为 1 则表示第 1 维，为 2 则表示第 2 维，依此类推，如果省略维数，默认值为 1。

2．UBound 函数

该函数用于返回指定数组维数的最大可用下标。

语法：

```
UBound(数组名称[,维数])
```

维数是指要返回哪一维下界的整数。如果省略维数，默认值为 1。

3．Join 函数

该函数用于返回一个字符串，该字符串由数组中的全部数组元素联接而成。

语法：

```
Join(数组名称[,分隔符])
```

参数分隔符为可选项，用来在返回字符串中分隔子字符串。如果省略，将使用空字符（""）分隔字符串。

4．Filter 函数

该函数用于返回一个数组，此数组包含基于指定过滤条件的字符串数组的子集。

语法：

```
Filter(一维数组名称,Str[,IsInclude[,比较类型]])
```

● Str：在一维数组中要搜索的字符串。

● IsInclude：可选项，为布尔值，指定返回的子字符串是否包含指定字符串 Str。如果 IsInclude 为 True，Filter 函数将返回包含子字符串 Str 的数组子集，否则将返回不包含子字符串 Str 的数组子集。

5．Split 函数

该函数用于返回一个一维数组，其中包含指定数目的子字符串。

语法：

```
Split(expression[,分隔符[,count[,比较类型]]])
```

● expression：包含子字符串和分隔符。如果表达式为零长度字符串，Split 函数则返回空数组。

● count：可选项，表示被返回的子字符串数目，如果为-1，则返回所有子字符串。

6．Erase 函数

该函数重新初始化固定大小数组的元素，并释放动态数组的存储空间。

语法：

```
Erase array
```

array：该参数是要清除的数组变量的名称。

5.6　VBScript 条件语句

使用条件语句可以编写进行判断和重复操作的 VBScript 代码。在 VBScript 脚本中，主要有 3 种条件控制语句，分别为 If...Then 语句、If...Then...Else 语句和 Select Case 语句。

5.6.1　使用 If...Then 语句实现单分支选择结构

If...Then 语句是控制结构中最常用的语句之一，利用 If...Then 语句可以检查条件，并基于检查的结果执行一段程序语句。

语法：

```
if 条件 then
程序代码
end
```

这是 If 指令最简单的格式"单分支选择"，其中的"条件"是一个表达式，它所计算的结果必须是一个逻辑数据。如果"条件"的结果是 Ture，那么就会执行 Then 后面的"程序代码"；如果"条件"的计算结果是 False，那么就会跳过整个 If 语句，而不会执行 Then 后面的"程序代码"。Then 后面的"程序代码"如果和 Then 不是同一行或者程序代码有很多行，那就要在最后加上 End If 以结束 If 条件语句。

【例 5-16】 使用 If...Then 语句判断考生成绩是否及格。代码如下：（实例位置：光盘\MR\源码\第 5 章\5-8）

```
<%
result=59
if result<60 then          '判断 result 的值是否小于 60
Response.Write("六十分以下的均为不及格" )
End If
       'If 语句结束
%>
```

在 IIS 中浏览 index.asp 文件，运行结果如图 5-8 所示。

图 5-8　使用 If...Then 语句判断考生成绩是否及格

5.6.2　使用 If...Then...Else 语句实现双分支选择结构

If...Then...Else 语句是 If...Then 语句的扩展。它定义了两个可执行结果：当条件为 True 时运行某一结果，当条件为 False 时运行另一结果。

语法：

```
if 条件 then
程序代码一
else
程序代码二
end
```

If...Then...Else 语句与 If...Then 语句不同之处在于多出一个 Else 语句，意思就是如果上面的条件没有产生 True 结果，那么便会执行 Else 后面的"程序代码二"，所以叫作双分支选择结构。

【例 5-17】 使用 If…Then…Else 语句判断性别。代码如下：（实例位置：光盘\MR\源码\第 5 章\5-9）

```
<%
sex="女"
if sex="男" then                                    '判断 sex 的值是"男"或者是"女"
Response.Write("您是一位帅哥! ")
else
Response.Write("您是一位靓妹! ")
end if
'If 语句结束
%>
```

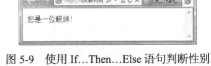

在 IIS 中浏览 index.asp 文件，运行结果如图 5-9 所示。　　图 5-9　使用 If…Then…Else 语句判断性别

If…Then…Else 语句还有一种变形结构，可以从多个条件中选择，即使用 ElseIf 子句来扩充 If…Then…Else 语句的功能，从而可以控制基于多种条件的程序流程。

语法：

```
if 条件一 then
程序代码一
elseif 条件二 then
程序代码二
elseif 条件三 then
程序代码三
……
……
else
程序代码(N+1)
end if
```

这是 If 语句的最终类型，最复杂但是实用性很高。前面介绍的两种 If 语句都只能处理一个条件，而此格式可以同时处理许多条件。程序执行时，先核实"条件一"，若返回值为 True，则执行"程序代码一"，然后跳到 End If 的下一个指令；若"条件一"的返回值为 False，则核实"条件二"，若"条件二"的返回值为 True，则执行"程序代码二"，再跳到 End If 的下一个指令，否则核实"条件三"，依此类推；若所有的条件都不成立，则执行最后的 Else 的"程序代码（N+1）"。也就是说，从"程序代码一"到"程序代码（N+1）"只有一段程序会被执行。

注意　　　虽然可以在 If…Then…Else 语句中添加任意多个 ElseIf 子句进行多种选择，但是使用多个 ElseIf 子句经常会使程序变得很繁琐。因此，不要使用太多的 ElseIf 子句。如果所选择的条件太多，建议使用 5.6.3 小节中的 Select Case 语句。

【例 5-18】 使用 If…Then…ElseIf 语句获取今天是星期几。代码如下：（实例位置：光盘\MR\源码\第 5 章\5-10）

```
<%
dim weeks                                           '声明变量
  weeks=weekday(now())                              '获取日期
if weeks=1 then                                     'weeks 的值为 1
      Response.Write("今天是星期日")
elseif weeks=2 then                                 'weeks 的值为 2
```

```
        Response.Write("今天是星期一")
elseif weeks=3 then                        'weeks 的值为 3
        Response.Write("今天是星期二")
elseif weeks=4 then                        'weeks 的值为 4
        Response.Write("今天是星期三")
elseif weeks=5 then                        'weeks 的值为 5
        Response.Write("今天是星期四")
elseif weeks=6 then                        'weeks 的值为 6
        Response.Write("今天是星期五")
elseif weeks=7 then
        'weeks 的值为 7
        Response.Write("今天是星期六")
end if
        'If…Then…ElseIf 选择语句结束
%>
```

在 IIS 中浏览 index.asp 文件，运行结果如
图 5-10 所示。

图 5-10　使用 If…Then…ElseIf 语句获取今天是星期几

5.6.3　使用 Select Case 语句实现多分支选择结构

Select Case 语句可以根据一个变量的值具有不同的执行方向。

语法：

```
select case 变量
case 值一
  程序代码一
case 值二
  程序代码二
case 值三
  程序代码三
……
……
case else
  程序代码（N+1）
end selsct
```

> Select Case 语句结构只计算开始处的一个表达式，并且只计算一次。而 If…Then…Else 语句是计算每个 ElseIf 子句的表达式，这些表达式可以各不相同。因此仅当每个 ElseIf 子句计算的表达式都相同时，才可以使用 Select Case 语句代替 If…Then…Else 语句。Select Case 语句也可以嵌套使用，每一层嵌套的 Select Case 语句必须有与之相匹配的 End Select 语句。

【例 5-19】 使用 Select Case 语句获取今天是星期几。代码如下：（实例位置：光盘\MR\源码\第 5 章\5-11）

```
<%
dim weeks                                  '声明变量
weeks=weekday(now())                       '获取日期
select case weeks                          'Select Case 条件选择语句
```

```
    case 1                                    'weeks 的值为 1
        Response.Write("今天是星期日")
    case 2                                    'weeks 的值为 2
        Response.Write("今天是星期一")
    case 3                                    'weeks 的值为 3
        Response.Write("今天是星期二")
    case 4                                    'weeks 的值为 4
        Response.Write("今天是星期三")
    case 5                                    'weeks 的值为 5
        Response.Write("今天是星期四")
    case 6                                    'weeks 的值为 6
        Response.Write("今天是星期五")
    case 7
        'weeks 的值为 7
        Response.Write("今天是星期六")
end select
    'Select Case 条件选择语句结束
%>
```

图 5-11　使用 Select Case 语句获取今天是星期几

在 IIS 中浏览 index.asp 文件，运行结果如图 5-11 所示。

5.7　VBScript 循环语句

循环语句用来重复执行程序代码。循环语句可以分为 3 类：一类在条件变为"假"之前重复执行语句；一类在条件变为"真"之前重复执行语句；还有一类是按照指定的次数重复执行语句。VBScript 脚本包含 5 种循环语句，本节将在此进行详细介绍。

5.7.1　Do…Loop 循环语句应用

Do…Loop 语句当条件为 True 时或条件变为 True 之前重复执行某一段代码，根据循环条件出现的位置，Do…Loop 语句的语法格式分为两种形式。

（1）循环条件出现在语句的开始部分

语法：

```
Do While 条件表达式
循环程序代码
Loop
```

或者

```
Do Until 条件表达式
    循环程序代码
Loop
```

（2）循环条件出现在语句的结尾部分

语法：

```
Do
    循环程序代码
Loop while 条件表达式
```

或者

```
Do
    循环程序代码
Loop Until 条件表达式
```

其中，While 和 Until 关键字的作用正好相反，While 是当条件为 True 时，执行循环程序代码，而 Until 却是条件为真之前执行循环程序代码，也就是条件为 False 时执行循环程序代码。

条件表达式在前与在后的区别在于：当条件表达式在前时，Do...Loop 语句与 For 语句类似，但当条件表达式在后时，就与 For 语句有了本质的区别，即 Do...Loop 语句无论条件是否满足都至少执行一次循环程序代码，而 For 语句却不是。

利用 Do...Loop While 语句开始循环时，它会先执行一次程序再对条件进行测试，所以它至少会执行一次循环。

【例 5-20】使用 Do While...Loop 语句和 Do...Loop While 语句循环执行代码。代码如下：（实例位置：光盘\MR\源码\第 5 章\5-12）

```
<%
sub Dowhileloop()
coun=0                                          'coun 的初始值为 0
num=15                                          'num 的初始值为 15
'当 num>10 条件满足时循环执行，直到条件不满足时停止执行
do while num>10
  num=num-1                                     'num 的值累计减 1
  coun=coun+1                                   'coun 的值累计加 1
  loop
  Response.Write("Dowhileloop()循环重复了"&coun&"次。"&"<br>")
  end sub
  Dowhileloop()
sub Doloopwhile()
coun=0                                          'coun 的初始值为 0
num=9                                           'num 的初始值为 9
'首先执行一次语句，然后判断条件。这样的循环语句至少执行一次
'当 num>10 条件满足时循环执行，直到条件不满足时停止执行
do
  num=num-1                                     'num 的值累计减 1
  coun=coun+1                                   'coun 的值累计加 1
  loop while num>10
  Response.Write("Doloopwhile()循环重复了"&coun&"次。"&"<br>")
  end sub
  Doloopwhile()
%>
```

　　　　sub 过程将在 5.8.1 小节中详细讲解。

在 Do While...Loop 循环中，其循环方式判断 While 后面的条件，如果条件成立则循环执行，如果条件不成立则停止循环，可以理解为执行循环直到条件不成立。

而在 Do...Loop While...循环中，其循环方式首先执行一次语句，然后判断 While 后面的条件，如果条件成立则循环执行，如果条件不成立则停止循环。可以理解为首先执行一次循环，然后继续执行循环直到条件不成立。

在 IIS 中浏览 index.asp 文件，如图 5-12 所示。

图 5-12　执行 Do...Loop 语句

5.7.2 While…Wend 循环语句应用

利用 While…Wend 循环方式来判断 While 后面的条件，如果成立则执行循环，如果不成立则停止循环，可以理解为执行循环直到条件不成立。

【例 5-21】 代码如下：（实例位置：光盘\MR\源码\第 5 章\5-13）

```
<%
sub Whilewend()
coun=0
num=20
'当 num>10 条件满足时循环执行，直到条件不满足时停止执行
while num>10
  num=num-1
  coun=coun+1
  wend
  Response.Write("Whilewend()循环重复了"&coun&"次。"&"<br>")
  end sub
  Whilewend()
%>
```

在 IIS 中浏览 index.asp 文件，如图 5-13 所示。

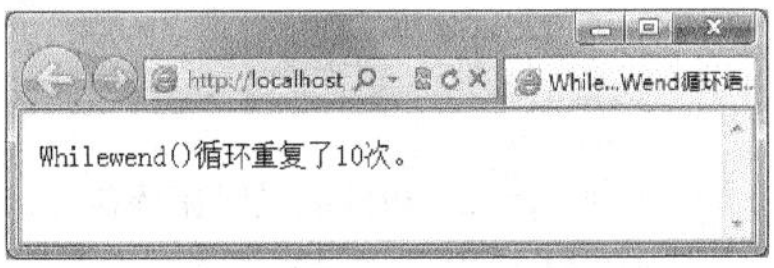

图 5-13　执行限定次数的循环语句

5.7.3 For…Next 循环语句应用

For…Next 语句是 VBScript 中最直观的循环语句。该语句用于将语句块运行指定的次数。确定循环次数的情况后，For…Next 语句的应用最方便。

语法：

```
For 变量 = 初始值 To 终止值 [Step]
程序代码
Next
```

这个 "循环" 指令以 For 开始，Next 结束，二者之间的语句为循环体。在开始执行循环时，会将初始值赋给变量，然后执行 For 和 Next 间的 "程序代码"，当碰到 Next 时就会回到 For 处，将变量值加上 "步长" 后再与 "终止值" 比较，若大于 "终止值" 就跳到 Next 的下一个指令（即离开循环）；若小于或等于 "终止值" 就再一次执行 "程序代码"。

【例 5-22】 使用 For…Next 语句来求指定数字的总和，下面的实例就是求整数 1~50 的和。代码如下：（实例位置：光盘\MR\源码\第 5 章\5-14）

```
<%
sum=0                          '初始值为零
for i=1 to 50
    'For…Next 循环语句
  sum=sum+I
    '数值累加
 next
Response.Write("从 1 到 50 连续相加的总和为："&sum)
%>
```

从1到50连续相加的总和为：1275

图 5-14　For…Next 语句求 1~50 的整数之和

在 IIS 中浏览 index.asp 文件，运行结果如图 5-14 所示。

5.7.4 For Each…Next 循环语句应用

For Each…Next 循环语句与 For…Next 循环语句类似，其主要用于对数组或集合中的每个元

素重复执行一组语句。虽然也可以用 For…Next 语句完成该任务，但是如果不知道一个集合或数组中有多少个元素，使用 For Each…Next 循环是最佳的选择。

语法：

```
For Each 元素 In 集合或数组
    循环程序代码
      [Exit For]
Next
```

其中，"元素"就是存放数组值的地方，详情请参照下面的实例。

【例 5-23】 编写一个 For Each…Next 循环语句应用的实例，当单击按钮时显示出前 100 个偶数相加的总和。代码如下：（实例位置：光盘\MR\源码\第 5 章\5-15）

```
<script language="vbscript">
sub add()
dim arr(100),i,total,sum            '定义数组和变量
sum=0
for i=0 to 100                      'For…Next 语句遍历 0～100
arr(i)=2*i                          '将数组元素都变成偶数
next
for each total in arr
'For Each…Next 语句遍历数组
Sum=Sum + total                     '累加偶数
next
msgbox "2+4+6+...+200=" & sum & "。",vbonlyok+vbInformation,"
for Each ... Next 语句应用"
end sub
</script>
```

图 5-15　求前 100 个偶数之和

在 IIS 中浏览 index.asp 文件，运行结果如图 5-15 所示。

5.7.5　Exit 退出循环语句应用

Exit 语句主要用于退出 Do…Loop 语句、For…Next 语句、Function 过程或 Sub 过程。

语法：

```
Exit Do
Exit For
Exit Function
Exit Sub
```

Exit 语句的语法中各参数的说明如表 5-5 所示。

表 5-5　参数的说明

参　数	描　述
Exit Do	提供一种退出 Do…Loop 语句的方法，只允许在 Do…Loop 语句中使用。Exit Do 将控制权转移到 Loop 语句之后的语句。在嵌套的 Do…Loop 语句中使用时，Exit Do 将控制权转移到循环所在位置的上一层嵌套循环
Exit For	提供一种退出 For 循环的方法，只允许在 For…Next 或 For Each…Next 循环中使用。Exit For 将控制权转移到 Next 之后的语句。在嵌套的 For 循环中使用时，Exit For 将控制权转移到循环所在位置的上一层嵌套循环
Exit Function	立即从出现的位置退出 Function 过程，继续执行调用 Function 语句后面的语句
Exit Sub	立即从出现的位置退出 Sub 过程，继续执行调用 Sub 语句后面的语句

关于 Function 过程或 Sub 过程，将在 5.8 节中进行详细的介绍。

如果在使用条件循环时忘了使用 While 来作出判断，程序就会变成一个死循环，那么这个循环就会无限地执行下去，通常这时程序就会导致死机，因此必须避免这种情况。除了使用 While 或 Until 来结束循环之外，还可以用 Exit Do 来强制结束循环。

【例 5-24】 使用 Exit Do 语句来强制退出 Do While...Loop 循环。代码如下：（实例位置：光盘\MR\源码\第 5 章\5-16）

```
<%
Dim i
i = 0
Do While i < 10                    '在小于 10 的数字中循环
    i = i + 1
        if i > 8 Then
            Exit Do                '当数字大于 8 时，退出 Do 循环
        end If
Loop
Response.Write("警告：循环执行到"& i &"!"&"<br>"&"当 j 大于 8 时，便退出循环不再执行了！")
%>
```

当用户单击"取消"按钮时，InputBox 的返回值为空字符串，因此就能使用 If 来编写一个判断语句，判断如果返回的字符串为""""（空字符串），那么就结束程序。

在 IIS 中浏览 index.asp 文件，运行结果如图 5-16 所示。

图 5-16　使用 Exit Do 结束循环的运行结果

5.8　VBScript 过程

在 VBScript 脚本中，过程被分为两类：Sub 过程和 Function 过程。过程用来完成某种特定的功能，它具有一个名称，可以作为一个代码块。本节将详细介绍这两类过程。

5.8.1　定义 Sub 过程

Sub 过程通常以 Sub 开始并以 End Sub 结束，没有返回值。Sub 过程可以使用参数（由调用过程传递的常量、变量或表达式），如果 Sub 过程无符合参数，则该过程必须包含空括号（）。

语法：

```
Sub 子程序名(参数 1,参数 2,…)
    …
End Sub
```

Sub 过程的调用有两种方式：

（1）通常情况使用 Call 语句

```
Call 子程序名(参数 1,参数 2,…)
```

（2）直接使用 Sub 过程

```
子程序名 参数 1,参数 2,…
```

当调用 Sub 过程时，只需输入过程名及所有参数值，参数值之间使用逗号分隔，无需使用 Call 语句。但如果使用了此语句，则必须将所有参数包含在括号之中。

在 Sub 过程中可以使用两类变量：一类是在过程中显式声明的，另一类是未在过程中显式声明的，这两类变量都是局部变量，除非在该过程外更高级别的位置显式地声明它们。如果过程中引用的未声明的变量与其他过程、常数或变量的名称相同，则会认为过程引用的是脚本级的名称。要避免这类冲突，就要使用 Option Explicit 语句强制显式声明变量。

如果没有显式地指定使用 Public 或 Private，则 Sub 过程的默认值为公用，即它们对于脚本中的所有其他过程都是可见的。Sub 过程中局部变量的值在调用过程中不被保留。不能在任何其他过程（如 Function 函数）中定义 Sub 过程。它可以调用自己来完成某个给定的任务，即称之为递归，但需要注意的是，递归有可能会导致堆栈溢出。

Sub 过程是通过 Sub 和 End Sub 语句来实现的。Sub 过程可以使用参数（由调用过程传递的常量、变量或表达式等），也可以不带任何参数，但这时 Sub 语句必须包含空括号 ( )，Sub 没有返回值。Sub 过程的调用有两种方式：一种是 Call 语句，采用 Call 语句调用时，必须将要调用过程的变量参数放在括号里；另一种是直接应用 Sub 过程的名字和变量参数来完成，这种调用则不用把变量放在括号里。

【例 5-25】 定义 Sub 过程并调用。代码如下：（实例位置：光盘\MR\源码\第 5 章\5-17）

```
<%@LANGUAGE="VBSCRIPT" CODEPAGE="936"%>
<html>
<head>
<meta http-equiv="Content-Type" content="text/html; charset=gb2312">
<title>定义并调用 sub 过程</title>
</head>
<body>
<script language="vbscript">
 Sub exam()                                           '创建 Sub 过程
  MsgBox "把 Sub 过程调用出来了!",vbonlyok+vbInformation,   "定义并调用 Sub 过程"
 End Sub                                              '结束 Sub 过程
</script>
<form name="form1" method="post" action="">          '表单控件
  <input type="button" name="Submit" value="调用 sub 过程" onClick="exam()"> '调用 Sub
过程
</form>
     '表单结束标签
</body>
</html>
```

在 IIS 中浏览 index.asp 文件，运行结果如图 5-17 所示。

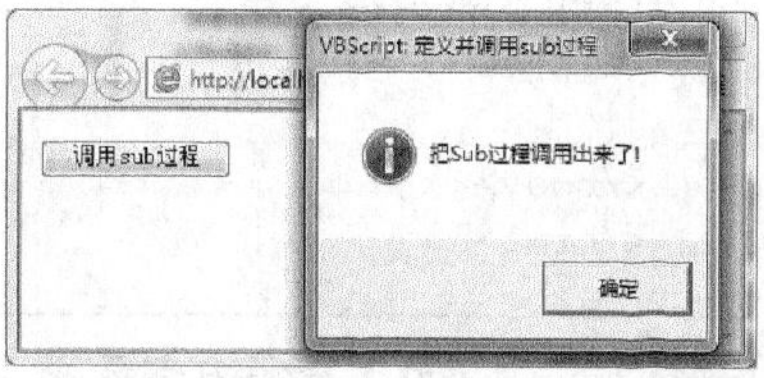

图 5-17　定义并调用 Sub 过程

5.8.2　定义 Function 过程

Function 过程又可以称为 Function 函数，它通常以 Function 开始并以 End Function 结束。Function 过程是拥有返回值的过程，也可以声明其名称和参数，并且 Function 过程是通过过程名来返回一个值，该值必须在过程语句中赋给过程名。

语法：

```
Function 过程名(参数 1,参数 2,…)
```

```
    …
End Function
```

与 Sub 过程一样，Function 过程也是一个独立的过程，可读取参数、执行一系列语句并改变其参数的值。与子过程不同，Function 过程可返回一个值到调用的过程。

在 Function 函数中可以使用两类变量：一类是在过程中显式声明的，另一类是未在过程中显式声明的，这两类变量都是局部变量，除非在该过程外更高级别的位置显式地声明它们。如果过程中引用的未声明的变量与其他的过程、常数或变量的名称相同，则会认为过程引用的是脚本级的名称。要避免这类冲突，就要使用 Option Explicit 语句强制显式声明变量。在 Function 函数中可以是递归的，可以调用自己来完成某个给定的任务，但需要注意的是，递归有可能会导致堆栈溢出。

如果没有显式地指定使用 Public 或 Private，Function 函数的默认值为公用，即它们对于脚本中的所有其他过程都是可见的。Function 函数中局部变量的值在调用过程中不被保留。不能在任何其他过程（如 Sub 过程）中定义 Function 函数。

Function 函数是包含在 Function 和 End Function 语句之间的一组 VBScript 语句。它与 Sub 过程类似，但它可以返回值。Function 函数可以使用参数（由调用函数传递的常量、变量或表达式等），若 Function 函数无任何参数，则 Function 语句必须包含空括号（ ）。Function 函数通过函数名返回一个值，这个值是在函数的语句中赋给函数名的。Function 返回值的数据类型总是 Variant。

【例 5-26】 定义 Function 过程并调用。代码如下：（实例位置：光盘\MR\源码\第 5 章\5-18）

```
<%@LANGUAGE="VBSCRIPT" CODEPAGE="936"%>
<html>
<head>
<meta http-equiv="Content-Type" content="text/html; charset=gb2312">
<title>定义并调用 Function 过程</title>
</head>
<body>
<script language="vbscript">
 function exam()                                      '创建 Function 过程
  MsgBox "把 Function 过程调用出来了!",vbonlyok+vbInformation,"定义并调用 Function 过程"
 end function                                         '结束 Function 过程
</script>
<form name="form1" method="post" action="">          '表单控件
  <input type="button" name="Submit" value="调用 Function 过程" onClick="exam()">
 '调用 Function 过程
</form>                                               '结束表单

</body>
</html>
```

为了提高内部效率，VBScript 可能会重新排列数学表达式，当通过 Function 函数修改数学表达式中变量的值时，应该避免在同一个表达式中使用该函数。

如果要从函数返回一个值，只需将值赋给函数名。在过程的任意位置都可以出现任意个这样的赋值。如果没有给 Name 赋值，则 Function 函数将返回一个默认值：数值函数返回 0，字符串函数返回零长度字符串（""）。如果在 Function 函数中没有使用 Set 语句将对象引用指定给 Name，则返回对象引用的函数将返回 Nothing。

在 IIS 中浏览 index.asp 文件，运行结果如图 5-18 所示。

图 5-18　定义并调用 Function 函数

5.9　综合实例——编写温度单位转换器

本实例主要演示如何编写 VBScript 脚本实现温度单位转换器，也就是将脚本窗口中输入的摄氏温度转换为华氏温度，具体步骤如下。

（1）创建一个名称为 index.asp 的文件，并且在该文件中编写以下代码。

```
<%@LANGUAGE="VBSCRIPT" CODEPAGE="936"%>
<html>
<head>
<meta http-equiv="Content-Type" content="text/html; charset=gb2312">
<title>编写温度单位转换器</title>
</head>
<body>
</body>
</html>
```

（2）在<body>标记中编写 VBScript 脚本代码，首先编写一个名称为 ChangeF()的子程序，然后通过 VBScript 提供的 InputBox()方法弹出一个输入窗口，并将该窗口获取到的内容保存到一个变量 C 中，最后调用 ChangeF()子程序，并将变量 C 作为参数传递。具体代码如下：

```
<script language="vbscript">
sub ChangeF(C)                      //将摄氏转换为华氏，C 为参数
  F=C*1.8+32                        //摄氏=华氏*1.8+32
  MsgBox"摄氏"&C&"度转换为华氏"&F&"度"
end sub
C=InputBox("请输入摄氏温度：")
ChangeF C                //调用子程序，传入的参数是 DegreeC，这时子程序的参数 C 等于 DegreeC
</script>
```

运行本实例，将弹出图 5-19 所示的要求输入温度的对话框，输入要转换的摄氏温度，单击"确定"按钮，将弹出图 5-20 所示的对话框显示转换后的华氏温度。

在运行本实例时，如果输出图 5-21 所示的提示框，则需要对 IE 浏览器的 Internet 选项中的安全进行设置，具体步骤如下。

图 5-19　弹出的输入温度对话框　图 5-20　转换后的华氏温度　　图 5-21　IE 浏览器弹出的提示框

（1）在 IE 浏览器上单击  按钮，在弹出的快捷菜单中，选择"Internet 选项"菜单项，将弹出"Internet 选项"窗口，在该窗口中，选择"安全"选项卡，如图 5-22 所示。

（2）在"安全"选项卡中，选择 Internet，并单击自定义级别，在打开的"安全设置"对话框中，将"允许网站使用脚本窗口提示获得信息"节点启用，如图 5-23 所示。单击"确定"按钮即可。

图 5-22　"安全"选项卡

图 5-23　设置允许网站使用脚本窗口提示

知识点提炼

（1）VBScript（Microsoft Visual Basic Scripting Edition）是微软公司推出的一种脚本语言，它是程序开发语言 Visual Basic（VB）和 Visual Basic for Application（VBA）的一个子集，VBScript 程序设计与 VB 和 VBA 基本相同，只是为了简单和安全，把 VB 和 VBA 一些强大的功能去掉了，如调用 API。

（2）VBScript 常量是具有一定含义的名称，用于代替数值或字符串，在程序执行期间其值不会发生变化。常量通常分为普通常量和符号常量。

（3）VBScript 变量是一种使用方便的占位符，主要用于引用计算机的内存地址来存储脚本运行时更改的数据信息。

（4）VBScript 数组是有序数据的集合。数组中的每一个元素都属于同一种数据类型，用一个统一的数组名和下标来唯一地确定数组中的元素。

（5）VBScript 运算符是完成操作的一系列符号。在 VBScript 中，运算符包括比较运算符、算术运算符、逻辑运算符等几种类型。

（6）VBScript 的流程控制语句主要包括条件语句和循环语句两种。

（7）Sub 过程是通过 Sub 和 End Sub 语句来实现的。Sub 过程可以使用参数（由调用过程传递的常量、变量或表达式等），也可以不带任何参数，但这时 Sub 语句必须包含空括号（），Sub 没有返回值。

（8）Function 过程又可以称为 Function 函数，它通常以 Function 开始并以 End Function 结束。Function 过程是拥有返回值的过程，也可以声明其名称和参数，并且 Function 过程是通过过程名来返回一个值，该值必须在过程语句中赋给过程名。

习　　题

5-1　VBScript 常量通常分为哪两种？

5-2　VBScript 中声明变量有哪两种方式？

5-3　如何为变量赋值？

5-4　如何声明 VBScript 数组？

5-5　VBScript 数组有哪几个比较常用的数组函数？

5-6　使用什么语句可以编写进行判断和重复操作的 VBScript 代码？

5-7　哪种语句是用来重复执行程序代码的？

实验：求圆面积

实验目的

（1）熟悉 VBScript 的基本语法。

（2）掌握 VBScript 的 inputbox() 和 MsgBox() 方法的使用。

实验内容

编写 VBScript 脚本实现求圆面积。

实验步骤

（1）创建一个名称为 index.asp 的文件，并且在该文件中编写以下代码。

```
<%@LANGUAGE="VBSCRIPT" CODEPAGE="936"%>
<html>
<head>
<meta http-equiv="Content-Type" content="text/html; charset=gb2312">
<title>求圆面积</title>
</head>
<body>
</body>
</html>
```

（2）在 <body> 标记中编写 VBScript 脚本代码，首先通过 VBScript 提供的 InputBox() 方法弹出一个输入窗口，并将该窗口获取到的内容保存到一个变量 r 中，然后根据圆的面积公式计算圆的面积，最后通过 msgbox() 方法弹出提示对话框显示计算后的结果。具体代码如下：

```
<script language="vbscript">
r=inputbox("计算圆的面积: ","请输入圆的半径")
circle=r*r*3.14
msgbox("半径为"&r&"的圆的面积为: "&circle)
</script>
```

运行本实例，将弹出图 5-24 所示的要求输入圆的半径的对话框，单击"确定"按钮，将弹出图 5-25 所示的对话框显示计算后的圆的面积。

图 5-24　弹出的输入半径对话框

图 5-25　计算后的圆的面积

第6章
ASP 内置对象

本章要点：

- 了解 ASP 内置对象
- Request 对象的创建与使用
- Response 对象的创建与使用
- Application 对象的创建与使用
- Session 对象的创建与使用
- Server 对象的创建与使用
- ObjectContext 对象的创建与使用
- FileSystemObject 文件系统对象的创建与使用
- TextStream 文本流对象的创建与使用

本章介绍 ASP 的内置对象，主要内容包括 Request 对象、Response 对象、Application 对象、Session 对象、Server 对象、ObjectContext 对象、FileSystemObject 文件系统对象和 TextStream 文本流对象。通过本章的学习，读者应了解以上每个对象的主要用途，并掌握每个对象在程序中的相关应用。进一步理解 ASP 通过调用其内置对象来实现基本操作。

6.1 ASP 内置对象概述

为了实现网站的常见功能，ASP 提供了内置对象。内置对象的特点是：不需要事先声明或者创建一个实例，可以直接使用。常见的内置对象及其功能如下。

（1）Request 对象：获取客户端的信息。

（2）Response 对象：将信息返回给客户端浏览器。

（3）Application 对象：存储一个应用程序中的共享数据以供多个用户使用。

（4）Session 对象：在访问过程中存储单个用户信息。

（5）Server 对象：提供服务器属性信息。

（6）ObjectContext 对象：控制事务处理。

（7）FileSystemObject 文件系统对象。

（8）TextStream 文本流对象。

每个对象都提供了相应的属性、方法等，通过调用对象的属性或方法实现动态网页编程。

6.2　Request 输入对象

通过 ASP 可以创建动态网页，它提供了一个在服务器端执行指令的环境，另外，它还可以接收来自客户端的请求。ASP 通过 Request 对象接收来自客户端的请求，然后将请求信息发送给服务器端进行处理。在应用 Request 对象完成预定的工作时，首先必须创建该对象，然后再根据该对象提供的属性和方法实现指定的功能。本节详细介绍 Request 对象的常用属性、方法和集合。

6.2.1　认识 Request 对象

Request 对象是 ASP 中最常用的对象之一，因此要求读者一定要完全理解并掌握。在客户端/服务器结构中，当客户端 Web 页面向网站服务器端传递信息时，Request 对象能够获取客户端提交的全部信息（包括客户端用户的 HTTP 变量、依附于 URL 之后的字符串信息、页面中表单传送的数据以及客户端认证等）。Request 对象提供了 Form、QueryString、Cookies 和 ServerVariables 等数据集合；此外 Request 对象还提供了 TotalBytes 属性和 BinaryRead 方法。应用 Request 对象可以动态获取到网站服务器端的相关信息，如图 6-1 所示。

图 6-1　Request 对象的应用

6.2.2　Request 对象的语法

Request 对象不需要创建，只要直接使用对象名后面跟一个 "."，再加上它的属性或方法名就可以了，具体的语法格式如下：

```
Request[.collection | property | method](variable)
```

其中各参数说明如表 6-1 所示。

表 6-1   Request 对象语法中各参数说明

参　　数	描　　述
collection	Request 对象的数据集合
property	Request 对象的属性
method	Request 对象的方法
variable	是由字符串定义的变量参数，指定要从集合中检索的项目或者作为方法、属性的输入

在 ASP 中可以使用通用的方法来访问 Request 对象的所有成员。代码如下：

```
Request.Collection("member")
```

也可以使用下面更简单的方法，代码如下：

```
Request("member")
```

利用直接的方法来访问成员，虽然代码很简单，但是它的效率很低，而且很容易出错。当省略了具体的集合名称时，ASP 按 QueryString、Form、Cookie、ServerVariable 顺序来搜索集合。当发现第一个匹配的变量时，就认定是要访问的成员，因此建议大家不要使用这种方法。

6.2.3　Request 对象的数据集合

Request 对象在 HTTP 请求期间，检索客户端浏览器传递给服务器的值，对这些信息自动进行归类组合。Request 对象提供了 Form、QueryString、Cookies 和 ServerVariables 等数据集合，主要用于支持 ASP 收集客户端的请求信息。下面分别进行介绍。

1. 通过 Form 数据集合获取表单数据

表单是标准 HTML 文件的一部分，用户可以利用表单中的文本框、复选框、单选按钮和列表框等控件为服务器端提供初始数据，用户可以通过单击表单中的命令按钮提交输入的数据。

在含有 ASP 动态代码的 Web 页面中，可以使用 Request 对象的 Form 集合获取客户端提交给服务器端的表单数据。

语法：

```
Request.Form(element)[(index)|.Count]
```

● element：必选参数，指定集合要检索的表单元素的名称，也就是客户端控件 name 的属性值。

● index：可选参数，使用该参数可以访问某参数中多个值中的一个。它可以是 1 到 Request.Form(parameter).Count 之间的任意整数。

● Count：可选参数，集合中元素的个数。、

"[" 和 "]" 之间的参数可以省略，此时系统将采用默认值："|"。

Request.Form(element) 的值是请求正文中所有 element 值的数组，用户可以通过调用 Request.Form(element).Count 属性来确定参数中值的个数。如果参数未关联多个值，则计数为 1；如果找不到参数，计数为 0。要引用有多个值的表格元素中的单个值，必须指定 index 值，index 参数可以是从 1 到 Request.Form(element).Count 中的任意数字。

在表单中传递数据的方法有两种：POST 方法和 GET 方法。当使用 POST 方法将 HTML 表单提交给服务器时，表单元素可以作为 Form 集合的成员来检索，即使用 Request 对象的 Form 集合来获得表单中传递的数据，传递大量数据一般使用 POST 方法。使用 GET 方法传递数据时，通过 Request 对象的 QueryString 集合来获得数据。

【例 6-1】　下面制作一个 index.asp 页面，在该页面中添加相应的表单元素，通过 Form 表单的 POST 方法传递数据。在 index_cl.asp 页面中主要应用 Request 对象的 Form 集合来获得表单中传递的数据。代码如下：（实例位置：光盘\MR\源码\第 6 章\6-1）

```
<form name="form1" method="post" action="index_cl.asp">
<%'添加一个 Form 表单%>
<table width="399" height="166" border="0" cellpadding="0" cellspacing="0">
  <tr>
    <td colspan="2"><div align="center">会员信息</div>       <div align="center"></div></td>
  </tr>
  <tr>
    <td width="79"><div align="center">会员昵称：</div></td>
    <td width="203"><input name="name1" type="text" id="name1"></td>
  </tr>
  <tr>
    <td><div align="center">会员名称：</div></td>
    <td><input name="name2" type="text" id="name2"></td>
  </tr>
  <tr>
    <td><div align="center">所属地区：</div></td>
    <td><select name="dq" id="dq">
      <option value="长春市">长春市</option>
      <option value="白城市">白城市</option>
      <option value="辽源市">辽源市</option>
      <option value="白山市 ">白山市 </option>
      <option value="沈阳市">沈阳市</option>
    </select>
    </td>
  </tr>
  <tr>
    <td><div align="center">通信地址：</div></td>
    <td><input name="address" type="text" id="address"></td>
  </tr>
  <tr>
    <td colspan="2"><div align="center">
    <input type="submit" name="Submit" value="提交">
    <%'添加一个"提交"按钮%>
             
<input type="reset" name="Submit2" value="重置">
    <%'添加一个"重置"按钮%>
    </div></td>
  </tr>
</table>
</form>
```

index_cl.asp 页面中通过 Form 集合获取表单传递的数据，同时将获取到的数据输出到浏览器中。代码如下：

```
<body>
    会员信息<br>
会员昵称：<%=request.Form("name1")%><br>        <%'应用 Form 数据集合获取表单数据%>
会员名称：<%=request.Form("name2")%><br>        <%'应用 Form 数据集合获取表单数据%>
所属地区：<%=request.Form("dq")%><br>            <%'应用 Form 数据集合获取表单数据%>
通讯地址：<%=request.Form("address")%>          <%'应用 Form 数据集合获取表单数据%>
</body>
```

实例的运行结果如图 6-2 所示。

图 6-2　Form 集合的应用

2. 通过 QueryString 数据集合查询字符串数据

QueryString 数据集合可以利用 QueryString 环境变量来检索 HTTP 查询字符串中变量的值。HTTP 查询字符串中的变量可以直接定义在超链接的 URL 地址中的 "？" 字符之后，如 http://www.mrbccd.com? name=sun。传递多个参数变量时，用 "&" 符号作为参数间的分隔符，如 http://www.mrbccd.com? name=sun&age=26。

语法：

```
Request.QueryString(variable)[(index)|.count]
```

● variable：必选参数，指定要检索的 HTTP 查询字符串中的变量名。

● index：索引值，为可选参数，可以取得 HTTP 查询字符串中相同变量名的变量值。索引值可以是 1 至 Request.QueryString (variable).Count 之间的任意整数。

● count：可选参数，HTTP 查询字符串中的相同名称变量的个数。

通过使用 GET 方法或手动将表格的值添加到 URL，表格的值可以被附加在请求的 URL 之后。QueryString 集合可以获取由以下 3 种方法传递的数据。

● 直接在浏览器地址栏中输入链接

```
http://www.mrbccd.com/Login.asp?UID=admin&PWD=manager
```

● 在 HTML 中使用超链接

```
<a herf="http://www.mrbccd.com/Login.asp?UID=admin&PWD=manager ">
```

● 使用 Form 表单

```
<form name="form1" method="get" action="Login.asp">
<input type="text" name="UID" value="admin">
<input type="password" name="PWD" value="manager">
<input type="submit" name="Submit" value="提交">
</form>
```

执行以上 3 种方法时，浏览器都将在地址栏中显示：

```
http://www.mrbccd.com/Login.asp?UID=admin&PWD=manager
```

此时，用户的用户名和密码将会暴露，显然，这些方法是不安全的。

下面通过具体的实例详细讲解 Form 集合的应用。

1. 在表单中通过 GET 方法提交的数据

与 Form 数据集合相似，QueryString 数据集合可以取得在表单中通过 GET 方法提交的数据。

使用 GET 方法在 Web 页面间传递参数时，是通过 HTTP 的附加参数来传递的，通过浏览器的地址栏可以得到传递的参数，保密性不够好。因此，不能用 GET 方法传递涉及网站安全的信息。

【例 6-2】首先创建表单，同时应用 GET 方法传值到一个指定的 ASP 文件中，在该文件中应用 Request 对象的 QueryString 数据集合取得传递的数据并进行动态显示。代码如下：（实例位置：光盘\MR\源码\第 6 章\6-2）

```
<body style="font-size:14px">
<form id="form1" name="form1" method="get" action="index_show.asp">
<p style="width:400 " align="center">用户信息</p>
<p> 用户名: 
  <input name="name" type="text" id="name" size="24" />
</p>
<p>  年  龄: 
  <input name="age" type="text" id="age" size="24" />
</p>
<p> 学   历:
  <input name="xueli" type="text" id="xueli" size="24" />
</p>
<p> 通讯地址:
  <input name="adress" type="text" id="adress" size="24" />
  </p>
<p>           
  <input type="submit" name="Submit" value="提交" />
      
    <input type="reset" name="Submit2" value="重置" />
</p>
</form>
</body>
```

文件数据信息显示页面中，使用 Request 对象的 QueryString 数据集合取得传递的数据并进行动态输出。代码如下：

```
<body>
您的用户名是: <%=Request.QueryString("name")%><BR>          <%'动态输出数据信息%>
您的年龄是: <%=Request.QueryString("age")%><BR>            <%'动态输出数据信息%>
您的学历是: <%=Request.QueryString("xueli")%><BR>          <%'动态输出数据信息%>
您的通讯地址是: <%=Request.QueryString("address")%>        <%'动态输出数据信息%>
</body>
```

实例的运行结果如图 6-3 和图 6-4 所示。

图 6-3　创建表单页面　　　　　　图 6-4　动态显示结果

2. 利用超链接标记<A>传递的参数

【例 6-3】 开发程序时，经常会应用超链接进行参数的传递。在传递参数时可以直接应用 HTML 的超链接标记<A>传递参数，传递的参数需要写在"?"符号的后面，如果进行多个参数的传递，则可以使用"&"作为分隔符。在完成参数的传递后，本实例主要应用 Request 对象的 QueryString 数据集合取得所传递的参数值。（实例位置：光盘\MR\源码\第 6 章\6-3）

首先在表单文件中建立多个超链接，在"?"符号后面定义传递的参数名称及设置参数值，当单击不同的超链接时，显示不同的结果。代码如下：

```
<body style="font-size:14px ">
  <b><a href="index_cl.asp?id=1">苹果</a></b><br><br> 
<b><a href="index_cl.asp?id=2">香蕉</a></b><br><br> 
<b><a href="index_cl.asp?id=3">葡萄 </a></b><br><br> 
<b><a href="index_cl.asp?id=4">橙子 </a></b><br><br> 
</body>
```

结果显示页面中，应用 Request 对象的 QueryString 数据集合取得所传递的参数值，同时应用 Response 对象的 Write 方法将信息动态输出。代码如下：

```
<body style="font-size:14px ">
<p>
<%
dim selected                              '定义变量
selected=Request.QueryString("id")        '为 selected 变量赋值
Select Case selected                      '定义条件
Case "1"                                  '当条件为 1 时
    Response.Write "您当前选择的是:苹果"   '输出提示信息
Case "2"                                  '当条件为 2 时
    Response.Write "您当前选择的是:香蕉"   '输出提示信息
Case "3"                                  '当条件为 3 时
    Response.Write "您当前选择的是:葡萄"   '输出提示信息
Case "4"                                  '当条件为 4 时
    Response.Write "您当前选择的是:橙子"   '输出提示信息
End Select
%>
</p>
<p><a href="index.asp"><b><font color="#FF0000">返回</font></b></a></p>
</body>
```

实例的运行结果如图 6-5 和图 6-6 所示。

图 6-5　动态创建超链接

图 6-6　动态显示结果

3. 通过 Cookies 数据集合检索 Cookie 值

Cookies 数据集合可以在客户端长期保存信息，同时允许用户检索在 HTTP 请求中发送的

Cookie 值。Cookie 是由服务器传递给浏览器的数据，被浏览器存储在客户端的磁盘中。当浏览器再次向同一站点发出请求时，Cookie 文件中的数据将被编码，并加到 HTTP 的请求头中，发到服务器，服务器还可以再次设置 Cookie 的值。

语法：

```
Request.Cookies(cookiesname)[(key)|.attribute]
```

- cookiesname：必选参数，指定要检索的 Cookie 名称。
- key：可选参数，用于从 Cookie 中检索关键字的值。
- attribute：可选参数，Cookie 的属性参数，指定 Cookie 自身的有关信息。其属性参数只提供一个 HasKeys，为只读属性，指定 Cookie 是否包含关键字。如果 Cookie 包含关键字，则返回 True；否则返回 False。

 Request 对象的 Cookies 集合可以出现在 HTML 程序的<body>段中的任何位置。

【例 6-4】　在 Dreamweaver 中新建一个 ASP 动态页，并通过 Response 对象创建 Cookie 数据集合，应用 Request 对象的 Cookies 数据集合读取 Cookie 的关键字信息。代码如下：（实例位置：光盘\MR\源码\第 6 章\6-4）

```
<body style="font-size:14px ">
<%
    Response.Cookies("User")("username")="tsoft"        '设置 Cookies 的值
    Response.Cookies("User")("password")="111"          '设置 Cookies 的值
    If ( Not Request.Cookies("User").HasKeys) Then      '判断 Cookies 中是否包含关键字
        Response.Write "Cookie 信息中不包含关键字!"      '输出数据信息
    Else
        For each key in Request.Cookies("User")          '判断指定的用户名是否存在
            Response.Write ""&key&"的值为:"&Request.Cookies("User")(key) &"<BR><BR> "
'动态输出信息
        Next
    End If
%>
</body>
```

 当请求一个未定义的 Cookies 或关键字时，Request 对象将返回一个空值。

实例的运行结果如图 6-7 所示。

4. 通过 ServerVariables 数据集合获取服务器端的环境变量

ServerVariables 数据集合可用于获取服务器端的环境变量信息，它由一些预定义的服务器环境变量组成。例如，获取远端主机的 IP 地址、远端主机的计算机名、取得 URL 信息和正在运行的脚本的名称等，这些变量对 ASP 程序有很大帮助，使程序能够根据不同情况进行判断，增加了程序的健壮性。服务器环境变量是只读变量，只能查阅，不能设置。

图 6-7　应用 Cookies 数据集合

语法：

```
Request.ServerVariables(server_environment_variable)
```

server_environment_variable：服务器环境变量。常见服务器环境变量如表 6-2 所示。

表 6-2   常见服务器环境变量

服务器环境变量	描　　述
ALL_HTTP	传送 HTTP HEADER 头部
ALL_RAW	取得 HTTP HEADER 的源程序
ALL_MD_PATH	ISAPI DLL 应用程序的 METBASE 路径
ALL_PHYSICAL_PATH	METBASE 路径对应的实际路径
AUTH_PASSWORD	使用基本认证时，Client 端输入的认证密码
AUTH_TYPE	Client 端的认证方式
AUTH_USER	认证时使用的用户名
CERT_COOKIE	Client 端证书 ID
CERT_FLAGS	Client 端证书是否存在，存在则返回值为 1
CERT_ISSUWE	Client 端证书发行者信息
CERT_KEYSIZE	连接 SSL 时，Key 的 Bit 位数
CERT_SECRETKEYSIZE	Server 证书的 Bit 位数
CERT_SERIALNUMBER	Client 端证书的序列号
CERT_SERVER_ISSUER	Server 证书发行者信息
CERT_SERVER_SUBJECT	Server 证书内容
CERT_SUBJECT	Client 证书内容
CONTENT_LENGTH	Client 送出内容的长度
CONTENT_TYPE	Client 送出内容的类型
GATEWAY_INTERFACE	Server 使用 CGI 规格版本
HTTP_<headname>	保存在头部的其他信息
HTTPS	使用 SSL 提出要求时，该值为 ON，否则为 OFF
HTTPS_KEYSIZE	使用 SSL 连接时 Key 的 Bit 位数
HTTPS_SECRETKEYSIZE	Server 证书密码的 Bit 位数
HTTPS_SERVER_ISSUER	Server 证书发行者信息
HTTPS_SERVER_SUBJECT	Server 证书内容
INSTANCE_ID	取得所属（metabase 中）Web 服务进程的 ID 值
INSTANCE_META_PATH	取得要求的 IIS 服务进程的 META BASE PATH
LOCAL_ADDR	取得要求的 SERVER 的地址
LOGON_USER	用户可以登录的账号
PATH_INFO	由 Client 端提供的路径信息
PATH_TRANSLATED	将 PATH_INFO 变换为物理路径信息
QUERY_STRING	QUERY 字符串的相关信息
REMOTE_ADDR	远端主机的 IP 地址
REMOTE_HOST	远端主机的计算机名
REMOTE_USER	在 Server 认证处理前从客户端传送的用户名

续表

服务器环境变量	描　　述
REQUEST_METHOD	Client 端表单传送数据的方法（POST 和 GET）
SCRIPT_NAME	正在运行的脚本的名称
SERVER_NAME	运行脚本的服务器的主机名、DNS 或 IP 地址
SERVER_PORT	取得 Server 端口号
SERVER_PORT_SECURE	Server 端口是否安全，1 表示安全，0 表示不安全
SERVER_PROTOCOL	取得通信协议的名称及编号
SERVER_SOFTWARE	取得 Server 端软件的名称及版本
URL	取得 URL 信息

并不是所有使用了代理服务器的客户端都可以通过 ServerVariables 数据集合获取服务器端环境变量，有时读取到的仍然是代理服务器的 IP。

【例 6-5】 下面通过服务器环境变量 Remote_AddR 来获取访问者浏览器的 IP 地址。代码如下：（实例位置：光盘\MR\源码\第 6 章\6-5）

```
<body style="font-size:14px ">
<%
    Dim IP                                       '定义变量
    IP=Request.ServerVariables("REMOTE_ADDR")    '获取当前浏览器的 IP 地址，并赋值
    If IP="192.168.1.204" Then                   '判断获取的 IP 地址是否等于 192.168.1.204
        Response.Write IP&"<BR><BR>"             '输出获取的 IP 地址
        Response.Write "对不起，该网站不允许您的访问！"  '输出提示信息
    Else
        Response.Write "欢迎您访问本网站！"
'输出提示信息
    End If
%>
</body>
```

实例的运行结果如图 6-8 所示。

图 6-8　ServerVariables 数据集合的应用

6.2.4　Request 对象的属性和方法

Request 对象提供了 TotalBytes 属性和 BinaryRead 方法，通过使用它们可以使开发的程序更实用。下面分别对它们进行介绍。

1. 使用 TotalBytes 属性获取数据字节数

通过 Request 对象的 TotalBytes 属性可以获取到客户端响应数据的字节数，该属性为只读属性。
语法：
```
Counter=Request.TotalBytes
```
Counter：用于存放客户端送回的数据字节大小的变量。

TotalBytes 属性一般与 BinaryRead 方法配合使用。

【例 6-6】 下面使用 Request 对象的 TotalBytes 属性获得客户端发送数据的字节大小。代码如下：（实例位置：光盘\MR\源码\第 6 章\6-6）

```
<body style="font-size:14px ">
```

```
<form name="form1" method="post" action="index_cl.asp">
  <p align="center" style="width:400 ">商品信息添加页面</p>
  <p>  商品名称:
    <input name="username" type="text" id="username">
  </p>
  <p>  厂家名称:
    <input name="pwd" type="text" id="pwd" size="25">
  </p>
  <p>  商品地址:
    <input name="jb" type="text" id="jb" size="25">
  </p>
  <p align="center" style="width:400 ">
    <input type="submit" name="Submit" value="提交">
    <input type="reset" name="Submit2" value="重置">
  </p>
</form>
</body>
```

在数据处理文件中使用 TotalBytes 属性获得提交表单的数据字节大小。代码如下:

```
<%@LANGUAGE="VBSCRIPT" CODEPAGE="936"%>
<html>
<head>
<meta http-equiv="Content-Type" content="text/html; charset=gb2312">
<title>无标题文档</title>
</head>
<body>
<%
    Response.Write "从客户端获取数据的字节大小为:"&Request.TotalBytes
%>
</body>
</html>
```

实例的运行结果如图 6-9 所示。

图 6-9　TotalBytes 属性的应用

2. 调用 BinaryRead 方法以二进制方式读取数据

Request 对象的 BinaryRead 方法用于以二进制方式读取客户端使用 POST 方法所传递的数据。

语法:

```
Variant 数组=Request.BinaryRead(Count)
```

Count: 是一个整型数据，用以表示每次读取数据的字节大小，范围介于 0 到 TotalBytes 属性取回的客户端送回的数据字节大小。

BinaryRead 方法的返回值是通用变量数组（Variant Array）。

如果使用 BinaryRead 方法取得客户端所传递的数据，就不能使用 Request 对象所提供的数据集合，否则会发生执行错误；反之，如果已经使用了 Request 对象的数据集合取得客户端信息，就不能使用 BinaryRead 方法。

【例 6-7】 在 Dreamweaver 中新建一个 ASP 动态页，在该页面中首先添加表单及表单元素，同时对表单元素的属性进行设置，然后在输入信息提交表单时，先使用 Request 对象的 TotalBytes 属性获得发送的数据字节数，然后应用 BinaryRead 方法读取动态获取的数据，并输出到浏览器中。代码如下：（实例位置：光盘\MR\源码\第 6 章\6-7）

```html
<body style="font-size:14px ">
<form name="form1" method="post" action="index_cl.asp">
  <p align="center" style="width:400 ">留言信息</p>
  <p>  留言标题:
    <input name="title" type="text" id="title">
  </p>
  <p>  留言内容:
    <textarea name="content" id="content" rows="1" cols="20"></textarea>
  </p>
  <p align="center" style="width:400 ">
    <input type="submit" name="Submit" value="提交">
    <input type="reset" name="Submit2" value="重置">
  </p>
</form>
</body>
```

在数据处理页面中，通过 BinaryRead 方法读取并显示数据。代码如下：

```asp
<%@LANGUAGE="VBSCRIPT" CODEPAGE="936"%>
<html>
<head>
<meta http-equiv="Content-Type" content="text/html; charset=gb2312">
<title></title>
</head>
<body>
<%
    Dim dou,dous(1000)                  '定义变量
    dou=Request.TotalBytes              '获得客户端发送的数据字节数
    dous(1)=Request.BinaryRead(dou)     '以二进制码方式读取数据
    Response.BinaryWrite(dous(1))       '输出二进制内容
%>
</body>
</html>
```

实例的运行结果如图 6-10 所示。

图 6-10 BinaryRead 方法的应用

6.3 Response 输出对象

在 ASP 中，可以通过 Request 对象和 Response 对象创建交互的动态网页。Request 对象主要用于接收客户端 Web 页面提交的数据，而 Response 对象允许将数据作为请求的结果发送到客户端浏览器中，以提供有关响应的信息。在应用 Response 对象完成预定的工作时，首先必须创建该对象，然后再根据该对象提供的属性和方法实现指定的功能。本节详细介绍了 Response 对象的应用。

6.3.1 认识 Response 对象

Response 对象是 ASP 内置对象中直接向客户端发送数据的对象。Request 请求对象与 Response 响应对象形成了客户请求/服务器响应的模式。Response 对象用于动态响应客户端请求，并将动态生成的响应结果返回给客户端浏览器，它既可以将客户端重定向到一个指定的页面中，也可以设置客户端的 Cookie 值。Response 对象提供了 Write、Redirect、Clear、Flush 和 End 等方法；此外 Response 对象还提供了 Buffer、Expires、Status 和 ContentType 等属性，以实现各种功能。例如，应用 Response 对象的 Cookies 数据集合将用户登录信息写入 Cookie 文件，在一定的时间内如果同一用户再次进行登录时，就不需要再次输入用户名和密码了，如图 6-11 和图 6-12 所示。

图 6-11　第一次用户登录

图 6-12　同一用户再次登录时

6.3.2 Response 对象的语法

Response 对象用来控制发送给用户的信息，包括直接发送信息给浏览器、重定向浏览器到另一个 URL 或设置 Cookie 的值。用户可以使用 Response 对象将服务器端的数据用 HTML 超文本的格式发送到用户端的浏览器，这也是实现动态网页的基础。Response 对象不需要创建，只要直接使用对象名后面跟一个"."，再加上它的属性或方法名就可以了，具体的语法格式如下：

```
Response.collection | property | method
```

- collection：必选参数，Response 对象的数据集合；
- property：可选参数，Response 对象的属性；
- method：可选参数，Response 对象的方法。

【例 6-8】在一个信息显示页面中，当用户输入信息后并提交到服务器时，需要编写一个 ASP 程序。在编写的 ASP 程序中，首先需要使用 Request 对象获取用户的条件，然后再应用 Response 对象将获取的结果返回到浏览器中。代码如下：（实例位置：光盘\MR\源码\第 6 章\6-8）

```
<%
if request.Form("username")<>"" then          '判断获取的用户名称是否为空
    username=request.Form("username")     '获取表单元素 username 的值并赋给 username 变量
```

```
address=request.Form("address")        '获取表单元素 address 的值并赋给 address 变量
end if
Response.Write("用户名称为: "&username&"<br>")     '将获取的动态信息输出到浏览器中
Response.Write("通讯地址为: "&username)            '将获取的动态信息输出到浏览器中
Response.End()                                   '结束动态信息的输出
%>
```

实例的运行结果如图 6-13 所示。

 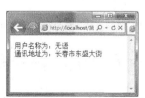

图 6-13　Response 对象的创建

6.3.3　Response 对象的应用

ASP 需要根据客户端的不同请求输出相应的信息, 这就需要应用 Response 对象来实现。Response 对象提供了 Write、Redirect、Clear 和 End 等方法, 开发人员通过使用这些方法, 可以使开发出来的 ASP 程序更加灵活、实用; 另外, Response 对象还提供了 Expires、Buffer、Status 等属性和 Cookies 集合, 这些属性和集合在实际开发中也起着至关重要的作用。下面将详细介绍 Response 对象的应用。

1. 向客户端直接输出数据

应用 Response 对象可以向客户端直接输出数据, 其相关的方法如下。

- Write 方法: 用于将信息从服务器端直接发送给客户端。
- End 方法: 用于结束服务器对脚本的运行并将结果返回给浏览器。

（1）Write 方法

Response 对象中, Write 方法可以说是最普遍和最常用的方法, 它可以把信息从服务器端直接发送给客户端。Write 方法的功能很强大, 它可以输出几乎所有的对象和数据。

语法:

```
Response.Write variant
```

variant: 输出到浏览器的变量数据或者字符串。

在 HTML 页面中, 输入一个简单的输出语句时, 可以使用简化写法, 即:

```
<%="输出语句"%>
```

这种简化写法很常用, 在进行 ASP 程序开发时, 经常会用到。

也可以采用如下写法, 即:

```
<% Response.Write "输出语句" %>
```

上面两种写法的语句实现的效果相同。

如果在输出的字符串中包含 ASP 程序定界符 "%>", Web 服务器解释时就会以为 ASP 语句结束, 这将引起服务器错误。因此在 ASP 程序中需要向浏览器输出 "%>" 时, 可以用 "%\>" 代替, 即将其作为转移符输出, 这样 ASP 处理引擎就会自动转换 "%>" 为字符输出到浏览器。

在使用 VBScript 脚本编写程序时，由于 VBScript 的静态字符串常量的长度不能大于 1022 个字节，所以，如果要使用 Write 方法来输出长度超过 1022 个字符的内容，则不能使用字符串常量作为参数，而应当使用其他形式来引用该内容。

【例 6-9】 下面使用 Response 对象的 Write 方法显示各种不同类型的数据。代码如下：（实例位置：光盘\MR\源码\第 6 章\6-9）

```
<body>
<%
'显示当前系统的日期和时间
Response.Write ("当前系统日期和时间是: "&Now&"<br>")
'显示一个随机数
Response.Write ("任意一个随机数: "&Rnd&"<br>")
'显示特殊的字符串
Response.Write ("特殊的字符串: ""ASP 从入门到应用开发%\>""<br>")
%>
</body>
```

图 6-14　Write 方法的应用

实例的运行结果如图 6-14 所示。

（2）End 方法

使用 Write 方法可以向客户端直接输出数据，也可以应用 Response 对象的 End 方法使 Web 服务器停止处理 ASP 脚本，并返回当前结果，文件中剩余的内容将不被处理。

语法：

```
Response.End
```

如果 Response 对象的 Buffer 属性被设置为 True，则可以调用 End 方法将缓冲区中的内容发送到客户端并同时清除缓冲区，所以，当要取消对客户端进行的所有输出时，首先需要调用 Clear 方法清除缓冲区，然后再调用 End 方法。

【例 6-10】 下面使用 Response 对象的 End 方法停止处理脚本程序，在此方法后的程序代码不会执行。代码如下：（实例位置：光盘\MR\源码\第 6 章\6-10）

```
<body>
<%
    username="doudou**"                       '为变量 username 赋值
    if username <> "" Then                    '判断 username 是否有值
        Response.Write "<font color=#0000ff>" '开始字体颜色设置
        Response.Write username                '输出 username 的值
        Response.Write "</font>"               '结束字体颜色设置
        Response.End()                         '停止处理 ASP 脚本
    End If
%>
  欢迎您光临本站!                    <!-- 此段信息将不在浏览器上显示 -->
</body>
```

结果为：doudou**

使用 Response 对象的 End 方法可以强制结束 ASP 程序的执行，在调试程序时可以应用该方法。

2．利用缓冲区输出数据

应用 Response 对象可以利用缓冲区输出数据，其相关的属性和方法如下。

● Buffer 属性：用来设置服务器端是否将页面先输出到缓冲区。

● CacheControl 属性：用于设置 Cache-Control 头字段，可以允许代理服务器高速缓存特定的页面。

● Expires 属性：用于设置浏览器页面缓存刷新的间隔时间（以分钟计算），必须在服务器端刷新。

● ExpiresAbsolute 属性：用于指定缓存于浏览器中的页面到期的日期和时间。

● Clear 方法：可以删除缓冲区中的所有 HTML 输出，但只删除响应正文而不删除响应标题。

● Flush 方法：用于将缓冲区的内容立即发送给客户端浏览器。

（1）Buffer 属性

Buffer 属性用来设置服务器端是否将页面先输出到缓冲区。它的取值为 True 或 False，默认值为 False。True 表示服务器端先输出到缓冲区，然后再从缓冲区输出到客户端浏览器；False 表示不输出到缓冲区，服务器端直接将信息输出至客户端浏览器。启用后凡是输出到客户端的信息都将暂时存入缓冲区，直到整个 ASP 程序执行结束后或者调用了 Flush 或 End 方法后，才将响应发送给客户端的浏览器。服务器将输出发送给客户端浏览器后就不能再设置 Buffer 属性。因此应该在 ASP 文件的第一行调用 Buffer 属性。

语法：

```
Response.Buffer=True/False
```

● True：表示服务器端先输出到缓冲区，然后再从缓冲区输出到客户端浏览器。

● False：表示不输出到缓冲区，服务器端直接将信息输出至客户端浏览器。

Windows 2000 操作系统采用了表的缓冲技术，可以不加该句代码。

【例 6-11】　下面应用 Response 对象的 Buffer 属性进行缓存输出，使页面内容缓存后再输出。代码如下：（实例位置：光盘\MR\源码\第 6 章\6-11）

```
<%@LANGUAGE="VBSCRIPT" CODEPAGE="936"%>
<% Response.Buffer=True          '设置 Buffer 属性的值为 True%>
<html>
<head>
<meta http-equiv="Content-Type" content="text/html; charset=gb2312" />
<title></title>
</head>
<body>
<B>此段信息是应用缓存进行输出</B>
</body>
</html>
```

（2）CacheControl 属性

Response 对象的 CacheControl 属性主要用来设置 Web 服务器是否将 ASP 程序的处理结果暂时存放在代理服务器上。如果客户端的浏览器上没有设置代理服务器，则该属性不会有任何效果。

ASP 程序可以通过代理服务器将页面发送给客户，代理服务器代表客户端浏览器向 Web 服务器请求页面。代理服务器可以高速缓存 HTML 页，这样对同一页的重复请求就会迅速高效地返回到浏览器。另外，采用代理服务器来处理缓存页面还可以减少网络和 Web 服务器的负载，这对于多数 HTML 页来说，高速缓存能更好地工作，但是对于需要经常更新信息的 ASP 页来说，高速缓存则会出现问题，即导致页面显示的信息并不是最新的信息，因此在应用高速缓存时必须考虑信息更新的问题。

在默认情况下，ASP 不能直接指示代理服务器来高速缓存 ASP 动态页，而是需要通过 Response 对象的 CacheControl 属性设置 Cache-Control 头字段，从而允许代理服务器高速缓存指定的 ASP 页面。

语法：

```
Request.CacheControl[=Cache_Control_Header]
```

Cache_Control_Header：表示缓存存储器控制标题，取值为 Private 或者 Public，默认值为 Private。当值为 Public 时，表示允许代理服务器作为缓冲区；当值为 Private 时，表示不允许代理服务器作为缓冲区。

【例 6-12】 下面通过 Response 对象的 CacheControl 属性设置 Cache-Control 头字段，从而允许代理服务器缓存页面。代码如下：（实例位置：光盘\MR\源码\第 6 章\6-12）

```
<% Response.CacheControl="Public"%>
```

（1）如果将 CacheControl 属性值设置为 Public 时，可能会改变 ASP 文件的性能。

（2）Private 和 Public 都是字符串，必须用引号（""）括起来。

（3）Expires 属性

Expires 属性用于指定在浏览器上缓冲存储的页面距过期还有多少时间。如果将 Expires 属性的值设置为 0，则表示该缓存的页面立即过期。

语法：

```
Response.Expires [=number]
```

number：用于指定缓存的页面距过期还有多少时间，单位为分钟。

在应用 Response 对象的 Expires 属性设置浏览器页面缓存刷新间隔时间时，必须在服务器端进行刷新。当用户在某个页面过期之前又再次访问该页面了，此时将会显示缓冲区中的页面。

【例 6-13】 下面通过 Expires 属性，设置缓存页面的到期时间为 1 分钟。代码如下：（实例位置：光盘\MR\源码\第 6 章\6-13）

```
<%@LANGUAGE="VBSCRIPT" CODEPAGE="936"%>
<% Response.Buffer =True    '设置页面缓存%>
<% Response.Expires =1            '设置页面缓存到期时间为 1 分钟%>
<html>
<head>
<meta http-equiv="Content-Type" content="text/html; charset=gb2312">
<title></title>
</head>
<body>
<p>设置该页面的缓存到期时间为 1 分钟后！</p>
</body>
</html>
</body>
</html>
```

（4）ExpiresAbsolute 属性

Response 对象的 ExpiresAbsolute 属性用于指定缓存于浏览器中的页面到期的日期和时间。在未到期之前，如果用户返回到该页面，则显示该缓存页面。如果没有指定到期时间，该页面将在当天午夜到期。如果没有指定到期日期，该页面将在脚本运行的当天到期。与 Expires 属性不同的是，ExpiresAbsolute 属性指定缓存于浏览器中的页面的到期时间，能确切到日期和时间。

语法：

```
Response..ExpiresAbsolute=[date] [time]
```

● date：指定页面的到期日期，该值在符合 RFC-1123（RFC：Request For Comments，请求注解）日期格式的到期标题中发送。

● time：指定页的到期时间，该值在到期标题发送之前转换为 GMT（Greenwich Mean Time，格林威治标准时间）时间。

　　如果 ExpiresAbsolute 属性在页面中被多次设置，则以最早到期的日期和时间为准。

【例 6-14】下面应用 Response 对象的 ExpiresAbsolute 属性，设置页面的到期时间为 2012-6-28 14:09:30。代码如下：（实例位置：光盘\MR\源码\第 6 章\6-14）

```
<%
Response.ExpiresAbsolute=#2012-6-28 14:09:30#    '设置页面到期时间为 2012-6-28 14:09:30
if now>Response.ExpiresAbsolute then             '判断该页面是否到期
    response.Write("该页面已过期")               '输出提示信息
else
    response.Write("欢迎光临！！")               '输出提示信息
end if
%>
```

　　Response 对象 ExpiresAbsolute 属性的设置必须放置于<HTML>标签之前，否则会发生错误。

实例的运行结果如图 6-15 所示。

（5）Clear 方法

Response 对象的 Clear 方法用于删除缓冲区中全部的 HTML 输出，但是 Clear 方法只清除 HTML 中的 Body 部分，而不能清除标题中的数据。使用该方法可以处理错误情况。

图 6-15　ExpiresAbsolute 属性的应用

在使用 Clear 方法前一定要将 Response 对象的 Buffer 属性设置为 True，否则将会出现运行错误。因为 Response 对象的 Write 方法只可以将数据输出到缓冲区，所以在执行了 Response.Write 方法输出数据后，再执行 Response.Clear 方法，前面输出的数据将会被清除。

语法：

```
Response.Clear
```

【例 6-15】下面应用 Response 对象的 Clear 方法清空缓冲区内容后，浏览页面显示的将是清空后页面的部分内容。代码如下：（实例位置：光盘\MR\源码\第 6 章\6-15）

```
<%@LANGUAGE="VBSCRIPT" CODEPAGE="936"%>
<%
Response.Buffer=True           '服务器端先输出到缓冲区，然后再从缓冲区输出到客户端浏览器
%>
<html>
```

```
<head>
<meta http-equiv="Content-Type" content="text/html; charset=gb2312">
<title></title>
</head>
<body>
<b>欢迎光临 1</b>
<!-- 调用 Response 对象的 Clear 方法后，这段信息将不会在浏览器上显示 -->
<%
    Response.Clear()                        '清空缓冲区内容
    Response.Write "欢迎光临 2<br>"          '此段信息将在浏览器上显示
%>
<b>欢迎光临 3</b>                            <!-- 浏览器上显示的信息-->
</body>
</html>
```

实例的运行结果如图 6-16 所示。

（6）Flush 方法

Response 对象的 Flush 方法可以将缓冲区中的内容立即发送给客户端浏览器。如果想要使用 Flush 方法，首先需要将 Response 对象的 Buffer 属性的值设置为 True，否则会发生运行时错误。

图 6-16　删除缓冲区中的所有内容

语法：

```
Response.Flush
```

【例 6-16】下面应用 Response 对象的 Flush 方法输出缓冲区内容后，在浏览页面中显示的内容包括缓冲区内容以及页面上其他的内容。代码如下：（实例位置：光盘\MR\源码\第 6 章\6-16）

```
<%@LANGUAGE="VBSCRIPT" CODEPAGE="936"%>
<% Response.Buffer=True '服务器端先输出到缓冲区，然后再从缓冲区输出到客户端浏览器%>
<html>
<head>
<meta http-equiv="Content-Type" content="text/html; charset=gb2312">
<title></title>
</head>
<body>
<i>大家一起来 1<br></i>
<!-- 调用 Response 对象的 Flush 方法后这段内容仍然显示 -->
<%
    Response.flush()                        '输出缓冲区内容
    Response.Write "大家一起来 2<br>"        '在浏览器上显示的信息
%>
<i>大家一起来 3</i>
<!-- 需要在浏览器上显示的信息 -->
</body>
</html>
```

实例的运行结果如图 6-17 所示。

图 6-17　缓冲页面输出时的运行结果

3. 实现网页重定位

Redirect 方法也是 Response 的常用方法。应用 Redirect 方法可以指定客户端浏览器重定向到另一个 Web 页面，即实现网页重定位。

语法：

```
Response.Redirect URL
```

URL：资源定位符，表示浏览器重定向到目标页面。

在进行程序开发时，一旦使用了 Redirect 方法，任何在页面中显示的响应正文内容都将被忽略，而且此方法不向客户端发送该页面设置的其他 HTTP 头部信息，而是产生一个重定向 URL 的自动响应正文。

【例 6-17】 下面应用 Response 对象的 Redirect 方法实现网页重定位。在进行网页重定位时，将忽略 HMTL 的正文内容以及通过 Response 对象的 Write 方法输出的内容，直接把当前页面重定向到另一个页面。代码如下：（实例位置：光盘\MR\源码\第 6 章\6-17）

```
<%@LANGUAGE="VBSCRIPT" CODEPAGE="936"%>
<html>
<head>
<meta http-equiv="Content-Type" content="text/html; charset=gb2312">
<title></title>
</head>
<body>
<%
Dim system                              '定义变量
system=left(now(),9)                    '获取当前系统日期中的年、月、日
'判断获取的年、月、日是否等于指定的年、月、日
If system="2012/6/28" or system="2012-6-28" Then
    Response.Write "显示此条数据信息1"    '输出指定的数据信息
    Response.Write "显示此条数据信息2"    '输出指定的数据信息
    '应用 Redirect 方法后，将会直接显示文件 index_cl.asp 中的内容
    Response.Redirect "index_cl.asp"
End If
%>
</body>
</html>
```

实例的运行结果如图 6-18 所示。

图 6-18　网页重定位功能的实现

4. 设置输出格式

应用 Response 对象可以设置数据的输出格式，其相关的属性和方法如下。

● Status 属性：用于设置 Web 服务器响应给服务器端浏览器的状态值。

● ContentType 属性：用于指定服务器响应的 HTTP 内容类型，其参数为描述内容类型的字符串。

● Charset 属性：用于将字符集的名称添加到 Response 对象中 content-type 内容类型标题的后面，设置或者返回字体中所用的字符集。

● AddHeader 方法：用于设置 HTML 文件的 HTTP 标题。

● AppendTolog 方法：在请求的 Web 服务器日志条目后添加字符串。

（1）Status 属性

Response 对象的 Status 属性用来设置服务器返回的状态信息，在调试时可以使用该参数确定服务器的执行状态（包括状态码和说明）。

Status 属性传递服务器 HTTP Response 报文的状态，该属性可以用来处理 HTTP Request 的服务器返回的错误。服务器返回的状态代码由 3 位数字组成，客户程序可以用来确定服务器是如何处理其请求的。除了这个状态代码之外，Status 还可以返回有关状态代码的解释，在调试过程和向客户端返回有关错误消息时，Status 属性特别重要。Response 对象的 Status 属性并不修改 Header，

但是它可以被用来限定一个 HTTP 响应的状态码。

语法：

```
Response.Status=StatusDescription
```

StatusDescription：表示状态码以及状态码内容。

HTTP（Hyper Text Transfer Protocol，超文本传输协议）中定义了 Status 的值，服务器返回的状态代码是由 3 位数字组成的，客户端程序可以用来确定服务器是如何处理其请求的。除了这个状态代码之外，Status 还可以返回有关状态代码的解释，状态代码及状态内容如表 6-3 所示，状态代码描述如表 6-4 所示。

表 6-3   状态代码及状态内容

代　码	内　　　容
100	Continue
101	Switching protocols
200	OK
201	Created
202	Accepted
203	Non-Authoritative Information
204	No Content
205	Reset Content
206	Partial Content
300	Multiple Choices
301	Moved Permanently
302	Moved Temporarily
303	See Other
304	Not Modified
305	Use Proxy
307	Temporary Redirect
400	Bad Request
401	Unauthorized
402	Payment Required

表 6-4   状态代码描述

状 态 代 码	描　　述
1xx	处理请求时显示的一些相关信息
2xx	这种状态信息说明请求已经被成功接收并响应。例如，状态码 200 表示网页请求被完全成功地接收
3xx	这个状态指示被请示前要了解的后面进程的信息。例如，状态码 301 说明该主页已经转移到其他地址，这时浏览器会自动转向新的地址
4xx	这个状态码表示浏览器发生的是错误的请求。例如，404 指的是浏览器请求的主页是不存在的
5xx	这种状态码表明服务器响应出现了问题。例如，503 指当前服务器端遇到了无法应付的错误

【例 6-18】 下面将 Response 对象的 Status 属性的值设置为 "401 Unauthorized"，用来防止外来 IP 地址的计算机访问网页。代码如下：（实例位置：光盘\MR\源码\第 6 章\6-18）

```
<%@LANGUAGE="VBSCRIPT" CODEPAGE="936"%>
<%
Dim IP                                        '定义变量
    IP=Request.ServerVariables("REMOTE_ADDR")    '获取当前浏览器的 IP 地址，并赋值
    If IP<>"192.168.1.66" Then                    '判断获取的 IP 地址是否等于 192.168.1.66
        Response.Status="401 Unauthorized"
    End If
%>
<html>
<head>
<meta http-equiv="Content-Type" content="text/html; charset=gb2312" />
<title></title>
</head>
<body>
    <!--此处省略了页面代码-->
</body>
</html>
```

实例的运行结果如图 6-19 所示。

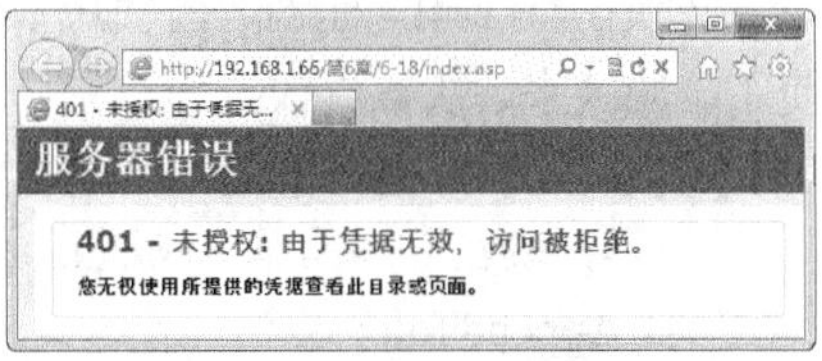

图 6-19　Status 属性的应用

（2）ContentType 属性

ContentType 属性用来设置 Web 服务器发送给客户端的内容所使用的 HTTP 文件类型，它的值通常以"类型/子类型"的字符串表示，其中类型是常规内容范畴，而子类型为特定内容类型。

语法：

```
Response.ContentType[=ContentType]
```

● ContentType：用于描述内容类型的字符串，该字符串通常被格式化为类型/子类型。

常用类型与子类型有 text/html、image/gif 和 image/jpeg 等。浏览器负责解释这些不同类型的子类型，调用客户端安装的联合程序，对文档进行查看及浏览。

【例 6-19】下面将 Response 对象的 ContentType 属性值设置为 text/html，使页面为 html 格式的文本文件。代码如下：（实例位置：光盘\MR\源码\第 6 章\6-19）

```
<% Response.ContentType = "text/html" %>
```

（3）Charset 属性

Charset 属性用来确定 Web 服务器发送给客户端的内容所使用的文字字符编码格式。文字字符编码格式的设置通常被添加到 Response 对象中 content-type 内容类型标题的后面。

语法：

```
Response.CharSet= [Charsetname]
```

Charsetname：指定所使用的文字字符编码格式。

【例 6-20】首先将 Response 对象的 Charset 属性值设置为 gb2312，然后在 Response 对象中 content-type 标题后加"charset=gb2312"，即"content-type:text/html;charset=gb2312"。代码如下：（实例位置：光盘\MR\源码\第 6 章\6-20）

```
<% Response.Charset="gb2312"%>
```

（4）AddHeader 方法

AddHeader 方法用于设置 HTML 文件的 HTTP 标题。

语法：

```
Response.AddHeader(name,value)
```

● name：用于表示一个新的标题变量名称。

● value：表示新标题变量的初始值。

在实际开发中,如果想使用 AddHeader 方法来设置 HTML 文件的 HTTP 标题,需要注意以下两个方面。

● 变量的命名

在对变量进行命名时,变量名中不能包含半字线 (-)。如果包含半字线,则系统将视为底线 (_) 符号。

例如,如果新标题变量的名称为 sun-AddHeader,则必须使用 Request.ServerVariables ("HTTP_sun_AddHeader")才能获取到该标题名称的内容值。

● 缓冲区的使用

必须在<HTML>标签之前使用 Response 对象的 AddHeader 方法,否则将产生错误信息。可以使用缓冲区来解决该错误。

【例 6-21】下面自定义一个 HTTP 标题头。代码如下:(实例位置:光盘\MR\源码\第 6 章\6-21）

```
<%Response.AddHeader "WARNING","Error Message Text"%>
```

（5）AppendTolog 方法

Response 对象的 AppendTolog 方法允许使用附加的方式将用户信息 String 记录添加到 Web 服务器的日志文件中,以方便日后对 Web 服务器的使用情况进行跟踪与分析。其中 String 的最大长度为 80 个字符的字符串,同时它不能包含逗号。

语法:

```
Response.AppendToLog(string)
```

string:指定的信息字符串。

AppendTolog 方法在一个 ASP 文件中可以执行多次。

【例 6-22】 应用 Response 对象的 AppendTolog 方法将用户信息记录添加到 Web 服务器的日志文件中。IIS 的日志文件通常都保存在%SystemDrive%\inetpub\logs\LogFiles\W3SVC2 目录下。在使用 AppendTolog 方法前,需要设置 W3C 日志记录字段。具体的设置方法如下。(实例位置:光盘\MR\源码\第 6 章\6-22）

（1）在 IIS 管理器中,选中"ASP 教材"节点,在右侧的功能视图中,双击"日志"图标,如图 6-20 所示。

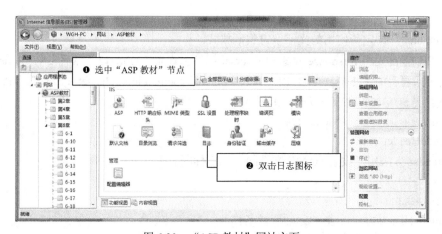

图 6-20   "ASP 教材"网站主页

（2）将在功能视图中显示图 6-21 所示的"日志"设置。在该窗口中设置日记文件的格式为 W3C，以及目录等信息。

（3）单击图 6-21 中的"选择字段"按钮，将弹出图 6-22 所示的对话框，在该对话框中，设置 W3C 日志记录字段。

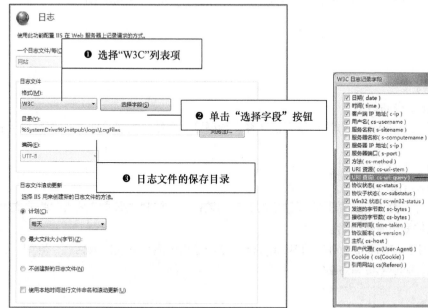

图 6-21　"日志记录属性"对话框

图 6-22　"W3C 日志记录字段"列表框

（4）通过 IIS 服务器来运行本实例程序。代码如下：

```
<%Response.AppendToLog("一起来学习ASP,加油!!")%>
```

（5）程序运行成功之后，如果是 Windows 7 用户，在 C:\inetpub\logs\LogFiles\W3SVC2 目录下可以查看到指定的日志文件，通过记事本来打开该日志文件，此时可以看到新添加的字符串，如图 6-23 所示。

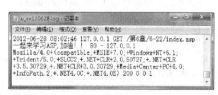

图 6-23　查看日志文件

5. 判断客户端与服务器的连接状态

通过 Response 对象的 IsClientConnected 属性可以判断客户端与服务器的连接状态。该属性是一个只读属性，它可以获取最近一次 Response.Write 之后，客户端是否还与 Web 服务器保持连接的状态。

语法：

```
Response.IsClientConnected
```

IsClientConnected 属性的返回值为 True 或 False。如果返回值为 True，则表示客户端与服务器连接；如果返回值为 False，则表示客户端与服务器断开。

Response 对象的 IsClientConnected 属性允许用户在客户端与服务器没有连接的情况下进行更多的控制。当用户发出请求时，如果请求执行的程序运行时间很长，在这段时间内，用户已经离开了该网站，此时被请求的程序将不会再执行。在这种情况下，可以应用 IsClientConnected 属性来判断客户端是否依然与服务器处于连接状态，来决定下一步执行的动作。

【例 6-23】　下面使用 Response 对象的 IsClientConnected 属性获取服务器的连接状态。代码如下：（实例位置：光盘\MR\源码\第 6 章\6-23）

```
<body>
<%
    If Response.IsClientConnected=false Then        '获取服务器的连接状态
        Response.End()                              '当服务器失去连接时的处理代码
    Else
        Response.Write "程序执行中，请等待! "          '当服务器连接时执行的代码
    End If
%>
</body>
```

结果为：

程序执行中，请等待!

6. 向客户端输出二进制数据

Response 对象的 BinaryWrite 方法可以直接向客户端浏览器发送二进制数据，并且不进行任何字符集转换。

语法：

```
Response.BinaryWrite Variable
```

● Variable：是一个变量，它的值是将要输出的二进制数据。二进制数据通常是指一些非文字信息，例如，图像文件和声音文件等。

【例 6-24】 下面使用 Response 对象的 BinaryWrite 方法输出由表单提交的数据。代码如下：（实例位置：光盘\MR\源码\第 6 章\6-24）

```
<body>
<%
    Dim aa,bb                           '定义变量
    aa=Request.TotalBytes               '为 aa 变量赋值
    bb=Request.BinaryRead(aa)           '以二进制码方式读取客户端 POST 数据
    Response.BinaryWrite(bb)            '直接向客户端浏览器发送二进制数据
%>
</body>
```

实例的运行结果如图 6-24 所示。

图 6-24　BinaryWrite 方法的应用

7. 设定客户端 Cookie 值

Response 对象只有一个集合—— Cookies。Cookies 是 Web 服务器嵌入在用户的 Web 浏览器中。这些数据与客户端和服务器端相关的，也就是说客户端浏览器每登录一个网站，在 Cookies 中都会保存客户端浏览器与该网站的相关信息。当下次同一浏览器请求该页时，它将发送从 Web 服务器收集到的 Cookie 值。

Response 对象和 Request 对象的数据集合中都包括 Cookies 集合，其中，Request.Cookies 集

合是一系列 Cookies 数据，同客户端 HTTP Request 一起发送到 Web 服务器；而 Response.Cookies 集合则是把 Web 服务器的 Cookies 发送到客户端。

在 ASP 中，可以使用 Cookies 集合设置 Cookie 的值。如果指定的 Cookie 不存在，则创建它；如果存在，则设置新的值并将原值删除。

语法：

```
Response.Cookies(cookiesname)[(key)|.attribute]=value
```

Cookies 集合语法中各参数的说明如表 6-5 所示。

表 6-5　　　　　　　　　　　　Cookies 集合语法中各参数的说明

参　　数	说　　明
cookiesname	必选参数，用于指定 Cookies 变量名称
key	可选参数，如果指定了 key，则该 Cookies 就是一个集合，它包含几个关键字，可以分别赋值
attribute	可选参数，指定 Cookies 自身的信息（如表 6-6 所示）

表 6-6　　　　　　　　　　　　Response 的 Cookies 方法的属性列表

名　　称	描　　述
Expires	仅可写入，指定该 Cookies 到期的时间
Domain	仅可写入，指定 Cookies 仅送到该网域（Domain）
Path	仅可写入，指定 Cookies 仅送到该路径（Path）
Secure	仅可写入，设置该 Cookies 的安全性
HasKeys	只读，指定 Cookies 是否包含关键字，也就是判定 Cookies 目录下是否包含其他 Cookies

与 Response.Redirect 语句类似，Response.Cookies 必须用在所有 HTML 元素的前面，如果想用在文件的任意地方，必须在文件开头加上<%Response.Buffer=True%>代码。

【例 6-25】 开发用户登录模块时，可以对当前的用户名和密码进行记录。在一定的时间内，如果该用户再次进行登录时，就不需要再次输入用户名和密码。可以通过使用 Response 对象的 Cookies 集合实现用户名和密码的记录。代码如下：（实例位置：光盘\MR\源码\第 6 章\6-25）

```
<%
if request("action")<>"" then                        '是否提交表单数据
    if request.Form("jz")<>"" then                   '是否选择"记住用户名和密码"
        uname=request.Form("uname")                  '获取表单元素 uname 的值并赋给 uname 变量
        upwd=request.Form("upwd")                    '获取表单元素 upwd 的值并赋给 upwd 变量
        Response.Cookies("uname")=uname              '为 Cookies 集合赋值
        Response.cookies("upwd").expires=dateadd("d",date(),7) '记录用户名
        Response.Cookies("upwd")=upwd                '为 Cookies 集合赋值
        Response.cookies("upwd").expires=dateadd("d",date(),7)  '记录用户密码
    end if
end if
%>
<form id="form1" name="form1" method="post" action="?action=true">
<input name="uname" type="text" id="uname" value="<%=request.Cookies("uname")%>"
size="17" height=" 12">
<input name="upwd" type="password" id="upwd" value="<% =request.Cookies("upwd")%>"
```

```
size="18" height= "9">
    <input name="jz" type="checkbox" id="jz" value="true" />
    <input type="submit" name="Submit" value="提交" />
    <input type="reset" name="Submit2" value="重置" />
</form>
```

实例的运行结果如图 6-25 所示。

图 6-25 Cookies 集合的应用

6.4 Application 应用程序对象

在 ASP 中，除了有用于接收、发送和处理数据的对象之外，还提供了非常实用的应用程序（Application）和会话（Session）对象。其中 Application 对象是一个应用程序级的对象，应用该对象可以用来在所有用户间共享信息，并且可以在 Web 应用程序运行期间持久地保存数据信息。在应用 Application 对象进行程序开发时，首先需要创建该对象，然后再根据该对象提供的方法和事件实现 ASP 程序的开发。本节详细讲解 Application 对象在实际程序开发中的应用。

6.4.1 认识 Application 对象

Application 对象是 ASP 的内置对象之一，是面向所有用户的。因为多个用户之间可以共享 Application 对象，所以在 ASP 中需要使用 Lock 和 Unlock 方法锁定和解锁该对象，以便控制多个用户无法同时修改某一属性，从而避免了由于共享冲突所产生的错误。

Application 对象中所包含的数据可以在整个 Web 站点中被所有用户使用，同时可以在网站运行期间持久地保存数据。Application 对象是网络程序开发中需要经常使用的一项技术，应用该对象可以实现网站在线人数统计、制作网站计数器以及多用户聊天室等。Application 对象提供了 Contents 和 StaticObjects 数据集合以及 Lock 和 Unlock 方法；此外，它还提供了 Application_OnStart 和 Application_OnEnd 事件。应用 Application 对象可以编写网站聊天室程序。在网站根目录下建立 Global.asa 文件，并在该文件中定义 Application 对象变量，以存放默认的状态值，开发人员可以将用户进入聊天室时输入的昵称和头像信息保存到 Application 对象变量中，并同时将用户昵称记录在 Session 变量中，进入聊天室后用户可以选择其他用户昵称开始对话。运行结果如图 6-26 所示。

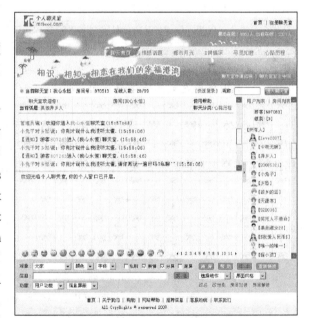

图 6-26 Application 对象的应用

6.4.2 Application 对象的语法

Application 对象不需要创建，只要直接使用对象名后面跟一个"."，再加上它的属性或方法名就可以了，具体的语法格式如下：

```
Application.collection | method
```

- collection：Application 对象的数据集合；
- method：Application 对象的方法。

【例 6-26】 通过 Application 对象可以定义一个应用级变量。应用级变量是一种对象级的变量，隶属于 Application 对象，它的作用域等同于 Application 对象的作用域。代码如下：（实例位置：光盘\MR\源码\第 6 章\6-26）

```
<% Application("uname")="member" %>
```

Application 对象和 Session 对象不一样，Session 对象有有效期的限制，而 Application 对象是一直存在的，从应用程序启动到应用程序停止期间它都存在。

6.4.3　Application 对象的应用

Application 对象可以用来在所有用户间共享信息，并且可以在 Web 应用程序运行期间持久地保存数据。Application 对象提供了 Contents 和 StaticObjects 数据集合，它们主要用于获取给定的应用程序作用域的项目列表或指定一个特殊项目为操作对象。另外，Application 对象还提供了 Lock、Unlock 方法和 Application_OnStart、Application_OnEnd 事件，通过使用这些方法和事件可以开发出高质量、高效率的程序。下面详细讲解如何在实际应用中使用 Application 对象。

1. 遍历 Contents 数据集合中的项目

Contents 数据集合主要用于存储 Application 对象中所有数据的集合，并且可以使用该集合获取给定的应用程序作用域的项目列表或者指定一个特殊项目为操作对象。

语法：

```
Application.Contents( key )
```

- key：用于指定要获取的项目的名称。

Application 对象的 Contents 数据集合中不包含<Object>标签创建的对象和 Server 对象的 CreateObject 方法创建的对象。

【例 6-27】下面制作一个 index.asp 页面，在该页面中首先应用 Application 对象定义几个变量并赋值，然后再动态地将 Contents 数据集合中存储的所有数据的集合总数和指定字符的值进行输出。代码如下：（实例位置：光盘\MR\源码\第 6 章\6-27）

```
<body>
<%
application("1")="学历"                              '为 application("1")变量赋值
application("2")=123                                 '为 application("2")变量赋值
application("3")="性别"                              '为 application("3")变量赋值
application("4")=true                                '为 application("4")变量赋值
Response.Write(application.Contents.count&"<br>")      '输出赋值的记录总数
Response.Write(application.Contents("4")&"<br>")
'输出 application("4")的值
%>
</body>
```

实例的运行结果如图 6-27 所示。

图 6-27　Contents 数据集合

2. 遍历 StaticObjects 数据集合中的项目

StaticObjects 数据集合主要用于存储在 Application 对象范围中所有使用<Object>标签创建的对象。通常应用该集合来确定某对象的指定属性或遍历集合检索所有静态对象的所有属性。

语法：

```
Application.StaticObjects( key )
```

key：用于指定要检索的项目的值。

【例 6-28】应用循环语句查询 StaticObjects 数据集合中所有的变量。在网站的根目录下建立一个 Global.asa 文件。代码如下：（实例位置：光盘\MR\源码\第 6 章\6-28）

```
<object runat="server" scope="Application" id="Conn" progid="ADODB.Connection">
</object>
<object runat="server" scope="Application" id="Par" progid="ADODB.Parameter">
</object>
```

同时在根目录下再建立一个 index.asp 文件，在该文件中将 StaticObjects 数据集合中的变量总数和各个集合中的成员进行输出。代码如下：

```
<body>
<%
    Response.Write("StaticObjects 数据集合中的变量总数为："&application.StaticObjects.
count&"<br>")
    '动态输出 StaticObjects 数据集合中的变量总数
    Response.Write("StaticObjects 数据集合的成员分别为：")    '动态输出信息
    Dim sun                                                  '定义变量
    For each sun in Application.StaticObjects    '循环输出 StaticObjects 数据集合的成员
        Response.Write (sun&",")
    '输出各成员
    Next
%>
</body>
```

实例的运行结果如图 6-28 所示。

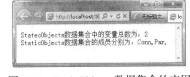

图 6-28　StaticObjects 数据集合的应用

3. 锁定 Application 对象

应用 Application 对象的 Lock 方法来禁止其他用户修改 Application 对象集合中的变量值。

语法：

```
Application.Lock
```

因为多个用户可以共享 Application 对象，所以对共享资源使用锁定是必要的。用户可使用该对象的 Lock 方法来禁止其他用户修改 Application 对象的属性，以确保在同一时刻只有一个客户可以修改和存取 Application 对象的属性，该方法称为"加锁"。

【例 6-29】下面通过 Application 对象提供的 Lock 方法来锁定共享的 Application 对象，从而禁止其他用户修改 Application 对象的属性。代码如下：（实例位置：光盘\MR\源码\第 6 章\6-29）

```
<body>
<%
Application.Lock()                                '应用 Lock 方法进行锁定
application("uname")=application("uname")+1        '将访客人数加 1
application.UnLock()                              '应用 UnLock 方法解除锁定
Response.Write "<b>欢迎光临，您是本网站的第</b>"&application("uname")&"<b>位访客</b>"
'输出当前的访问人数
%>
</body>
```

实例的运行结果如图 6-29 所示。

图 6-29　Lock 方法的应用

4. 解除 Application 对象的锁定

Unlock 方法主要用于解除在 Application 对象上的 ASP 网页的锁定，同时允许其他客户修改 Application 对象集合中的变量值。

语法：

```
Application.Unlock
```

通常情况下，Lock 方法和 Unlock 方法是成对出现的，应用 Lock 方法可以进行锁定，而应用 Unlock 方法可以解除锁定。

【例 6-30】 下面应用 Application 对象的 Unlock 方法来解除锁定。代码如下：（实例位置：光盘\MR\源码\第 6 章\6-30）

```
<body>
<%
Dim arrays(8)                          '声明数组
arrays(0)="欢迎"                        '为数组赋值
arrays(1)="光临"                        '为数组赋值
arrays(2)="明日科技"                    '为数组赋值
arrays(3)="网站!"                       '为数组赋值
application.Lock()                      '应用 Lock 方法进行锁定
application("sun")=arrays               '为变量赋值
application.UnLock()                    '解除锁定
Dim arrayys                            '定义变量
arrayys=application("sun")              '为变量赋值
response.Write
"<i>"&(arrayys(0)&arrayys(1)&arrayys(2)&arrayys(3)&arrayys(4)&arrayys(5)&arrayys(6))
  '动态输出数组中指定的数据信息
%>
</body>
```

实例的运行结果如图 6-30 所示。

5. 定义 Application_OnStart 事件

图 6-30　ServerVariables 数据集合的应用

Application 对象的 Application_OnStart 事件是在 Web 应用程序启动时触发的，应用该事件可以实现数据初始化。

语法：

```
<Script Language="VBScript" Runat="Server">
Sub Application_onstart
初始化程序块
End Sub
</Script>
```

Application_OnStart 事件的处理程序放在虚拟目录的 Global.asa 文件中，而且同一个虚拟路径只允许有一个 Global.asa 文件存在。

【例 6-31】 下面应用 Application 对象的 Application_OnStart 事件来初始化 Application 对象，统计网站的访问人数。

创建一个 Global.asa 文件，在该文件中定义 Application 对象的 Application_OnStart 事件。代码如下：（实例位置：光盘\MR\源码\第 6 章\6-31）

```
<script language="vbscript" runat="server">
sub Application_OnStart()                //创建 Application_OnStart 事件
```

```
    application("counter")=0                    //为变量赋值
end sub
</script>
<script language="vbscript" runat="server">
sub Session_OnStart()                           //创建 Session_OnStart 事件
    Application.Lock()                           //应用 Lock 方法进行锁定
    Application("counter")=application("counter")+1
//应用 Application_OnStart 事件，在每一个用户访问后都将 counter 加 1
    Application.Lock()                           //应用 Lock 方法进行锁定
end sub
</script>
```

在 Application_OnStart 事件中将 counter 变量设置为 0，只有网站运行时，该脚本才可以执行。在 Session_OnStart 事件中，当每一个用户访问完该网站后，都将 counter 自动加 1，并同时应用 Lock 方法防止访问时的共享冲突。在 index.asp 页面中首先应用 include 指令包含 Global.asa 文件，然后再应用 ASP 的输出语句将访问人数动态地输出到浏览器中。代码如下：

```
<p align="center">
<span class="STYLE4">欢迎光临，您是本网站的第</span>
<span class="STYLE2"> <%=application("counter")%> </span>
<span class="STYLE4">位访问者！！</span>
</p>
```

实例的运行结果如图 6-31 所示。

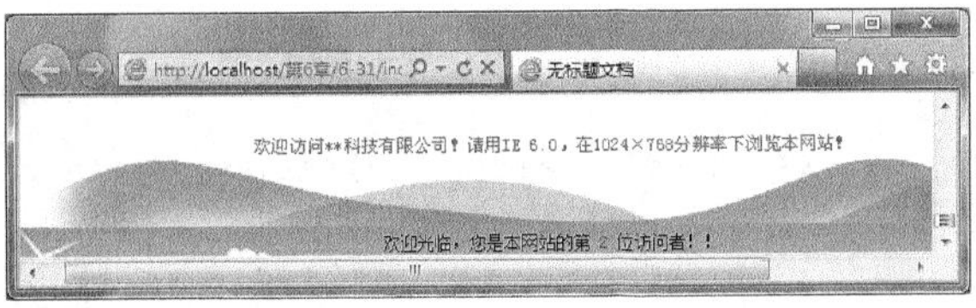

图 6-31　Application_OnStart 事件的应用

6. 定义 Application_OnEnd 事件

Application 对象的 Application_OnEnd 事件是在 Web 应用程序终止时触发的。

语法：

```
<Script Language="VBScript" Runat="Server">
Sub Application_OnEnd
初始化程序块
End Sub
</Script>
```

Application_OnEnd 事件的处理程序是放在虚拟目录的 Global.asa 文件中。

【例 6-32】 下面应用 Application 对象的 Application_OnEnd 事件来关闭建立的数据库连接。代码如下：（实例位置：光盘\MR\源码\第 6 章\6-32）

```
<Script Language="VBScript" Runat="Server">
Sub Application_OnEnd()                          //创建 Application_OnEnd 事件
    Conn.close()                                 //关闭记录集
    Set Conn=nothing                             //从内存中释放 Conn 对象实例
End Sub
</Script>
```

6.4.4　Global.asa 文件

开发程序时，程序中可以有一个 Global.asa 文件，该文件主要用于存储 Application 对象和 Session 对象的事件。当 Application 或 Session 对象第一次被调用或结束时，就会运行 Global.asa 文件中对应的程序。下面对 Global.asa 文件进行讲解。

1. 了解 Global.asa 文件

Global.asa 文件是用来存放执行任何 ASP 应用程序期间的 Application 对象和 Session 对象事件的文件，当 Application 或 Session 对象被第一次调用或结束时，就会运行 Global.asa 文件中对应的程序。一个应用程序只能对应一个 Global.asa 文件。

在 Global.asa 文件中，用户必须使用 ASP 所支持的脚本语言且定义在<Script></Script>标记之内，否则将产生运行错误。Global.asa 文件需要放在网站的根目录下运行。

Global.asa 文件主要用于定义 Application 事件和 Session 事件。下面将分别介绍如何在 Global.asa 文件中定义 Application 和 Session 事件。

（1）定义 Application 事件

在 Global.asa 文件中可以为 Application 对象的 Application_OnStart 和 Application_OnEnd 事件指定脚本。当应用程序启动时，将执行 Application_OnStart 事件脚本；当应用程序终止时，将执行 Application_OnEnd 事件脚本。

语法：

```
<Script Language="VBScript" Runat="Server">
Sub Application_OnStart
    …
End Sub
</Script>
<Script Language="VBScript" Runat="Server">
Sub Application_OnEnd
    …
End Sub
</Script>
```

- Language：设置使用的 Script 脚本语言。
- Runat：在客户端或者服务器端执行，Server 为服务器端。

（2）定义 Session 事件

Session 事件主要用于管理单个用户的事件，其中包括 Session_OnStart 和 Session_OnEnd 两个事件。

语法：

```
<Script Language="VBScript" Runat="Server">
Sub Session_OnStart
    …
End Sub
</Script>
<Script Language="VBScript" Runat="Server">
Sub Session_OnEnd
    …
End Sub
</Script>
```

- Language：设置使用的脚本语言。
- Runat：在客户端或者服务器端执行，Server 为服务器端。

在 Global.asa 文件中不允许输出任何语句。因为 Web 服务器是先引发该事件，再响应用户请求。当事件发生时，不存在任何输出页面。

2. Global.asa 文件的事件处理程序

在网站的根目录下创建 Global.asa 文件，当执行 ASP 程序前，首先会执行 Global.asa 文件中的 Application_OnStart 事件程序，该事件程序会在关闭 Session 对象前执行。当 Web 服务器停止服务时，将会在关闭 Application 对象前执行所有用户的 Session_OnEnd 事件处理程序，以及 Application_OnEnd 事件处理程序。

Application 对象和 Session 对象的事件处理程序的说明如下。

（1）Application_OnStart 事件

当 ASP 页面第一次被访问时，Application_OnStart 事件将被触发，在触发后无论有多少位用户进入应用程序都不会再次触发该事件，直到 Web 服务器停止服务。

（2）Application_OnEnd 事件

当 Web 服务器终止服务时，将触发该事件。

（3）Session_OnStart

在运行 ASP 程序前，需要触发该事件。每个用户访问都将触发一个 Session_OnStart 事件，而且每个事件都是独立的，并且不会互相影响。在事件中可以初始化用户对应的 Session 对象变量。

（4）Session_OnEnd

任何用户在默认的会话超时时间 20 分钟内，没有执行其他 ASP 程序或者用户结束会话时，就会触发此事件。

6.5 Session 会话对象

Session 对象在 ASP 程序中起着至关重要的作用，由于网页是一种无状态的程序，因此很难知道用户的浏览状态，这时可以通过 Session 对象来记录用户的相关信息。当用户再次对其他 Web 页面进行请求时，该用户信息仍然存在。使用 Session 对象时，首先需要创建该对象，然后再应用该对象提供的集合和属性来实现 ASP 程序的编写。本节详细介绍 Session 对象的应用。

6.5.1 认识 Session 对象

Session 对象是 ASP 中很特别的一个对象，使用 Session 对象可以存储不同用户会话所需的信息。当用户在 Web 应用程序中的页面间跳转时，存储在 Session 对象中的变量不会清除，而是始终存在。因此，Session 变量相当于客户端多个页面间的全局变量。当用户请求来自应用程序的 Web 页时，如果该用户还没有会话，Web 服务器将自动创建一个 Session 对象。当会话过期或被放弃后，服务器将终止该会话，即 Session 对象中存放的是上线用户的私有变量，用户可以存取自己的 Session 变量，只要用户不下线，自己的 Session 变量就存在，否则 Session 变量就会消失。当然，如果 Web 服务器停止工作，Session 变量也将被释放。

使用 Session 对象前，必须确认浏览器的 Cookie 功能已启用（默认设置即可）。如果以前更改过，Cookie 功能可以通过浏览器的设置来开启。以 IE 浏览器为例，打开 IE 的 "Internet 属性" 对话框，然后选择 "隐私" 选项卡，单击 "默认" 按钮即可。

通过前面的学习，读者可以知道利用 Cookie 可以保存用户信息，现在利用 Session 同样可以保存用户信息，那么它们的区别是什么呢？ Session 并不等于 Cookie，Session 的数据存储在服务器上，而 Cookie 的数据是存储在客户端的浏览器中。通过向客户程序发送唯一的 Cookie 可以管理服务器上的 Session 对象。Session 对象提供了 Contents 和 StaticObjects 数据集合以及 SessionID 和 TimeOut 属性；此外 Session 对象还提供了 Session_OnStart 和 Session_OnEnd 事件。应用 Session 对象的 Abandon 方法可以清除 Session 对象变量，如图 6-32 所示。

图 6-32　Session 的应用

6.5.2　Session 对象的语法

Session 对象是 ASP 内置对象之一，中文是 "会话" 的意思，使用 Session 对象可以存储用户个人会话所需的信息。使用 Session 对象可以实现用户信息在多个 Web 页面间共享，同时还可以用来跟踪浏览者的访问路径，这样有助于了解页面的访问情况。Application 对象不需要创建，只要直接使用对象名后面跟一个 "."，再加上它的属性或方法名就可以了，具体的语法格式如下：

语法：

```
Session.collection|property|method
```

- collection：必选项，Session 对象的数据集合；
- property：可选项，Session 对象的属性；
- method：可选项，Session 对象的方法。

Session 是用户级的对象，也就是说，该对象中的数据只能被该客户共享，其他用户则看不到该对象。

【例 6-33】 在 index.asp 页面中需要动态创建 Session 对象，然后再将数据信息存储在 Session 变量中。代码如下：（实例位置：光盘\MR\源码\第 6 章\6-33）

```
<body>
<%
```

```
dim sun                                          '定义变量
sun="豆豆"                                        '为指定的变量赋值
nl=27                                            '为指定的变量赋值
session("sun")=sun                               '为 Session 变量赋值
session("nl")=nl                                 '为 Session 变量赋值
Response.Write ("此程序主要用来存储 Session 值，在 "&"<a href='index_cl.asp'>index
_cl.asp</a>"&"页中可以看到存储到的值")
'输出动态超链接
%>
</body>
```

在 index_cl.asp 页面中显示 Session 信息。代码如下：

```
<body>
<%
Dim sun                                          '定义变量
sun=session("sun")                               '为 Session 变量赋值
Response.Write(sun&"您好，欢迎光临!<br>")
'输出获取的变量信息
Response.Write("您的年龄是:"&session("nl"))
'输出获取的变量信息
%>
</body>
```

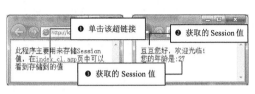

图 6-33　Serssion 的应用

实例的运行结果如图 6-33 所示。

6.5.3　Session 对象的应用

Session 对象在开发网站时经常用到，本节将通过几个实例讲解如何在实际开发中使用 Session
对象。

1.　遍历 Contents 数据集合中的项目

应用 Session 对象的 Contents 数据集合获取指定的应用程序作用域的项目列表，或指定一个
特殊项目为操作对象。

语法：

```
Session.Contents(key)
```

key：用于指定要获取的项目名称。

Session 对象的 Contents 数据集合包含通过 Server 对象的 CreateObject 方法创建的对象和通过
Session 对象声明建立的变量，不包含以<Object>标记定义的对象。

【例 6-34】　下面使用 Session 对象的 Contents 数据集合获取指定的应用程序作用域的项目列
表。代码如下：（实例位置：光盘\MR\源码\第 6 章\6-34）

```
<body>
<%
session("a")="a"                                 '为 Session 变量赋值
session("b")=128                                 '为 Session 变量赋值
session("c")=false                               '为 Session 变量赋值
    For each key in Session.Contents              '进行循环显示
        Response.Write "Contents 数据集合的成员:"&key&"<BR>"   '输出 Contents 数据
                                                              集合的成员
```

```
        Next
%>
</body>
```

实例的运行结果如图 6-34 所示。

2. 遍历 StaticObjects 数据集合中的项目

StaticObjects 数据集合包含应用\<object>标记创建的并给定　　图 6-34　Contents 数据集合的应用
了应用程序作用域的对象，可以使用该集合确定对象指定属性的属性值、遍历集合和检索所有静
态对象的所有属性等。

语法：

```
Session.StaticObjects(key)
```

key：用于指定要检索的项目的值。

【例 6-35】 在使用 StaticObjects 数据集合时，需要应用\<object>标记创建应用程序作用域的
对象，该标记需要放在 Global.asa 文件中。代码如下：（实例位置：光盘\MR\源码\第 6 章\6-35）

```
<object runat="server" scope="Session" id="Conn" progid="ADODB.Connection"></object>
<object runat="server" scope="Session" id="Par" progid="ADODB.Parameter"></object>
```

在上述代码中主要是应用\<object>标记建立对象，下面介绍该标记的语法。

```
<object runat=server scope=scope ID=Identifier {PROGID="progID"|CLASSID="ClassID"}>
//您可以在此加入适当的程序代码
</object>
```

\<object>标记的相关参数说明如表 6-7 所示。

表 6-7　　　　　　　　　　　　　　　　　\<object>标记的参数说明

参　　数	说　　　　明
Scope	表示此对象的有效范围，如 Session 或 Application
Identifier	表示此对象的唯一识别名称
ProgID	ProgID 参数和 ClassID 参数只可以选择一个，二者都是表示所需要建立的对象。ProgID 参数的语法为 [Vendor.]Component[.Version]，其中 Vendor 与 Version 是可以省略的，例如 "ADODB.Connection" 或 "MSWC.AdRotator" 等
ClassID	ProgID 参数和 ClassID 参数只可以选择一个，二者都是表示所需要建立的对象。ClassID 参数表示一个 COM 类别对象。例如，可以将 ADO 对象写成 "Clsid:8AD3067A-B3FC-11FC-A560-00A0C9081C21"

在 index.asp 页面应用 StaticObjects 数据集合遍历定义的对象。代码如下：

```
<body>
<%
    Dim key                                      '定义变量
    For each key in Session.StaticObjects        '应用 For each 循环输出 StaticObjects 数
                                                  据集合遍历的对象
        Response.Write("集合的成员分别是: "&key&"<BR>")   '输出数据信息
    Next
%>
</body>
```

实例的运行结果如图 6-35 所示。

3. 使用 Timeout 属性限定会话结束时间

Timeout 属性主要用于设置应用程序会话状态的超时时　　图 6-35　StaticObjects 数据集合的应用

间，以分钟为单位。

语法：

```
Session.Timeout[=nMinutes]
```

nMinutes：指定会话空闲多少分钟后服务器自动终止该会话，默认值为 20 分钟。

【例 6-36】 使用 Session 对象的 Timeout 属性显示系统默认的会话超时时间，并对 SessionID 值进行显示。代码如下：（实例位置：光盘\MR\源码\第 6 章\6-36）

```
<body>
<%
    '输出 Timeout 属性的默认值
    Response.Write "Timeout 属性的默认值是:"&Session.Timeout&"<hr>"
    Response.Write "SessionID 值是:"&Session.SessionID&"<hr>"    '输出 SessionID 值
    Response.Write "会话超时时间是:"&Session.Timeout         '输出会话超时时间
%>
</body>
```

实例的运行结果如图 6-36 所示。

图 6-36　Timeout 属性的应用

4. 调用 Abandon 方法释放 Session 对象

应用 Session 对象的 Abandon 方法可以删除所有存储在 Session 对象中的数据并释放其所占的资源。

语法：

```
Session.Abandon
```

调用 Abandon 方法时，会话对象不会被立即删除，而是停止对该 Session 对象的监控，然后把 Session 对象放入队列，按顺序进行删除。也就是说，在调用 Abandon 方法后，可以在当前页上访问存储在 Session 对象中的变量，但在进入另一个 Web 页时，原来设置的 Session 对象值将为空，服务器会为用户新建一个 Session 对象。

【例 6-37】 下面应用 Session 对象的 Abandon 方法来释放 Session 变量，而且可以终止会话引发的 Session_ OnEnd 事件，结束当前会话。代码如下：（实例位置：光盘\MR\源码\第 6 章\6-37）

```
<body>
<%
Response.Write("SessionID 的值是: "&session.SessionID)     '输出指定的数据信息
Response.Write("<br>")                                      '换行
session.Abandon()                                           '释放 Session 变量
%>
</body>
```

刷新页面时，首先建立一个会话，这时将产生一个会话 ID。如果再次刷新页面，可以将当前会话释放并结束，因此每次刷新页面时都将产生一个新的 SessionID 值。

实例的运行结果如图 6-37 所示。

图 6-37　Abandon 方法的应用

5. 定义 Session_OnStart 事件

Session_OnStart 事件是在第一次启动 Session 对象时触发的事件。服务器在执行请求页面之前先处理 Session_OnStart 事件中的脚本，可以在该事件中设置会话级变量，在访问的每个 Web 页面中都可以应用变量，从而使单个用户的信息在页面间共享。

语法：

```
<Script Language="VBScript" Runat="Server">
```

```
Sub Session_OnStart
...
End Sub
</Script>
```

处理 Session_OnStart 事件时，内置对象 Application、ObjectContext、Request、Response、Server 和 Session 都可以在 Session_OnStart 事件脚本中使用和引用。

【例 6-38】 下面使用 Session 对象的 Session_OnStart 事件实现访问次数的统计，创建一个 Global.asa 文件，并将相关脚本代码写到该文件中。代码如下：（实例位置：光盘\MR\源码\第 6 章\6-38）

```
<Script Language="VBScript" Runat="Server">
Sub Application_OnStart()
    Application("fw")=0                           //赋初始值
End Sub
Sub Session_OnStart()
    Application("fw")=Application("fw")+1         //循环加 1
End Sub
</Script>
```

在同级目录下再创建一个 index.asp 文件，在该文件中应用 Response 对象实现动态数据信息的输出。代码如下：

```
<body>
<%
session.Abandon()                                '清除 Session 变量
Response.Write"当前的访问次数是:"&(Application("fw"))   '输出访问次数
%>
</body>
```

实例的运行结果如图 6-38 所示。

6. 定义 Session_OnEnd 事件

Session 对象的 Session_OnEnd 事件是在结束 Session 对象时被触发的，也就是说，当会话超时或会话被放弃时将引发该事件。

图 6-38　Session_OnStart 事件的应用

语法：

```
<Script Language="VBScript" Runat="Server">
Sub Session_OnEnd
...
End Sub
</Script>
```

如果用户在会话超时时间内没有请求任何页面，那么 Session_OnEnd 事件就会被触发，此时 Session 对象将会自动结束，但不会影响到其他用户。应用 Abandon 方法可以让 Session 对象变量立即失效，并激活 Session_OnEnd 事件。

【例 6-39】 在 Global.asa 文件中创建 Session 对象的 Session_OnEnd 事件，并在会话被放弃或超时时发生。代码如下：（实例位置：光盘\MR\源码\第 6 章\6-39）

```
<Script Language="VBScript" Runat="Server">
Sub Application_OnStart()
    Application("fw")=0                           //赋初始值
End Sub
Sub Session_OnStart()
    Application("fw")=Application("fw")+1         //循环加 1
```

```
End Sub
Sub Session_OnEnd
    Application("fw")=Application("fw")                    //赋初始值
End Sub
</Script>
```

在同级目录下再创建一个 index.asp 文件，并将访问次数进行动态输出。代码如下：

```
<body>
<%
session.Abandon()
    '清除 Session 变量
response.Write("当前的访问次数是："&Application("fw"))
    '输出访问次数
%>
</body>
```

图 6-39　Session_OnEnd 事件的应用

实例的运行结果如图 6-39 所示。

6.5.4　Session 对象与 Application 对象的比较

Session 对象和 Application 对象都可以用于不同的 ASP 页面之间共享信息，二者都允许用户创建自定义属性，同时也可以对对象中的变量进行存取。Session 对象和 Application 对象都有生命周期和作用域，但是两个对象的生命周期和作用域是完全不同的。下面介绍 Session 对象和 Application 对象的区别。

● Session 对象所保留的信息只可以是当前的用户在连接期间内使用，如果关闭浏览器或者会话被放弃，Session 对象也会失效并立即释放 Session 对象占用的资源。在 Application 对象中定义的变量由多个用户共享，因此不会因为某一个用户甚至全部用户离开而消失，一旦建立了 Application 对象变量，就会一直存在。

● Session 对象是会话级对象，只针对单一用户，多个用户无法通过该对象实现共享信息。而 Application 对象是应用程序级对象，针对多个用户，可以被多个用户访问，并且用户可以通过该对象实现共享信息。

Session 对象需要应用 Cookie，因此对浏览器有限制，而 Application 对象不需要应用 Cookie，所以可以适合所有浏览器。

6.6　Server 服务对象

ASP 中提供了 Server 对象来允许用户获取服务器端提供的各项功能。在应用 Server 对象完成指定的工作时，首先要创建该对象，然后才可以应用该对象提供的属性和方法。本节详细介绍 Server 对象常用的属性和方法。

6.6.1　认识 Server 对象

Server 对象是 ASP 中一个很重要的对象，通过该对象可以访问服务器上的方法和属性，其中部分方法和属性是为应用程序的高级功能提供服务的。Server 对象主要是为处理服务器上的特定任务而设计的，特别是与服务器的环境和处理活动有关的任务。Server 对象提供了 CreateObject、MapPath、URLEncode 和 Transfer 等方法；此外 Server 对象还提供了 ScriptTimeout 属性。应用 Server

对象可以防止论坛中的代码被浏览器执行，如图 6-40 和图 6-41 所示。

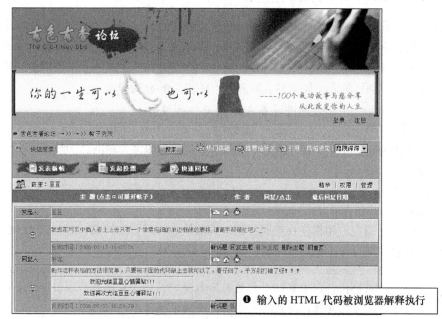

图 6-40 没有进行处理时显示的论坛内容

图 6-41 加入 Server.HTMLEnCode 方法后显示的论坛内容

6.6.2 Server 对象的语法

Server 对象不需要创建，只要直接使用对象名后面跟一个"."，再加上它的属性或方法名就可以了，具体的语法格式如下：

语法：

```
Server.property | method
```

- property：必选项，表示 Server 对象提供的属性；
- method：可选项，表示 Server 对象提供的方法。

【例 6-40】 应用 Server 对象来创建一个 Adodb 对象实例。代码如下：（实例位置：光盘\MR\源码\第 6 章\6-40）

```
<body>
<%
Dim con                                    '定义变量
Set con=Server.CreateObject("Adodb.Connection")    '创建 Connection 对象实例
%>
</body>
```

6.6.3　Server 对象的应用

Server 对象提供对服务器对象的方法和属性的访问，其中大多数方法和属性是为应用程序的功能服务的，有了 Server 对象，就可以在服务器上启动 ActiveX 对象例程。Server 对象提供了 CreateObject、MapPath、Execute 和 URLEncode 等方法，通过这些方法可以访问服务器端对象的方法和属性。下面详细介绍如何在实际开发中使用 Server 对象。

1. 使用 ScriptTimeout 属性设置 ASP 脚本执行时间

使用 Server 对象的 ScriptTimeout 属性可以设置一个脚本的运行期限，在脚本运行超过这一段时间之后即作为超时处理。通过该属性可以防止某些可能进入死循环的程序导致页面的服务器过载的问题。

语法：

```
Server.ScriptTimeout= value
```

value：用于指定应用程序在被服务器结束前最大可运行的秒数，默认值为 90 秒。当设置为 -1 时，说明脚本永远不会超时。

在程序执行前设置一个合适的脚本超时时间（ScriptTimeout）是十分必要的，否则将浪费服务器资源，堵塞用户请求，造成服务器忙的状态。

【例 6-41】 应用 Server 对象的 ScriptTimeout 属性来设置 ASP 脚本的超时时间，如果脚本在规定的时间内还没有执行完毕，将显示超时错误信息。代码如下：（实例位置：光盘\MR\源码\第 6 章\6-41）

```
<%@LANGUAGE="VBSCRIPT" CODEPAGE="936"%>
<%server.ScriptTimeout=2    '设置脚本的运行期限%>
<html>
<head>
<meta http-equiv="Content-Type" content="text/html; charset=gb2312">
<title>无标题文档</title>
</head>
<body>
<%
Response.Write "该页面运行的最长时间为"&server.ScriptTimeout&"秒。<br>"
'输出页面运行的最长时间是多少秒
%>
<%
Dim sun,ssml               '定义变量
Randomize                  '初始化随机数生成器
Do Until ssml = vbno   '当"否"按钮被单击时停止循环
   sun = Int((6 * Rnd) + 1)        '产生 1～6 之间的随机数
Loop
%>
</body>
</html>
```

实例的运行结果如图 6-42 所示。

图 6-42　ScriptTimeout 属性的应用

2. 调用 CreateObject 方法创建服务器组件对象实例

CreateObject 方法主要用于创建组件、应用对象或脚本对象的实例。

语法：

```
Server.CreateObject(progID)
```

progID：用于指定要创建的对象的类型。

在 ASP 中，对象不仅可以用 Server 对象的 CreateObject 方法创建，也可以直接用 CreateObject 函数创建。Server.CreateObject 是通过 MTS（Microsoft Transaction Server）创建并管理对象，当对象发生错误时，Server.CreateObject 不但返回一个错误而且还将错误信息记录在日志中，具有较好的安全性；而 CreateObject 函数直接创建并管理对象，但在发生错误时将直接返回一个错误信息，消耗的系统资源较少。

因此，在 ASP 程序中创建对象实例时要选择适合的方法。如果组件和事务处理有关，则最好使用 Server.CreateObject 方法创建对象实例；但如果组件不涉及事务操作，最好使用 CreateObject 函数创建对象实例。

 应用 CreateObject 方法创建的组件是指定的关键字，不能应用 CreateObject 方法创建内置对象，如 Request、Response 等。

【例 6-42】 应用 Server 对象的 CreateObject 方法来创建对象实例。下面的代码可以成功地创建记录集对象，该对象主要用于进行信息的存储，完成记录集的创建后对数据库中的信息进行动态的显示。代码如下：（实例位置：光盘\MR\源码\第 6 章\6-42）

```
<body>
<%
Dim rs                                  '定义变量
Set rs=Server.CreateObject("Adodb.RecordSet")
'应用 CreateObject 方法创建实例对象
sql="select * from tb_user"
'连接指定的数据表
rs.open sql,conn,1,3
'打开记录集
%>
</body>
```

图 6-43　CreateObject 方法的应用

实例的运行结果如图 6-43 所示。

3. 调用 MapPath 方法获取文件的真实物理路径

MapPath 方法主要用于返回相对路径或虚拟路径映射到 Web 服务器上的真实物理路径。

语法：

```
Path=Server.MapPath(FilePath)
```

FilePath：表示 Web 服务器端相对路径或虚拟路径的字符串，返回值为物理路径。

其中，FilePath 为文件或者文件夹的虚拟路径，Path 为转换后的物理路径。FilePath 可以为文件或者文件夹名称，也可以是下列字符。

√ —/：获取根目录路径。

√ —./：获取当前文件或文件夹的路径。

√ —../：获取当前文件或文件夹的父目录。

MapPath 方法不检查返回的路径是否正确或在服务器上是否存在。该方法只可以返回当前目录或服务器根目录的一个物理地址。因此，即使文件不存在，MapPath 方法也不会出错，仍然可以返回一个值。

【例 6-43】 应用 Server 对象的 MapPath 方法来获取指定文件的物理路径。代码如下：（实例位置：光盘\MR\源码\第 6 章\6-43）

```
<body>
<%
Response.Write Server.MapPath("aa.asp")        '输出指定的路径
Response.Write "<br>"                          '换行
Response.Write Server.MapPath("../4/bb.asp")
 '输出指定的路径
%>
</body>
```

实例的运行结果如图 6-44 所示。

图 6-44　MapPath 方法的应用

4. 调用 Execute 方法实现页面重定位

应用 Execute 方法来停止执行当前网页并执行指定的 ASP 文件，执行成功后返回原网页，继续执行 Execute 方法后面的程序代码。

语法：

```
Server.Execute(path)
```

path：表示一个字符串，指定要执行的文件位置，该参数为绝对路径或相对路径。

　　应用 Execute 方法也可以执行一些处理语句。

在开发程序时，可以将一个复杂的应用程序分成若干个模块，并将一些公用的 ASP 代码写到一个 ASP 文件中。例如，数据库连接代码，此时可以应用 Execute 方法来调用这个公用的文件。

Execute 方法和 Response 对象的 Redirect 方法的功能十分相似，但还有不同之处。下面对 Execute 和 Redirect 方法的不同之处进行说明，目的是避免在进行程序开发时混淆它们的用法。Execute 和 Redirect 方法的相关说明如下。

● Execute 方法的重定向是发生在服务器端，而 Response 对象的 Redirect 方法虽然是在服务器端运行，但是重定向实际发生在客户端。

● Execute 方法可以返回原页面，并继续执行下面的语句，而 Response 对象的 Redirect 方法执行完新的网页后，不可以返回到上一页面。

● Execute 方法可以继承上一个页面设置的环境变量，而 Response 对象的 Redirect 方法不可以把上一页的环境变量传递到下一页。例如，在一个 ASP 页面中设置 ScriptTimeout 属性为 100 秒，当应用 Redirect 方法跳转到另一个 ASP 页面后，此时 ScriptTimeout 属性将返回默认的 90 秒，因为 ScriptTimeout 属性的默认值为 90 秒。

● Execute 方法只能在同一个网站的其他页面进行跳转，而 Response 对象的 Redirect 方法可以在不同网站的多个 ASP 页面间进行跳转。

【例 6-44】 下面通过 Execute 方法跳转到新的 ASP 页面。代码如下：（实例位置：光盘\MR\源码\第 6 章\6-44）

```
<body>
大家好，欢迎来登录我的个人主页！！
```

```
<%
Server.Execute ("index01.asp")                    '应用 Execute 方法跳转到指定的页面
%>
</body>
```

在 index01.asp 页面中输入需要显示的内容。代码如下：

```
<body>
请您提出一些好的意见，可以作为参考的内容!
</body>
```

实例的运行结果如图 6-45 所示。

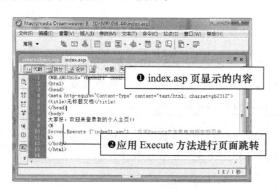

图 6-45　Execute 方法的应用

5. 调用 URLEncode 方法对 URL 中的特殊字符进行编码

URLEncode 方法用于转换字符串，它可以将字符串中的 HTML 标记字符转换为字符实体。
语法：

```
Server.URLEncode (string)
```

string：指定要编码的字符串。

客户端的浏览器会对服务器传送来的所有字符串进行解释执行。因此，当需要传送一些包含 HTML 标记符的字符时，就可能会遇到一些麻烦。使用 HTMLEncode 方法允许用户对特定的字符串进行 HTML 编码，它可以将字符串中的 HTML 标记字符转换为字符实体。例如，将<转换为<，将>转换为>。

举例来说，当用户想在浏览器中显示"回车符：
"的字符串时，如果不加处理直接输出，浏览器会将其转换为 HTML 的回车符，而并不直接输出字符串"回车符：
"，那么此时就需要应用 Server 对象的 HTMLEncode 方法将字符串编码。代码如下：

```
<%Response.Write(Server.HTMLEncode("回车符：<BR>"))%>
```

此时，浏览器收到的 HTML 源代码为字符串编码后的结果"回车符：
"，而在浏览器中显示的是"回车符：
"的字符串。

【例 6-45】下面应用 Server 对象的 URLEncode 方法对 URL 中的特殊字符进行编码。代码如下：（实例位置：光盘\MR\源码\第 6 章\6-45）

```
<body>
<%
Response.Write "<a href='www.mrbccd.com'>tsoft 网站</a>"        '输出一个文字超链接
Response.Write "<br>"                                          '输出一个换行符
'应用 HTMLEncode 方法对超链接地址进行原样输出
Response.Write Server.HTMLEncode("<a href='www.mrbccd.com'>tsoft 网站</a>")
```

```
%>
</body>
```

实例的运行结果如图 6-46 所示。

图 6-46　URLEncode 方法的应用

6. 调用 Transfer 方法跳转到新页面

Transfer 方法将当前所有的状态信息发送给另一个 ASP 文件进行处理，该方法与 Execute 方法很类似，唯一的区别是执行完新网页后，并不返回到原网页，而是停止执行过程。

语法：

```
Server.Transfer(path)
```

path：表示一个字符串，指定要执行的 ASP 文件的位置，该参数可以是绝对路径或相对路径。

当应用 Transfer 方法时，将停止执行当前的页面，而去执行 path 参数所指定的页面，当前页面上的内置对象中的所有状态变量和当前事务状态都会传递到新页面中，包括 Application 对象和 Session 对象中存放的数据等。

【例 6-46】 在 index.asp 文件中应用 Transfer 方法将当前所有的状态信息发送给另一个 ASP 文件进行处理。代码如下：（实例位置：光盘\MR\源码\第 6 章\6-46）

```
<body>
<%
    Session.Timeout=5                  '设置会话超时时间
    Server.ScriptTimeout=10            '设置 ASP 脚本超时时间
    Server.Transfer("index01.asp")     '进行页面跳转
%>
<font color="#0000FF">此段内容将不会再显示!</font>
</body>
```

在 index01.asp 页面中输入所需要输出的动态信息。代码如下：

```
<body>
<font color="#0000FF">需要显示的内容:</font><P>
<%
    Response.Write "Session 会话超时时间是:"&Session.
Timeout&"<P>"'输出 Session 会话超时时间
    Response.Write "ASP 脚本超时时间是:"&Server.
ScriptTimeout&"<P>"    '输出 ASP 脚本超时时间
%>
```

此时程序执行完毕,将不再返回文件 index.asp 继续执行!

```
</body>
```

实例的运行结果如图 6-47 所示。

图 6-47　Transfer 方法的应用

6.7　ObjectContext 事务处理对象

ASP 中新增了 ObjectContext 对象，通过该对象可以管理或开发高效率的 Web 应用程序。使用 ObjectContext 对象时，允许程序在网页中直接配合 Microsoft Transaction Servers（MTS）使用。本节详细介绍 ObjectContext 对象的应用。

6.7.1 认识 ObjectContext 对象

ASP 中提供了 ObjectContext 对象来控制 ASP 的事务处理，该对象在 ASP 中是使用@TRANSACTION 关键字来完成的。

事务是在服务器端运行的，主要用于对数据库提供可靠的操作。如果对数据库进行关联更改或同时对多个数据库进行更新时，需要确定所做的更改是否都可以正常运行，如果其中任何一项更改失败，数据库中的数据都将恢复到操作执行前的状态，这样就不会破坏数据完整性。当所有更改都正确执行时，数据的更新才有效。

图 6-48 用户填写表单

例如，在进行数据信息添加时，如果在操作过程中发生溢出错误，此时使用事务就可以避免这个问题。在操作过程中任何一个步骤失败了，事务处理程序就会将数据恢复到原始状态，从而来维护数据完整性，保证对数据库的正确操作。ObjectContext 对象提供了 SetAbort 和 SetComplete 方法等；此外 ObjectContext 对象还提供了 OnTransaction Abort 和 OnTransactionCommit 事件。应用 ObjectContext 对象中的 OnTransactionAbort 事件和 OnTransactionCommit 事件实现脚本事务的处理，提示处理结果的相关信息，运行结果如图 6-48 和图 6-49 所示。

图 6-49 事务返回处理结果

6.7.2 ObjectContext 对象的语法

ObjectContext 对象用来控制 ASP 的事务处理。ASP 中的事务处理程序是以 MTS（Microsoft Transaction Server）事件处理系统为基础的，MTS 是以组件为主的事务处理系统，可以用于配置和管理互联网和局域网服务器应用程序。ObjectContext 对象不需要创建，只要直接使用对象名后面跟一个 "."，再加上它的属性或方法名就可以了，具体的语法格式如下：

```
ObjectContext.method
```

method：ObjectContext 对象的方法。

【例 6-47】应用 ObjectContext 对象来停止网页启动的事务处理程序。代码如下：（实例位置：光盘\MR\源码\第 6 章\6-47）

```
<% ObjectContext.SetAbort %>
```

6.7.3 ObjectContext 对象的应用

ObjectContext 对象是通过和事务服务器通信来对事务进行控制的，因此在 ASP 中使用 Object -Context 对象之前必须声明该页包含事务。在 ASP 中使用@TRANSACTION 关键字来标识当前运行页面要以 MTS 事务服务器来处理，@TRANSACTION 指令必须位于 ASP 文件中的第一行，否则会产生错误。下面将详细介绍 ObjectContext 对象的应用。

1. 调用 SetAbort 终止事务处理

SetAbort 方法可以立即终止当前 Web 网页所启动的事务处理，主要说明此次事务被声明失败，因此所要处理的数据都无效，必须被还原。

语法：

```
ObjectContext.SetAbort
```

【例 6-48】在进行 ASP 程序开发时，可以使用 ObjectContext 对象的 SetAbort 方法来终止事

务处理。代码如下:(实例位置:光盘\MR\源码\第 6 章\6-48)

```
<%@ Transaction =REQUIRED %><%'说明该网页将以事务方式运行%>
<html>
<head>
<meta http-equiv="Content-Type" content="text/html; charset=gb2312">
<title>无标题文档</title>
</head>
<body>
<%
If fag=0 Then                      '事务处理失败
    ObjectContext.SetAbort         '终止事务处理
End If
%>
</body>
</html>
```

2. 调用 SetComplete 方法完成事务处理

应用 ObjectContext 对象的 SetComplete 方法可以成功地完成事务的处理。

语法:

```
ObjectContext.SetComplete
```

调用 SetComplete 方法将忽略脚本中以前调用过的任何 SetAbort 方法。

【例 6-49】 通过 ObjectContext 对象的 SetComplete 方法可以成功提交事务。代码如下:(实例位置:光盘\MR\源码\第 6 章\6-49)

```
<%@ Transaction =REQUIRED %><%'说明该网页将以事务方式运行%>
<html>
<head>
<meta http-equiv="Content-Type" content="text/html; charset=gb2312">
<title>无标题文档</title>
</head>
<body>
<%
    If fag=1 Then                          '判断事务是否处理成功
        ObjectContext.SetComplete          '事务处理成功
    End If
%>
</body>
</html>
```

3. 定义 OnTransactionAbort 事件

ObjectContext 对象提供两个事件,即 OnTransactionAbort 和 OnTransactionCommit 事件,其中 OnTransactionAbort 事件表示在事务运行失败时触发的事件,OnTransactionCommit 事件表示在事务运行成功时触发的事件。下面对 OnTransactionAbort 事件进行详细介绍。

语法:

```
Sub OnTransactionAbort()
    …处理程序
End Sub
```

如果事务被异常终止，则会触发 OnTransactionAbort 事件。当 OnTransactionAbort 事件触发时，如果脚本中包含其他子过程，服务器仍然会调用其中的子过程。

【例 6-50】　在进行用户信息添加时，可以在信息添加页面中使用事务。如果事务被异常终止，将会触发 ObjectContext 对象的 OnTransactionAbort 事件。代码如下：（实例位置：光盘\MR\源码\第 6 章\6-50）

```
<%@ Transaction =REQUIRED %><%'说明该网页将以事务方式运行%>
<%
Dim conn                                        '定义变量
Set conn=Server.CreateObject("Adodb.Connection")         '创建 Connection 对象
sql="Driver={Microsoft  Access  Driver  (*.mdb)};DBQ=  "&Server.MapPath("database/
db_uname.mdb")
'创建数据库连接代码
conn.open(sql)                                       '打开数据库连接文件
%>
<body>
<form name="form1" method="post" action="">
  <p>
    用户名：
    <input name="uname" type="text" id="uname">
</p><p>
    密  码：
    <input name="pwd" type="password" id="pwd">
</p><p>
             
    <input type="submit" name="Submit" value="提交">
      
    <input type="reset" name="Submit2" value="重置">
  </p>
</form>
<%
if request.Form("uname")<>"" then                '判断"用户名"文本框中是否有值
    uname=request.Form("uname")                  '获取表单元素 uname 的值，并赋给变量 uname
    pwd=request.Form("pwd")                       '获取表单元素 pwd 的值，并赋给变量 pwd
    Set rs=Server.CreateObject("Adodb.RecordSet")        '创建记录集
    sql="insert into tb_uname (uname,pwd) values('"&uname&"','"&pwd&"')"
'应用 Insert into 语句实现数据信息的添加
    conn.execute(sql)                            '执行 SQL 语句
    %>
    <script language="javascript">
    alert("用户信息添加成功！");                        //应用 alert 方法弹出提示对话框
    history.back();                               //退回前一页面
    </script>
<%else
    ObjectContext.SetAbort                       '终止事务
end if
sub ontransactionabort()'当事务运行失败时将触发 ObjectContext 对象的 OnTransactionAbort 事件%>
    <script language="javascript">
        alert("用户信息添加失败！");                    //应用 alert 方法弹出提示对话框
```

```
                    history.back();
//退回前一页面
        </script>
<%End Sub%>
```

实例的运行结果如图 6-50 所示。

图 6-50　OnTransactionAbort 事件的应用

4. 定义 OnTransactionCommit 事件

ObjectContext 对象的 OnTransactionCommit 事件是在事务处理成功时触发。

语法:

```
Sub OnTransactionCommit()
    …处理程序
End Sub
```

 　　当 OnTransactionCommit 事件触发时，如果脚本中包含其他子过程，服务器仍然会调用其中的子过程。

【例 6-51】　在进行用户信息添加时，可以使用事务。当用户信息成功添加时，将触发 OnTransactionCommit 事件,提示数据添加成功。代码如下:(实例位置:光盘\MR\源码\第 6 章\6-51)

```
<%@ Transaction =REQUIRED %><%'说明该网页将以事务方式运行%>
<%
Dim conn                                            '定义变量
Set conn=Server.CreateObject("Adodb.Connection")    '创建 Connection 对象
sql="Driver={Microsoft Access Driver (*.mdb)};DBQ= "&Server.MapPath("database/db_
uname.mdb")
'创建数据库连接代码
conn.open(sql)                                      '打开数据库连接文件
%>
<%
    uname=request.Form("uname")        '获取表单元素 uname 的值，并赋给变量 uname
    pwd=request.Form("pwd")            '获取表单元素 pwd 的值，并赋给变量 pwd
    Set rs=Server.CreateObject("Adodb.RecordSet")    '创建记录集
    sql="insert into tb_uname (uname,pwd) values('"&uname&"','"&pwd&"')"
'应用 Insert into 语句实现数据信息的添加
    conn.execute(sql)                              '执行 SQL 语句
    sub ontransactioncommit() '当事务运行成功时将触发 ObjectContext 对象的 ontransac
tioncommit 事件%>
        <script language="javascript">
        alert("数据添加成功! ");                      //应用 alert 方法弹出提示对话框
        location='index.asp';                      //跳转到指定的页面
        </script>
<%End Sub%>
```

实例的运行结果如图 6-51 所示。

图 6-51　OnTransactionCommit 事件的应用

6.8　综合实例——应用 Application 对象设计一个网站计数器

网站计数器是用来记录网站登录人数的，通过它可以客观地反映一个网站的访问量。下面介绍通过 Application 对象实现网站计数器的方法。运行本实例，页面上将显示登录网站的人数，如图 6-52 所示。

图 6-52　通过 Application 对象实现网站计数器

具体步骤如下。

（1）建立数据库连接，利用 Application 对象计算访问者的人数。

```
<%
If(Session("Guest") = "")Then
Application.Lock
    If(Application("Counter") = "")Then
        Sql = "Select Max(counter) as C from tb_counter"
        Set rs = conn.Execute(Sql)
        Counter = rs("C")
        rs.Close
        Set rs = Nothing
    Else
        Counter = Application("Counter")
    End If
    Counter = Cint(Counter) + 1
    Sql = "Insert Into tb_counter(counter) values("&counter&")"
    conn.Execute(Sql)
    Application("Counter") = Counter
    Session("Guest") = true
Application.UnLock
End If
%>
```

（2）显示访问者的总人数。

```
<%=Application("Counter")%>
```

知识点提炼

（1）Request 对象是获取客户端的信息。

（2）Response 对象是 ASP 内置对象中直接向客户端发送数据的对象。

（3）Application 对象是存储一个应用程序中的共享数据以供多个用户使用。Application 对象是网络程序开发中需要经常使用的一项技术，应用该对象可以实现网站在线人数统计、制作网站计数器以及多用户聊天室等。

（4）Session 对象是 ASP 中很特别的一个对象，使用 Session 对象可以存储不同用户会话所需的信息。当用户在 Web 应用程序中的页面间跳转时，存储在 Session 对象中的变量不会清除，而是始终存在。

（5）Server 对象是 ASP 中一个很重要的对象，通过该对象可以访问服务器上的方法和属性，其中部分方法和属性是为应用程序的高级功能提供服务的。Server 对象主要是为处理服务器上的特定任务而设计的，特别是与服务器的环境和处理活动有关的任务。

（6）ObjectContext 对象是通过与事务服务器通信来对事务进行控制的。

习   题

6-1　ASP 内置对象的主要特点是什么？

6-2　Global.asa 文件的作用是什么？

6-3　Server 对象提供了哪些方法可以访问服务器端对象的方法和属性？

6-4　使用 Response 对象的哪个方法可以强制结束 ASP 程序的执行，在调试程序时可以应用该方法？

6-5　Application 与 Session 对象的区别有哪些？

实验：只对新用户计数的计数器

实验目的

掌握 request 对象中的 ServerVariables 集合的应用。

实验内容

计算出有多少个 IP 访问该页，也可以计算出每个 IP 地址的访问次数，根据 IP 可以了解访问者所在的地区，并且了解网站的固定访问者对本站的关注程度。运行本实例，如图 6-53 所示。

图 6-53　只对新用户计数的计数器

实验步骤

（1）获取访问者的 IP。

```
<%
ip=request.ServerVariables("HTTP_X_FORWARDED_FOR")
if ip="" then
ip=request.ServerVariables("REMOTE_ADDR")
end if
%>
```

（2）连接数据库。

```
<%
set conn=server.CreateObject("adodb.connection")
path=server.MapPath("db_data.mdb")
conn.open "provider=microsoft.jet.oledb.4.0;data source="&path
%>
```

（3）判断访问者的 IP 是否存在，如果存在，在其访问次数上加 1；否则添加一条新的记录，其初始访问次数为 1。

```
<%
set rs=server.CreateObject("adodb.recordset")
sql="select * from tb_count where ip='"&ip&"'"
rs.open sql,conn,1,3
if rs.eof then
    rs.addnew
    rs("ip")=ip
    rs("counts")=1
    rs("datatime")=now()
    rs.update
    session("counts")=rs("counts")
else
    if datediff("n",rs("datatime"),now())>20 then
        rs("counts")=rs("counts")+1
        rs("datatime")=now()
        session("counts")=rs("counts")
        rs.update
        rs.close
    end if
end if
%>
```

第7章
文件操作与上传组件

本章要点：

- 使用 FileSystemObject 文件系统组件对文件及文件夹进行操作
- 使用 TextStream 文本流对象读取和写入文件
- 使用 AspUpload 组件上传文件到服务器，并实现文件的下载和删除功能
- 使用 AspUpload 组件上传文件到数据库，并实现文件的下载、显示和删除功能
- 使用 LyfUpload 组件上传文件到服务器和管理文件
- 使用 LyfUpload 组件上传文件到数据库和管理文件
- 使用 ADO 的 Stream 组件将数据库中的文件保存到服务器

对文件的操作以及文件上传是一个网站常备的功能之一，文件的操作可以有效、方便地实现对各类文件的管理。

在 ASP 中，实现文件管理的组件有 FileSystemObject 文件系统对象和 TextStream 文本流对象；实现文件上传的组件有 AspUpload 上传组件、LyfUpload 免费上传组件、内置的 ADO 的 Stream 组件等。本章中将对这些组件进行详细介绍。

7.1 FileSystemObject 文件系统组件

在 ASP 中并没有内置专用的对象来存取服务器端的文件夹与文件，如果想要存取服务器端的文件夹与文件，就必须应用 FileSystemObject 文件系统组件。在应用该对象时首先需要应用 Server 对象的 CreateObject 方法来创建一个 FileSystemObject 对象实例，然后再通过该对象创建、打开或读写文件，还可以对文件和文件夹进行创建、复制、移动和删除等操作。本节详细介绍 FileSystemObject 对象常用的方法。

7.1.1 认识 FileSystemObject 组件

应用 FileSystemObject 组件可以实现文本文件内容的创建、读取和写入，还可以在服务器端创建、移动、更改或删除文件夹，获取服务器端的驱动器相关信息等。FileSystemObject 组件提供了 CopyFile、CreateTextFile、OpenTextFile、GetFolder 和 GetFile 等方法；此外还提供了 Drives 属性。例如，应用 FileSystemObject 组件可以获取服务器端的文件信息，如图 7-1 所示。

图 7-1　FileSystemObject 对象的应用

7.1.2　创建 FileSystemObject 对象

使用 FileSystemObject 对象时，首先需要应用 Server 对象的 CreateObject 方法来创建该对象，然后才可以应用该对象实现文本文件内容的创建、读取和写入，或者在服务器端创建、移动和删除文件夹。下面介绍如何创建 FileSystemObject 对象。

语法：

```
Set FSO=Server.Createobject("Scripting.FileSystemObject")
```

FSO：创建 FSO 对象的实例名称。

【例 7-1】应用 Server 对象的 CreateObject 方法来创建 FileSystemObject 对象实例。代码如下：（实例位置：光盘\MR\源码\第 7 章\7-1）

```
<% Set Fso=Server.Createobject("Scripting.FileSystemObject") %>
```

7.1.3　FileSystemObject 对象对文件的操作

应用 FileSystemObject 对象可以对文本文件进行创建、读取和写入操作。在使用 FileSystemObject 对象时，首先需要创建该对象，然后再应用该对象所提供的方法来实现主要功能。下面介绍如何应用 FileSystemObject 对象实现对文件的各种操作。

1. 创建文件

应用 FileSystemObject 对象的 CreateTextFile 方法可以获取用户指定的文件名称并创建该文件，它将返回一个 TextStream 对象，可以用该对象在文件被创建后操作该文件。

语法：

```
FSO.CreateTextFile(filename[,overwrite[,unicode]])
```

CreateTextFile 方法语法中各参数的说明如表 7-1 所示。

表 7-1　　　　　　　　　　　　　CreateTextFile 方法语法中各参数的说明

参　　数	描　　述
FSO	创建的 FileSystemObject 对象名称
filename	创建文件的完整路径
overwrite	可选参数，表示当目标文件存在时是否覆盖，取值为 True 或 False。如果为 True 时，表示目标文件已存在，将覆盖此文件；如果为 False 时，表示不覆盖目标文件
unicode	可选参数，取值分别为 True 或 False，默认值为 False。如果为 True 时，表示将以 Unicode 文件格式创建文件；如果为 False 时，表示将以 ASCII 码格式创建文件

【例 7-2】 应用 CreateTextFile 方法动态创建一个文本文件。运行程序时，在"文件的路径"文本框中输入所需创建的文件名称和文件路径，应用 JavaScript 脚本来判断当前文本框中是否有值。代码如下：（实例位置：光盘\MR\源码\第 7 章\7-2）

```javascript
<script language="javascript">
function Mycheck()                          //创建自定义函数
{
if(form1.files.value=="")                   //判断文本框是否有值
{alert("请输入所要创建文件名称，以及文件所属路径！！");  //弹出提示对话框
form1.files.focus();                        //获取焦点
return;false;                               //返回 False 值
}
form1.submit();                             //提交表单
}
</script>
```

应用 CreateTextFile 方法实现文件的创建，并返回 TextStream 对象。代码如下：

```asp
<%
if request("files")<>"" then               '判断文本框的值是否为空
    '应用 Server 对象创建 FSO 对象实例
    set fso=Server.CreateObject("scripting.filesystemobject")
    fso.CreateTextFile(request("files"))   '应用 CreateTextFile 方法创建文件
%>
<script language="javascript">
alert("文件创建成功@@");                     //弹出提示对话框
window.location.href='index.asp';          //跳转到指定的页面
</script>
<%end if%>
```

实例的运行结果如图 7-2 所示。

图 7-2　CreateTextFile 方法的应用

2. 打开文件

FileSystemObject 对象的 OpenTextFile 方法可以允许用户打开一个已经存在的文件，并返回一个 TextStream 对象，应用该对象可以在文件被打开后操作该文件。

语法：
```
Set
objTextStream=FileSystemObject.OpenTextFile(filename[,iomode[,create[,format]]])
```
OpenTextFile 方法语法中各参数的说明如表 7-2 所示。

表 7-2　　　　　　　　　　　　　OpenTextFile 方法语法中各参数的说明

参　数	描　述
filename	必选项，表示所要启动的文件名称，通常需要指定一个完整的路径名称，如果省略其完整路径名称，系统将会以当前的路径为准
iomode	可选参数，表示是否允许修改原来的文件内容。如果 iomode 参数值为 ForReading（常数值为 1），表示以只读方式打开文件，但无法修改文件内容；如果 iomode 参数值为 ForWring（常数值为 2），表示只可以修改所打开的文件；如果 iomode 参数值为 ForAppending（常数值为 8），表示打开一个文件并允许将数据信息写到文件末尾
create	可选参数，表示当所指定的文件不存在时，是否要建立新的文件。如果 create 参数值为 True，表示指定的文件不存在，可以创建新的文件；如果 create 参数值为 False，表示指定的文件不存在，不可以创建新的文件。系统默认值为 False
format	可选参数，表示文件打开的格式。文件打开的方式有 3 种：如果 format 参数值为 TristateTrue（-1），表示以 Unicode 文件格式打开；如果 format 参数值为 TristateFalse（0），表示以 ASCII 码格式打开；如果 format 参数值为 TristateUseDefault（-2），表示文件以默认格式打开

【例 7-3】 应用 FileSystemObject 对象的 OpenTextFile 方法打开一个已经存在的文本文件。代码如下：（实例位置：光盘\MR\源码\第 7 章\7-3）

```
<body>
<%
set fso=server.CreateObject("scripting.Filesystemobject") '应用 Server 对象创建 FSO 对象实例
set fs=fso.opentextfile("d:\mr.txt")                      '打开指定的文本文件
response.Write fs.readline                                '将文本文件中的信息进行动态输出
fs.close                                                  '停止读取
%>
</body>
```

 在运行本程序时，必须确保 D 盘中有一个名为 mr.txt 的文本文件，否则程序将出错。

实例的运行结果如图 7-3 所示。

图 7-3　OpenTextFile 方法的应用

3. 检索文件类型

FileSystemObject 对象的 GetFile 方法可以返回一个和指定路径相对应的文件名称，并且可以返回一个 File 对象，通过该对象可以获取到该文件的基本信息或对文件进行操作。

语法：

```
FileSystem.GetFile(filename)
```

filename：表示指定的文件路径，该路径可以是相对路径，也可以是绝对路径。如果指定的文件不存在，系统将会提示一个错误信息。

【例 7-4】 应用 GetFile 方法返回一个 File 对象，同时还需要显示该文件的类型。代码如下：

（实例位置：光盘\MR\源码\第 7 章\7-4）

```
<body>
<%
Set fs=server.CreateObject("scripting.filesystemobject")    '创建 FSO 对象实例
Set fso=fs.GetFile("d:\mr.doc")                              '获取指定的文件
  Response.Write "文件类型为："&fso.Type                      '返回文件的类型
%>
</body>
```

在运行本实例时，需要将程序代码中涉及的路径位置修改成为本地计算机上真正存在的文件路径，如 GetFile("d:\test.doc")。

实例的运行结果如图 7-4 所示。

4. 获取文件名称

应用 FileSystemObject 对象的 GetFileName 方法可以返回一个指定路径的文件名称。GetFileName 方法并不会检查路径是否正确，只是获取指定路径的文件名称。

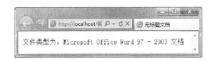

图 7-4　GetFile 方法的应用

语法：

```
FileSystem.GetFileName(filename)
```

- FileSystem：表示创建的 FileSystemObject 对象名称。
- filename：表示一个指定文件的路径。

在设置路径时，可以将该路径设置为相对路径或绝对路径。

【例 7-5】 下面应用 GetFileName 方法来获取指定路径下的文件名称。代码如下：（实例位置：光盘\MR\源码\第 7 章\7-5）

```
<body>
<%
set fso=Server.CreateObject("scripting.filesystemobject")    '创建 FSO 对象实例
fs=fso.Getfilename("如何给自己定位.txt")                      '获取文件名称
response.Write("文件名称是："&fs)                             '输出获取到的文件名称
set fso=nothing                                               '释放 FSO 对象
%>
</body>
```

实例的运行结果如图 7-5 所示。

5. 复制、移动和删除文件

应用 FileSystemObject 对象可以对指定的文件进行复制、移动和删除操作。相关方法如下。

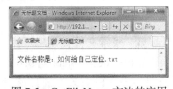

图 7-5　GetFileName 方法的应用

- CopyFile 方法：用于将一个或多个文件从一个目录复制到另一个目录。
- MoveFile 方法：通过该方法可以将一个或者多个文件从某位置移动到另一个位置。
- DeleteFile 方法：用于将一个指定的文件删除。

（1）CopyFile 方法

CopyFile 方法用于将一个或多个文件从一个目录复制到另一个目录。

语法:

```
FSObject.CopyFile source,destionation[,overwrite]
```

CopyFile 方法语法中各参数的说明如表 7-3 所示。

表 7-3　　　　　　　　　　　　CopyFile 方法语法中各参数的说明

参　　数	说　　明
FSObject	创建的 FileSystemObject 对象名称
source	表示指定的一个或多个将要复制的路径与文件名称
destionation	表示被复制文件的目的路径或文件名称
overwrite	可选参数,表示存在的文件是否被覆盖,取值为 True 或 False。如果为 True,表示文件已存在,将覆盖此文件;如果为 False,表示不覆盖

　　　在复制文件时,source 参数中可以应用通配符,而 destionation 参数不可以应用通配符。

（2）MoveFile 方法

使用 MoveFile 方法可以将一个或多个文件从某个目录移动到另一个目录。

语法:

```
FileSystem.MoveFile Source,Destination
```

- FileSystem: 创建 FileSystemObject 对象的实例名称。
- Source: 表示一个或多个将要被移动的文件,该参数可以包括通配符。
- Destination: 表示一个或多个文件要移动的目的路径,该参数不允许使用通配符。

　　　在进行文件移动时,首先应用 Server 对象的 CreateObject 方法创建 FileSystemObject 对象实例,然后才可以使用该对象提供的方法。

（3）DeleteFile 方法

应用 FileSystemObject 对象的 DeleteFile 方法删除指定的一个或多个文件。

语法:

```
FileSystemObject.DeleteFile FileNames[,Flag]
```

- FileNames: 表示将要删除文件的名称,该参数允许包含通配符的文件名称。
- Flag: 可选参数,该参数有两个取值。当 Flag 参数值为 True 时,表示可以删除具有只读属性设置的文件;当 Flag 参数值为 False 时,表示无法删除具有只读属性设置的文件。

　　　Flag 参数的默认值为 False。

【例 7-6】在进行动态网站开发时,经常需要复制、移动和删除文件。下面将应用 FileSystemObject 对象实现对文本文件的复制、移动和删除。

应用 FileSystemObject 对象的 CopyFile 方法复制指定路径下的文件。代码如下:（实例位置:光盘\MR\源码\第 7 章\7-6）

```
<%
if request("copyfiles1")<>"" then                              '判断接收的变量是否为空
```

```
set fso=CreateObject("scripting.filesystemobject")          '创建 FSO 对象实例
fso.Copyfile request("copyfiles1"),request("copyfiles2")    '应用 CopyFile 方法实现文本文
                                                             件的复制
%>
<script language="javascript">
alert("文本文件复制成功@@");                                   //弹出提示对话框
window.location.href='index.asp';                           //跳转到指定的页面
</script>
<%end if%>
```

实例的运行结果如图 7-6 和图 7-7 所示。

图 7-6 复制文本文件的操作   图 7-7 复制后的文本文件

使用 FileSystemObject 对象的 MoveFile 方法将一个文本文件从指定的目录移动到另一个目录。代码如下：

```
<%
if request("movefiles1")<>"" then                           '判断接收的变量是否为空
set fso=CreateObject("scripting.filesystemobject")          '创建 FSO 对象实例
fso.Movefile request("movefiles1"),request("movefiles2")    '应用 MoveFile 方法移动文
                                                             本文件
%>
<script language="javascript">
    alert("文本文件移动成功@@");                               //弹出提示对话框
    window.location.href='index.asp';                       //跳转到指定的页面
</script>
<%end if%>
```

实例的运行结果如图 7-8 和图 7-9 所示。

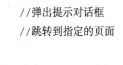
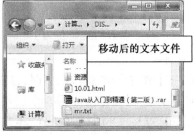

图 7-8 移动文本文件的操作   图 7-9 移动后的文本文件

使用 DeleteFile 方法删除一个指定的文件。代码如下：

```
<%
if request("name1")<>"" then                        '判断接收的变量是否为空
    set fso=CreateObject("scripting.filesystemobject")  '创建 FSO 对象实例
    fso.Deletefile(request("name1"))                '应用 DeleteFile 方法删除指定的文本文件
%>
<script language="javascript">
alert("文本文件删除成功@@");                          //弹出提示对话框
window.location.href='index.asp';                    //跳转到指定的页面
</script>
<%end if%>
```

　　　　运行本实例时，首先需要保证在 F 盘的根目录下有一个名为 mr 的文本文件，如果没有该文件则需要手动创建一个，然后再运行本实例。

实例的运行结果如图 7-10 和图 7-11 所示。

图 7-10　删除文本文件的操作　　　　图 7-11　成功删除指定的文本文件

7.1.4　FileSystemObject 对象对文件夹的操作

FileSystemObject 对象不但可以对文件进行复制、移动和删除操作，而且通过该对象也可以对文件夹进行创建、复制、移动和删除操作。下面介绍如何应用 FileSystemObject 对象实现对文件夹的各种操作。

1. 创建文件夹

应用 FileSystemObject 对象的 CreateFolder 方法可以创建一个新文件夹。

语法：

```
FileSystem.CreateFolder(foldername)
```

foldername：表示要创建的文件夹名称。如果需要创建的文件夹已存在，此时将产生一个错误。

　　　　在进行文件夹的创建时，首先应用 FolderExists 方法判断指定的文件夹是否存在，然后再进行指定文件夹的动态创建。其中 FolderExists 方法也属于 FSO 对象，该方法的返回值分别为 True 和 False。

【例 7-7】　应用 CreateFolder 方法在指定盘符下创建一个新文件夹。代码如下：（实例位置：光盘\MR\源码\第 7 章\7-7）

```
<%
if request("name1")<>"" then                        '判断接收的数据信息是否为空
    name1=request("name1")                          '为指定的变量赋值
set fso=CreateObject("scripting.filesystemobject")  '创建 FSO 对象实例
```

```
        if fso.FolderExists(name1)=true then'应用 FolderExists 方法判断指定的文件夹是否存在
%>
<script language="javascript">
alert("需要创建的文件夹已存在!!");                        //弹出提示对话框
window.location.href='index.asp';                      //跳转到指定的 ASP 页面
</script>
<%    else
        fso.CreateFolder(name1)                            '创建指定的文件夹
%>
<script language="javascript">
alert("文件夹创建成功@@");                               //弹出提示对话框
window.location.href='index.asp';                      //跳转到指定的页面
</script>
<%
        end if
end if
%>
```

实例的运行结果如图 7-12 和图 7-13 所示。

图 7-12　输入所要创建的文件夹路径

图 7-13　成功创建的文件夹

2. 获取上一级目录的完整路径

应用 FileSystemObject 对象的 GetParentFolderName 方法可以返回指定目录的上一级目录的完整路径。该方法只对所指定的路径字符串进行检索，并不会判断路径是否存在。

语法：

`Filesystem.GetParentFolderName pathname`

pathname：表示指定的路径名称。

　　　　应用 GetParentFolderName 方法可以返回上一级目录的完整路径，也可以应用 GetAbsolute PathName 方法返回指定路径中相对应的绝对路径。

【例 7-8】　应用 FileSystemObject 对象的 GetParentFolderName 方法返回上一级目录的完整路径。代码如下：（实例位置：光盘\MR\源码\第 7 章\7-8）

```
<body>
<%
Dim fso                                                 '定义变量
set fso=server.CreateObject("scripting.filesystemobject")  '创建 FSO 对象实例
'动态输出获取到的绝对路径
Response.Write("C 盘的当前路径是 "&fso.getabsolutepathname("C:")&"<br>")
Response.Write(" 当前路径的上一级目录路径是 "&fso.getparentfoldername (fso.Getabs
```

```
olutepathname ("C:"))& "<br>")'动态输出获取到的完整路径
    set fso=nothing
    %>
    </body>
```

实例的运行结果如图 7-14 所示。

3．复制、移动和删除文件夹

应用 FileSystemObject 对象可以对指定的文件夹进行
复制、移动和删除操作。相关方法如下。

图 7-14　GetParentFolderName 方法的应用

- CopyFolder 方法：可以将指定的文件夹复制到另一
个位置。

- MoveFolder 方法：通过该方法可以将一个或者多个文件夹从某位置移动到另一个位置。

- DeleteFolder 方法：用于将一个指定的文件夹删除。

（1）CopyFolder 方法

CopyFolder 方法用于将一个或多个文件夹从一个目录复制到另一个目录。

语法：

```
Filesystem.copyfolder source,destionation[,overwrite]
```

CopyFolder 方法语法中各参数的说明如表 7-4 所示。

表 7-4　　　　　　　　　　　　CopyFolder 语法中各参数的说明

参　　数	说　　明
source	表示指定的一个或多个将要复制的路径与文件夹名称
destionation	表示被复制文件夹的目的路径或文件夹名称
overwrite	可选参数，表示存在的文件夹是否被覆盖，取值分别为 True 或 False。如果为 True，表示文件夹已存在，将覆盖此文件夹；如果为 False，表示不覆盖

　　　　在复制文件夹时，source 参数中可以应用通配符，而 destionation 参数不可以应用通配符。

（2）MoveFolder 方法

MoveFolder 方法可以将指定的目录移动到另一个目录，该方法的移动包括指定文件夹中的所有子文件夹。

语法：

```
Filesystem.movefolder source,destination
```

- source：表示将要被移动的文件夹。

- destination：表示将要移动到的目的地目录。

　　　　在移动文件夹时，source 参数中可以应用通配符。

（3）DeleteFolder 方法

应用 FileSystemObject 对象的 DeleteFolder 方法可以删除指定的文件夹，如果指定的文件夹不存在，将会产生异常。

语法：

```
Filesystem.deletefolder foldername,flag
```

- foldername：表示要删除的文件夹的路径。

- flag：可选参数，表示是否可以删除具有只读属性的目录。如果 flag 的值为 True，表示可以删除具有只读属性的文件夹；如果 flag 的值为 False，表示无法删除具有只读属性的文件夹。

 flag 参数的默认值为 False。

【例 7-9】 开发网站时，需要管理员来维护服务器上的信息，有时要移动、复制和删除文件夹。为了方便管理员对服务器的管理，可以应用 FileSystemObject 对象实现对文件夹的移动、复制和删除等操作。（实例位置：光盘\MR\源码\第 7 章\7-9）

应用 FileSystemObject 对象的 CopyFolder 方法实现文件夹的复制。代码如下：

```
<%
if request("copyfiles1")<>"" then                                  '判断接收的变量是否为空
set fso=CreateObject("scripting.filesystemobject")                 '创建 FSO 对象实例
fso.CopyFolder request("copyfiles1"),request("copyfiles2")         '应用 CopyFolder 方法实现
                                                                    文件夹复制
%>
<script language="javascript">
alert("文件夹复制成功@@");                                          //弹出提示对话框
window.location.href='index.asp';                                  //跳转到指定的页面
</script>
<%end if%>
```

 在应用 FileSystemObject 对象的 CopyFolder 方法进行文件夹复制时，可以在任意盘符下进行指定文件夹的复制。

实例的运行结果如图 7-15 和图 7-16 所示。

图 7-15　复制文件夹的操作

图 7-16　复制后的文件夹

应用 FileSystemObject 对象的 MoveFolder 方法实现文件夹的移动。代码如下：

```
<%
if request("movefiles1")<>"" then                                  '判断接收的变量是否为空
set fso=CreateObject("scripting.filesystemobject")                 '创建 FSO 对象实例
fso.MoveFolder request("movefiles1"),request("movefiles2")         '应用 MoveFolder 方法移动
                                                                    文件夹
%>
<script language="javascript">
alert("文件夹移动成功@@");                                          //弹出提示对话框
```

```
window.location.href='index.asp';                                    //跳转到指定的页面
</script>
<%end if%>
```

在应用 FileSystemObject 对象的 MoveFolder 方法进行文件夹移动时，只可以对同盘符下的文件夹进行移动，例如 fso.MoveFolder "d:\tsoft\test","d:\"，不允许对不同盘符下的文件夹进行移动，例如 fso.MoveFolder "d:\tsoft","e:\"，这样将弹出没有权限的错误提示信息。

实例的运行结果如图 7-17 和图 7-18 所示。

图 7-17　移动文件夹的操作

图 7-18　移动后的文件夹

应用 FileSystemObject 对象的 DeleteFolder 方法实现文件夹的删除。代码如下：

```
<%
if request("name1")<>"" then                          '判断接收的变量是否为空
set fso=CreateObject("scripting.filesystemobject")    '创建 FSO 对象实例
fso.DeleteFolder(request("name1"))                    '应用 DeleteFolder 方法删除指定的文
                                                       件夹
%>
<script language="javascript">
alert("文件夹删除成功@@");                              //弹出提示对话框
window.location.href='index.asp';                      //跳转到指定的页面
</script>
<%end if%>
```

实例的运行结果如图 7-19 和图 7-20 所示。

图 7-19　删除文件夹的操作

图 7-20　提示文件夹删除成功

7.1.5　FileSystemObject 对象对驱动器的操作

通过 Windows 资源管理器可以方便地管理文件夹和驱动器。本节将介绍如何应用 ASP 代码获取驱动器的相关信息。

1. 检索驱动器的信息

应用 FileSystemObject 对象的 Drives 属性可以以数据集合的方式返回系统中所有的盘符。

语法：

```
FileSystemObject.Drives
```

【例 7-10】 应用 FileSystemObject 对象的 Drives 属性可以以数据集合的方式返回所有驱动器的相关信息，如驱动器的编号、大小和可用空间等。代码如下：（实例位置：光盘\MR\源码\第 7 章\7-10）

```
<%
set fso=Server.CreateObject("scripting.filesystemobject")    '创建 FSO 对象实例
for each dirver in fso.drives                                 '应用循环来显示当前服务器
                                                              上的所有信息

%>
<tr>
<td width="99" height="79" align="right" valign="bottom"><span class="STYLE6">驱动器
编号：</span></td>
    <td width="40" valign="bottom"><span class="style1">  <%=dirver.driveletter%><%'获取
驱动器编号%> </span> </td>
        <td width="65" valign="bottom"><span class="STYLE6">总计大小</span></td>
        <td  width="108"  valign="bottom"><span  class="style1">   <%=FormatNumber
(dirver.TotalSize/1024,0)%>
    <%'获取驱动器的总计大小%></span></td>
        <td width="53" valign="bottom"><span class="STYLE6">可用空间</span></td>
        <td  width="110"  valign="bottom"><span  class="style1"> <%=FormatNumber
(dirver. Availablespace/1024, 0)%><%'获取驱动器的可用空间%></span></td>
        <td width="52" valign="bottom"><span class="STYLE6">文件系统</span></td>
        <td  width="125"  valign="bottom"><span  class="style1">   <%=dirver.
FileSystem%><%'获取驱动器的文件系统分区%></span></td>
        </tr>
    <%next%>
```

实例的运行结果如图 7-21 所示。

2. 获取驱动器名称

应用 FileSystemObject 对象的 GetDrive 方法可以返回指定路径中的驱动器的名称。

语法：

图 7-21　Drives 属性的应用

```
FileSystem.GetDrive DriveName
```

DriveName：表示要访问的驱动器路径，该参数的值可以是驱动器号（如 c）、带冒号的驱动器号（如 c:）、带有冒号与路径分隔符的驱动器号（如 c:\）或者任何指定的网络共享（如\\tsoft\sun）。

【例 7-11】 应用 FileSystemObject 对象的 GetDrive 方法可以获取指定路径的驱动器名称。代码如下：（实例位置：光盘\MR\源码\第 7 章\7-11）

```
<body>
<%
Dim fso                                                        '定义变量
set fso=Server.CreateObject("scripting.filesystemobject")
'创建 FSO 对象实例
Response.Write("获取的驱动器名称是："&fso.GetDrive("e:\")&"<br>")    '获取驱动器的名称
Response.Write("返回指定字符串中的盘符："&fso.GetDriveName("c:\window"))  '返回指定字符串
                                                              中的盘符

set fso=nothing                                               '释放 FSO 对象
%>
</body>
```

应用该方法可以返回驱动器中相对应的 Drive 对象，该对象为 FileSystemObject 对象的子对象。

实例的运行结果如图 7-22 所示。

3．判断访问的驱动器是否存在

应用 FileSystemObject 对象的 DriveExists 方法可以判断指定的驱动器是否存在，如果存在，返回 True，否则返回 False。

语法：

图 7-22　GetDrive 方法的应用

```
FileSystemObject.DriveExists (drivename)
```

drivename：表示所要访问的驱动器路径，该参数可以是驱动器号、带冒号的驱动器号或带有冒号与路径分隔符的驱动器号。

【例 7-12】 应用 FileSystemObject 对象的 DriveExists 方法判断指定的驱动器是否存在。代码如下：（实例位置：光盘\MR\源码\第 7 章\7-12）

```
<body>
<%
Dim fso                                                    '定义变量
set fso=Server.CreateObject("scripting.filesystemobject") '创建 FSO 对象实例
if fso.DriveExists("e") then            '应用 DriveExists 方法判断要访问的驱动器是否存在
    Response.Write("您访问的驱动器存在，驱动器的名称是: "&fso.GetDrive("e:\"))'输出指定的信息
else
    Response.Write("您访问的驱动器不存在")                      '输出指定的信息
end if
set fso=nothing                                          '释放 FSO 对象
%>
</body>
```

在实际开发程序的过程中，可以根据需要修改程序代码中的驱动器盘符。

实例的运行结果如图 7-23 所示。

图 7-23　DriveExists 方法的应用

7.2　TextStream 文本流对象

开发程序时，如果想应用 ASP 实现对文件进行创建、移动和复制操作，一般都是通过应用 FileSystemObject 对象实现的，本节将向读者介绍如何应用 TextStream 对象实现对文件的读写操作。在应用 TextStream 对象时，首先需要应用 FileSystemObject 对象来创建该对象，然后才可以

应用该对象提供的属性和方法。本节详细介绍 TextStream 对象常用的属性和方法。

7.2.1 认识 TextStream 对象

通过 TextStream 对象可以实现对文本文件的读写操作，该对象隶属于 File Access 组件。TextStream 对象提供了 AtEndOfLine、AtEndOfStream 和 Column 等属性，以及 Close、Read、ReadAll、Skip 和 Write 等方法。例如，应用 TextStream 对象可以将用户提交的信息存储到指定的文本文件中，如图 7-24 和图 7-25 所示。

图 7-24　用户注册时提交的数据信息　　　　图 7-25　将数据信息存储在文本文件中

7.2.2 创建 TextStream 对象

使用 TextStream 对象时，首先需要创建该对象，然后才可以应用该对象实现对文件的读写操作。下面介绍如何创建 TextStream 对象。

语法：

```
TextStream.{property|method}
```

- property：必选项，表示该对象的属性。
- method：可选项，表示该对象的方法。

　　应用 FileSystemObject 对象的 CreateTextFile 和 OpenTextFile 方法可以动态创建一个 TextStream 对象。

【例 7-13】 应用 FileSystemObject 对象的 CreateTextFile 方法动态创建一个名为 aa.txt 的文本文件，并向该文本文件中写入指定的字符串信息。代码如下：（实例位置：光盘\MR\源码\第 7 章 \7-13）

```
<%
dd=request("content")                                    '获取需要输入的文字信息
if request("title")<>"" then                             '判断文本框的值是否为空
    set fso=Server.CreateObject("scripting.filesystemobject")'应用 Server 对象来创建
                                                          FSO 对象实例
    set txtfile=fso.createTextFile(request("title"))'应用 CreateTextFile 方法创建文件
    txtfile.writeline dd                                 '向新创建的文件中写入指定的文字信息
    txtfile.close                                        '关闭指定的文件
```

```
%>
<script language="javascript">
alert("操作成功~@_@~");                          //弹出提示对话框
window.location.href='index.asp';               //跳转到指定的页面
</script>
<%end if%>
```

实例的运行结果如图 7-26 和图 7-27 所示。

图 7-26　创建文本文件并写入信息操作

图 7-27　成功创建文本文件并写入指定信息

7.2.3　向文本文件中写入数据

TextStream 对象提供了对文本文件进行写操作的方法，在向文本文件中写入数据时，可以写入指定字符串或写入指定行数的空白行。下面将对不同形式的写入方法进行详细介绍。

1. 调用 Write 方法写入指定字符串

应用 TextStream 对象的 Write 方法可以向文本文件中写入指定的字符串。

语法：

```
TextStream.Write(string)
```

string：表示将要写入的指定字符串。

> 应用 Write 方法写入字符串信息时，如果同时插入多行字符串信息，此时的多行字符串信息将以一整行的形式插入文本文件中。

【例 7-14】首先应用 CreateTextFile 方法在 D 盘创建一个名为 qq.txt 的文件，然后再应用 Write 方法向新创建的文件中写入指定的数据信息。代码如下：（实例位置：光盘\MR\源码\第 7 章\7-14）

```
<body>
<%
Dim fso,tsm                                             '定义变量
set fso=Server.CreateObject("scripting.filesystemobject")   '创建 FSO 对象实例
set tsm=fso.createTextFile("D:\qq.txt")                 '在 C 盘创建一个名为 qq.txt 文件
tsm.write("第一条数据信息"&"<br>")                       '应用 Write 方法写入第一条信息
tsm.write("第二条数据信息"&"<br>")                       '应用 Write 方法写入第二条信息
tsm.write("第三条数据信息")                               '应用 Write 方法写入第三条信息
tsm.close                                               '关闭 TextStream 对象
%>
</body>
```

实例的运行结果如图 7-28 和图 7-29 所示。

图 7-28　创建的文本文件　　　　　　　　　图 7-29　成功写入的文字信息

2. 调用 WriteLine 方法将指定的字符串以行的形式写入文件中

WriteLine 方法用于向文本文件中写入指定的字符串信息，并在字符串末尾加入换行符。

语法：

```
TextStream.WriteLine([string])
```

string：用于指定所写入的字符串内容。

应用 WriteLine 方法写入字符串信息时，如果 string 参数省略，将插入一个空行。

【例 7-15】　应用 TextStream 对象的 WriteLine 方法向文件中写入指定的字符串信息，并在末尾加入换行符，当完成字符串信息的插入后，就可以清楚地看到哪条信息是最先插入的。代码如下：（实例位置：光盘\MR\源码\第 7 章\7-15）

```
<%
dd=request("content")                                      '获取需要输入的文字信息
ee=request("content1")                                     '获取需要输入的文字信息
if request("title")<>"" then                               '判断文本框的值是否为空
    '应用 Server 对象来创建 FSO 对象实例
    set fso=Server.CreateObject("scripting.filesystemobject")
    set txtfile=fso.CreateTextFile(request("title"))'应用 CreateTextFile 方法来创建文件
    txtfile.writeline dd                                   '向新创建的文件中写入第一条文字信息
    txtfile.writeline ee                                   '向新创建的文件中写入第二条文字信息
    txtfile.close                                          '关闭指定的文件
%>
<script language="javascript">
alert("操作成功~@_@~");                                     //弹出提示对话框
window.location.href='index.asp';                          //跳转到指定的页面
</script>
<%end if%>
```

实例的运行结果如图 7-30 和图 7-31 所示。

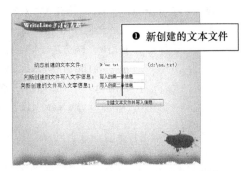

图 7-30　创建文本文件并输入字符串信息操作　　　　图 7-31　成功创建文本文件并写入信息

3. 调用 WriteBlankLines 方法写入指定行数的空白行

WriteBlankLines 方法主要用于写入指定行数的空白行。

语法：

`TextStream.WriteBlankLines(lines)`

lines：表示所要写入空白行的数目。

应用 WriteBlankLines 方法时，lines 参数的值必须为正整数。

【例 7-16】　应用 WriteBlankLines 方法可以向指定的文本文件中写入指定数目的空白行。代码如下：（实例位置：光盘\MR\源码\第 7 章\7-16）

```
<%
dd=request("content")                                  '获取需要输入的文字信息
if request("title")<>"" then                           '判断文本框的值是否为空
    '应用 Server 对象创建 FSO 对象实例
    set fso=Server.CreateObject("scripting.filesystemobject")
    set txtfile=fso.CreateTextFile(request("title"))'应用 CreateTextFile 方法创建文件
    txtfile.WriteBlankLines 8                 '应用 WriteBlankLines 方法插入指定数目的空白行
    txtfile.writeline dd                      '向新创建的文件中写入第一条文字信息
    txtfile.close                             '关闭指定的文件
%>
<script language="javascript">
alert("操作成功~@_@~");                                 //弹出提示对话框
window.location.href='index.asp';                      //跳转到指定的页面
</script>
<%end if%>
```

实例的运行结果如图 7-32 所示。

图 7-32　WriteBlankLines 方法的应用

7.2.4　读取文本文件中的数据

TextStream 对象提供了对文本文件进行读操作的方法。在对文本文件进行读取时，可以读取指定数目的字符或读取一整行字符。下面对不同形式的读取方法进行详细介绍。

1. 调用 Read 方法读取指定数目的字符

Read 方法可以以字符为单位读取一个已经打开的文件内容。

语法：

字符串=TextStream.Read(读取的字符数)

【例 7-17】 应用 Read 方法读取文本文件中前 11 个字节的字符，并输出这 11 个字符组成的字符串。代码如下：（实例位置：光盘\MR\源码\第 7 章\7-17）

```
<body>
<%
dim fso                                              '定义变量
set fso=Server.CreateObject("scripting.filesystemobject")  '创建 FSO 对象实例
set ts=fso.opentextfile(server.MapPath("./aa.txt"))  '获取指定路径下的文本文件
text=ts.read (11)                                    '读取文本文件中的信息
ts.close                                             '关闭对象，释放内存空间
response.Write text                                  '动态输出信息
%>
</body>
```

实例的运行结果如图 7-33 所示。

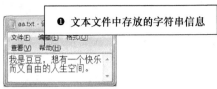

图 7-33　Read 方法的应用

2. 调用 ReadLine 方法读取一整行字符

ReadLine 方法主要用于读取文本文件中第一次出现回车符或换行符前一整行的字符串。

语法：

```
TextFile. ReadLine
```

应用 ReadLine 方法读取字符串信息时，并不返回回车符和换行符。

【例 7-18】 应用 ReadLine 方法读取文本文件中一整行的字符串信息。代码如下：（实例位置：光盘\MR\源码\第 7 章\7-18）

```
<body>
<%
dim fso                                              '定义变量
set fso=Server.CreateObject("scripting.filesystemobject")  '创建 FSO 对象实例
set ts=fso.opentextfile(server.MapPath("./aa.txt"))  '获取指定路径下的文本文件
text=ts.ReadLine                      '读取出现的第一个回车符或换行符前一整行的字符串
ts.close                              '关闭对象，释放内存空间
Response.Write text                   '动态输出信息
%>
</body>
```

实例的运行结果如图 7-34 所示。

❷ 输出第一个换行符前
的一整行字符串

❶ 文本文件中的换行符

图 7-34 ReadLine 方法的应用

7.3 AspUpload 上传组件

AspUpload 是一款功能强大的文件上传组件，使用它可以轻松地将文件传输到服务器上或者数据库中。在服务器端安装 AspUpload 组件后，ASP 通过创建相应对象并调用其属性和方法来实现文件上传的功能。

7.3.1 创建 Upload 对象

AspUpload 是国际上一个非常有名的文件上传组件，可以通过访问网址 http://www.persits.com/aspupload.exe 下载此组件。下载 aspupload.exe 安装文件后，双击该文件并按照提示步骤进行安装即可。安装完成后，单击"开始"按钮，选择"程序"/Persits Software AspUpload 命令可以查看到用户手册。例如，关于 AspUpload 组件的介绍、AspUpload 组件属性与方法的介绍等。

> AspUpload 组件功能强大，使用简单，但它同时是一款商业软件，过了试用期后必须付费才可以使用。

在 ASP 应用程序中，通过 Server 对象的 CreateObject 方法可以创建 Upload 对象实例，从而调用 AspUpload 组件的属性和方法实现文件上传的功能。

语法：

```
Set 对象名称= Server.CreateObject("Persits.Upload")
```

表 7-5 给出了 AspUpload 组件关于文件上传常用的属性和方法，其中的 Upload 表示创建的 Upload 对象实例的名称。

表 7-5　　　　　　　　　　　　AspUpload 组件的属性和方法

属性或方法	说　明	举　例
Files 属性	返回一个集合，该集合包含上传文件的引用	Upload.Files("upfile")，其中的 upfile 为上传文件表单中文件域控件的名称
Form 属性	返回一个集合，该集合包括所有除文件域的表单项目的引用	Upload.Form("txt_intro").value 表示获取表单中名为 txt_intro 的文本框的值
IgnoreNoPost 属性	通过此属性可以避免"Wrong Content-Type"这个错误，即在未获取上传文件数据直接调用 Upload.Save 方法时发生的错误。使用此属性，可以将上传文件表单和相应的上传处理程序放置在同一个文件中	Upload.IgnoreNoPost=True 表示忽略调用 AspUpload 组件的 Save 方法保存文件发生的错误

续表

属性或方法	说　　明	举　　例
OverwriteFiles 属性	可以设置此属性值为 True 或 False。值为 True 时表示上传的文件名不允许重复，默认为 True。值为 False 时表示当文件名已经存在时，AspUpload 将在原有文件名追加(1)、(2)形式的字符后保存文件，如 light.jpg、light(1).jpg、light(2).jpg 等	Upload.OverwriteFiles=False 表示不允许上传文件覆盖已有文件
DeleteFile 方法	删除指定的文件	Upload.DeleteFile("D:\upload\light.jpg")其中的路径必须为文件的绝对路径
FileExists 方法	检测指定的文件是否存在	Upload.FileExists("D:\upload\light.jpg")，在调用 DeleteFile 方法之前可以先调用 FileExists 方法判断文件是否存在，然后再执行删除操作
Save 方法	获取文件，将其保存到服务器端指定路径下或内存中	Upload.Save 表示将文件保存到内存中，Upload.Save Server.MapPath("./upload")表示将文件保存在名为 upload 的文件夹下

调用 AspUpload 组件的 Files 属性将返回一个包含上传文件的集合，通过该集合可以访问指定文件的属性，以及调用文件的方法执行相应操作。AspUpload 组件文件对象的属性和方法如表 7-6 所示。

表 7-6　　　　　　　　　　　　AspUpload 组件文件对象的属性和方法

属性或方法	说　　明	举　　例
Ext 属性	返回文件扩展名	Upload.Files("upfile").Ext 返回文件扩展名
FileName 属性	返回文件被保存的名称	Upload.Files("upfile").FileName 返回文件保存后的名称
Path 属性	返回文件在服务器的完整路径	Upload.Files("upfile").Path 返回文件被保存的绝对路径
Size 属性	返回文件在服务器上的大小	Upload.Files("upfile").Size 返回文件大小
SaveAs 方法	保存文件到指定的路径	Upload.Files("upfile").SaveAs Server.MapPath("./upload")将文件保存到指定路径下
ToDatabase 方法	使用 ODBC 将文件保存到数据库	Upload.Files("upfile").ToDatabase "Driver={SQL Server};Server=(local);Uid=sa;Pwd=;Database=db_15", "Insert into tb_upfile_dbase(file_name, file_image) values ("&upfile.Filename&"',?)"表示通过 ODBC 方式连接名为 db_15 的 SQL Server 数据库，将文件名称及文件数据保存到数据库中

在编写程序代码时，为了简化代码可以使用 Set upfile=Upload.Files("upfile")语句定义文件对象的实例名称，从而直接使用此名称引用 AspUpload 组件文件对象的属性和方法，如 upfile.Ext、upfile.Size 等。

7.3.2　上传文件到服务器

使用 AspUpload 组件可以将在客户端选择的文件上传到服务器端指定的路径下。为了维护方便，可以在上传文件的同时将文件相关数据保存到数据库中，从而对上传文件信息进行查看和管理，并可以设置文件下载和文件删除功能。

文件管理首页面将从数据库中读取到的文件信息显示在浏览器端，并提供"上传文件"、"下

载"和"删除"文字超链接。页面的运行结果如图
7-35 所示。

下面分别介绍上传文件、下载文件和删除文件
的过程。

1. 上传文件到服务器

在设计文件上传功能时，将用于上传文件的表
单与相应的处理程序放置在两个文件中，分别为
upload_file.asp 和 upload.asp。

图 7-35　文件管理页面

【例 7-19】 在 upload_file.asp 文件中，建立表单并设置<form>标记的 enctype 属性值为 "multipart/ form- data"，在表单中插入文件域、文本框和按钮。代码如下：（实例位置：光盘\MR\源码\第 7 章\7-19）

```
<table width="400" border="0" align="center" cellpadding="1" cellspacing="1">
<form action="upload.asp" method="post" enctype="multipart/form-data" name="form1">
  <tr> <td><h4>使用 AspUpload 组件上传文件到服务器</h4></td></tr>
  <tr><td>选择文件: </td> <td><input name="upfile" type="file" id="upfile" title="选
择的文件"></td> </tr>
  <tr> <td>文件说明: </td>
    <td><input name="txt_intro" type="text" class="textbox" id="txt_intro" title="
文件说明" size="33"></td>
  </tr>
  <tr><td><input type="submit" name="Submit" value="确定" onClick="return Mycheck
(this.form)">
          <input type="reset" name="Submit" value="重置"></td>
  </tr>
</form>
</table>
<script language="javascript">
function Mycheck(form){                          //定义用于检测表单元素是否为空的函数
  for(i=0;i<form.length;i++){                    //使用 for 循环遍历表单中的元素
    if(form.elements[i].value==""){              //如果表单元素的值为空，则执行以下操作
      alert(form.elements[i].title + "不能为空!");return false;}//弹出警告提示框，并返回
                                                               到当前页
  }
}
</script>
```

为了防止用户在未填写完整信息之前提交表单，在按钮的 onClick 事件中调用自定义的
Mycheck(form)脚本函数，此函数用于检测用户输入的信息是否完整。

为了完成文件上传功能，必须在表单中添加文本域控件，此时页面将自动设置
<form>标记的 enctype 属性值为 "multipart/form-data"。

在文件管理页面（如图 7-35 所示）中单击"上传文
件"文字超链接，即可打开文件上传页面，运行结果如
图 7-36 所示。

当用户选择完文件、填写好文件说明后，单击"确
定"按钮，文件上传页面就会将表单数据传送到
upload.asp 文件中。

【例 7-20】 在 upload.asp 文件中，首先创建 Upload

图 7-36　文件上传页面

对象实例，限制上传文件的大小为 5MB，然后将文件上传到内存中，再调用文件对象的 SaveAs 方法将文件上传到指定的路径并设定保存的文件名称，最后将文件名称、文件大小、文件扩展名以及文件说明保存到数据库中。代码如下：（实例位置：光盘\MR\源码\第 7 章\7-19）

```
<!--#include file="conn.asp"-->
<%
On Error Resume Next                              '程序在执行过程中忽略错误
Dim Upload,upfile                                 '定义变量
Set Upload=Server.CreateObject("Persits.Upload")  '创建 Upload 对象实例
'限定上传文件不超过 5MB。该方法中第 2 个参数值为 True 表示文件大小超过 5MB 时会产生错误，为 False 表
示截断文件，默认为 False
Upload.SetMaxSize 5*1024*1024,True
Upload.Save                    '将文件保存到内存
If err.Number=8 Then           '如果错误号为 8，则说明上传文件大小超过 5MB，要求用户重新选择文件
    Response.Write("<script language='JavaScript'>alert('上传文件超过 5MB，请重新上传!
');history.back(); </script>")
    Response.End()                                 '终止程序
End If
Set upfile=Upload.Files("upfile")                  '创建 AspUpload 组件文件对象的实例
'调用文件对象的 SaveAs 方法将文件上传到指定的路径下，并以 GetFileName() 函数返回值作为保存的文件名称
upfile.SaveAs Server.MapPath("./upload")&"\"&GetFileName(now())&upfile.Ext

Dim sqlstr
'定义 Insert into 语句将文件名称、文件大小、文件扩展名以及文件说明保存到数据表 tb_upfile_folder
sqlstr="Insert    into    tb_upfile_folder(file_name,file_size,file_ext,file_intro)
values('"&upfile.Filename&"','"&upfile. Size&"', '"&upfile.Ext&"','"&Upload.Form ("txt
_intro").value&"')"
conn.Execute(sqlstr)                               '执行 Insert into 语句
Response.Write("<script  language='JavaScript'>alert(' 上 传 文 件 到 服 务 器 成 功!
');window.close();window.opener. location.reload();</script>")
Response.End()                                     '终止程序

'---------- 根据时间获取的字符串 -----------
Function GetFileName(dDate)
//根据传递的时间字符串，以及 Year、Month、Day、Hour、Minute 和 Second 函数定义返回的字符串格式
GetFileName=RIGHT("0000"+Trim(Year(dDate)),4)+RIGHT("00"+Trim(Month(dDate)),2)+RIG
HT("00"+Trim(Day
(dDate)),2)+RIGHT("00"+Trim(Hour(dDate)),2)+RIGHT("00"+Trim(Minute(dDate)),2)+RIGHT("0
0"+Trim(Second (dDate)),2)
End Function
%>
```

连接数据库文件 conn.asp 中的代码如下：

```
<%
    Dim Conn,Connstr
    Set Conn=Server.CreateObject("ADODB.Connection") '创建名为 Conn 的 Connection 对象
    '定义连接数据库字符串
    Connstr="provider=sqloledb;data source=(local);initial catalog=db_15;user id=sa;
password=;"
    Conn.Open Connstr                                '建立连接
%>
```

在 upload.asp 文件中，为了避免同名文件覆盖已有文件，先将文件上传到内存，再通过自定义函数 GetFileName() 重新设定文件名称，将文件上传到服务器端的指定路径下。

2. 通过重定向下载文件

将文件上传到服务器后，可以通过重定向访问文件，即链接到文件的所在路径。当用户单击超链接时，浏览器会自动判断文件的类型，如果是图像等浏览器可以识别和打开的文件，就会在浏览器中直接显示文件内容；如果不能在浏览器中打开，则会出现下载对话框。

【例 7-21】 在文件管理页面（如图 7-35 所示）index.asp 中单击"下载"文字超链接，即可查看到文件内容或者下载该文件。代码如下：（实例位置：光盘\MR\源码\第 7 章\7-19）

```
<!-- rs("file_name")为从数据库中读取到的文件名称 -->
<a href="download.asp?filename=<%=rs("file_name")%>" target="_blank">下载</a>
```

以上代码中所建立的超链接是向 download.asp 文件中传递 filename 变量值。文件下载页面 download.asp 中的代码如下：

```
<%
'调用Redirect方法重定向页面,通过Request对象的QueryString数据集合获取传递到该页面的filename
变量值
Response.Redirect "upload"&"/"&Request.QueryString("filename")
%>
```

在 download.asp 文件中调用 Response 对象的 Redirect 方法重定向到 upload 文件夹下的指定文件。

在文件管理页面（如图 7-35 所示）中，单击"图片文件"后面的"下载"超链接，将显示图 7-37 所示的运行结果；单击"压缩的 rar 文件"后面的"下载"超链接，将显示图 7-38 所示的运行结果。

图 7-37　下载图片文件

图 7-38　下载 rar 文件

在下载图片文件时，由于浏览器可以识别此文件则直接打开该图片文件；在下载 rar 文件时，由于浏览器无法打开该文件则弹出文件下载对话框。

3. 删除服务器上指定的上传文件

调用 AspUpload 组件的 DeleteFile 方法可以删除服务器上指定的上传文件。

【例 7-22】 在文件管理页面（如图 7-35 所示）index.asp 中单击"删除"文字超链接，即可同时删除数据库中该文件对应的记录和服务器上的文件。代码如下：（实例位置：光盘\MR\源码\第 7 章\7-19）

```
<!-- rs("file_name")为从数据库中读取到的文件名称 -->
<a href="delete.asp?filename=<%=rs("file_name")%>" target="_blank">删除</a>
```

以上代码中所建立的超链接是向 delete.asp 文件中传递 filename 变量值。

在文件删除页面 delete.asp 中，首先获取传递的 filename 变量值和创建的 Upload 对象实例，然后调用 Upload 对象的 FileExists 方法判断指定的文件是否存在。如果存在则执行 Delete 语句删除数据库中对应的记录并调用 Upload 对象的 DeleteFile 方法删除服务器端指定路径下的文件，如果文件不存在则弹出警告对话框结束本次操作。代码如下：

```asp
<!--#include file="conn.asp"-->
<%
Dim Upload,filepath                                        '定义变量
filename=Request.QueryString("filename")                   '获取文件名称
Set Upload=Server.CreateObject("Persits.Upload")           '创建 Upload 对象实例
filepath=Server.MapPath("./upload")&"\"&filename'将文件所在路径字符串赋予变量 filepath
If Upload.FileExists(filepath) Then      '判断指定的文件是否存在，如果存在则执行以下操作
'执行 Delete 语句删除数据表中名为 filename 的文件
conn.Execute("delete from tb_upfile_folder where file_name='"&filename&"'")
    Upload.DeleteFile(filepath)      '调用 Upload 对象的 DeleteFile 方法删除服务器上的文件
    Response.Write("<script    language='JavaScript'>alert(' 文 件 删 除 成 功 !
');window.close();window.opener. location. reload();</script>")
    Response.End()                          '终止程序
Else                                        '如果指定的文件不存在，则弹出警告对话框
    Response.Write("<script    language='JavaScript'>alert(' 文 件 不 存 在 !
');window.close();</script>")
    Response.End()                          '终止程序
End If
%>
```

文件删除页面的运行结果如图 7-39 所示。

7.3.3　上传文件到数据库

在实际应用中，有时将文件上传到数据库中更易于操作。例如，在电子商务网站中可以将商品对应的图片文件与商品其他信息一同存储到数据库中。使用 AspUpload 组件可以将选择的文件直接上传到数据库中。

在这里，设计文件管理首页面的功能等同于 7.3.2 小节中的文件管理首页面。在页面中可以查看到数据库中的文件相关信息，提供了"上传文件"、"下载"和"删除"文件的功能，其运行结果如图 7-40 所示。

1．上传文件到数据库

使用 AspUpload 组件将文件上传到数据库与上传到服务器的设计思路大体相同，关于文件上传页面 upload_file.asp（包含上传文件表单）的介绍请参见例 7-19，这里不再赘述。在文件管理页面（如图 7-40 所示）中单击"上传文件"文字超链接，即可打开文件上传页面，运行结果如图 7-41 所示。

当用户选择完文件、填写好文件说明后，单击"确定"按钮，文件上传页面就会将表单数据

图 7-39　文件删除页面

图 7-40　文件管理页面

图 7-41　文件上传页面

传送到 upload.asp 文件中。

【例 7-23】 在 upload.asp 文件中，首先创建 Upload 对象实例，限定上传文件大小为 5MB；然后将文件上传到内存中，定义连接 SQL Server 数据库的字符串以及 Insert into 语句，再调用 AspUpload 组件文件对象的 ToDataBase 方法将文件及相关信息一同上传到数据库中。代码如下：（实例位置：光盘\MR\源码\第 7 章\7-20）

```
<%
On Error Resume Next                            '程序在执行过程中忽略错误
Dim Upload,upfile                               '定义变量
Set Upload=Server.CreateObject("Persits.Upload")    '创建 Upload 对象实例
'限定上传文件不超过 5MB。其中第 2 个参数值为 True 表示文件大小超过 5MB 时会产生错误，为 False 表示截
断文件，默认为 False
Upload.SetMaxSize 5*1024*1024,True
Upload.Save                                     '将文件保存到内存
If err.Number=8 Then        '如果错误号为 8，则说明上传文件大小超过 5MB，要求用户重新选择文件
    Response.Write("<script language='JavaScript'>alert('上传文件超过 5MB，请重新上传!
');history.back(); </script>")
    Response.End()                              '终止程序
End If
Set upfile=Upload.Files("upfile")              '创建 AspUpload 组件文件对象的实例
Dim Connstr,sqlstr                              '定义变量
'通过 ODBC 方式连接 SQL Server 数据库，无需配置 DSN
Connstr="Driver={SQL Server};Server=(local);Uid=sa;Pwd=;Database=db_database5"
'定义 Insert into 语句将文件信息保存到数据表中对应的字段中
sqlstr="Insert  into  tb_upfile_dbase(file_name,file_size, file_ext, file_image,
file_intro) values('"&upfile. Filename&"', '"&upfile.Size&"','"&upfile. Ext&"',?,'"
&Upload.Form("txt_intro").value&"')"
'调用文件对象的 ToDataBase 方法并设置参数将文件信息上传到数据库中
upfile.ToDataBase Connstr,sqlstr
Response.Write("<script  language='JavaScript'>alert(' 上 传 文 件 到 数 据 库 成 功 !
');window.close();window.opener. location.reload();</script>")
Response.End()                                  '终止程序
%>
```

与上传文件到服务器不同的是，将文件上传到数据库的过程中无须考虑文件名称是否与其他文件同名。因为，在数据库中一条记录存储一个文件信息，每条记录以 ID 号作为标识，相互之间不会发生冲突。

AspUpload 组件文件对象的 ToDataBase 方法中，第 1 个参数为数据库连接字符串，此连接字符串必须是以 ODBC 方式连接 SQL Server 数据库的，否则将出现错误；第 2 个参数为 Insert into 语句，数据表中用于存储文件数据的字段 file_image 数据类型为 image，在插入数据时字段值使用？代替，这是因为二进制数据不能用普通方式插入数据库中。

2. 将二进制数据输出到客户端

将已上传到数据库中的文件下载到本地的过程其实就是将数据库中的二进制数据直接输出到客户端。在输出数据的同时，需要告知客户端浏览器该文件的 HTTP MIME 类型、文件名称以及文件大小。这样，即可实现文件下载的功能。

【例 7-24】 在文件管理页面（如图 7-40 所示）index.asp 中单击"下载"文字超链接，即可下载文件。代码如下：（实例位置：光盘\MR\源码\第 7 章\7-20）

```
<!-- rs("id")为数据表中文件对应记录的 ID 编号 -->
<a href="download.asp?id=<%=rs("id")%>" target="_blank">下载</a>
```

以上代码中所建立的超链接是向 download.asp 文件中传递 id 变量值。

在文件下载页面 download.asp 中，首先连接 SQL Server 数据库，并查询数据表中对应的记录信息；然后定义文件的 HTTP MIME 类型，并根据获取到的文件名称和文件大小设置文件的 HTTP 标题；最后调用 Response 对象的 BinaryWrite 方法以二进制方式输出到客户端浏览器。代码如下：

```
<!--#include file="conn.asp"-->
<%
Dim sqlstr                                          '定义变量
'定义 select 语句查询对应的记录
sqlstr="select * from tb_upfile_dbase where id="&Request.QueryString("id")&""

Set rs=conn.Execute(sqlstr)                         '执行 select 语句
 Response.Buffer=True
 Response.Clear()                                   '清空缓冲区
Response.ContentType="application/octet-stream"     '定义 HTTP MIME 类型
'定义 HTTP 标题，其中包含文件名称
Response.AddHeader "Content-Disposition","attachment;filename="&rs("file_name")
Response.AddHeader "Content-Length",Cstr(rs("file_size"))  '定义 HTTP 标题，其中包含文件大小
Response.BinaryWrite rs("file_image")              '以二进制方式输出数据到客户端
Response.Flush                                      '将缓冲信息发送给浏览器
%>
```

（1）常用的 HTTP MIME 类型有"text/html"、"image/gif"、"image/jpeg"，使用"application/octet- stream"则表示可以识别任何类型的文件。

（2）在定义包含文件大小的 HTTP 标题时，要将文件大小转换为字符串，如 Cstr(rs("file_size"))。

文件下载页面的运行结果如图 7-42 所示。

3．显示上传到数据库中的图片文件

在【例 7-24】中介绍的下载文件功能是直接弹出"文件下载"对话框。对于图片文件，有时则需要将其直接显示在页面中而不是保存该文件。

为了将存储在数据库中的图片文件显示在页面中的指定位置，在以二进制方式将数据输出到客户端时，只要设置 HTTP MIME 类型，然后调用

图 7-42 文件下载页面

Response 对象的 BinaryWrite 方法输出数据即可。在浏览图片的页面中，使用<img>标记访问指定的图片文件。

【例 7-25】 在显示图片的页面（如 pic.asp）中使用<img>标记调用程序处理文件，在程序处理文件（如 Img.asp）中设置页面的 HTTP MIME 类型，并调用 Response 对象的 BinaryWrite 方法输出数据表中指定字段中的二进制图片数据。代码如下：

显示图片页面 pic.asp：

```
<img src="Img.asp?id=1" height="75" width="120">      <!-- 通过 img 标记显示图片 -->
```

程序处理文件 Img.asp：

```
<!--#include file="conn.asp"-->
<%
Set rs=Server.CreateObject("ADODB.Recordset")          '创建 Recordset 对象实例
'查询记录
sqlstr="select * from tb_upfile_dbase where id="&Request.QueryString("id")&""
rs.open sqlstr,conn,1,1                                 '打开记录集
Response.ContentType="image/*"                          '设置页面的 HTTP MIME 类型
Response.BinaryWrite rs("file_image").getChunk(8000000)    '读取二进制文件数据
rs.close                                                '关闭记录集
Set rs=Nothing                                         '释放资源
%>
```

　　　　读者可以根据实际情况，对以上代码进行修改。

4. 删除上传到数据库中的文件

删除已上传到数据库中文件的方法就是执行 Delete 语句直接删除对应的记录即可。

【例 7-26】 在文件管理页面（如图 7-40 所示）index.asp 中单击"删除"文字超链接，即可删除数据库中对应的记录。代码如下：（实例位置：光盘\MR\源码\第 7 章\7-20）

```
<<!-- rs("id")为数据表中文件对应记录的 ID 编号 -->
<a href="delete.asp?id=<%=rs("id")%>" target="_blank">删除</a>
```

以上代码中所建立的超链接是向 delete.asp 文件中传递 id 变量值。

在文件删除页面 delete.asp 中，通过执行 Delete 语句删除数据库中的记录。代码如下：

```
<!--#include file="conn.asp"-->
<%
Dim sqlstr                                             '定义变量
'定义 Delete 语句删除与获取到的 ID 编号匹配的记录
sqlstr="delete from tb_upfile_dbase where id="&Request.QueryString("id")&""
conn.Execute(sqlstr)                                   '执行 Delete 语句
Response.Write("<script language='JavaScript'>alert('文件删除成功！') ;window.
close();window.opener. location. reload();</script>")
Response.End()                                         '结束程序
%>
```

　　　　在本节中，只在文件上传页面中使用了 AspUpload 组件，其他页面未使用此组件。

7.4　LyfUpload 上传组件

　　LyfUpload 是一个免费的 ASP 组件，它遵从 RFC-1867 HTTP 请求，可以在 ASP 页面中接收客户端浏览器使用 encType= "multipart/form-data"的 Form 上传的文件。LyfUpload1.2 支持单文件

上传、多文件上传、限制文件大小上传、限制某一类型文件上传、文件上传到数据库、从数据库中读取文件及文件上传重命名等功能。

7.4.1　创建 UploadFile 对象

LyfUpload 是一个国产的、比较流行的免费文件上传组件，下载 LyfUpload.dll 组件后需要在服务器端注册该组件。在本机上注册 DLL 组件主要是使用 Regsvr32 命令。在 Windows 中，Regsvr32 命令可以控制文件（如扩展名为.dll 或.ocx 的文件）的注册与反注册。

注册 LyfUpload.dll 组件的具体步骤如下。

（1）将 LyfUpload.dll 文件复制到系统盘的 Windows\System32 目录下。

（2）选择"开始"命令，在弹出的开始菜单中输入"regsvr32 LyfUpload.dll"，如图 7-43 所示，按下〈Enter〉键，将显示图 7-44 所示的注册成功对话框。

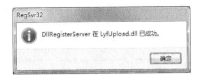

图 7-43　"运行"窗口　　　　　　　　图 7-44　提示对话框

在注册时，也可以不把注册文件复制到系统盘的 WINDOWS\system32 目录下，而是放在其他目录下，但此时在 Regsvr32 命令后面应该是该文件的完整路径，并且该路径中不能包含空格。

在服务器上注册 LyfUpload.dll 组件后，就可以通过 Server 对象的 CreateObject 方法创建 LyfUpload.dll 组件的 UploadFile 对象实例，从而调用 LyfUpload.dll 组件的对应属性和方法。

语法：

```
Set 对象名称=Server.CreateObject("LyfUpload.UploadFile")
```

表 7-7 给出了 LyfUpload.dll 组件的属性和方法，其中的 Upload 表示创建的 UploadFile 对象实例名称。

表 7-7　　　　　　　　　　　　　　LyfUpload.dll 组件的属性和方法

属性或方法	说　　明	举　　例
ExtName 属性	用于限制上传文件的类型	Upload.ExtName="gif"表示限制只能上传.gif 文件，Upload.ExtName="gif,jpg,bmp"限制多种文件类型时使用逗号分隔
MaxSize 属性	用于限制上传文件的大小	Upload.MaxSize=2*1024*1024 表示限制上传的最大文件为 2MB
FileSize 属性	获取上传文件的大小	Ufsize=Upload.FileSize 将获取到的上传文件大小赋给指定的变量
DBContent 属性	获取上传文件的二进制流内容，不能直接读取，主要用于上传文件到数据库中	rs("file_image").AppendChunk Upload.DBContent 将文件内容赋值给指定的字段
Request 方法	获取上一个页面中表单元素的值	Upload.Request("txt_intro")，其中 txt_intro 为上一个页面表单中文本框的名称

属性或方法	说　　明	举　　例
FileType 方法	获取上传文件的 Content-Type	Upload.FileType("file1")，其中 file1 表示表单中文件域的名称
SaveFile 方法	用于将客户端选择的文件上传到指定的目录中	filepath=Server.MapPath("./upload") filename=Upload.SaveFile("upfile",filepath,False) 其中，upfile 为文件域的名称，filepath 为指定的服务器上的目录，False 表示不覆盖上传的文件（如设置为 True 表示可以覆盖上传文件）。上传成功将返回文件名称
SaveFileToDb 方法	用于将各类文件上传到数据库中	filename=Upload.SaveFileToDb ("upfile")上传文件到数据库，上传成功则返回文件名称

7.4.2　上传文件到服务器

使用 LyfUpload 组件可以将在客户端选择的文件上传到服务器端指定的路径下。为了维护方便，可以在上传文件的同时将文件相关数据（如文件名称、类型、大小等）保存到数据库中，从而对上传文件信息进行查看和管理，并可以执行文件下载和文件删除操作。

文件管理首页面将从数据库中读取到的文件信息显示在浏览器端，并提供"上传文件"、"下载"和"删除"文字超链接。页面的运行结果如图 7-45 所示。

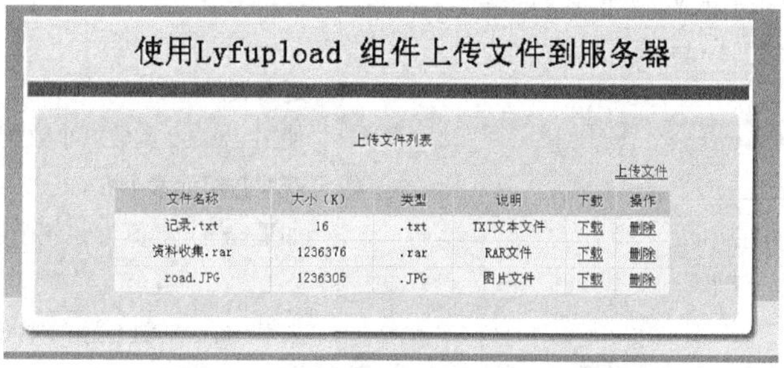

图 7-45　LyfUpload 组件上传文件到服务器

下面分别介绍上传文件、下载文件和删除文件的过程。

1. 上传文件到服务器

当用户单击图 7-45 所示的"上传文件"文字超链接时将打开上传页面。关于文件上传页面 upload_file.asp（包含上传文件表单）的介绍请参见【例 7-19】，这里不再赘述。下面介绍如何使用 LyfUpload 组件将用户选择的文件上传到服务器指定的目录下。

【例 7-27】 当用户选择上传文件并单击"确定"按钮后，在程序处理页面 upload.asp 中，首先创建 UploadFile 对象实例，通过 MaxSize 属性限制上传文件的最大值，然后调用 SaveFile 方法将文件上传到指定的目录下。通过调用 SaveFile 方法后的返回值，来确定文件上传是否成功，如果上传成功则将文件名称、文件类型、文件大小和文件说明插入数据库中。代码如下：（实例位置：光盘\MR\源码\第 7 章\7-21）

```
<!--#include file="conn.asp"→
<%
Dim Upload,filepath,filename                        '定义变量
Set Upload=Server.CreateObject("LyfUpload.UploadFile")  '创建 UploadFile 对象实例
```

```
Upload.maxsize=2*1024*1024                                    '限制上传文件的最大值
filepath=Server.MapPath("./upload")                          '获取上传文件的实际路径
filename=Upload.SaveFile("upfile",filepath,False)            '调用 SaveFile 方法上传文件到服务器
If filename="0" Then              '如果 filename 返回值为 0，则说明上传文件超出了限制大小
    Response.Write("<script language='JavaScript'>alert('上传文件超过 2MB，请重新上传! ');
history.back(); </script>")
    Response.End()
End If
If filename="3" Then               '如果 filename 返回值为 3，则说明服务器上已存在同名文件
    Response.Write("<script language='JavaScript'>alert('此文件已经存在，请重新上传! ');
history.back(); </script>")
    Response.End()
End If
Dim sqlstr                                                   '定义变量
'定义 Insert into 语句，并调用 UploadFile 对象的相关属性和方法将文件信息插入数据库中
sqlstr="Insert into tb_upfile_folder02(file_name,file_size,file_ext,file_intro)
values('"&filename&"', '"&Upload.FileSize&"', '"&GetExt(filename)& "', '
"&Upload.Request ("txt_intro")& "') "
conn.Execute(sqlstr)
Response.Write("<script language='JavaScript'>alert('上传文件到服务器成功! ');window.
close();window.opener. location.reload();</script>")
Response.End()

'---------- 定义用于获取文件扩展名的函数 -----------
Function GetExt(filename)
    Dim arr                                    '定义变量
    arr=split(filename, ". ")                  '使用 split 函数以小数点为分隔符，返回一维数组
    nums=Ubound(arr)                           '获取数组元素个数
    If nums=0 Then                             '如果 nums 的值为 0，则说明没有文件扩展名
        GetExt="无"
    Else                                       '如果 nums 的值不为 0，则将数组指定元素赋予 GetExt
        GetExt=". "&arr(nums)
    End If
End Function
%>
```

说明　　虽然使用 LyfUpload 组件的 FileType 方法可以获取到文件的 Content-Type，但是不利于查看。因此在以上代码中，是通过自定义的 GetExt 函数获取上传文件扩展名的。

文件上传页面的运行结果如图 7-46 所示。

2. 下载文件

当用户单击图 7-45 所示的"下载"文字超链接时，可以将文件保存到本地计算机上。其原理与 7.3.2 小节中的【例 7-21】一样，都是通过调用 Response 对象的 Redirect 方法重定向下载文件的，这里不再赘述。

图 7-46　文件上传页面

3. 通过 FileSystemObject 对象删除服务器上的上传文件

通过调用 FileSystemObject 对象的 DeleteFile 方法可以删除服务器指定目录下的文件。

【例 7-28】当用户单击图 7-45 所示的"删除"文字超链接时，可以删除指定的文件以及数据库中对应的记录。代码如下：（实例位置：光盘\MR\源码\第 7 章\7-21）

```
<!--rs("id")为对应记录的 ID 编号，rs("file_name")为从数据库中读取到的文件名称 -->
<a          href="delete.asp?id=<%=rs("id")%>&filename=<%=rs("file_name")%>          "
target="_blank">删除</a>
```

以上代码中所建立的超链接是向 delete.asp 文件中传递 id 和 filename 变量值。

在文件删除页面 delete.asp 中，首先获取传递的 id 和 filename 变量值，然后创建 FileSystemObject 对象实例，通过 FileExists 方法判断指定目录下的文件是否存在，如果存在则调用 DeleteFile 方法删除此文件，并执行 delete 语句删除数据库中对应的记录。代码如下：

```
<%
Dim Upload,filepath                                      '定义变量
id=Request.QueryString("id")                             '获取 id 值
filename=Request.QueryString("filename")                 '获取 filename 值
Set fso=Server.CreateObject("Scripting.FileSystemObject") '创建 FileSy stemObject
对象实例
filepath=Server.MapPath("./upload")& "/"&filename        '获取文件所在的实际路径
If fso.FileExists(filepath)=True Then                     '如果文件存在，则执行以下操作
    fso.DeleteFile filepath                              '调用 DeleteFile 方法删除文件
    '执行 delete 语句删除数据库中对应的记录
    conn.Execute("delete from tb_upfile_folder02 where id="&id&"")
    Response.Write("<script language='JavaScript'>alert('文件删除成功! ');window.
close();window.opener. location. Reload();</script>")
    Response.End()
End If
%>
```

文件删除页面的运行结果如图 7-47 所示。

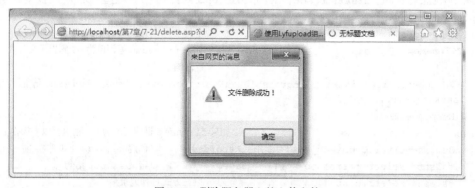

图 7-47　删除服务器上的上传文件

7.4.3　上传文件到数据库

在文件管理首页面中提供了"上传文件"和"删除"文件的功能，并可以查看到数据库中的文件相关信息。运行结果如图 7-48 所示。

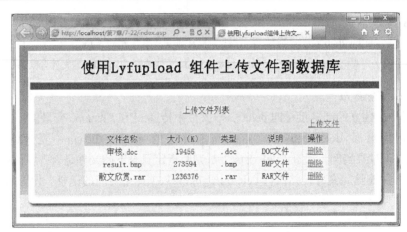

图 7-48　文件管理首页面

在文件管理首页面中单击"上传文件"文字超链接，可以打开文件上传页面（关于文件上传页面 upload_file.asp 的介绍请参见【例 7-19】）。在此页面中选择上传的文件，然后单击"确定"按钮即可完成文件上传到数据库的操作。通过调用 LyfUpload 组件的 SaveFileToDb 方法可以将选择的文件上传到数据库中。

【例 7-29】　在文件上传程序处理页面 upload.asp 中，首先创建 UploadFile 对象实例，限制上传文件的大小为 2MB，然后调用 SaveFileToDb 方法上传文件。如果返回值为 0，则说明文件大小超出限定范围，要求重新上传；如果返回值不为 0，则说明上传成功。接下来访问数据表 tb_upfile_dbase02 并插入一条新记录，将文件以及文件相关信息添加到数据表中。代码如下：（实例位置：光盘\MR\源码\第 7 章\7-22）

```
<%
Dim Upload,filepath,filename                           '定义变量
Set Upload=Server.CreateObject("LyfUpload.UploadFile")  '创建 UploadFile 对象实例
Upload.maxsize=2*1024*1024                              '限制上传文件的大小为 2MB
filename=Upload.SaveFiletodb("upfile")                  '上传文件
If filename="0" Then                                    '如果 filename 返回值为 0，则提示文件大小超出限
                                                        定范围
     Response.Write("<script language='JavaScript'>alert('上传文件超过 2MB，请重新上传！');
history.back(); </script>")
     Response.End()
Else                                                    '如果 filename 返回值不为 0，则执行以下操作
     Set rs=Server.CreateObject("ADODB.Recordset")      '创建 Recordset 对象实例
     sqlstr="select * from tb_upfile_dbase02"           '定义 select 语句
     rs.open sqlstr,conn,1,3                            '以写方式打开记录集
     rs.AddNew                                          '调用 Recordset 对象的 AddNew 方法添加记录
     rs("file_name")=filename                           '为文件名称字段赋值
     rs("file_size")=Upload.FileSize                    '为文件大小字段赋值
     rs("file_ext")=GetExt(filename)                    '为文件扩展名字段赋值
     rs("file_intro")=Upload.Request("txt_intro")       '为文件说明字段赋值
     rs("file_image").AppendChunk Upload.DBContent      '将读取到文件的二进制数据赋予
                                                        file_image 字段

     rs.Update                                          '更新记录集
     rs.close                                           '关闭记录集
     Set rs=Nothing                                     '释放资源
```

```
        Response.Write("<script language='JavaScript'>alert('使用 LyfUpload 组件上传文件到
数据库成功! ');window.close();window.opener.location.reload();</script>")
        Response.End()
    End If
    '---------- 定义用于获取文件扩展名的函数 -----------
    Function GetExt(filename)
        Dim arr                         '定义变量
        arr=split(filename, ". ")       '使用 split 函数以小数点为分隔符, 返回一维数组
        nums=Ubound(arr)                '获取数组元素个数
        If nums=0 Then                  '如果 nums 值为 0, 则说明没有文件扩展名
            GetExt="无"
        Else                            '如果 nums 值不为 0, 则将数组指定元素赋予 GetExt
            GetExt=". "&arr(nums)
        End If
    End Function
%>
```

通过删除数据库中的记录即可删除数据库中保存的二进制文件数据，这里不再赘述。

7.5　使用 ADODB.Stream 组件上传文件

使用 ADODB.Stream 组件可以将数据库中的文件保存到服务器端指定的目录下，并可以将服务器端的文件保存到数据库中。如果计算机上安装了 ADO 2.5 以上版本，一般就会自动安装该组件。

7.5.1　创建 Stream 对象

ADODB.Stream 组件的 Stream 对象可用于在 Microsoft Internet Explorer 浏览器上进行网络数据流传输。Stream 对象是一个基本流封装对象，可以对数据流进行访问，同时 Stream 对象也可以作为临时流对象，即使用其 Open 方法可以打开一个内存流对象并进行临时操作。

在 ASP 应用程序中，通过 Server 对象的 CreateObject 方法可以创建 Stream 对象实例，从而调用 ADODB.Stream 组件的属性和方法实现文件上传的功能。

语法：

```
Set 对象名称= Server.CreateObject("ADODB.Stream")
```

ADODB.Stream 组件的常用属性和方法如表 7-8 所示，其中 objStream 表示创建的 Stream 对象实例。

表 7-8　　　　　　　　　　　　ADODB.Stream 组件的属性和方法

属性或方法	说　　明	举　　例
Charset 属性	设置存储在 Stream 对象缓存中的文本内容应用哪种字符集进行处理	objStream.Charset = "gb2312"表示 Stream 对象缓存中的文本内容采用的字符集为 gb2312

属性或方法	说　明	举　例
Mode 属性	用于指定修改流数据的权限。AdModeUnknown =0 为默认值，表明权限尚未设置或无法确定；AdModeRead=1 表明权限为只读；AdModeWrite =2 表明权限为只写；AdModeReadWrite=3 表明权限为读/写；AdModeShareDenyRead=4 防止其他用户使用读权限打开连接；AdModeShareDenyWrite=8 防止其他用户使用写权限打开连接；AdModeShareExclusive=&Hc 防止其他用户打开连接；AdModeShareDenyNone=&H10 防止其他用户使用任何权限打开连接	objStream.Mode = 3 表示设定打开模式为读写
ype 属性	用于指定或返回的数据类型，adTypeBinary 值为 1 代表二进制数据类型，adTypeText 值为 2 代表文本数据类型	objStream.Type=1 表示返回的数据类型为二进制
Close 方法	用于关闭打开的 Stream 对象	objStream.Close 表示关闭 Stream 对象
LoadFromFile 方法	将指定的文件装入 Stream 对象中	objStream.LoadFromFile Server.MapPath ("upload/pic.jpg")将指定文件装载到 Stream 对象中
Open 方法	用于打开创建的 Stream 对象	objStream.Open 打开创建的 Stream 对象
Read 方法	从当前流对象中读取指定大小的二进制数据块	objStream.Read(objStream.Size)读取二进制数据
SaveToFile 方法	用于将对象的内容写到指定的文件中	objStream.SaveToFile Server.MapPath("download")&"\"&filename,2 以覆盖方式将文件保存到指定的目录下

7.5.2　将数据库中的文件保存到服务器

使用 ADODB.Stream 组件可以将数据库中的文件保存到服务器的指定目录下。其原理就是将数据库中的二进制数据装载到 Stream 对象中，再调用其 SaveToFile 方法将二进制数据保存到指定目录下。

1. 建立上传文件信息的表单

在上传文件首页页面中，为了将文件与文件其他信息同时上传到数据库中，使用<iframe>浮动框架包含用于上传文件的表单。

【例 7-30】　在 index.asp 文件中，建立表单包含一个文本框和一个浮动框架。代码如下：（实例位置：光盘\MR\源码\第 7 章\7-23）

```
<table>
<form name="form1" method="post" action="">
 <tr><td >文件说明:</td>
    <td><input name="txt_name" type="text" id="txt_name" size="35"></td></tr>
  <tr><td>文件路径:</td>
     <td width="493" height="70" valign="middle" style="text-indent:30px "><div
align="left">
     <iframe src="UpFile.asp" width="260" height="22" scrolling="no" MARGINHEIGHT="0"
MARGINWIDTH ="0" align="middle" frameborder="0"></iframe></div></td></tr>
```

```
    <tr align="center">
      <td height="100" colspan="2"><input name="sure" type="submit" id="sure" value="
上传文件"></td></tr>
    </form>
    </table>
```

在<iframe>浮动框架中链接的 Upfile.asp 文件包含用于上传文件的文件域控件以及一个命令按钮。代码如下：

```
<form name="formup" method="post" action="UpLoad.asp" enctype="multipart/form-data">
        <input   name="file1"   type="file"   class="tx1"   style="width:200"   value=""
size="40">
        <input type="submit" name="Submit" value="上传">
</form>
```

包含文件域控件的表单<form>中一定要有 enctype="multipart/form-data"。

上传文件首页面的运行结果如图 7-49 所示。

2．获取上传文件数据

在上传文件首页面中选择上传文件后，单击"上传"按钮程序会将文件数据保存到 Session 变量中。

【例 7-31】在上传文件程序处理页面 upload.asp 中，首先获取上传数据大小，并限制上传文件的最大值，然后根据获取到数据的结构提取其中的文件路径的二进制数据，将此数据保存在指定的 Session

图 7-49　上传文件首页面

变量中。同时，获取客户端上传文件的路径，并将其转换为字符串保存到 Session 变量中。代码如下：（实例位置：光盘\MR\源码\第 7 章\7-23）

```
<!--#include file="adovbs.inc"--><!-- 包含 ADO 参数值 -->
<%
'限制文件的大小
imgsize=request.TotalBytes                              '获取客户端响应的数据字节数
If imgsize/1024>3000 Then                               '限制上传文件大小为 3MB
    Response.Write "<script language='javascript'>alert('您上传的文件大小超出规定的范围,
请重新上传! ');window.location.href='Upfile.asp';</script>"
    Response.End()
End If

imgData=Request.BinaryRead(imgsize)        '以二进制码方式读取客户端使用 POST 方法所传递的数据
Hcrlf=chrB(13)&chrB(10)                                 '回车换行标记
Divider=leftB(imgdata,clng(instrB(imgData,Hcrlf))-1)    '返回分隔符
dstart=instrB(imgData,chrB(13)&chrB(10)&chrB(13)&chrB(10))+4 '获取文件数据的开始位置
Dend=instrB(dstart+1,imgdata,divider)-dstart           '获取文件数据的结束位置
Mydata=MidB(imgdata,dstart,dend)                       '获取文件数据
Session("pic")=Mydata                                  '将数据保存在 Session 变量中

'获取客户端文件路径
datastart=InstrB(imgData,Hcrlf)+59                     '获取文件路径的起始位置
```

```
dataend=InstrB(datastart,imgData,Hcrlf)-2        '获取文件路径的结束位置
datalen=dataend-datastart+1                       '获取文件路径的长度
filepath=MidB(imgData,datastart,datalen)          '提取文件路径的二进制数据
filepath=toStr(filepath)               '使用自定义的 toStr 函数将二进制数据转换为字符串
Session("filepath")=filepath              '将数据保存在 Session 变量中

'将二进制数据转换为字符串
Function toStr(Byt)
Dim blow                                  '定义变量
    toStr = ""                            '清空变量 toStr
    For i = 1 To LenB(Byt)                '应用 For…Next 语句将字节转换为字符
    blow = MidB(Byt, i, 1)                '获取指定位置的一个字节
    If AscB(blow) > 127 Then              '如果为汉字，则将两个字节互换位置并转换为字符
    toStr = toStr & Chr(AscW(MidB(Byt, i + 1, 1) & blow))
    i = i + 1                                        '变量 i 累加 1
    Else                                  '如果不为汉字，则将当前字节转换为字符
    toStr = toStr & Chr(AscB(blow))
    End If
    Next
End Function
%>
```

说明

单击"上传"按钮后，页面中的文件域将隐藏表明成功获取上传文件的数据。

文件上传页面的运行结果如图 7-50 所示。

3. 将数据库中的文件保存到服务器

正常获取上传文件的数据后，在上传文件首页面中单击"保存文件"按钮，程序首先将获取到的上传文件数据保存到数据库中，然后再将数据库中的二进制数据保存到服务器指定的目录下。

【例 7-32】 当用户单击"保存文件"按钮后，在 index.asp 中首先建立记录集将获取到的表单数

图 7-50　文件上传以后显示的页面

据插入数据库中，然后创建 Stream 对象并调用 SaveToFile 方法将数据库中的二进制数据保存到服务器上。代码如下：（实例位置：光盘\MR\源码\第 7 章\7-23）

```
<!--#include file="conn.asp"-->
<%
If Not Isempty(Request("sure")) Then
    txt_name=Request.Form("txt_name")                    '获取文件说明
    txt_info=Session("pic")                              '获取文件数据
    filepath=Session("filepath")                         '获取文件路径
    filename=GetFileName(filepath)                       '获取文件名称
    If txt_name="" or txt_info="" Then
        Response.Write "<script language='javascript'>alert('请填写完整信息！
');history.back();</script>"
    Else
```

```
        '将文件上传到数据库中
    Set rs=Server.CreateObject("ADODB.Recordset")          '创建记录集 rs
    sqlstr="select * from tb_pic"                          '定义查询语句
    rs.open sqlstr,conn,1,3                        '以读写方式打开记录集
    rs.addnew                                '调用 Recordset 对象的 AddNew 方法添加记录
    rs("Pic_name")=txt_name                              '为文件说明字段赋值
    rs("Pic_info").appendchunk txt_info                  '为文件信息字段赋值
    Session("pic")=""                                     '清空 Session("pic")变量
    rs.update                                            '更新记录集
        '获取上传后记录的 ID 编号
    temp=rs.bookmark                                  '获取记录指针的位置
    rs.bookmark=temp                                  '将 temp 赋予当前记录指针
    fileID=rs("id")                                   '获取最后一条记录的 ID 编号
    rs.close                                           '关闭记录集
        '将数据库中的文件保存到服务器
    sqlstr="select * from tb_pic where id="&fileID&""  '查询对应的记录
    rs.open sqlstr,conn,1,3                           '以读写方式打开记录集
    Dim objStream                                     '定义变量
    Set objStream=Server.CreateObject("ADODB.Stream")  '创建 Stream 对象实例
    objStream.Type=1                    '定义 Stream 对象的返回数据类型为二进制
    objStream.Open                                  '打开 Stream 对象
    objStream.Write rs("Pic_info").GetChunk(8000000)   '将二进制内容写入 Stream 对象中
        '以覆盖方式将二进制数据保存到服务器
    objStream.SaveToFile Server.MapPath("download")&"\"&filename,2
    objStream.Close                                  '关闭 Stream 对象
    Set objStream=Nothing                            '释放 Stream 对象占用的资源
    Set rs=Nothing                                  '释放 Recordset 对象占用的资源
    Response.Write "<script language='javascript'>alert(' 已 将 文 件 保 存 到 服 务 器 !
');window.location.href ='index.asp'; </script>"
    End If
  End If
  '根据文件路径获取文件名称
Function GetFileName(FullPath)
  If FullPath <> "" Then
  '如果参数不为空，则从字符串右侧获取符号"\"后的子字符串
    GetFileName = Mid(FullPath, InStrRev(FullPath, "\") + 1)
  Else
    GetFileName = ""                           '如果参数为空，则赋予 GetFileName 为空字符串
  End If
End Function
%>
```

说明
　　　　将文件信息上传到数据库的同时，也可以将文件大小、文件扩展名、文件类型等信息一同上传到数据库中。其中，文件大小可以通过 LenB 函数获取，文件扩展名或文件类型可以根据以上代码中获取到的文件路径而应用 split 函数获得。

7.6　综合实例——从文本文件中读取信息

在开发某些网站或系统时，有时要求从文本文件中读取注册服务条款，因为这样只需要修改文本文件就可以修改注册条款的内容，而不用修改网页。如图 7-51 所示，会员注册时从文本文件中读取服务条款，让其显示在文本区域中，单击"我接受"进入下一步的注册，单击"我不接受"，返回到指定的页面。

具体步骤如下。

（1）准备一个文本文件，添入相关内容。

（2）读取文本文件中的数据，并显示在页面中。

```
<%
Set FSO=server.CreateObject("Scripting.
FileSystemObject")
path=server.MapPath("artcle.txt")
set OTF=FSO.OpenTextFile(path)
artcle=""
do while OTF.AtEndOfStream<>true
    artcle=artcle&OTF.ReadLine&vbcrlf
loop
OTF.close
set OTF=nothing
set FSO=nothing
%>
<textarea name="artcle" cols="75" rows="14" class="textarea"><%=artcle%></textarea>
```

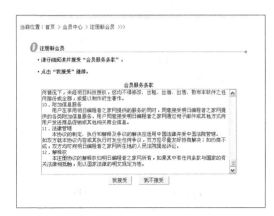

图 7-51　从文本文件中读取注册服务条款

知识点提炼

（1）FileSystemObject 对象是文件系统对象。FileSystemObject 对象可以实现文本文件内容的创建、读取和写入，还可以在服务器端创建、移动、更改或删除文件夹，获取服务器端的驱动器相关信息等。

（2）TextStream 对象是文本流对象。TextStream 对象可以实现对文本文件的读写操作，该对象隶属于 File Access 组件。

（3）AspUpload 是一款功能强大的文件上传组件，使用它可以轻松地将文件传输到服务器上或者数据库中。

（4）LyfUpload 是一个免费的 ASP 组件，它遵从 RFC-1867 HTTP 请求，可以在 ASP 页面中接收客户端浏览器使用 encType= "multipart/form-data"的 Form 上传的文件。LyfUpload1.2 支持单文件上传、多文件上传、限制文件大小上传、限制某一类型文件上传、文件上传到数据库、从数据库中读取文件及文件上传重命名等功能。

（5）ADODB.Stream 组件的 Stream 对象可用于在 Microsoft Internet Explorer 浏览器上进行网络数据流传输。Stream 对象是一个基本流封装对象，可以对数据流进行访问，同时 Stream 对象也可以作为临时流对象，即使用其 Open 方法可以打开一个内存流对象并进行临时操作。

习　　题

7-1　应用 FileSystemObject 对象可以对指定的文件夹进行复制、移动和删除操作。相关方法都有哪些？

7-2　调用 AspUpload 组件的哪个方法可以删除服务器上指定的上传文件？

7-3　调用 Upload 对象的哪个方法可以判断指定的文件是否存在？

7-4　如何注册 LyfUpload.dll 组件？

7-5　使用哪个组件可以将在客户端选择的文件上传到服务器端指定的路径下？

实验：应用文本文件保存访客人数的计数器

实验目的

（1）了解实现计数器的方法。

（2）掌握 FileSystemObject 对象的 CreateTextFile 方法的应用。

实验内容

实现一个使用文本文件保存访客人数的计数器。程序运行结果如图 7-52 所示。

实验步骤

（1）读取文本文件（count.txt）里统计的人数。

```
<%
path=server.MapPath("count.txt")
set fso=CreateObject("Scripting.FileSystemObject")
set tf=fso.openTextFile(path,1,False,False)
count=tf.ReadLine
tf.close
%>
```

图 7-52　应用文本文件保存访客人数的计数器

（2）采用 Session 判断是否是恶意刷新，如果是正常进入，在原有访问人数的基础上加 1，并写进文本文件中。

```
<%
if session("count")="" then
session("count")=count
set tf=fso.CreateTextFile(path,true,False)
Application.Lock
count=count+1
tf.WriteLine(count)
Application.UnLock
tf.close
end if
%>
```

（3）显示当前网站的访问量。

您是本站第<%=count%>位访客

第8章
SQL 语句在 ASP 中的应用

本章要点：

- 了解 SQL 语言
- 掌握简单查询
- 掌握聚合函数查询
- 使用模糊查询、分组查询
- 应用多表查询和嵌套查询
- 掌握对数据的添加、修改和删除

SQL 语言是数据库的标准语言，应用非常简单，但是这并不意味着可以轻松地掌握它。SQL 数据库中的数据都存储在数据表中。一般所谓的将信息存储在数据库中，实际上就是将信息存储在数据表中。

初学数据库的读者往往会认为 SQL 很简单，但实际上要掌握 SQL 的精髓并不容易。了解和熟悉 SQL 语言是更好地掌握 SQL Server 数据库的前提，因此在掌握了 SQL 的基本功能之后，设计高效的 SQL 语句才是读者学习的最终目标。

8.1　了解 SQL 语言

SQL（Structured Query Language，结构化查询语言）是数据库的标准语言。SQL 语言是由 Boyce 和 Chamberlin 于 1974 年提出的，并作为 IBM 公司关系数据库管理系统的查询语言文本，1986 年美国国家标准化学会（American National Standards Institute，ANSI）和国际标准化组织（International Standards Organization，ISO）批准作为美国数据库的标准语言，并广泛应用于多种关系数据库管理系统。

8.2　简单查询

在许多方面，查询都是 SQL 语句的核心内容。用于表示 SQL 查询的 Select 语句，是 SQL 语句中功能最强大也是使用最频繁的。Select 语句经常用于一些简单查询。本节将对其进行详细的介绍。

8.2.1　Select 语句的应用

在数据库中，数据查询是通过 Select 语句来完成的。Select 语句可以从数据库中按用户要求提供的限定条件进行数据检索，并将查询结果以表格的形式返回。

语法：

```
Select [ ALL | DISTINCT ]
    [ TOP n [ PERCENT ] [ WITH TIES ] ]
    < select_list >
< select_list > ::=
    {    *
        | { table_name | view_name | table_alias }.*
        |    { column_name | expression | IDENTITYCOL | ROWGUIDCOL }
          [ [ AS ] column_alias ]
        | column_alias = expression
    }
    [ ,...n ]
```

语法中各参数的说明如表 8-1 所示。

表 8-1　　　　　　　　　　　　　　　　参数说明

参　　数	描　　述
ALL	为默认值，指定在结果集中可以显示重复行
DISTINCT	去除重复记录
TOP n [PERCENT]	指定从查询结果集中输出前 n 行。n 是介于 0 ~ 4 294 967 295 的整数。如果还指定了 PERCENT，则从结果集中输出前百分之 n 行。当指定时带 PERCENT 时，n 必须是介于 0 ~ 100 的整数。如果查询包含 ORDER BY 子句，将输出由 ORDER BY 子句排序的前 n 行（或前百分之 n 行）。如果查询没有 ORDER BY 子句，行的顺序任意
WITH TIES	指定从基本结果集中返回附加的行，这些行包含与出现在 TOP n (PERCENT)行最后的 ORDER BY 列中的值相同的值。如果指定了 ORDER BY 子句，则只能指定 TOP ...WITH TIES
< select_list >	为结果集选择的列。选择列表是以逗号分隔的一系列表达式
*	指定在 FROM 子句内返回表和视图内的所有列。列按 FROM 子句所指定的表或视图，按它们在表或视图中的顺序返回{table_name	view_name	table_alias}.*，将*的作用域限制为指定的表或视图
column_name	返回的列名
expression	是列名、常量、函数以及由运算符连接的列名、常量和函数的任意组合，或者是子查询
IDENTITYCOL	返回标识列。如果 FROM 子句中的多个表内有包含 IDENTITY 属性的列，则必须用特定的表名（如 T1.IDENTITYCOL）限定 IDENTITYCOL
ROWGUIDCOL	返回行全局唯一标识列。如果在 FROM 子句中有多个表具有 ROWGUIDCOL 属性，则必须用特定的表名（如 T1.ROWGUIDCOL）限定 ROWGUIDCOL
column_alias	是查询结果集内替换列名的可选名。别名还可用于为表达式结果指定名称

【例 8-1】　在程序开发时，常常利用 Where 命令来查询指定条件的数据。代码如下：

```
Select * from tb_student where sex='男'
```

8.2.2　查询所有记录

使用 Select 语句可以查询数据表中的所有记录。

语法：

```
Select * from table_name
```

以上语法中的 "*" 代表数据表中所有的字段。

【例 8-2】 查询 tb_student 表中的所有信息。代码如下：

```
Select * from tb_student
```

8.2.3 使用 TOP 关键字查询指定数量的记录

TOP 语句用来返回满足 Where 子句的前 n 条记录。

语法：

```
Select top n * from tab_name
```

top n 指定只从查询结果集中输出前 n 行，n 为 0 ~ 4 294 967 295。

除此之外，还可以通过指定返回结果集的百分数，n 为 0 ~ 100。

语法：

```
Select top n percent * from table_name
```

【例 8-3】 查询学生成绩表中的前 3 条记录。代码如下：

```
Select top 3 * from tb_course
```

【例 8-4】 查询学生成绩表中的前 40% 条记录。代码如下：

```
Select top 40 percent * from tb_course
```

8.2.4 为查询字段列定义别名

使用 AS 语句能够为查询字段列定义别名。

语法：

```
Select field1 as 'a',field2 as 'b' from table_name
```

其中，as 后面以单引号标识新的列标题，其等价于 "select 'a'=field1,'b'=field2 from table_name"。

【例 8-5】 查询学生信息表中的学生信息，并更改列标题。代码如下：

```
Select Sname as '学生姓名',age as '学生年龄' from tb_student
```

8.2.5 使用算术运算符进行比较查询

查询语句中可以包含算术运算符，常用的算术运算符有=（等于）、<（小于）、>（大于）、<>（不等于）、!>（不大于）、!<（不小于）、>=（大于等于）、<=（小于等于）和!=（不等于）。

使用算术运算符连接表达式形成一个比较条件，系统将根据该查询条件返回的布尔值来判断数据是否满足该查询条件，只有满足条件的数据才会出现在查询的结果集中。

【例 8-6】 通过下拉菜单选择比较条件，查询语文成绩等于、大于还是小于在文本框中输入的数值。代码如下：（实例位置：光盘\MR\源码\第 8 章\8-1）

```
<%
If Trim(Request("res_data"))<>"" Then res_data=CInt(Trim(Request("res_data")))
If Request("sel_num")<>"" Then sel_num=Request("sel_num")      '判断传递的数据是否为空
  Set rs=Server.CreateObject("ADODB.Recordset")               '创建 Recordset 对象
  If res_data<>"" Then
    Select case sel_num                                        '使用 Select case 语句判断数据
```

```
case "0"                        '如果所选择下拉列表的参数值为 0，则查询与传输的数据相等的数据
    sqlstr="select Snum,Chinese,Total from tb_course where Chinese = "&res_data&""
case "1"                        '如果所选择下拉列表的参数值为 1，则查询大于传输的数据的数据
  sqlstr="select Snum,Chinese,Total from tb_course where Chinese > "&res_data&""
case "2"                        '如果所选择下拉列表的参数值为 2，则查询小于传输的数据的数据
  sqlstr="select Snum,Chinese,Total from tb_course where Chinese < "&res_data&""
End Select                      '结束 Select 语句
 Else
   sqlstr="select  Snum,Chinese,Total  from
tb_course"  '否则显示相关字段的数据
   End If
   rs.open sqlstr,Conn,1,1       '执行 SQL 语句
   while not rs.eof
%>
```

图 8-1　使用算术运算符进行比较查询

在 IIS 中浏览 index.asp 文件，运行结果如图 8-1
所示。

8.2.6　使用 AND 和 OR 逻辑运算符进行查询

AND 和 OR 逻辑运算符可以组合在一起使用，AND 运算符的优先级要高于 OR 运算符，因此二者组合使用时先计算包含 AND 运算符的表达式再计算包含 OR 运算符的表达式。如果使用括号，则先计算括号内的表达式。例如，下面的原理表示法说明与一组 OR 条件链接的 AND 条件：

```
A AND (B OR C)
```

上面的原理表示法与下面的原理表示法在逻辑上是相等的，说明 AND 条件如何被分配到第二组条件中：

```
(A AND B) OR (A AND C)
```

这种分配原理影响使用查询设计器的方式。

8.2.7　使用 ORDER BY 子句进行排序查询

ORDER BY 语句可以按照递增或递减顺序在指定字段中对查询的结果记录进行排序。
语法：

```
SELECT fieldlist FROM table_name WHERE selectcriteria [ORDER BY expression [ASC | DESC ]]
```

● fieldlist：字段名，同任何字段名的别名、SQL 聚合函数、选择谓词（ALL、DISTINCT、DISTINCTROW 或 TOP）或者其他 SELECT 语句选项一起被获取。

● expression：一个表达式，通常用来分类输出字段。

● [ASC|DESC]：可选项，代表升序或者降序，默认按升序排列。

　　　如果 SELECT 语句中没有 ORDER BY 子句，TOP n 返回满足 WHERE 子句的前 n 条记录。如果子句中满足条件的记录少于 n，那么仅返回这些记录。如果一个 SELECT 语句既包含 TOP 又包含 ORDER BY 子句，那么返回的行将会从排序后的结果集中选择。整个结果集按照指定的顺序建立并且返回排好序的结果集的前 n 行。

【例 8-7】 将 tb_course 表中学生成绩信息按总成绩的多少降序排列。代码如下：

```
SELECT * FROM tb_course ORDER BY Result DESC
```

8.3 聚合函数查询

聚合函数实现对一组值执行计算并返回单一值，经常与 SELECT 语句中的 GROUP BY 子句配合使用，如表 8-2 所示。

表 8-2   聚合函数

函 数 名 称	描　　述
Count	返回组中项目的数量
AVG	返回组中值的平均值，NULL 值将被忽略
SUM	返回表达式中所有值的和，或者只返回 DISTINCT 值。只能用于数字列，NULL 值将被忽略
MIN	返回表达式的最小值，MIN 忽略 NULL 值。对于字符列，MIN 查找排序序列中的最低值
MAX	返回表达式的最大值，MAX 忽略 NULL 值。对于字符列，MAX 查找排序序列中的最大值

下面分别对这几种聚合函数进行介绍。

1. Count 函数

Count 函数用来返回组中的项数。

语法：

```
Count(Expr)
```

Expr：字段名称或者表达式。

2. AVG 函数

AVG 函数返回一列中数据值的平均值。由于 AVG 函数将一列中的值加起来再将和除以非 NULL 值的数目，因此被平均的列必须是数值型数据。

语法：

```
AVG ( [ ALL | DISTINCT ] expression )
```

语法中各参数的说明如表 8-3 所示。

表 8-3   参数说明

参　　数	描　　述
ALL	对所有的值进行聚合函数运算。ALL 是默认设置
DISTINCT	指定 AVG 操作只使用每个值的唯一实例，而不管该值出现了多少次
expression	精确数字或近似数字数据类型类别的表达式（bit 数据类型除外）。不允许使用聚合函数和子查询

注意　　　AVG 函数在计算一列的平均值时忽略 NULL 值。但是，如果所有行在该列上都有 NULL 值，则 AVG 函数将为该列返回 NULL。

AVG 函数的返回值类型如表 8-4 所示。

表 8-4   AVG 函数的返回值

表达式结果	返 回 类 型
整数	Int
Decimal	Decimal
Money 和 Smallmoney	Money
Float 和 Real	Float

3. SUM 函数

SUM 聚合函数主要用于返回表达式中所有值的和，或者只返回 DISTINCT 值。它只能用于数据类型是数字的列，NULL 值将被忽略。

语法：

```
SUM ( [ALL|DISTINCT] expression )
```

语法中各参数的说明如表 8-5 所示。

表 8-5   参数说明

参　　数	描　　述
ALL	对所有的值进行聚合函数运算，ALL 是默认设置
DISTINCT	指定 SUM 返回唯一值的和
expression	是常量、列或函数，或者是算术、按位和字符串等运算符的任意组合。expression 是精确数字或近似数字数据类型分类（bit 数据类型除外）的表达式。不允许使用聚合函数和子查询

说明

        SUM 函数在对列中数值相加时忽略 NULL 值。但是，如果列中的所有值均为 NULL，则 SUM 函数返回 NULL 作为其结果。

4. MIN 函数

MIN 聚合函数主要用于返回在某一集合上对数值表达式求得的最小值。

语法：

```
MIN ([ALL|DISTINCT] expression)
```

语法中各参数的说明如表 8-6 所示。

表 8-6   参数说明

参　　数	描　　述
ALL	该参数是默认设置，如果没有参数，将对所有的值进行聚合函数运算
DISTINCT	指定每个唯一值都被考虑。DISTINCT 对 MIN 无意义
expression	该参数为表达式，由常量、列名、函数以及算术运算符、按位运算符和字符串运算符任意组合而成

注意

        MIN 忽略任何空值。对于字符列，MIN 查找排序序列的最小值。

5. MAX 函数

语法：

```
MAX([ALL|DISTINCT] expression)
```

● ALL：该参数是默认设置，如果没有参数，将对所有的值进行聚合函数运算。

- DISTINCT：指定每个唯一值都被考虑。DISTINCT 对 MAX 无意义。

注意

expression 参数为表达式，由常量、列名、函数以及算术运算符、按位运算符和字符串运算符任意组合而成。

【例 8-8】 利用聚合函数 AVG 求学生某科目的平均成绩。代码如下：（实例位置：光盘\MR\源码\第 8 章\8-2）

```
<%
set rs1=Server.CreateObject("adodb.recordset")
    '创建 Recordset 对象
strsql="select AVG(Math) as avgMath,AVG
(Chinese) as avgChinese,AVG(English) as
avgEnglish,AVG(Total) as avgTotal from tb_course"
    '求学生某科目的平均成绩
rs1.open strsql,conn,1,3
    '执行 SQL 语句
%>
```

学生成绩表				
字号	数学	语文	英语	总成绩
001	90	94	85	269
002	94	88	90	272
003	87	89	88	264
004	88	95	95	279
005	98	90	88	274
计算平均值	91.200	91.200	89.200	271.600

图 8-2　利用聚合函数 AVG 求值

在 IIS 中浏览 index.asp 文件，运行结果如图 8-2 所示。

8.4　模糊查询

在进行数据查询时，经常会使用模糊查询方式。模糊查询是指根据浏览者输入的条件进行模式匹配，即将输入的查询条件按照指定的通配符与数据表中的数据进行匹配，查找符合条件的数据。模糊查询一般应用在不能准确写出查询条件的情况。

8.4.1　LIKE 关键字的应用

在进行数据查询时，经常会使用模糊查询方式，SELECT 命令提供了 Like 运算符，用于设置与模式进行条件比较，可以使用 Like 运算符进行模式匹配。

要实现对指定控件内的字符串的查询功能可以使用对控件内的字符串的完全匹配和不完全匹配的查询，通常要使用通配符进行解决。

SELECT 命令常用的通配符有以下几种。

- %（百分号）

可以匹配任意一个字符。

- _（下画线）

可以匹配任意一个字符。

也就是说，Like 谓词用于查找字符串，在使用时取"_"代表任意单个字符，"%"代表任意字符串。

例如：

- 包含字符"ASP"的任何文本：

like '%ASP%'

- 以字符"ASP"开头的任何文本：

like 'ASP%'

- 包含字符"ASP"结尾的任何文本：

```
like '%ASP'
```
● 取字符 "ASP" 和单个任意后缀字符：
```
like 'ASP_'
```
● 取字符 "ASP" 和单个任意前缀字符：
```
like '_ASP'
```

8.4.2　使用_通配符进行查询

在 SQL 查询语句中的 "_" 通配符可以表示一个任意字符，在查询语句 Like 关键字后面可以使用 "_" 通配符进行模糊查询。

【例 8-9】　在文本框内输入的字符串表示考生姓名的开头部分字符。查询考生姓名开头字符与输入字符串匹配，最后一个字符为任意字符的学生信息。代码如下：（实例位置：光盘\MR\源码\第 8 章\8-3）

```
<%
If Trim(Request("res_data"))<>"" Then res_data=Trim(Request("res_data"))
Set rs=Server.CreateObject("ADODB.Recordset")        '创建 Recordset 对象
If res_data<>"" Then                                  '当传输的数据不为空，则模糊查询学生姓名
sqlstr="select Snum,Sname,Age from tb_student where Sname like '"&res_data&"_'"
Else
sqlstr="select Snum,Sname,Age from tb_student"  '否则显示所有学生信息
End If
rs.open sqlstr,Conn,1,1
'执行 SQL 语句
while not rs.eof
%>
```

在 IIS 中浏览 index.asp 文件，运行结果如图 8-3 所示。

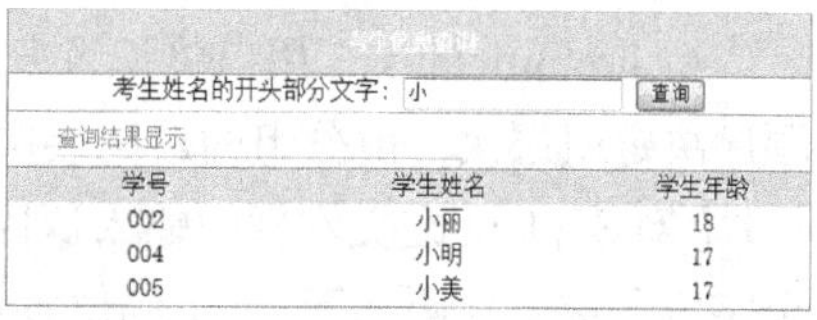

图 8-3　使用_通配符进行查询

8.4.3　使用%通配符进行查询

SQL 查询语句中的 "%" 通配符表示零个或多个字符的字符串，在查询语句 Like 关键字后面可以使用 "%" 通配符进行模糊查询。

【例 8-10】　查询数据表中学生姓名包含输入字符串的数据。代码如下：

```
<%
If Trim(Request.Form("res_data "))<>"" Then User_name=Trim(Request.Form("res_data "))
Set rs=Server.CreateObject("ADODB.Recordset")                '创建 Recordset 对象
'模糊查询学生姓名
sqlstr="select Snum,Sname,Age from tb_student where Sname like '%"&Sname&"%'"
rs.open sqlstr,Conn,1,1                                       '执行 SQL 语句
%>
```

8.5　分组查询

在动态网页开发过程中，根据用户需求，经常需要把数据表中的某一字段内容按照一定的规定进行分组，然后再把同一组数据的某个字段信息进行统计，得到查询结果。

8.5.1　了解分组查询

在 SQL 语句中，可以使用 GROUP BY 语句来实现按字段值相等的记录值进行分组统计。使用 GROUP BY 子句对数据进行分组后，可以在 HAVING 子句中指定条件，限制在查询中出现的组，即对 GROUP BY 子句查询结果进行再次筛选，满足 HAVING 子句中条件的数据才会出现在结果集中。HAVING 子句可以引用选择列表中出现的任意项。

8.5.2　使用 GROUP BY 子句查询

GROUP BY 子句是指定用来放置输出行的组，如果 SELECT 子句中包含聚合函数，则计算每组的汇总值，当用户指定 GROUP BY 时，选择列表中任意非聚合表达式内的所有列都应包含在 GROUP BY 列表中，或者 GROUP BY 表达式必须与选择列表表达式完全匹配。

语法：

```
SELECT filedlist FROM table WHERE criteria[GROUP BY groupfieldlist]
```

● fieldlist：同任何字段名的别名、SQL 聚合函数、选择谓词（ALL、DISTINCT、GROUP BY 语句 DISTINCTROW 或 TOP）或者其他 SELECT 语句选项一起被获取。

● table：从其中获取数据表的名称。

● criteria：选择标准。如果语句包含 WHERE 子句，则 Microsoft Jet 数据库引擎在对记录应用 WHERE 条件后会将这些值分组。

● groupfieldlist：用以将记录分组的字段名，最多为 10 个字段。groupfieldlist 中的字段名的顺序决定组层次，由分组的最高层次至最低层次。

【例 8-11】　在文本框内输入返回的数据行数，还可以通过复选框选择用来排序的一个或者多个字段名称。代码如下：（实例位置：光盘\MR\源码\第 8 章\8-4）

```
<%
If Request("res_group")<>"" Then res_group=Request("res_group")
  Dim Conn,Connstr                        '定义变量
Set rs=Server.CreateObject("ADODB.Recordset")    '创建 Recordset 对象
If res_group<>"" Then                     '如果传输的数据不为空进行分组查询
  sqlstr="select "&res_group&" from tb_student group by "&res_group&""
Else
  sqlstr="select Sname,sex,age from tb_student"    '否则显示所有学生信息
End If
rs.open sqlstr,Conn,1,1                    '执行 SQL 语句
%>
```

 数据类型是 ntext、text 或 image 的列名不允许出现在 ORDEY BY 子句中。

在 IIS 中浏览 index.asp 文件，运行结果如图 8-4 所示。

图 8-4　使用 GROUP BY 子句查询

8.5.3　使用 HAVING 子句查询

HAVING 子句用于指定组或聚合的搜索条件。HAVING 通常与 GROUP BY 子句一起使用。如果不使用 GROUP BY 子句，HAVING 的行为与 WHERE 子句一样。在 HAVING 子句中，不能使用 text、image 和 ntext 数据类型。

使用 HAVING 与使用 WHERE 子句来选择和排除参与查询的各个记录一样，可以用来选择和排除记录组。HAVING 子句的格式与 WHERE 子句的格式相似，由关键字 HAVING 后跟一条搜索条件组成。HAVING 子句为指定的搜索条件。

HAVING 子句对 GROUP BY 子句设置条件的方式与 WHERE 子句和 SELECT 语句交互的方式类似。WHERE 子句搜索条件在进行分组操作之前应用；而 HAVING 搜索条件在进行分组操作之后应用。HAVING 语法与 WHERE 语法类似，但 HAVING 可以包含聚合函数。HAVING 子句可以引用选择列表中出现的任意项。

8.5.4　使用 ALL 或 CUBE 关键字查询

在 GROUP BY 子句中可以使用 ALL 关键字。只有在 SELECT 语句中包含 WHERE 子句时，ALL 关键字才有意义。

如果未使用 ALL 关键字，包含 GROUP BY 子句的 SELECT 语句将不显示不符合 WHERE 子句中条件的行的组。如果使用 ALL 关键字，查询结果集将包含由 GROUP BY 子句产生的所有分组，即使某些组中没有符合搜索条件的行。

【例 8-12】按考号进行分组，如果没有使用 ALL 关键字，查询结果只显示考生成绩大于 270 分的分组信息，使用 ALL 关键字后，查询结果将显示所有分组信息。代码如下：

```
select Snum,Total from tb_course where total > 270 group by all Snum"
```

使用 CUBE 关键字可以对查询结果进行统计。CUBE 关键字定义在使用了 GROUP BY 子句的 SELECT 语句中，该语句的选择列表应包含列和聚合函数表达式，选择列表中的列称为"维"。它生成的结果集是多维数据集，多维数据集是一个结果集，其中包含了各维数据以及各维的所有可能组合的统计数据。

8.6　多表查询

在程序开发过程中，不仅可以对单一数据表进行查询，还可以进行多表查询。用户通过多表查询可以从多个表中提取出需要的数据。

8.6.1　了解多表查询

多表查询是 SQL 语句技术深入的表现，多表查询的灵活性可以完成大多数查询条件所需的结果，当然也要和其他子句相配合。在 SQL 查询技术中，表连接分为"内连接"、"外连接"和"交叉连接"。多表查询是 SQL 查询技术的关键。

8.6.2   使用 INNER JOIN 运算符进行内连接查询

用户在查询数据时，可能需要同时从多个数据表查询信息。在 SQL Server 中，可以使用连接实现多表查询。其中最常用的一种是 INNER JOIN，即内连接查询方式。INNER JOIN 内连接的主要部分就是 ON 或 USING 子句，这些子句放在第二个表名称的后面，告诉系统如何执行当前的这个连接。处理连接时，数据库系统把第一个表中的每一行和第二个表中的每一行逻辑地组合在一起，然后应用 ON 或 USING 子句中的标准来确定哪些行是最后返回的结果。也就是说，内连接 INNER JOIN 只返回那些同时与两个表或结果集匹配的数据行。

语法：

```
SELECT fieldlist
FROM table1 [INNER] JOIN table2
ON table1.column=table2.column
```

- table1、table2：是建立连接的两个表，二者之间用关键字 INNER JOIN 表示的是内连接。
- ON：关键字，用于设置连接条件。
- column：是连接条件表达式。在设置连接返回的结果集时，如果结果集字段在两个表中都存在，需要在结果集字段前使用表名加以区分。

INNER JOIN 是一种多表查询，在这种查询中，DBMS 只返回来自源表中的相关的行，也就是说，查询的结果表只包括那些满足查询的 ON 子句中的搜索条件的联合的行。作为对照，如果在任一源表中的行在另一表中没有对应（相关）的行，则该行就被过滤掉，不会包括在结果表中。

【例 8-13】 在 SQL 语句 from 后面使用 INNER JOIN 和 ON 关键字关联数据表 tb_student 和 tb_ course，并根据输入的用户名称进行查询。代码如下：（实例位置：光盘\MR\源码\第 8 章\8-5）

```
<%
If Trim(Request("res_data"))<>"" Then res_data=Trim(Request("res_data"))
  Dim Conn,Connstr                              '定义变量
Set rs=Server.CreateObject("ADODB.Recordset")   '创建 Recordset 对象
If res_data<>"" Then              '如果其值不为空，则进行内连接查询，并根据关键字进行模糊查询
sqlstr="select s.Snum,s.Sname,c.Total from tb_student as s inner join tb_course as c
on s.ID=c.ID where s.Snum like '%"&res_data&"%'"
  Else                                          '否则只进行内连接查询
    sqlstr="select   s.Snum,s.Sname,c.Total
from tb_student as s inner join tb_course as c
on s.ID=c.ID"
  End If
rs.open sqlstr,Conn,1,1
while not rs.eof
%>
```

图 8-5   使用 INNER JOIN 运算符进行内连接查询

在 IIS 中浏览 index.asp 文件，运行结果如图 8-5 所示。

8.6.3   使用 OUTER JOIN 运算符进行外连接查询

全外连接返回的结果集包含左表与右表中所有符合 WHERE 或 HAVING 搜索条件的数据，对于缺少的左表或者右表中的属性值用 NULL 表示。在 SQL 语言中，使用 FULL OUTER JOIN 或 FULL JOIN 建立全外连接。

语法：

```
SELECT fieldlist FROM tb_name1 FULL [OUTER]JOIN tb_name2 ON joincondition [WHERE <
search_ condition >]
```

- ON joincondition：用于设置连接条件。
- search_condition：可选项，用于设置搜索条件，左表或者右表中的数据必须符合 WHERE 条件，否则不会被显示出来。

【例 8-14】 应用全外连接从考生信息表（tb_ student）和考生成绩表（tb_course）中查询出全部学生及考试信息。代码如下：

```
select s.snum AS snum_student,s.sname AS sname_student,s.sex,s.age,c.* from tb_student
s FULL JOIN tb_course c ON s.id=c.students
```

8.6.4　使用 UNION 运算符进行联合查询

UNION 运算符可用于将来自多个 SELECT 语句的结果组合成单一的结果集。无论是使用单个 UNION 运算符组合两条 SELECT 语句的输出，还是使用 3 个 UNION 运算符组合来自 4 条 SELECT 语句的结果，查询的合并总是一次执行两个结果集。

语法：

```
select_statement UNION[ALL] select_statement
```

语法中各参数的说明如表 8-7 所示。

表 8-7　　　　　　　　　　　　　　　　参数说明

参　　　数	描　　述
select_statement	表示完整的 SQL 语句
UNION	该运算符可以将两个或多个 SELECT 语句的结果合并成一个结果集。默认情况下，UNION 运算符从结果集中删除重复的行
ALL	关键字，结果中将包含所有行并且不会删除重复的行

使用 UNION 合并的结果集都必须具有相同的结构，相应的结果集列的数据类型必须兼容。UNION 的结果集列名与 UNION 运算符中第一个 SELECT 语句的结果集中的列名相同。另一个 SELECT 语句的结果集中的列名将被忽略。

使用 UNION 运算符遵循的规则如下。

- 在使用 UNION 运算符组合的语句中，所有选择列表的表达式数目必须相同（列名、算术表达式、聚合函数等）。
- 使用的 UNION 组合的结果集中的相应列必须具有相同数据类型，或者两种数据类型之间必须存在可能的隐性数据转换，或者提供了显式转换。例如，在 datetime 数据类型的列和 binary 数据类型的列之间不能使用 UNION 运算符，除非提供了显式转换；而在 money 数据类型的列和 int 数据类型的列之间可以使用 UNION 运算符，因为它们可以进行隐性转换。
- 结果集中列的名字或者别名是由第一个 SELECT 语句的选择列表决定的。

【例 8-15】 使用 UNION 运算符连接数据表 tb_student 和 tb_course，根据输入的学生姓名查询并同时显示该学生姓名和考试总成绩。代码如下：

```
<%
If Trim(Request("res_data"))<>"" Then res_data =Trim(Request("res_data "))
Set rs=Server.CreateObject("ADODB.Recordset")            '创建 Recordset 对象
sqlstr="select Snum,Sname from tb_student where Sname='"& res_data &"' union select
Snum,Total from tb_course where Sname='"& res_data &"'"    '进行多表联合查询
rs.open sqlstr,Conn,1,1                                    '执行 SQL 语句
%>
```

对数据表进行联合查询时，结果集中行的最大数量是各表行数之"和"；而对数据表进行连接查询时，结果集中行的最大数量是各表行数之"积"。

8.7 嵌套查询

SQL Server 2000 数据库中的表之间的数据往往有这样那样的联系，因此 SELECT 语句在查询数据时往往会从多个表的组合中查询数据，这就要求读者还必须掌握一些常见的嵌套查询语句。本节主要向读者介绍 SELECT 语句的一些复杂用法。

8.7.1 了解嵌套查询

嵌套查询是指在一个外层查询中包含另一个内层查询，即一个 SELECT-FROM-WHERE 查询语句块可以嵌套在另一个查询块的 WHERE 子句中。其中外层查询称为父查询、主查询。内层查询也称为子查询、从查询。在 WHERE 子句和 HAVING 子句中都可以嵌套 SQL 语句。其中外层查询也称为父查询、主查询，内层查询也称为子查询、从查询。嵌套查询先执行内层的子查询，然后将子查询的结果返回给外层的父查询。使用嵌套查询可以使一个复杂的查询分解成一系列的逻辑步骤。

8.7.2 简单嵌套查询

嵌套查询内层子查询通常作为搜索条件的一部分呈现在 WHERE 或 HAVING 子句中。例如，把一个表达式的值和一个由子查询生成的一个值相比较。这个测试类似于简单比较测试。

子查询比较测试用到的运算符是：=、<>、<、>、<=、>=。子查询比较是把一个表达式的值和由子查询产生的一个值进行比较，返回比较结果为 TRUE 的记录。

【例 8-16】 应用简单的嵌套查询语句查询学生英语成绩大于 90 分的学生信息。代码如下：

```
select * from tb_student where id in (select id from tab_course where English>90)
```

8.7.3 使用 IN 关键字的嵌套查询

IN 谓词用于 WHERE 子句中用来判断查询的表达式是否在多个值的列表中，返回满足 IN 列表中的条件的记录。

语法：

```
SELECT <column name list> FROM <table list> WHERE <test_expression> IN <subquery>
```

- test_expression：是任何有效的 Microsoft SQL Server 表达式。
- subquery：是包含某列结果集的子查询。该列必须与 test_expression 具有相同的数据类型。

【例 8-17】 在 IN 谓词中使用子查询的 SELECT 语句。代码如下：

```
select Sname from tb_student where Sname IN ('大刚', '小明')
```

为了更好地理解 IN 谓词的执行，WHERE 子句中只有一个谓词，这个谓词开头部分是将要验证列的名称（*），后面是谓词 IN，再后面是用圆括号括起来的子查询，这个子查询由 SELECT 语句组成。

8.7.4 使用 NOT IN 关键字的嵌套查询

通过 NOT IN 关键字引入的子查询也返回一列零值或更多值。NOT 关键词反转 IN 测试的结果。如果用 NOT IN 引入子查询，并在子查询的结果表中没有匹配值，则 DBMS 采取 SQL 语句指定的行动。

【例 8-18】　使用 NOT IN 谓词查询考生总成绩不在 260~270 的考生信息。代码如下：

```
select * from tb_course where Total NOT IN (select Total from tb_course where Total
between 260 and 270 )
```

8.7.5　使用 EXISTS 关键字的嵌套查询

EXISTS 是 SQL 语句中的逻辑运算符号。如果子查询包含一些行，那么就为 TRUE。

语法：

```
EXISTS subquery
```

- EXISTS：是逻辑运算符，代表"存在"的含义，它指满足条件的那些记录，一旦找到第一条匹配的记录则立刻停止查找。

- subquery：是返回单列结果集的子查询。子查询是一个受限的 SELECT 语句，不允许有 COMPUTE 子句和 INTO 关键字。

【例 8-19】　使用 EXISTS 比较运算符查询学生成绩。代码如下：

```
SELECT * FROM tb_course WHERE EXISTS(SELECT * FROM tb_course WHERE English>90)
```

8.8　使用 SQL 命令操纵数据库数据

在很多情况下，需要在程序或脚本中完成对数据库的操作。SQL 提供了数据库管理语句，包括添加、修改和删除记录，下面就来进行详细讲解。

8.8.1　使用 Add 命令添加数据

ASP 还可以使用 Recordset 对象的 AddNew 方法向数据表中添加新的数据。执行 AddNew 方法表示在数据表中准备一个新行，可以对新行进行编辑，然后调用 Recordset 对象的 Update 方法，更新对新行的操作。

【例 8-20】　创建 Recordset 对象，使用 Open 方法打开记录集，并设置 Open 方法的 LockType 参数值为 3，通过 AddNew 方法向数据表 tb_student 中添加新的数据。代码如下：

```
<%
Set rs =Server.CreateObject("ADODB.Recordset")    '创建 Recordset 对象
rs.open "select * from tb_student",Conn,1,3        '打开数据表
rs.addnew                                          '添加数据
rs("Snum")=006                                     '添加考号
rs("Sname")='小亮'                                  '添加考生姓名
...
rs.update                                          '更新数据
%>
```

8.8.2　使用 UPDATE 命令修改数据

UPDATE 语句用来改变单行上的一列或多列的值，或者改变单个表中选定的一些行上的多个列值。当然，为了在 UPDATE 语句中修改指定表中的数据，必须具备对表的 UPDATE 访问的权限。

语法：

```
UPDATE<table_name | view_name>
SET <column_name>=<expression>
    [….,<last column_name>=<last expression>]
[WHERE<search_condition>]
```

语法中各参数的说明如表 8-8 所示。

表 8-8　　　　　　　　　　　　　　　　　参数说明

参　　数	描　　述
table_name	需要更新的数据表名
view_name	要更新视图的名称。通过 view_name 来引用的视图必须是可更新的。用 UPDATE 语句进行的修改，至多只能影响视图的 FROM 子句所引用的基表中的一个
SET	指定要更新的列或变量名称的列表
column_name	含有要更改数据的列的名称。column_name 必须驻留于 UPDATE 子句中所指定的表或视图中。标识列不能进行更新。如果指定了限定的列名称，限定符必须与 UPDATE 子句中的表或视图的名称相匹配
expression	变量、字面值、表达式或加上括号返回单个值的 subSELECT 语句。expression 返回的值将替换 column_name 或@variable 中的现有值
WHERE	指定条件来限定所更新的行
<search_condition>	为要更新的行指定需要满足的条件。搜索条件也可以是连接所基于的条件。对搜索条件中可以包含的谓词数量没有限制

　　　　一定确保不要忽略 WHERE 子句，除非想要更新表中的所有行。

　　在 UPDATE 语句中可以使用 WHERE 子句，只有符合条件的数据才执行修改操作，如果不包含 WHERE 子句，则 UPDATE 语句会修改表中的每一行数据。

　　【例 8-21】　ASP 通过创建 Recordset 对象，定义修改内容，然后调用 Recordset 对象的 Update 方法更新修改的记录。代码如下：

```
<%
Set rs=Server.CreateObject("ADODB.Recordset")                    '创建 Recordset 对象
rs.open "select * from tb_course where id="&id&"",Conn,1,3    '打开数据表
rs("Math")=95                                                  '修改数学成绩
rs("Chinese")=90                                               '修改语文成绩
  …
rs.update                                                      '更新数据
%>
```

8.8.3　使用 Delete 命令删除数据

通过执行 Delete 语句删除符合条件的数据行。

语法：

```
<%Conn.Execute("delete from "&数据表名称&" where 子句)%>
```

如果在 Delete 语句中未包含 WHERE 子句，则将删除数据表中所有的行。

　　【例 8-22】　ASP 通过调用 Recordset 对象的 Delete 方法也可以删除当前的数据行。代码如下：

```
<%
```

```
id=Request.Form("id")                                      '接收 ID
Set rs=Server.CreateObject("ADODB.Recordset")             '创建 Recordset 对象
rs.open "select * from tb_student where id="&id&"",Conn,1,3   '查询相应 ID 的数据信息
rs.delete                                                   '删除数据
%>
```

【例 8-23】 通过执行 SQL 语句删除指定的数据行。代码如下：

```
<%
id=Request.Form("id")                                      '接收 ID
Conn.Execute("delete from tb_student where id="&id&"")     '删除相应 ID 的数据信息
%>
```

8.9　综合实例——使用嵌套查询检索数据

嵌套查询在网页中的应用较为频繁，它可以通过一条语句来实现复杂的查询。本实例可以通过不同字段、不同的运算符、不同的查询关键字来检索学生的考试成绩。运行本实例，在页面中选择使用 ANY 比较运算符查询英语成绩至少大于刘*心和一阳的学生成绩件，单击"查询"按钮，即可检索出符合条件的记录信息。运行结果如图 8-6 所示。

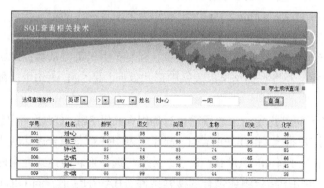

图 8-6　嵌套查询在查询统计中的应用

具体步骤如下。

（1）利用包含文件命令#include file 引用数据库配置文件，即可访问数据库。

```
<!--#include file="../conn/conn.asp"-->
```

（2）创建记录集。通过不同字段、不同的运算符、不同的查询关键字来检索学生考试成绩的记录信息，主要程序代码如下：

```
<%
set rs=server.CreateObject("ADODB.recordset")
sql="select * from tb_cjd"
if request("subb")="查询" then
session("sel")=request("sel")
session("tj")=request("tj")
session("rec")=request("rec")
session("name1")=request("name1")
session("name2")=request("name2")
sql="select    *    from   tb_cjd   where   "&session("sel")&"   "&session("tj")&"
"&session("rec")&"    (select   "&session("sel")&"   from   tb_cjd   where   name
```

```
in('"&session("name1")&"','"&session("name2")&"'))"
    end if
    rs.open sql,conn,1,3
%>
```

（3）判断是否为空记录。如果检索到记录尾仍然没有记录，说明没有所要检索的数据信息，则弹出相应的提示信息。主要程序代码如下：

```
<%
if rs.eof then
response.write "<div align=center><font color=red>对不起！暂时没有您要找的数据！
</font></div>"
    response.end
    end if
%>
```

知识点提炼

（1）SQL（Structured Query Language，结构化查询语言）是数据库的标准语言。SQL 语言是由 Boyce 和 Chamberlin 于 1974 年提出的，并作为 IBM 公司关系数据库管理系统的查询语言文本，1986 年美国国家标准化学会（American National Standards Institute，ANSI）和国际标准化组织（International Standards Organization，ISO）批准作为美国数据库的标准语言，并广泛应用于多种关系数据库管理系统。

（2）Select 语句经常用于一些简单 SQL 查询。Select 语句可以从数据库中按用户要求提供的限定条件进行检索数据，并将查询结果以表格的形式返回，是 SQL 语句中功能最强大也是使用最频繁的。

（3）GROUP BY 子句是指定用来放置输出行的组，如果 SELECT 子句中包含聚合函数，则计算每组的汇总值，当用户指定 GROUP BY 时，选择列表中任意非聚合表达式内的所有列都应包含在 GROUP BY 列表中，或者 GROUP BY 表达式必须与选择列表表达式完全匹配。

（4）HAVING 子句用于指定组或聚合的搜索条件。HAVING 通常与 GROUP BY 子句一起使用。如果不使用 GROUP BY 子句，HAVING 的行为与 WHERE 子句一样。在 HAVING 子句中，不能使用 text、image 和 ntext 数据类型。

（5）INNER JOIN 是一种多表查询，在这种查询中，DBMS 只返回来自源表中的相关的行对，也就是说，查询的结果表只包括那些满足查询的 ON 子句中的搜索条件的联合的行。

（6）Like 运算符用于设置与模式进行条件比较，可以进行模式匹配。经常会使用模糊查询方式。

（7）"_" 通配符可以表示一个任意字符，在查询语句 Like 关键字后面可以使用 "_" 通配符进行模糊查询。

（8）"%" 通配符表示零个或多个字符的字符串，在查询语句 Like 关键字后面可以使用 "%" 通配符进行模糊查询。

习　　题

8-1　select 查询语句中的 "*" 代表什么？

8-2　数据类型是 ntext、text 或 image 的列名不允许出现在哪个子句中？

8-3　数据查询中，哪个关键字可以实现模糊查询？

8-4　数据查询中，哪个子句可以进行排序查询？

8-5　SQL 查询语句中的哪个通配符表示零个或多个字符的字符串？在查询语句 Like 关键字后面可以使用 "%" 通配符进行模糊查询吗？

实验：查询前 10 名数据

实验目的

（1）掌握 ORDER BY 子句的使用。

（2）掌握 TOP 谓词在查询中的使用。

实验内容

将库存数量前 10 名的商品信息（本实验按库存数量降序排列，因此查询结果为库存数量最多的前 10 名商品）输出到浏览器。

实验步骤

（1）利用包含文件命令#include file 引用数据库配置文件，即可访问数据库。

```
<!--#include file="../conn/conn.asp"-->
```

（2）创建记录集。利用 TOP 10 返回满足 WHERE 子句的前 10 条记录的主要程序代码如下：

```
<%
set rs=server.CreateObject("ADODB.recordset")
sql="select * from tb_stock"
rs.open sql,conn,1,3
set rs=server.CreateObject("ADODB.recordset")
if request("subb")="查询" then
sql="select Top 10 id,spname,jc,cd,gg,dw,dj,kcsl from tb_stock order by kcsl desc"
end if
rs.open sql,conn,1,3
%>
```

运行本实例，将显示图 8-7 所示的运行结果。

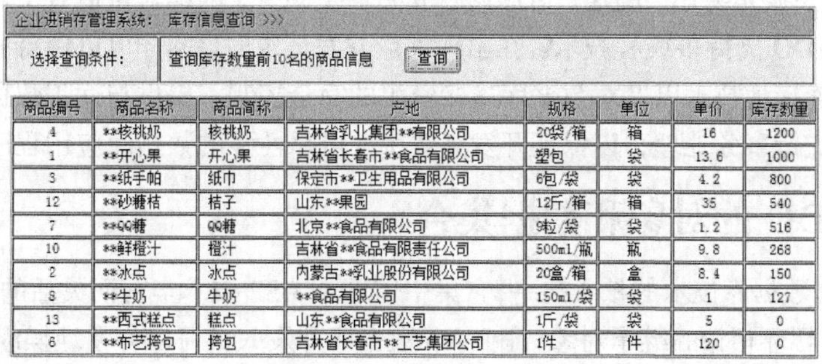

商品编号	商品名称	商品简称	产地	规格	单位	单价	库存数量
4	**核桃奶	核桃奶	吉林省乳业集团**有限公司	20袋/箱	箱	16	1200
1	**开心果	开心果	吉林省长春市**食品有限公司	塑包	袋	13.6	1000
3	**纸手帕	纸巾	保定市**卫生用品有限公司	6包/袋	袋	4.2	800
12	**砂糖桔	桔子	山东**果园	12斤/箱	箱	35	540
7	**QQ糖	QQ糖	北京**食品有限公司	9粒/袋	袋	1.2	516
10	**鲜橙汁	橙汁	吉林省**食品有限责任公司	500m1/瓶	瓶	9.8	268
2	**冰点	冰点	内蒙古**乳业股份有限公司	20盒/箱	盒	8.4	150
8	**牛奶	牛奶	**食品有限公司	150m1/袋	袋	1	127
13	**西式糕点	糕点	山东**食品有限公司	1斤/袋	袋	5	0
6	**布艺挎包	挎包	吉林省长春市**工艺集团公司	1件	件	120	0

图 8-7　查询前 10 名数据

第9章
ADO 数据库访问

本章要点：

- 了解使用 ADO 组件访问数据库技术
- 掌握使用 ADO 的 Connection 对象连接 Access 数据库和 SQL Server 数据库
- 掌握使用 Command 对象调用存储过程
- 掌握使用 Recordset 对象获取记录集对数据库数据进行增加、删除、修改的操作
- 掌握使用 Error 对象获得错误信息

本章介绍在 ASP 中如何使用 ADO 组件访问数据库，主要内容包括 ADO 概述、在 ODBC 数据源管理器中配置 DSN 以及 ADO 的 Connection 对象、Command 对象、Recordset 对象和 Error 对象的应用。通过本章的学习，读者可以掌握连接数据库的多种方法以及操作数据库数据的方法。

9.1　ADO 概述

9.1.1　ADO 技术简介

使用 ASP 开发动态网站时，主要是通过 ADO 组件对数据库进行操作。ADO 建立了基于 Web 方式访问数据库的脚本编写模型，它不仅支持任何大型数据库的核心功能，而且还支持许多数据库所专有的特性。使用 ADO 访问的数据库可以为关系型数据库、文本型数据库、层次型数据库或者任何支持 ODBC 的数据库。

ADO 的优点主要是易用、高速、占用内存和磁盘空间少，因此非常适合于作为服务器端的数据库访问技术。ADO 支持多线程技术，在出现大量并发请求时，同样可以保持服务器稳定的运行效率，并且通过连接池技术以及对数据库连接资源的完全控制，提供与远程数据库的高效连接与访问，同时它还支持事务处理，以保证开发高效率、可靠性强的数据库应用程序。

9.1.2　ADO 的对象和数据集合

ADO 是 ASP 数据库技术的核心之一，它集中体现了 ASP 技术丰富而灵活的数据库访问功能。ADO 设计了许多环环相扣的继承对象，让 Web 数据库开发人员可以方便地操纵数据库，在 ADO 运行时继承子对象之间是互相影响的。用 ADO 访问数据库类似于编写数据库应用程序，ADO 把

绝大部分的数据库操作封装在 7 个对象中（绝大部分的数据库访问任务都是通过调用 ADO 的多个对象来完成），在 ASP 页面中编程时可以直接调用这些对象执行相应的数据库操作。

ADO 组件提供的 7 个对象如下。

- Connection 对象：用来提供对数据库的连接服务。
- Command 对象：定义对数据源操作的命令。
- Recordset 对象：由数据库服务器返回的记录集。
- Error 对象：提供处理错误的功能。
- Parameters 对象：表示 Command 对象的参数。
- Fields 对象：由数据库服务器所返回的单一数据字段。
- Proerty 对象：代表数据提供者的具体属性。

ADO 组件提供了以下 4 个数据集合。

- Errors 数据集合：Connection 对象包含 Errors 数据集合，在 Errors 数据集合中包含数据源响应失败时所建立的 Error 对象。
- Parameters 数据集合：Command 对象包含 Parameters 数据集合，在 Parameters 数据集合中包括 Command 对象所有的 Parameter 对象。
- Fields 数据集合：Recordset 对象包含 Fields 数据集合，在 Fields 数据集合中包含 Recordset 对象的所有 Field 数据字段对象。
- Properties 数据集合：Connection 对象、Command 对象、Recordset 对象与 Field 对象皆包含一个 Properties 数据集合，在 Properties 数据集合中包含对应的 Connection 对象、Command 对象、Recordset 对象与 Field 对象的 Property 对象。

ADO 对象与数据集合的关系如图 9-1 所示。

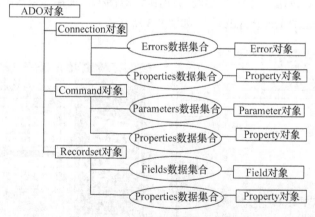

图 9-1　ADO 对象与数据集合的关系

9.2　在 ODBC 数据源管理器中配置 DSN

ODBC（Open DataBase Connection，开放数据库连接）是微软公司开发的数据库编程接口，是数据库服务器的一个标准协议，它向访问网络数据库的应用程序提供了一种通用的语言。应用程序可以通过 ODBC 和使用 SQL（Structured Query Language，结构化查询语言）语言存取不同类型数据库中的数据，即 ODBC 能以统一的方式处理所有的数据库。

ODBC 具有平台独立性，可以应用于不同的操作系统平台。ODBC 在操作系统上通过 ODBC 数据源管理器，定义数据源名称 DSN（Data Source Name）来存储有关如何连接数据库的信息。一个 DSN 指定了数据库的物理位置、用于访问数据库的驱动程序类型和访问数据库驱动程序所需要的其他参数。

数据源名称 DSN 有以下 3 种类型。

● 用户 DSN：将配置的信息存储在系统的注册表中，需要使用适当的安全身份证明访问连接的数据库。

● 系统 DSN：将配置的信息存储在系统的注册表中，允许所有用户访问连接的数据库。

● 文件 DSN：可以通过复制 DSN 文件，将配置信息从一个服务器转移到另一个服务器。

应用程序通过 ODBC 定义的接口与驱动程序管理器通信，驱动程序管理器选择相应的驱动程序与指定的数据库进行通信。只要系统中存在相应的 ODBC 驱动程序，任何程序都可以通过 ODBC 操纵对应的数据库。

下面介绍如何在 ODBC 数据源管理器中配置 Microsoft Access 数据库 DSN 和 SQL Server 数据库 DSN。

9.2.1 配置 Microsoft Access 数据库 DSN

下面以 Windows 2003 操作系统为例，介绍在 ODBC 数据源管理器中配置系统 DSN 以连接指定的 Access 数据库。关键操作步骤如下。

（1）单击"开始"按钮，选择"程序"/"管理工具"/"数据源（ODBC）"命令，打开"ODBC 数据源管理器"对话框，选择"系统 DSN"选项卡，如图 9-2 所示。

（2）单击"添加"按钮，打开"创建新数据源"对话框，选择安装数据源的驱动程序，这里选择"Microsoft Access Driver (*.mdb)"，如图 9-3 所示。

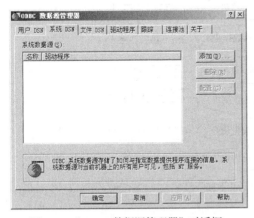

图 9-2   "ODBC 数据源管理器"对话框

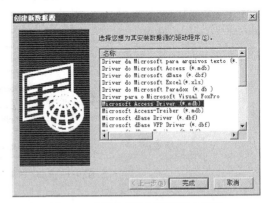

图 9-3   选择安装数据源的驱动程序

（3）单击"完成"按钮，打开"ODBC Microsoft Access 安装"对话框，填写"数据源名"及相关"说明"，并指定所要连接数据库的路径，如图 9-4 所示。

（4）单击"确定"按钮，完成配置系统 DSN 的操作，如图 9-5 所示。

图 9-4　"ODBC Microsoft Access 安装"对话框　　　图 9-5　完成系统 DSN 的配置

9.2.2　配置 SQL Server 数据库 DSN

下面以 Windows 2003 操作系统为例，介绍在 ODBC 数据源管理器中配置系统 DSN 以连接指定的 SQL Server 数据库。关键操作步骤如下。

（1）单击"开始"按钮，选择"程序"/"管理工具"/"数据源（ODBC）"命令，打开"ODBC 数据源管理器"对话框，选择"系统 DSN"选项卡。

（2）单击"添加"按钮，打开"创建新数据源"对话框，选择安装数据源的驱动程序，这里选择"SQL Server"，如图 9-6 所示。

图 9-6　"创建新数据源"对话框　　　图 9-7　"创建到 SQL Server 的新数据源"对话框

（3）单击"完成"按钮，打开"创建到 SQL Server 的新数据源"对话框，在"名称"文本框中设置数据源名称为"Sql_DSN"；在"描述"文本框设置数据源描述为"连接 SQL Server 数据库"；在"服务器"下拉列表框中选择数据库所在的服务器，如图 9-7 所示。

（4）单击"下一步"按钮，选中"使用用户输入登录 ID 和密码的 SQL Server 验证"单选按钮，在"登录 ID"文本框中输入 SQL Server 用户登录 ID，这里为"sa"，在"密码"文本框中输入 SQL Server 用户登录密码，这里为空密码，如图 9-8 所示。

图 9-8　选择验证方式　　　图 9-9　选择连接的数据库

（5）单击"下一步"按钮，选择"更改默认的数据库为"复选框，并在其下拉列表框中选择连接的数据库名称，这里选择"pubs"，单击"下一步"按钮，如图 9-9 所示。

（6）单击"完成"按钮，打开"ODBC Microsoft SQL Server 安装"对话框，会显示新创建的 ODBC 数据源配置信息，如图 9-10 所示。

图 9-10　显示新创建的 ODBC 数据源配置信息

图 9-11　测试数据库连接是否成功

（7）单击"测试数据源"按钮测试数据库连接是否成功，如图 9-11 所示。如果测试成功，单击"确定"按钮，完成数据源配置。

9.3　Connection 对象连接数据库

ADO 的 Connection 对象又称为连接对象，主要用于建立与数据库的连接。只有先建立与数据库的连接，才能利用 ADO 的其他对象对数据库进行查询、更新等操作。因此 Connection 对象是 ADO 组件的基础对象。

9.3.1　创建 Connection 对象

在使用该对象之前必须创建 Connection 对象实例。当创建一个 Connection 对象实例时，可以理解为定义了一个变量，且该变量的初始值是一个空值，即应用程序与数据源之间还未真正建立连接。

通过调用 Server 对象的 CreateObject 方法创建 Connection 对象实例，语法如下：

```
Set 对象名称 = Server.CreateObject("ADODB.Connection")
```

Connection 对象提供了丰富的属性，用于创建、保存和设置连接信息。Connection 对象的常用属性如下。

（1）ConnectionString 属性

利用 ConnectionString 属性可以返回一个字符串，此字符串中包含了创建数据源连接时所用的信息。在该连接字符串中可以指定系统的 DSN，也可以指定连接数据源时的所有参数（用户名、口令、数据提供者以及特定的数据源文件）。Connection 对象可以接收该属性传过来的 5 个参数，每个参数之间用"；"号隔开。该属性在 Connection 对象没有被打开的情况下可以进行读写操作，打开后只能进行读操作。

（2）ConnectionTimeout 属性

ConnectionTimeout 属性用于设置或返回等待数据库连接时间的长整型值（单位为秒），默认值为 15 秒。数据库连接关闭时 ConnectionTimeout 属性为读/写，而数据库连接打开时此属性为只读。如果设置属性值为 0，表示系统会一直等到与数据库的连接成功为止。

语法：

```
Conn.ConnectionTimeout=waitTime
```

Conn：表示创建的 Connection 对象。

waitTime：为设置等待数据库连接的时间。

（3）Version 属性

Version 属性用来获取 ADO 的版本信息。

语法格式：

```
Str=Conn.Version
```

其中，Conn 表示创建的 Connection 对象，并将获取到的 ADO 的版本信息存储在变量 Str 中。

Connection 对象提供了打开或者关闭数据库连接的方法以及处理事务的相关方法，下面介绍其中几个主要的方法。

（1）Open 方法

Open 方法用来创建与数据源的连接。

语法：

```
Set Conn=Server.CreateObject("ADODB.Connection")
ConnString="DSN=DSNname;UID=uid;PWD=pwd"
Conn.Open ConnString
```

其中，Conn 表示创建的 Connection 对象，ConnString 为数据库连接语句，连接语句中可以指定连接的 DSN，也可以指定 ODBC 的驱动程序名称达到与数据库连接的目的。

通过设置 Connection 对象的 ConnectionString 属性也可以建立与数据库的连接，代码如下：

```
<%
Set Conn=Server.CreateObject("ADODB.Connection")
Conn.connectionstring="DSN=DSNname;UID=uid;PWD=pwd"
Conn.open
%>
```

（2）Close 方法

Close 方法用于终止程序与数据库之间的连接，并且用于释放与连接有关的资源。与 Open 方法相对应，使用 Close 方法只是断开与数据库之间的连接，而并没有释放 Connection 对象，这时可以再次调用 Open 方法打开数据库连接。如果要真正释放所有的系统资源，需要设置 Connection 对象实例变量值为“Nothing”。

语法：

```
Con.Close
Set Conn=Nothing
```

语句 Conn.Close 用于关闭 Connection 对象，语句 Set Conn=Nothing 用来释放连接数据库所占用的系统资源。

（3）Execute 方法

Connection 对象的 Execute 方法用于执行 SQL 语句以及存储过程。

语法：

```
Set myRecordSet=Conn.Execute(commandText,RecordAffected,options)
```

MyRecordSet：用来存放返回数据的结果集。

CommandText：包含要执行的 SQL 语句、表名、存储过程或特定提供者的文本。

RecordAffected：指明该操作所影响的记录数目。

options：指明 CommandText 所指定语句的类型。options 参数有 4 个值来定义传给 Execute 的 CommandText 类型，options 参数取值如下。

- adCmdText：被执行的字符串包含一个命令文本。
- adCmdTable：被执行的字符串包含一个表名。
- adCmdStoredProc：被执行的字符串包含一个存储过程名。
- adCmdUnknown：默认值，不指定字符串的内容。

例如，查询数据表 tb_user 以获取用户信息，代码如下：

```
<%
Set rs=Conn.Execute("select UserName,PassWord from tb_user")
%>
```

以上代码中，在调用 Connection 对象的 Execute 方法时只给出了要执行的 SQL 语句，省略了其他两个参数。此语句将返回查询的结果集。

（4）BeginTrans 方法

BeginTrans 方法表示开始一个新事务，它会返回一个数据类型为长整数的变量，变量表示这个事务的等级。

语法：

```
Level=Conn.BeginTrans()
```

或

```
Conn.BeginTrans
```

（5）CommitTrans 方法

调用 CommitTrans 方法将存储当前事务中的任何变更并结束当前事务。

语法：

```
Conn.CommitTrans
```

（6）RollbackTrans 方法

调用 RollbackTrans 方法将会取消当前事务中的任何变更并结束当前事务。

语法：

```
Connection.RollbackTrans
```

9.3.2　连接 Access 数据库

Access 数据库提供了一组功能强大的工具，通过 Access 可以创建功能完备的数据库解决方案。使用 Access 数据库作为 ASP 应用程序的后台数据存储工具，不仅可以开发个人信息管理方面的网站，还可以开发中小型企业的采购销售、仓库管理、生产管理、财务管理等方面的网站。

ASP 通过与 Access 数据库建立有效的连接，来操纵数据库中的数据。在 ASP 中，应首先确定连接数据库语句，然后创建 Connection 对象并调用其 Open 方法来连接 Access 数据库。连接 Access 数据库有 3 种常用方法：分别为使用无 ODBC DSN 连接、使用 ODBC 连接和使用 OLE DB 连接。

1. 无 ODBC DSN 连接 Access

一般情况下，通过无 ODBC DSN 连接方法可以快捷地连接 Access 数据库，因为 ADO 提供了强大的数据库访问技术，只要保证服务器上安装了 Access 数据库的驱动程序，ASP 通过 ADO 在无需配置 ODBC DSN 的情况下，就可以很方便地与 Access 数据库建立连接。

无 ODBC DSN 连接 Access 数据库的代码如下：

```
<%
  Set Conn=Server.CreateObject("ADODB.Connection")    '创建名为 Conn 的 Connection 对象
  Conn.Open("Driver={Microsoft  Access  Driver  (*.mdb)};DBQ="&Server.mappath ("Data
Base/db.mdb")&"")      '建立连接
%>
```

Driver：用于指定 Access 数据库的驱动程序。

DBQ：用于指定 Access 数据库的完整路径以及数据库名称。

以上代码中，通过调用 Server 对象的 MapPath 方法可以返回指定虚拟目录在 Web 服务器上的真实物理路径。

为了保证 Access 数据库的正常运行，维护数据安全，可以为建立的 Access 数据库设置密码。通过无 ODBC DSN 方法连接设有密码的 Access 数据库的代码如下：

```
<%
  Set Conn=Server.CreateObject("ADODB.Connection")    '创建名为 Conn 的 Connection 对象
  Conn.Open("Driver={Microsoft Access Driver (*.mdb)};DBQ="&Server.mappath("DataBase
/db.mdb")&";pwd=123456;")  '建立连接
%>
```

2. 通过 ODBC 连接 Access

创建 Access 数据库后，将会产生一个.mdb 数据库文件，此文件单独存储在服务器上。如果使用该数据库的 ASP 应用程序存在安全漏洞，网站攻击者就会通过连接数据库的语句获知 Access 数据库所在的物理位置，从而很容易下载该数据库。为了更好地保护 Access 数据库，并确保与数据库的有效连接，可以通过配置系统 DSN 或者文件 DSN 使用 ODBC 方法连接数据库，这样不但可以隐藏数据库的实际位置，还可以防止站点中文件源代码的泄漏。

关于如何配置 Microsoft Access 数据库 DSN，在 9.2.1 小节中已做介绍。下面是通过 ODBC 连接 Access 数据库的具体代码：

```
<%
  Dim Conn
  Set Conn=Server.CreateObject("ADODB.Connection")
  Conn.Open "DSN=Access_DSN"
%>
```

如果 Access 数据库设有密码，可以使用以下代码连接数据库：

```
<%
  Dim Conn
  Set Conn=Server.CreateObject("ADODB.Connection")
  Conn.Open "DSN=Access_DSN;uid=admin;pwd=123456;"
%>
```

3. 通过 OLE DB 连接 Access

OLE DB（Object Linking and Embedding DataBase，对象链接和嵌入数据库）是微软公司开发的系统级数据库编程接口，是直接由底层 API 函数实现的，允许用户访问不同的数据源。使用 OLE DB 可以编写符合 OLE DB 标准的任何数据源的应用程序，也可以编写针对特定数据存储的查询处理程序、游标引擎等，因此 OLE DB 标准实际上是在数据使用者和提供者之间建立了一种应用层协议。

在实际应用中，通过 OLE DB 连接数据库的速度比较快，如果需要访问的数据库提供了使用 OLE DB 的程序，建议使用 OLE DB 方法连接数据库，代码如下：

```
<%
Dim Conn,ConnStr
Set Conn=Server.CreateObject("ADODB.Connection")
ConnStr="Provider=Microsoft.Jet.OLEDB.4.0;Data
Source="&Server.mappath("DataBase/db.mdb")&";User ID=admin;Password=;"
Conn.Open(ConnStr)  '建立连接
%>
```

以上代码中，Connection 对象的 Open 方法对应的参数说明如表 9-1 所示。

表 9-1　　　　　　　　　　　　　　　　参数说明

参　　数	描　　述
Provider	表示数据源的提供者
Data Source	用于指定打开的数据库文件，它必须是完整的数据库路径
User ID	可选的字符串，是数据源设定的具有访问权限的用户名称
Password	用户密码，对应于在 User ID 中指定用户的数据库访问密码

如果为 Access 数据库设置了密码，则可使用以下连接语句：

```
<%
Set Conn=Server.CreateObject("ADODB.Connection")
ConnStr="Provider=Microsoft.Jet.OLEDB.4.0;Data
Source="&Server.mappath("DataBase/db.mdb")&";Jet          OLEDB:DataBase
Password=123456;admin,"""
Conn.Open(ConnStr)
%>
```

9.3.3　连接 SQL Server 数据库

MS-SQL Server 是 Microsoft 公司设计开发的一种关系型数据库管理系统。SQL Server 的核心是用来处理数据库命令的 SQL Server 引擎，此引擎运行在 Windows 操作系统环境下，只对数据库连接和 SQL 命令进行处理。SQL Server 不仅拥有一个功能强大并且稳定的引擎，它还提供了一系列用于管理数据库服务器的工具，以及用于转换和移动数据、实现数据仓库和数据分析的附加软件，并在客户端和服务器端都提供了用于管理数据库连接的服务。

SQL Serve 数据库可以运行在工作站、数据库服务器和网络上。使用 ASP 开发的 Web 应用程序，可以使用 SQL Server 作为网站的后台数据库。ASP 通过与 SQL Server 数据库建立有效的连接，来操作和维护数据库中的数据。常用的连接 SQL Server 数据库的方法有 3 种，分别是通过无 ODBC DSN 连接、通过 ODBC 连接和通过 OLE DB 连接。

1. 无 ODBC DSN 连接 SQL Serve

ADO 是当前微软公司所支持的操作数据库的有效、简单而且功能强大的一种方法。在 ASP 应用程序中通过无 ODBC DSN 方法不仅可以连接 Access 数据库，还可以访问 SQL Server 数据库。

通过无 ODBC DSN 方法建立与 SQL Server 数据库的连接，代码如下：

```
<%
Dim Conn,Connstr
Set Conn=Server.CreateObject("ADODB.Connection")  '创建名为 Conn 的 Connection 对象
Connstr ="Driver={SQL Server};Server=(local);Uid=sa;Pwd=;Database=db_sql" '定义连接
```

数据库的字符串

```
Conn.Open(Connstr)        '建立连接
%>
```

以上代码中，Connection 对象的 Open 方法对应的参数说明如表 9-2 所示。

表 9-2　　　　　　　　　　　　　　　　　参数说明

参　　数	描　　述
Driver	SQL Server 数据库的驱动程序
Server	在 IIS 服务器上建立的访问 SQL Server 服务器的别名
Uid	访问 SQL Server 数据库使用的用户名称
Pwd	访问 SQL Server 数据库使用的用户口令
Database	访问的数据库名称

2. 使用 ODBC 连接 SQL Server

在数据安全要求比较高并且用户有操控服务器权限的情况下，可以使用 ODBC 方法连接 SQL Server 数据库。使用 ODBC 访问 SQL Server 数据库，需要配置 ODBC 数据源 DSN，它把使用的数据库驱动程序、数据库、用户名、口令等信息组合在一起，以供应用程序调用。一般情况下需要配置系统 DSN，因为它不仅支持 Web 数据库应用程序，还允许所有用户访问连接的数据库。

关于如何配置 SQL Server 数据库 DSN，在 9.2.2 小节中已做介绍。下面是使用 ODBC 连接 SQL Server 数据库的具体代码：

```
<%
Dim Conn
Set Conn=Server.CreateObject("ADODB.Connection")  '创建名为 Conn 的 Connection 对象
Conn.Connectionstring="DSN=SqlDSN;UID=sa;PWD=;"   '定义连接数据库的字符串，赋给
Connection 对象的 ConnectionString 属性
Conn.Open '建立连接
%>
```

3. 使用 OLE DB 连接 SQL Server

为了提高程序的运行效率，保证网站浏览者能够以较快的速度打开并顺畅地浏览网页，可以通过 OLE DB 方法连接 SQL Server 数据库。OLE 是一种面向对象的技术，利用这种技术可以开发可重用软件组件。使用 OLE DB 不仅可以访问数据库中的数据，还可以访问电子表格 Excel、文本文件、邮件服务器中的数据等。

使用 OLE DB 访问 SQL Server 数据库的代码如下：

```
<%
Dim Conn,Connstr
Set Conn=Server.CreateObject("ADODB.Connection") '创建名为 Conn 的 Connection 对象
Connstr="provider=sqloledb;data     source=(local);initial     catalog=db_02;user
id=sa;password=;" '定义连接数据库的字符串
Conn.Open Connstr '建立连接
%>
```

以上代码中，Connection 对象的 Open 方法对应的参数说明如表 9-3 所示。

表 9-3 参数说明

参　数	描　述
Provider	表示数据源提供者
data source	表示服务器名，如果是本地计算机，可以设置成"（local）"
initial catelog	表示数据源名称
user id	可选的字符串，是数据源设定的具有访问权限的用户名称
password	用户密码，对应于 user id 用户的数据库访问密码

9.4　Command 对象执行操作命令

ADO 的 Command 对象用于控制向数据库发出的请求信息，它在整个应用程序系统中起到"信息传递"的作用。在存取数据时，必须使用 Command 对象对数据库中的数据进行查询，并将符合要求的数据存放在 Recordset 对象中。使用 Command 对象取代一般数据查询信息的好处在于可以更有效地处理"数据查询信息"，特别是当运用到参数时，Command 对象可以使用 Parameter 数据集合来记录存储过程中所定义的参数及参数值，并完成利用参数返回值的复杂工作。

9.4.1　创建 Command 对象

创建 Command 对象需要调用 Server 对象的 CreateObject 方法。

语法：

```
Set Cmd=Server.CreateObject("ADODB.command")
```

Cmd：表示创建 Command 对象的名称。

使用 Command 对象可以创建一个基本记录指针，并且此记录指针只能从数据源中顺序地向前读取数据。

Command 对象提供的常见属性如下。

（1）ActiveConnection 属性

AcitveConnection 属性用于确立 Connection 对象的连接关系。此属性可以用来设定 Command 对象要依赖哪一个 Connection 对象来实现与数据的互相沟通。该属性可以设置或返回一个字符串，也可以指向一个当前打开的 Connection 对象或者定义一个新的连接。

语法：

```
Cmd.ActiveConnection=ActiveConnectionValue
```

例如：

```
<%
Dim Conn,Connstr
Set Conn=Server.CreateObject("ADODB.Connection")
Connstr="DSN=DSNname;UID=uid;PWD=pwd"
Conn.open Connstr

Set cmd=Server.CreateObject("ADODB.Command")
cmd.ActiveConnection=Conn
%>
```

（2）CommandText 属性

CommandText 属性指定数据查询信息。数据查询信息有 3 种类型：一般的 SQL 语句、表名或者一个存储过程的名称，而决定当前信息是哪一种数据信息，则是由 CommandType 属性来决定的。

语法：

```
Cmd.CommandText=CommandTextValue
```

（3）CommandType 属性

CommandType 属性用来指定数据查询信息的类型。

语法：

```
Cmd.CommandType=CommandTypeValue
```

或者

```
CommandTypeValue=Cmd.CommandType
```

Command 对象的 CommandType 属性值包括以下一些参数值，如表 9-4 所示。

表 9-4　　　　　　　　　　　　　　CommandType 属性值

参　　数	参数值	描　　述
AdCmdUnknown	−1	表示所指定的 CommandText 参数类型无法确定
AdCmdText	1	表示所指定的 CommandText 参数是一般的命令类型
AdCmdTable	2	表示所指定的 CommandText 参数是一个存在的表名称
AdCmdStoredProc	3	表示所指定的 CommandText 参数是存储过程名称

（4）CommandTimeout 属性

CommandTimeout 属性用于设置或返回等待执行一条命令时间的长整型值（单位为秒），默认值为 30 秒。当建立与数据库的连接后，CommandTimeout 属性将保持读/写。如果设置属性值为 0，表示系统会一直等到运行结束为止。

语法：

```
Conn.CommandTimeout=waitTime
```

Conn：表示创建的 Connection 对象。

waitTime：为设置等待执行一条命令的时间。

Command 对象提供了简单而有效的方法来处理查询或存储数据的过程，其方法如下。

（1）CreateParameter 方法

该方法用来创建一个新的 Parameter 对象，并在执行之前加入 Command 对象的 Parameters 集合中。Parameter 对象表示传递给 SQL 语句或存储过程的一个参数。其使用语法为：

```
Set pt=Cmd.Create.Parameter([name],[type],[direction],[size],value)
```

CreateParameter 方法的各参数说明如表 9-5 所示。

表 9-5　　　　　　　　　　　CreateParameter 方法的各参数说明

编　号	参　　数	描　　述
1	name	参数名称，此参数可省略
2	type	指定参数的数据类型，此参数可省略
3	direction	指定参数的方向，此参数可以省略
4	size	指定允许传入数据的最大值，此参数可以省略
5	value	指定的参数值

例如，创建 Command 对象并定义数据查询信息为 Insert into 语句，数据查询信息类型为一般的命令类型，然后调用 Command 对象的 CreateParameter 方法以设定传递的参数，代码如下：

```
<%
        const adCmdText=&H0001
        const adVarChar=200
        Const adChar = 129
        const adParamInput=&H0001
        Const adExecuteNoRecords = &H00000080

        Dim Conn,Connstr
        Set Conn=Server.CreateObject("ADODB.Connection")   '创建 Connection 对象
        Connstr="provider=sqloledb;data source=(local);initial catalog=db_sql;user id
=sa;password=;"
        Conn.Open Connstr                                  '建立连接
        Set cmd=Server.CreateObject("ADODB.Command")       '创建 Command 对象
        cmd.ActiveConnection=conn                           '确定与 Connection 对象的连接关系
        cmd.CommandText="insert into tb_user(UserName) values(?)"'定义 Insert into 语句
        cmd.CommandType=adCmdText                           '设置数据查询信息类型
        '调用 CreateParameter 方法创建 Parameter 对象，并将其加入 Parameters 集合中
        Set param=cmd.CreateParameter("name",adVarChar,adParamInput,50,UserName)
        cmd.Parameters.Append param
%>
```

（2）Execute 方法

该方法用于执行对数据库的操作，包括查询记录、添加、修改、删除、更新记录等各种操作。语法：

```
Set rs=Cmd.Execute([count],[parameters],[options])
```

count：用来指定要查询符合要求的数据总数，此参数可以省略。

parameters：此参数为参数组，可覆盖以前添加到 Command 对象中的变量，此参数可以省略。

options：此参数是一个 CommandType 属性值，由于 Command 对象允许多种类型的数据查询信息（可以是字符串或子程序），因此设定此参数可以为程序设计提供方便。此参数可以省略。

9.4.2　执行添加数据的操作

Command 对象的主要功能是向 Web 数据库传递数据查询的请求。通过 Command 对象可以直接调用 SQL 语句，所执行的操作是在数据库服务器中进行的，提高了执行效率。

【例 9-1】　通过 Command 对象向数据库中添加数据。(实例位置：光盘\MR\源码\第 9 章\9-1)

（1）在页面中建立表单，插入文本框、按钮控件。该表单用于提交输入的用户信息，如用户名、密码、联系方式，代码如下：

```
<form name="form1" method="post" action="">
用户名: <input name="UserName" type="text" id="UserName">
密码:   <input name="Pwd" type="password" id="Pwd" value="">
联系方式: <input name="tel" type="text" id="tel">
<input name="add" type="submit" id="add" value="确定">
<input type="reset" name="Submit2" value="重置"></td>
</form>
```

（2）当用户输入信息后，首先建立与 SQL Server 数据库的连接；然后创建 Command 对象并

确定与 Connection 对象的连接关系、设置数据查询的具体信息和类型；接着根据接收到的表单数据的数量，调用 Command 对象的 CreateParameter 方法创建相同数量的 Parameter 对象并将其加入 Parameters 集合中；最后调用 Command 对象的 Execute 方法执行添加数据的操作。代码如下：

```
<%
UserName=Trim(Request.Form("UserName"))
Pwd=Trim(Request.Form("Pwd"))
tel=Trim(Request.Form("tel"))
If Not Isempty(Request("add")) Then
  If UserName<>"" and Pwd<>"" and tel<>"" Then
      const adCmdText=&H0001
      const adVarChar=200
      Const adChar = 129
      const adParamInput=&H0001
      Const adExecuteNoRecords = &H00000080

      Dim Conn,Connstr
      Set Conn=Server.CreateObject("ADODB.Connection") '创建 Connection 对象
      Connstr="provider=sqloledb;data  source=(local);initial  catalog=db_sql;user
id=sa;password=;"
      Conn.Open Connstr                                '建立连接

      Set cmd=Server.CreateObject("ADODB.Command")     '创建 Command 对象
      cmd.ActiveConnection=conn                         '确定与 Connection 对象的连接关系
      '定义 Insert into 语句
      cmd.CommandText="insert into tb_user(UserName,Upwd,Utel) values(?,?,?)"
      cmd.CommandType=adCmdText                         '设置操作对象类型
      '调用 CreateParameter 方法创建 Parameter 对象，并将其加入 Parameters 集合中
      Set param=cmd.CreateParameter("name",adVarChar,adParamInput,50,UserName)
      cmd.Parameters.Append param
      Set param=cmd.CreateParameter("pwd",adChar,adParamInput,10,Pwd)
      cmd.Parameters.Append param
      Set param=cmd.CreateParameter("tel",adVarChar,adParamInput,50,tel)
      cmd.Parameters.Append param
      cmd.Execute ,,adCmdText+adExecuteNoRecords        '执行添加数据的操作
      Response.Write("<script language='javascript'>alert('通过 Command 对象添加数据成
功!');window.location.href='index.asp';</script>")
    End If
  End If
%>
```

保存文件为 index.asp。在 IIS 中浏览该文件，运行结果如图 9-12 所示。

图 9-12　通过 Command 对象向数据库中添加数据

9.4.3　调用存储过程

在 SQL Server 中创建带有输入参数的存储过程，ASP 通过 Command 对象可以调用带输入参数的存储过程，从而执行对数据库数据的操作。这样，使 ASP 代码与数据库操作命令分开，便于维护，并且降低了网络流通量。

【例 9-2】　调用带输入参数的存储过程。（实例位置：光盘\MR\源码\第 9 章\9-2）

（1）在页面中建立表单，插入文本框、按钮控件。该表单用于提交输入的登录信息，包括用户名和密码，代码如下：

```
<form name="form1" method="post" action="">
用户名: <input name="txt_name" type="text" id="txt_name">
密  码: <input name="txt_pwd" type="password" id="txt_pwd">
<input name="sure" type="submit" id="sure" value="登录">
<input type="reset" name="Submit2" value="重置"></td>
</form>
```

（2）当用户输入登录信息后，首先建立与 SQL Server 数据库的连接；然后创建 Command 对象并确定与 Connection 对象的连接关系，设置数据查询的具体信息和类型以调用存储过程 user_check；接着调用 Command 对象的 CreateParameter 方法创建 Parameter 对象并将其加入 Parameters 集合中，然后使用接收到的表单数据为每个参数赋值；最后调用 Command 对象的 Execute 方法执行查询操作。代码如下：

```
<%
If Not Isempty(Request("sure")) Then
  txt_name=Request.Form("txt_name")
  txt_pwd=Request.Form("txt_pwd")
  If txt_name<>"" and txt_pwd<>"" Then
    Const adCmdStoredProc = &H0004
    Const adVarChar=200
    Const adChar = 129
    Const adParamInput=&H0001

    Dim Conn,Connstr
    Set Conn=Server.CreateObject("ADODB.Connection")    '创建名为 Conn 的 Connection 对象
    Connstr="provider=sqloledb;data    source=(local);initial    catalog=db_sql;user
id=sa;password=;"                                       '定义连接数据库的字符串
    Conn.Open Connstr                                   '建立连接

    Set cmd=Server.CreateObject("ADODB.Command")        '创建 Command 对象
    cmd.ActiveConnection=conn                            '确定与 Connection 对象的连接关系
    cmd.CommandText="user_check"                         '定义调用的存储过程名称
    cmd.CommandType=adCmdStoredProc                      '设置操作对象类型
    '调用 CreateParameter 方法创建 Parameter 对象，将其加入 Parameters 集合中并为参数赋值
    set param=cmd.CreateParameter("@username",adVarChar,adParamInput,50)
    cmd.Parameters.Append param
    cmd.Parameters("@username")=txt_name
    set param=cmd.CreateParameter("@upwd",adChar,adParamInput,10)
    cmd.Parameters.Append param
    cmd.Parameters("@upwd")=txt_pwd
    '执行查询操作
```

```
    Set rs=cmd.Execute()

    If (rs.eof or rs.bof) Then
      Response.write "<script language='javascript'>alert('此用户不存在,请重新输入! ');
window.location.href='index.asp';</script>"
    Else
      Response.write "<script language='javascript'>alert('用户登录成功! ');window.
location.href='index.asp';</script>"
      End If
    End If
  End If
%>
```

保存文件为 index.asp。在 IIS 中浏览该文件，运行结果如图 9-13 所示。

图 9-13 调用带输入参数的存储过程

9.5 Recordset 对象查询和操作记录

Recordset 对象又称为记录集对象，是 ADO 中最复杂、功能最强大的对象，也是在数据库操作中用来存储结果集的唯一对象。使用 Connection 或 Command 对象进行数据库操作之后，只要拥有返回值就要使用 Recordset 对象对其进行存储，也只有通过 Recordset 对象才能将记录集反馈到客户端的浏览器上。

9.5.1 创建 Recordset 对象

在使用 Recordset 对象前，必须先应用 Connection 对象连接数据库。使用 Recordset 对象对数据库进行操作，可以理解为通过 Recordset 对象创建一个数据库的指针（即存储在高速缓存中的一张虚拟表），通过创建的数据库指针，就可以从数据提供者处得到一个数据集，从而执行对数据库数据的各种操作。

通过调用 Server 对象的 CreateObject 方法可以创建 Recordset 对象。

语法：

```
Set rs=Server.CreateObject("ADODB.RecordSet")
```

无论采用什么方法创建 Recordset 对象，其实都是建立一个记录集。如果记录集非空，打开记录集后，记录指针将指向第一条记录，可以通过移动记录指针来确定当前记录，然后就可以利用 ASP 语句编辑该记录。

Recordset 对象提供了一系列重要的属性和方法来进行数据库编程，从这些属性和方法中可以看出 Recordset 对象一些强大的功能。

下面首先介绍 Recordset 对象的常用属性。

（1）ActiveConnection 属性

Recordset 对象可以通过 ActiveConnection 属性来连接 Connection 对象，可以设置 ActiveConnection 属性为一个 Connection 对象名称或是一串包含"数据库连接信息"的字符串参数。

语法：

```
rs.ActiveConnection=ActiveConnectionValue
```

（2）Source 属性

Recordset 对象可以通过 Source 属性连接 Command 对象。Source 属性可以是一个 Command 对象名称、一条 SQL 命令、一个指定的表名称或者一个存储过程。此属性用于设置或返回一个字符串，检索指定的数据库服务器。

语法：

```
rs.Source[=SourceValue]
```

（3）RecordCount 属性

RecordCount 属性用来返回 Recordset 对象中的记录总数。

语法：

```
LongInteger=rs.RecordCount
```

（4）MaxRecords 属性

MaxRecords 属性主要用于设定返回记录的最大数目。默认值为 0，表示将所有记录都加入 Recordset 中。Recordset 对象关闭时，MaxRecords 属性为读/写；打开时为只读。

语法：

```
rs.MaxRecords=LongInteger
```

或者

```
rs=Recordset.MaxRecords
```

（5）BOF 属性

BOF 属性用于判别 Recordset 对象的当前记录指针是否指向表的开始。

语法：

```
Boolean=rs.BOF
```

（6）EOF 属性

EOF 属性用于判别 Recordset 对象的当前记录指针是否指向表的结尾。

语法：

```
Boolean=rs.EOF
```

使用 BOF 和 EOF 属性可确定 Recordset 对象是否包含记录，或者从一条记录移动到另一条记录时是否超出 Recordset 对象的限制。以下为使用时的注意事项。

● 如果当前记录指针位于第一条记录之前，BOF 属性将返回 True(-1)；如果当前记录指针为第一条记录或位于其后则将返回 False(0)。

● 如果当前记录指针位于 Recordset 对象的最后一条记录之后，EOF 属性将返回 True；如果当前记录指针为 Recordset 对象的最后一条记录或位于其前，则将返回 False。

● 如果 BOF 或 EOF 属性为 True，则表示不存在当前记录。

● 如果 BOF 和 EOF 属性同时为 True，则表示记录集中没有记录。

（7）AbsolutePage 属性

AbsolutePage 属性通常配合 PageSize 属性一起使用，它可以取得当前记录指针在 Recordset 对象中的绝对页数。也可以设置 AbsolutePage 属性，使当前记录指针移到指定页码的开始位置。

语法：

```
LongInteger=rs.AbsolutePage
```

或

```
rs.AbsolutePage= LongInteger
```

（8）PageSize 属性

PageSize 属性用于设置或返回记录集中每一页的记录数。

语法：

```
Integer=rs.PageSize
```

或者

```
rs.PageSize=Integer
```

通过 PageSize 属性设置记录集中每一页的记录数，可以在页面中分页显示记录信息。

（9）PageCount 属性

PageCount 属性用于返回定义的记录集中的页码总数。

语法：

```
LongInteger=rs.PageCount
```

通过 Recordset 对象的 RecordCount 属性和 PageSize 属性可以计算出 PageCount 属性值。如果 Recordset 最后一页未满，其中的记录数少于 PageSize 值，应以附加页来计算。PageCount 属性值的计算式如下：

```
PageCountValue=(rs.RecordCount+rs.PageSize-1)/rs.PageSize
```

　　　　使用 PageCount 属性可确定 Recordset 对象中数据的页数。"页"是指大小等于 PageSize 属性值的记录组。即使最后一页不完整，由于记录数比 PageSize 值少，该页也会作为 PageCount 值中的附加页进行计数。如果 Recordset 对象不支持该属性，该值为-1，以表明 PageCount 无法确定。

（10）AbsolutePosition 属性

AbsolutePosition 属性用于返回当前记录的绝对位置，第一条记录的绝对位置为 1，以此类推。

语法：

```
LongInteger=rs.AbsolutePosition
```

（11）BookMark 属性

BookMark 属性用于设置或返回记录指针的当前位置。

语法：

```
rs.BookMark
```

Recordset 对象的常用方法如下。

（1）Open 方法

Open 方法允许用户向数据库发出请求，此请求通常是运行一个 SQL 命令、激活一个指定的表或者调用一个指定的存储过程。

语法：

```
rs.Open [Source],[ActiveConnection],[CursorType],[LockType],[Options]
```

Recordset 对象 Open 方法的各参数说明如表 9-6 所示。

表 9-6　　　　　　　　　　　　　RecordSet 对象的 Open 方法的参数说明

编　号	参　数	描　述
1	Source	Command 对象名、SQL 语句或数据表名
2	ActiveConnection	Connection 对象名或包含数据库连接信息的字符串
3	CursorType	Recordset 对象记录集中的指针类型，取值如表 9-7 所示，可省略
4	LockType	Recordset 对象的使用类型，取值如表 9-8 所示，可省略
5	Options	Source 类型，取值如表 9-9 所示，可省略

表 9-7　　　　　　　　　　　　　　　CursorType 参数取值

参　数	参数值	描　述
AdOpenForwardOnly	0	向前指针，只能利用 MoveNext 或 GetRows 向前移动检索数据，默认值
AdOpenKeyset	1	键盘指针，在记录集中可以向前或向后移动，当某客户做了修改后（除了增加新数据），其他用户都可以立即显示。用来激活一个 Keyset 类型的光标
AdOpenDynamic	2	动态指针，记录集中可以向前或向后移动，所有修改都会立即在其他客户端显示。用来激活一个 Dynamic 类型的光标
AdOpenStatic	3	静态指针，在记录集中可以向前或向后移动，所有更新的数据都不会显示在其他客户端。用来激活一个 Static 类型的光标

表 9-8　　　　　　　　　　　　　　　LockType 参数取值

参　数	参数值	描　述
AdLockReadOnly	1	只读，不允许修改记录集，默认值
AdLockPessimistic	2	只能同时被一个客户修改，修改时锁定，修改完毕释放
AdLockOptimistic	3	可以同时被多个客户修改
AdLockBatchOptimistic	4	数据可以修改，但不锁定其他客户

表 9-9　　　　　　　　　　　　　　　Options 参数取值

参　数	参数值	描　述
adCmdUnknown	−1	CommandText 参数类型无法确定，是系统的默认值
adCmdText	1	CommandText 参数是命令类型
adCmdTable	2	CommandText 参数是一个表名称
adCmdStoreProc	3	CommandText 参数是一个存储过程名称

　　总的来说，Source 是数据库查询信息；ActiveConnection 是数据库连接信息；CursorType 是指针类型（也称游标类型）；LockType 是锁定信息；Options 是数据库查询信息类型。

　　大部分情况下可以省略后 3 个参数，但有些情况下必须使用。比如，如果不设置 CursorType 类型，在记录集中就只可以向前移动指针，而不能向后移动指针。

　　如果要省略中间的参数，则必须用逗号给中间的参数留出位置，也就是说，每一个参数必须对应相应的位置。如：

```
Set rs.Open "Select * from users",conn,,2
```

　　在上面的语句中省略了第 3 个和第 5 个参数，但必须用 "," 给第 3 个参数留出位置，当然，第 5 个参数在最后，就不用考虑了。

Open 方法是用来打开一个基于 ActiveConnection 和 Source 属性的方法。该方法也可以用来传递打开游标所需的所有信息，在把连接信息作为参数传给 Recordset 对象的 Open 方法时，游标被打开且该方法所有相应的属性值也被继承下来。

（2）Close 方法

Close 方法用于关闭 Recordset 对象并释放所有 Recordset 对象占用的资源。在调用 Set rs=Nothing 语句之前，Recordset 对象仍然存在，调用 Open 方法可以再次打开记录集，而不需要重新创建 Recordset 对象。

语法：

```
rs.Close
```

（3）Move 方法

Move 方法用于将记录指针移动到指定位置，此方法必须配合 Recordset 对象的 Open 方法的 CursoftType 参数一起使用。

语法：

```
rs.move NumRecords,start
```

NumRecords：为整数，表示要移动的记录数，这个值可以为正也可以为负，正表示向前移动，而负表示向后移动。

Start：是一个选择变量，它用来根据游标中的 BookMark 移动记录指针。如果不传送这个变量，则移动是相对当前记录而言的。当然如果 Recordset 不支持书签，则不能使用这个变量。

（4）MoveFirst 方法

MoveFirst 方法的作用是将记录指针移到记录集的首记录处。可以在大部分的游标类型中使用这条命令。

语法：

```
rs.MoveFirst
```

（5）MoveNext 方法

MoveNext 方法用于将当前记录指针移动到记录集的下一条记录处。注意不要无限制地移动，否则会产生错误，因为如果到了记录集的最后还调用此方法，就会出现错误。因此在使用该方法时最好先调用 Recordset 对象的 EOF 方法判断是否到了记录集的最后，如果没有，则可调用此方法。

语法：

```
rs.MoveNext
```

（6）MovePrevious 方法

MovePrevious 方法用于将当前指针移动到记录集的前一条记录处，此方法必须配合 Recordset 对象 Open 方法的 CursorType 参数一起使用。注意在移动前，应调用 Recordset 对象的 BOF 方法判断是否到了记录集的开始处，如果为真，则表示到了尽头，因此不能再调用此方法，否则将会出现错误。

语法：

```
rs.MovePrevious
```

（7）MoveLast 方法

MoveLast 方法用于将指针移动到记录集的最后一条记录处，此方法必须配合 Recordset 对象 Open 方法的 CursorType 参数一起使用。

语法：

```
rs.MoveLast
```

（8）AddNew 方法

调用 AddNew 方法可以将数据增加到数据库中。

语法：

```
rs.AddNew
```

调用该方法时，在记录集的开始处将开始一个新行，当前的记录指针也将移动到首记录以准备加入新数据。

（9）Delete 方法

调用 Delete 方法可以删除数据库中指定的记录。

语法：

```
rs.Delete
```

使用 Delete 方法可以批量地删除数据库中的数据。

（10）Update 方法

调用 Update 方法将更新数据库中的数据。

语法：

```
rs.Update
```

此方法表示将当前记录的任何修改保存在数据源中，前提条件是 Recordset 能够允许更新且 Recordset 不是工作在批量更新模式下。

（11）NextRecordset 方法

NextRecordset 方法允许读取下一个 Recordset 对象的内容，通常应用于操作多个记录集的情况下。

语法：

```
rs.NextRecordset
```

（12）UpdateBatch 方法

UpdateBatch 方法对处于批量模式的记录进行更新动作。调用 UpdateBatch 方法时，通常设置 Recordset 对象 Open 方法的 LockType 参数取值为 adLockBatchOptimistic。

语法：

```
rs.UpdateBatch
```

（13）GetRows 方法

GetRows 方法可以取得多条记录。

语法：

```
ArrayValue=rs.GetRows(Rows,Start,Fields)
```

Rows：表示所要取得的记录条数，默认值为-1，表示取得 Recordset 对象中的所有记录。

Start：指定返回记录的开始处。

Fields：表示所要取回的字段，可以指定一个或多个字段，如果没有设置，则表示返回所有的字段。

Recordset 对象的 GetRows 方法会以数组的方式返回指定的数据。

9.5.2　查询和分页显示记录

通过 Recordset 对象可以根据查询条件执行 SQL 查询语句，并将获取到的记录集中的记录分页显示在客户端的浏览器上。

【例 9-3】 查询和分页显示记录。（实例位置：光盘\MR\源码\第 9 章\9-3）

（1）在页面中建立表单并插入文本框、列表/菜单、按钮控件，用于输入查询关键字和选定查询条件，代码如下：

```
<form name="form1" method="get" action="">
查询关键字: <input name="keyword" type="text" id="keyword">
<select name="sel" id="sel">
    <option value="Atitle">文章标题</option>
    <option value="Aauthor">作者</option>
</select>
<input name="search" type="submit" id="search" value="查询">
</form>
```

（2）在页面中首先建立与 Access 数据库的连接，并接收由查询表单传递的关键字和查询条件；然后创建 Recordset 对象和整合 SQL 查询语句，调用 Recordset 对象的 Open 方法打开记录集；接着通过 Recordset 对象的相应属性对分页信息进行初始化，例如设定每页显示的记录数、获取当前页码等，自定义一个子过程用于显示记录集中的字段信息；最后定义用于翻页的“首页”、“上一页”、“下一页”和“末页”超链接，并关闭记录集。代码如下：

```
<table width="500" border="0" align="center" cellpadding="0">
  <tr align="center">
    <td height="22">类别</td><td height="22">作者</td><td height="22">文章标题</td>
  </tr>
<%
'建立数据库连接
Dim conn,connstr
Set conn=Server.CreateObject("ADODB.Connection")
connstr="Provider=Microsoft.Jet.OLEDB.4.0;User           ID=admin;Password=;Data
Source="&Server.MapPath("DataBase/db_HomePage.mdb")&";"
conn.open connstr
'获取表单传递的数据
keyword=Trim(Request("keyword"))
sel=Trim(Request("sel"))

Set rs=Server.CreateObject("ADODB.Recordset")       '创建 Recordset 对象
sqlstr="select * from tab_article"                  '确定 SQL 查询语句
If keyword <> "" Then sqlstr=sqlstr&" where "&sel&" like '%"&keyword&"%'"
'根据查询信息，整合 SQL 查询语句
rs.open sqlstr,conn,1,1                              '打开记录集 rs
If Not (rs.eof and rs.bof) Then
    rs.pagesize=5                                   '定义每页显示的记录数
    pages=clng(Request("pages"))                    '获得当前页数
    If pages<1 Then pages=1
    If pages>rs.recordcount Then pages=rs.recordcount
    showpage rs,pages                               '执行分页子程序 showpage
    Sub showpage(rs,pages)                          '分页子程序 showpage(rs,pages)
    rs.absolutepage=pages                           '指定指针所在的当前位置
    For i=1 to rs.pagesize                          '循环显示记录集中的记录
%>
```

```
    <tr align="center" bgcolor="#FFFFFF">
      <td><%Set  rsc=conn.Execute("select   Acname   from   tab_article_class   where
id="&rs("Aclass")&"")                    '调用 Connection 对象的 Execute 方法执行 SQL 语句
        Response.Write(rsc("Acname"))            '显示文章类型
        Set rsc=Nothing
      %></td>
      <td height="22"><%=rs("Aauthor")         '显示作者%></td>
      <td height="22"><%=Left(rs("Atitle"),15)  '显示文章标题%></td>
    </tr>
    <%
    rs.movenext                              '指针向下移动
    If rs.eof Then exit for
    Next
    End Sub
  End If
  %>
    <tr align="center" bgcolor="#FFFFFF"><td height="22" colspan="3">
  <%
  if pages<>1 then
      response.Write("  <a
href="&path&"?pages=1&keyword="&keyword&"&sel="&sel&">首页</a>")
      response.Write("  <a
href="&path&"?pages="&(pages-1)&"&keyword="&keyword&"&sel="&sel&">上一页</a>")
    end if

    if pages<>rs.pagecount then
      response.Write("  <a
href="&path&"?pages="&(pages+1)&"&keyword="&keyword&"&sel="&sel&">下一页</a>")
      response.Write("  <a
href="&path&"?pages="&rs.pagecount&"&keyword="&keyword&"&sel="&sel&">末页</a>")
    end if
    response.Write("  [<font
color='#FF0000'>"&pages&"/"&rs.pagecount&"</font>]   每 页 "&rs.pagesize&" 条
  共"&rs.recordcount&"条记录")
    rs.close                  '关闭记录集
    Set rs=Nothing            '释放 rs 占用的资源
    %>
    </td></tr>
</table>
```

保存文件为 index.asp。在 IIS 中浏览该文件，运行结果如图 9-14、图 9-15 所示。

图 9-14　分页显示记录

图 9-15　查询记录

9.5.3 添加、更新和删除记录

调用 Recordset 对象的 Addnew 方法、Update 方法和 Delete 方法能够对数据库中的数据进行添加、更新和删除的操作。

当客户端向服务器发出请求时，服务器通过 Recordset 对象对数据库中的数据进行操作，并将操作结果以提示信息或者返回数据库数据的方式回应给客户端浏览器，这样用户就可以很明确地知道本次操作的结果。

【例 9-4】 添加、更新和删除记录。（实例位置：光盘\MR\源码\第 9 章\9-4）

以例 9-3 为基础，在 index.asp 页面中添加 3 个超链接："文章添加"、"修改"和"删除"，分别用于打开"添加文章"页面、"修改文章"页面以及删除指定的记录，如图 9-16 所示。

（1）在 Add.asp 页面中建立表单用于添加文章信息。当用户提交表单时，程序首先获取表单数据，然后创建 Recordset 对象打开记录集，接着调用 Recordset 对象的 Addnew 方法并将表单数据赋予相应的字段，最后调用 Update 方法更新记录集。代码如下：

```
<form action="" method="post" name="form1" id="form1">
文章类别： <select name="文章类别" id="select">
    <option selected="selected">选择类别</option>
    <%
      Set rs=Server.CreateObject("ADODB.Recordset")
      sqlstr="select id,Acname from tab_article_class"
      rs.open sqlstr,conn,1,1
      while not rs.eof
    %>
    <option value="<%=rs("id")%>"><%=rs("Acname")%></option>
    <%
      rs.movenext
      wend
      rs.close
      Set rs=Nothing
    %>
    </select>
文章作者： <input name="文章作者" type="text" class="textbox" id="文章作者" />
文章主题： <input name="文章主题" type="text" id="文章主题" class="textbox" />
文章内容： <textarea name="文章内容" cols="45" rows="6" id="文章内容"></textarea>
<input name="add" type="submit" class="button" id="add" value="添 加" onclick="return
Mycheck(this.form)" />
<input type="reset" name="Submit2" value="重 置" class="button" /></td>
</form>

<!--#include file="conn.asp"-->
<%
'添加新记录
str1=Trim(Request.Form("文章类别"))
str2=Trim(Request.Form("文章作者"))
str3=Trim(Request.Form("文章主题"))
str4=Trim(Request.Form("文章内容"))
If Not Isempty(Request("add")) Then
    If str1<>"" and str2<>"" and str3<>"" and str4<>"" Then
```

```
            Set rs=Server.CreateObject("ADODB.Recordset")      '创建 Recordset 对象
            sqlstr="select * from tab_article"
            rs.open sqlstr,conn,1,3                            '打开记录集
            rs.addnew                                          '调用 addnew 方法
          '为各字段赋值
            rs("Aclass")=str1
            rs("Aauthor")=str2
            rs("Atitle")=str3
            rs("Acontent")=str4
            rs.update                                          '调用 update 方法更新记录集
            rs.close                                           '关闭记录集
            Set rs=Nothing                                     '释放 rs 占用的资源
            Response.Write("<script>alert('文章添加成功!');window.close();window.opener.
   location.reload();</script>")
         Else
            Response.Write("<script>alert('您填写的信息不完整!');history.back();</script>")
         End If
      End IF
      %>
```

文章添加页面的运行结果如图 9-17 所示。

图 9-16　信息列表页面

图 9-17　文章添加页面

（2）在图 9-16 的页面中单击"修改"超链接将打开 Modify.asp 页面，在该页面中建立表单用于修改文章信息。读取数据库中对应的记录为表单中的每个控件赋值。当提交表单时，程序首先获取表单数据，然后创建 Recordset 对象打开记录集，接着将表单数据赋予相应的字段，最后调用 Update 方法更新记录集。代码如下：

```
<!--#include file="conn.asp"-->
<%
id=Request.QueryString("id")                      '获取 index.asp 页面传递的记录 ID 编号
sqlstr="select * from tab_article where id="&id&""
Set rs=conn.Execute(sqlstr)                        '执行查询操作
%>
  <form action="" method="post" name="form2" id="form2">
文章类别: <select name="文章类别" id="文章类别">
     <option selected="selected">选择类别</option>
     <%
       Set rsc=Server.CreateObject("ADODB.Recordset")   '创建 Recordset 对象
       sqlstr="select id,Acname from tab_article_class"  '查询分类信息表
       rsc.open sqlstr,conn,1,1                          '打开记录集
```

```
        while not rsc.eof
    %>
        <option  value="<%=rsc("id")%>"  <%if  rsc("id")=cint(rs("Aclass"))  then
Response.Write("selected") end if%>><%=rsc("Acname")'显示文章类型%></option>
        <%
            rsc.movenext                              '指针向下移动
            wend
            rsc.close
            Set rsc=Nothing
        %>
    </select>
    文章作者: <input name="文章作者" type="text" class="textbox" id="文章作者" value=
"<%=rs("Aauthor")                        '显示文章作者%>" />
    文章主题: <input name="文章主题" type="text" id="文章主题" class="textbox" value =
"<%=rs("Atitle")                         '显示文章主题%>" />
    文章内容: <textarea name="文章内容" cols="45" rows="6" id="文章内容"><%=rs("Acontent")
                                          '显示文章内容%></textarea>
    <input name="id" type="hidden" id="id" value="<%=rs("id")%>" />
    <input name="edit" type="submit" class="button" id="edit" value="修 改" onclick=
"return Mycheck(this.form)" />
    <input type="button" name="Submit22" value="返 回" class="button" onclick= "javascript:
window.location.href='index.asp'" />
    </form>
    <%
    rs.close                                          '关闭记录集
    Set rs=Nothing                                    '释放 rs 占用的资源
    %>


    <%
    '修改记录
    If Not Isempty(Request("edit")) Then
      id=Request.Form("id")
      str1=Trim(Request.Form("文章类别"))
      str2=Trim(Request.Form("文章作者"))
      str3=Trim(Request.Form("文章主题"))
      str4=Trim(Request.Form("文章内容"))
      If str1<>"" and str2<>"" and str3<>"" and str4<>"" Then
          Set rs=Server.CreateObject("ADODB.Recordset")       '创建 Recordset 对象
          sqlstr="select * from tab_article where id="&id&""
          rs.open sqlstr,conn,1,3                              '打开记录集 rs
      '为各字段赋值
          rs("Aclass")=str1
          rs("Aauthor")=str2
          rs("Atitle")=str3
          rs("Acontent")=str4
          rs.update                                           '调用 update 方法更新记录集
          rs.close                                            '关闭记录集
          Set rs=Nothing                                      '释放 rs 占用的资源
      Response.Write("<script>alert('文 章 修 改 成 功!');window.close();window.opener.
location.reload();</script>")
      Else
          Response.Write("<script>alert('您填写的信息不完整!');history.back();</script>")
      End If
    End If
    %>
```

文章修改页面的运行结果如图 9-18 所示。

图 9-18　文章修改页面

（3）在图 9-16 的页面中单击"删除"超链接可以删除对应的记录。当 index.asp 页面接收到传递的 action 参数时，程序首先查询数据表中对应的记录，然后调用 Recordset 对象的 Delete 方法以及 Update 方法删除记录并更新记录集。代码如下：

```
<!--#include file="conn.asp"-->
<%
If Request.QueryString("action")="del" Then
  id=Request.QueryString("id")                              '获取传递的记录 ID 编号
  sqlstr="select id from tab_article where id="&id&""       '查询记录
  Set rs=Server.CreateObject("ADODB.Recordset")            '创建 Recordset 对象
  rs.open sqlstr,conn,1,3                                   '打开记录集 rs
  rs.delete                                                 '调用 delete 方法
  rs.update                                                 '调用 update 方法更新记录集
  rs.close                                                  '关闭记录集
  Set rs=Nothing                                           '释放 rs 占用的资源
  Response.Write("<script>alert('文章删除成功!');window.location.href= 'index. asp';
</script>")
  End If
%>
```

9.6　Error 对象返回错误信息

9.6.1　了解 Error 对象

Error 对象用于存储一个系统运行时所发生的错误或警告信息。Error 对象提供的属性如下。

（1）Description 属性

Description 属性表示错误或警告所发生的原因或描述。

语法：

```
String=Error.Description
```

（2）Number 属性

Error 对象的 Number 属性表示所发生的错误或警告的数量。

语法：

```
LongInteger=Error.Number
```

（3）Source 属性

Error 对象的 Source 属性表示造成系统发生错误或警告的来源。

语法：

```
String=Error.Source
```

（4）NativeError 属性

Error 对象的 NativeError 属性表示造成系统发生错误或警告的错误代码。

语法：

```
LongInteger=Error.NativeError
```

（5）SQLState 属性

SQLState 属性表示最近一次 SQL 命令运行的状态。

（6）HelpContext

HelpContext 属性表示错误或警告的解决方法的描述。

（7）HelpFile 属性

HelpFile 属性表示错误或警告解决方法的说明文件。

9.6.2　设置错误陷阱

在 ASP 应用程序中，可以使用 On Error Resume Next 语句设置错误陷阱，在程序出现错误时调用相应的处理程序。On Error Resume Next 语句可以屏蔽错误信息，当程序出错时，使得程序能够继续执行。可以使用 Error 对象的 Number 属性判断是否出现错误，并给出相应的错误提示信息。

【例 9-5】　设置错误陷阱。（实例位置：光盘\MR\源码\第 9 章\9-5）

在页面中使用 On Error Resume Next 语句设置错误陷阱。通过设置连接信息，指定一个不存在的数据源 DSN 及用户账号，以产生错误查看错误信息。然后通过 Connection 对象的 Error 数据集合获取当前所有的 Error 对象，并调用 Error 对象的相关属性显示错误描述、错误号码、错误来源、错误代码行号等。代码如下：

```
<%
'设置错误陷阱
On Error Resume Next
Const adCmdText=1
Const RecordsAffected=0
Set Conn=Server.CreateObject("ADODB.Connection")
Conn.open"DSN=shop;UID=sa;PWD=;"      '设置连接信息，指定使用一个不存在的数据源 DSN 及用户账号
Set myErrors=Conn.Errors                '获取 Errors 的数据集
Response.Write"<center>系统发生[ "&myErrors.Count&" ]个错误</center>"
Response.Write"<table align=center border='1'>"
For i=0 to myErrors.Count-1
Response.Write"<tr><td align=right>Description 属性: </td>"
Response.Write"<td>"&myErrors(i).Description&"</td></tr>"
Response.Write"<tr><td align=right>Number 属性: </td>"
Response.Write"<td>"&myErrors(i).Number&"</td></tr>"
Response.Write"<tr><td align=right>Source 属性: </td>"
Response.Write"<td>"&myErrors(i).Source&"</td></tr>"
Response.Write"<tr><td align=right>NativeError 属性: </td>"
Response.Write"<td>"&myErrors(i).NativeError&"</td></tr>"
Next
```

```
Response.Write"</table>"
Set Conn=Nothing                    '释放 Connection 对象
%>
```

保存文件为 index.asp。在 IIS 中浏览该文件，运行结果如图 9-19 所示。

图 9-19 设置错误陷阱显示错误信息

9.7 综合实例——获取 Access 数据库中插入记录的自动编号

在开发留言板程序时，应设置回复功能。本实例主要是通过 Recordset 对象中的 Bookmark 属性使用户对 Recordset 中的记录进行标记，稍后再返回给它。当对留言进行回复时，回复的信息将直接与留言信息相对应，就无须再指定回复留言的 ID 号。运行程序，在"留言标题"文本框中输入留言标题，并在"留言内容"文本域中输入留言内容。单击"提交"按钮时，将成功留言，并将留言编号插入回复表中。程序运行结果如图 9-20 所示。

具体步骤如下。

图 9-20 获取 Access 数据库中插入记录的自动编号

（1）通过以下代码创建数据库连接。

```
<%
set conn=server.CreateObject("adodb.connection")
sql="Driver={Microsoft Access Driver (*.mdb)};DBQ=" &server.MapPath("Database/ db_
database.mdb")
conn.open(sql)
%>
```

（2）添加表单、文本框和文本域，并设置其相关属性值。

```
<form method="post" name="form1">
<input name="title" type="text" class="text" id="title" size="32">
<textarea name="content" cols="30" rows="8" class="text" id="content"></textarea>
<input name="Submit" type="submit" class="button" value="提交">
<input name="Submit2" type="reset" class="button" value="重置">
```

（3）通过以下代码实现获取立即插入记录的自动编号。其相关程序代码如下：

```
<%if request.form("title")<>"" then
title=request.form("title")
content=request.form("content")
Set rs=Server.CreateObject("ADODB.Recordset")
sql="select * from tb_sml"
```

```
rs.open sql,conn,1,3
rs.addnew()
rs("title")=title
rs("content")=content
rs.update()
temp=rs.bookmark
rs.bookmark=temp
topicID=rs("ID")
ins="insert into tb_back (title_ID) values ("&topicID&")"
conn.execute(ins)
end if%>
```

知识点提炼

（1）ADO 是 ASP 数据库技术的核心之一，它集中体现了 ASP 技术丰富而灵活的数据库访问功能。

（2）ODBC（Open DataBase Connection，开放数据库连接）是微软公司开发的数据库编程接口，是数据库服务器的一个标准协议，它向访问网络数据库的应用程序提供了一种通用的语言。

（3）ADO 的 Connection 对象又称为连接对象，主要用于建立与数据库的连接。Connection 对象提供了丰富的属性，用于创建、保存和设置连接信息。

（4）ADO 的 Command 对象用于控制向数据库发出的请求信息，它在整个应用程序系统中起到"信息传递"的作用。

（5）Recordset 对象又称为记录集对象，是 ADO 中最复杂、功能最强大的对象，也是在数据库操作中用来存储结果集的唯一对象。

（6）Error 对象用于存储一个系统运行时所发生的错误或警告信息。

习　　题

9-1　ADO 包含哪些对象和数据集合？

9-2　ODBC 的主要功能是什么？

9-3　连接 Access 或者 SQL Server 数据库有哪几种方法？

9-4　Recordset 对象的作用是什么？

9-5　使用什么语句可以设置错误陷阱？

实验：批量更新数据

实验目的

（1）掌握连接 Access 数据库的方法。

（2）掌握 Update 语句和 IN 关键字的应用。

实验内容

要求通过复选框选中要更新的记录，然后单击"激活"或"冻结"按钮，对用户信息进行批量更新。

实验步骤

（1）显示用户的信息，关键代码如下：

```
<form name="form1" method="post" action="index.asp">
  <table width="349" border="1" align="center" cellspacing="0" >
    <tr align="center" bgcolor="#efefef">
      <td height="36" colspan="3">用户列表
      <input name="action" type="hidden" id="action"></td>
    </tr>
    <%
set rs=server.CreateObject("adodb.recordset")
sql="select * from tb_user"
rs.open sql,conn,1,1
do while not rs.eof
%>
    <tr align="center">
      <td width="108"><input name="id" type="checkbox" id="id" value="<%=rs("id")%> "
></td>
      <td width="131"><%=rs("username")%></td>
      <td width="88"><%=rs("gu")%></td>
    </tr>
    <%
rs.movenext
loop
%>
</form>
```

（2）对选中的用户信息进行批量更新，代码如下：

```
<%
set conn=server.CreateObject("adodb.connection")
path=server.MapPath("db_data.mdb")
conn.open "provider=microsoft.jet.oledb.4.0;data source="&path
if request("id")<>"" then
    if request("Submit")="激活" then
        sqlu="update tb_user set gu='激活' where id in ("&request("id")&")"
        conn.execute(sqlu)
    else
        sqlu="update tb_user set gu='冻结' where id in
("&request("id")&")"
        conn.execute(sqlu)
    end if
else
    response.Write("<div align='center' style= 'color:
#FF0000; font-size:12px'>请选择一个用户</div>")
end if
%>
```

运行本实例，将显示图 9-21 所示的运行结果。

图 9-21　批量更新数据

第 10 章
邮件收发组件

本章要点：

- 了解 SMTP 协议
- 掌握 SMTP 服务器的安装与配置
- 认识 Jmail 组件
- 使用 Jmail 组件发送普通邮件和发送带附件的邮件

随着互联网的迅速发展，电子邮件（E-mail）已成为互联网上最常用的通信方式之一，它具有快速、便捷、低成本等优势，适合网络上的信息交流。E-mail 是使用 SMTP（Simple Mail Transfer Protocol）协议进行传输的。

在 ASP 中可以使用组件实现邮件收发功能。例如，使用第三方组件 Jmail。

10.1 认识 SMTP 邮件服务

随着网络技术的不断进步，电子邮件的应用也日益广泛。电子邮件是使用 SMTP 协议作为信息传输的基础条件。在介绍邮件收发组件之前，先来看一下 SMTP 协议以及 SMTP 服务器的安装与配置。

10.1.1 了解 SMTP 协议

SMTP 是 Simple Mail Transfer Protocol 的缩写，即简单邮件传输协议。使用 SMTP 虚拟服务器可以实现邮件的发送和接收，其优点是速度快、可靠性高、易于操作。

SMTP 邮件信息为纯文本格式。文本中包含格式信息（如用户在信息中指定的 MIME 类型等），以便 SMTP 虚拟服务器采用合适的方式显示邮件。如果邮件中包含附件，通过 SMTP 协议将自动转变成合适的文本类型。

一般情况下，邮件信息的开始几行用于描述邮件的基本信息，通常包含如下信息：

- 邮件发送者；
- 邮件接收者；
- 详细的邮件服；
- 何时以何种方式发送邮件和接收邮件。

当 SMTP 接收到邮件信息后，将其以文件的形式保存在 Queue 目录中，然后再将其转移到

Drop 目录，等待收件人的接收。这些工作都是由 SMTP 虚拟服务器自动完成的。

> **注意** SMTP 是提供邮件服务和信息交换的协议。它与 POP 或 IMAP 协议不同，POP 或 IMAP 协议提供邮箱，为特定的用户保留信息，用户可以通过邮箱读取和发送邮件，而 SMTP 不提供邮箱。

10.1.2　安装和配置 SMTP 服务器

1. 安装 SMTP 服务器

由于 Microsoft SMTP 服务器是 Microsoft Internet 信息服务（IIS）的一个组件，因此必须安装 IIS 才能使用 Microsoft SMTP 服务。下面以 Windows Server 2003 系统为例，介绍 SMTP 服务器的安装方法。

（1）打开"控制面板"窗口，双击"添加或删除程序"图标，然后在打开的对话框中单击"添加/删除 Windows 组件"。

（2）打开"Windows 组件向导"对话框，选中"应用程序服务器"复选框，如图 10-1 所示。

（3）单击"详细信息"按钮，打开"应用程序服务器"对话框。选中"Internet 信息服务（IIS）"复选框，如图 10-2 所示。

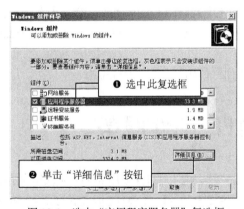

图 10-1　选中"应用程序服务器"复选框

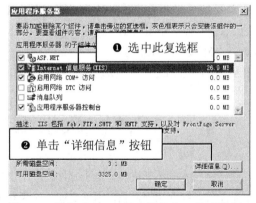

图 10-2　选中"Internet 信息服务（IIS）"复选框

（4）单击"详细信息"按钮打开"Internet 信息服务（IIS）"对话框。在该对话框中选中"Internet 信息服务管理器"、SMTP Service、"公用文件"、"万维网服务"复选框，如图 10-3 所示。

（5）依次单击"确定"按钮，完成 Microsoft SMTP 服务器的安装。

在 Windows 7 系统下，SMTP 服务器是被默认安装在 ASP.NET 框架中的，不过需要完成注册 ASP.NET 框架才可以正常使用，具体的注册步骤如下。

（1）选择"开始"命令，在"运行"命令窗口中输入 cmd 命令，打开 DOS 命令窗口。在命令提示符下输入"cd C:\Windows\Microsoft.NET\Framework\v2.0.50727"，如图 10-4 所示，进入 ASP.NET

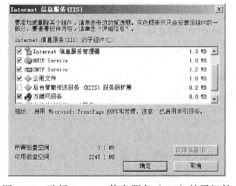

图 10-3　选择 Internet 信息服务（IIS）的子组件

的安装目录。

（2）在命令提示符下，输入"aspnet_regiis –i"命令，并按下〈Enter〉键，注册 ASP.NET 框架。安装成功后，将显示如图 10-5 所示的界面。

图 10-4　DOS 命令窗口　　　　　　　　　图 10-5　注册成功的界面

（3）重新启动系统并启动 IIS 服务器。这时，在 IIS 的网站主页中将添加一个 ASP.NET 分栏，在该分栏中，可以看到"SMTP 电子邮件"图标，如图 10-6 所示。这就表示 SMTP 服务器安装成功了。

图 10-6　IIS 的网站主页

2. 配置 SMTP 服务器

安装 Microsoft SMTP 服务器时，系统将创建一个默认的 SMTP 虚拟服务器来处理基本的邮件传递功能。SMTP 虚拟服务器会自动使用默认设置进行配置，这些设置使其能够接收本地客户机连接并处理消息。

通过 SMTP 协议只能向 SMTP 服务器中已经存在的域名范围发送邮件，因此应创建新域。下面介绍创建新域的步骤。

（1）在"Internet 信息服务（IIS）管理器"对话框中，展开"默认 SMTP 虚拟服务器"选项，右键单击"域"选项，在弹出的快捷菜单中选择"新建"/"域"命令，如图 10-7 所示。

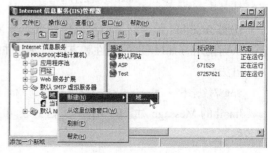

图 10-7　选择命令

（2）打开图 10-8 所示的"新建 SMTP 域向导"对话框。在该对话框中选择"别名"域类型，单击"下一步"按钮，打开图 10-9 所示的"域名"界面，在此输入域名，单击"完成"按钮创建新域。

图 10-8　新建 SMTP 域向导　　　　　　　图 10-9　输入域名

10.2　使用 Jmail 组件发送邮件

Jmail 组件是一个使用广泛的发送邮件组件，发送邮件速度快、功能丰富，并且不需要安装或配置邮件的客户端。Jmail 组件是由 Dimac 公司开发的、完全免费的组件，使用 Jmail 组件可以发送普通邮件、发送带附件的邮件以及实现邮件群发。

10.2.1　创建 Jmail 的 Message 对象

使用 Jmail 组件之前，需要下载和注册该组件。注册方法是先将 Jmail.dll 组件复制到系统盘的 WINDOWS\system32 目录下（如 C:\WINDOWS\system32）；然后单击"开始"按钮选择"运行"命令，打开图 10-10 所示的"运行"命令窗口，在该命令窗口中输入"regsvr32 Jmail.dll"，按<Enter>键进行组件注册。成功注册组件的运行结果如图 10-11 所示。

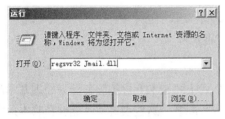

图 10-10　Jmail 组件的注册　　　　　　　图 10-11　成功注册 Jmail 组件

注册 Jmail.dll 组件后，就可以使用 Server 对象的 CreatObject 方法创建 Jmail 的 Message 对象，从而调用 Jmail 组件的属性和方法实现邮件的发送功能。

语法：

```
Set 对象名称 = Server.CreateObject("JMail.Message")
```

Jmail 的 Message 对象的属性和方法如表 10-1 所示，其中 msg 表示创建的 Message 对象实例的名称。

表 10-1　　　　　　　　　　　　　　　Jmail 的 Message 对象的属性和方法

属性或方法	说　明	举　例
Body 属性	信件正文，使用 AppendText 方法追加的内容	msg.Body =mailbody 设置邮件的正文
Charset 属性	信件所采用的字符集，默认为 US-ASCII	msg.Charset = "gb2312"设置邮件采用的字符集为 gb2312
From 属性	发件人的邮箱地址	msg.From = mailfrom 确定发件人的邮箱地址
FromName 属性	发件人名称	msg.FromName = "pyj"确定发件人名称
Logging 属性	用于标识是否启用邮件日志。True 为启用日志，False 为不启用	msg.Logging = True 启用邮件日志
MailServerUserName 属性	设置一个在 SMTP 服务器上的邮箱地址	msg.MailServerUserName = mailfrom 确定发件人邮箱地址
MailServerPassword	设置在 SMTP 服务器上邮箱地址对应的登录密码	msg.MailServerPassword = mima 确定发件人邮箱登录密码
Silent 属性	在执行发送命令后，检查邮件是否发送成功。True 为检查发送结果，False 为忽略	msg.silent = True 执行发送命令后检查邮件是否发送成功
Subject 属性	信件主题	msg.Subject = mailsubject 确定邮件主题
AddRecipient 方法	增加收件人	msg.AddRecipient(emails)增加一个收件人邮箱地址
Close 方法	用于强制 Jmail 关闭缓冲与邮件服务器的连接	msg.close()关闭 Message 对象
Send 方法	用于向指定的 SMTP 服务器发送邮件	msg.Send (smtpaddress)发送邮件到指定的 SMTP 服务器

10.2.2　使用 Jmail 组件发送邮件

在发送邮件页面中，填写收件人 E-mail 地址、发件人 E-mail 地址、发件人 E-mail 密码、SMTP 服务器地址、邮件标题以及邮件内容后，单击"发送"按钮，即可将邮件发送到指定的邮箱中。使用 Jmail 组件发送邮件页面的运行结果如图 10-12 所示。

图 10-12　使用 Jmail 组件发送邮件页面

【例 10-1】 在 jmail.asp 页面中，建立用于发送邮件的表单，并验证用户在提交表单时是否输入了完整的信息内容。代码如下：（实例位置：光盘\MR\源码\第 10 章\10-1）

```
<form name="form_jamil" action="jmail.asp" method="post">
收件人：<input name="emails" type="text" id="emails" size="40" value="">
发件人：<input name="mailfrom" type="text" id="mailfrom" size="40">
密码：<input name="mima" type="password" id="mima" size="44">
SMTP 服务器地址：<input name="smtpaddress" type="text" id="smtpaddress" size="40">
(如：smtp.163.com 等)
标题：<input name="mailsubject" type="text" id="mailsubject" size="40">
内容：<textarea name="mailbody" cols="43" rows="6" wrap="PHYSICAL" id="mailbody">
</textarea>
        <input name="send" type="submit" id="send" value="发送" onClick="return Mycheck
(this.form)">
    <input type="reset" name="Submit2" value="重写"></td>
</form>
<script type="text/javascript">
function Mycheck(form){                      //定义用于验证表单元素是否为空值的函数
  for(i=0;i<form.length;i++){                //应用 for 循环语句遍历表单元素
    if(form.elements[i].value==""){          //如果元素值为空，则弹出警告提示框
        alert("请输入完整信息内容!");return false;}
  }
}
</script>
```

当用户提交表单时，处理程序将首先创建 Jmail 的 Message 对象，然后使用从表单中获取到的数据为该对象的各属性赋值。代码如下：

```
<%
If Not Isempty(Request("send")) Then
on error resume next                              '设置错误陷阱
Set msg = Server.CreateObject("JMail.Message")    '创建 Message 对象实例
msg.silent = true                                 '检查发送状态
msg.Logging = true                                '启用邮件日志
msg.Charset = "gb2312"                            '设置采用的字符集
'输入 SMTP 服务器验证登录名，即任何一个在该 SMTP 服务器上申请的 E-mail 地址
msg.MailServerUserName =Request.Form("mailfrom")
'输入 SMTP 服务器验证密码，即 E-mail 账号对应的密码，如果是在本机测试，请忽略此行代码，即无须输入密码
msg.MailServerPassword = request.Form("mima")
msg.From =Request.Form("mailfrom")                '发件人 E-mail 地址
msg.FromName = "pyj"                              '发件人姓名
msg.AddRecipient(Request.Form("emails"))          '收件人 E-mail 地址
msg.Subject = Request.Form("mailsubject")         '信件主题
msg.Body = Request.Form("mailbody")               '信件正文
msg.Send (Request.Form("smtpaddress"))            'SMTP 服务器地址（企业邮局地址）
msg.close()                                       '关闭 Message 对象
set msg = nothing                                 '释放 Message 对象所占用的资源
If err<>0 Then                                    '如果程序执行过程中，出现错误则弹出警告对话框
   Response.Write("<script language='JavaScript'>alert('邮件发送失败,请核实输入内容是否准
```

```
确!');history.back(); </script>")
    Else                                          '如果未见异常，则弹出发送成功的对话框
      Response.Write("<script language='JavaScript'>alert(' 使 用 Jmail 组 件 发 送 邮 件 成
功!');window.location. href= 'jmail.asp';</script>")
    End If
    End If
    %>
```

如果在本机安装了 POP3 服务器，进行本地测试时应将以上代码中的
msg.**MailServerPassword** = request.Form("mima")注释掉（即无须输入邮箱的登录密码），否
则程序将不能正常运行。

10.3　综合实例——使用 Jmail 组件发送带附件的邮件

使用 Jmail 组件可以发送带附件的邮件。也就是说，用户除了可以发送普通的文本信息外，
还可以选择附件一同发送到指定的邮箱中。本实例将介绍图 10-13 所示的利用 Jmail 组件发送带附
件的邮件。

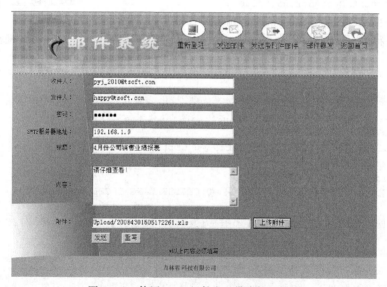

图 10-13　使用 Jmail 组件发送带附件的邮件

具体的实现步骤如下。

（1）安装 Jmail 组件。

（2）创建 fujian.asp 页面，在该页面中建立用于发送带附件邮件的表单。代码如下：

```
<form name="form_fujian" action="jmail_code.asp" method="post">
收件人: <input name="mailto" type="text" id="mailto" size="40"></td>
发件人: <input name="mailfrom" type="text" id="mailfrom" size="40"></td>
密码: <input name="mima" type="password" id="mima" size="44"></td>
```

SMTP 服务器地址：<input name="**smtpaddress**" type="text" id="smtpaddress" size="40"></td>

标题：<input name="**mailsubject**" type="text" id="mailsubject" size="40">

内容：<textarea name="**mailbody**" cols="40" rows="5" wrap="PHYSICAL" id="mailbody"></textarea>

附件：<input name="file_path" type="text" class="input1" id="file_path" value="" size="45" maxlength="80">

  <input name="Submit3" type="button" class="input1" value="上传附件" onClick="**window. open('upload. asp**?formname=form_fujian&editname=file_path&uppath=Upload&filelx=jpg','','status=no,scrollbars=no,top=20,left=110, width=480,height=115')"></td>

  <input type="submit" name="Submit" value="发送" onClick="return Mycheck (this.form)">

 <input type="reset" name="Submit2" value="重写"></td>

 </form>

在邮件发送页面中，单击"上传附件"按钮，将打开"附件上传"窗口，如图 10-14 所示。

（3）在"附件上传"窗口中，单击"浏览"按钮选择上传文件，然后单击"开始上传"按钮即可将所选择的文件上传到服务器上。附件上传页面中的代码如下：

图 10-14 "附件上传"窗口

```
<%
uppath=Request.QueryString("uppath")&"/"          '上传路径为 upload/
filelx=Request.QueryString("filelx")              '默认文件类型为 jpg
formName=Request.QueryString("formName")          '获取表单名称
EditName=Request.QueryString("EditName")          '获取附件文本框名称
%>
<form name="form1" method="post" action="upfile_deal.asp" enctype="multipart/ form
-data" >
<!-- 设计上传进度条开始 -->
<div  id="esave"  style="position:absolute;  top:18px;  left:40px;  z-index:10;
visibility:hidden">
<TABLE WIDTH=340 BORDER=0 CELLSPACING=0 CELLPADDING=0>
<TR><td width=20%></td>
<TD bgcolor=#ff0000 width="60%">
<TABLE WIDTH=100% height=120 BORDER=0 CELLSPACING=1 CELLPADDING=0>
<TR>
<td bgcolor=#ffffff align=center><font color=red class="fo">上传文件...</font></td>
</tr>
</table>
</td><td width=20%></td>
</tr></table></div>
<!-- 设计上传进度条结束 -->
<table class="tableBorder" width="95%" border="0" align="center" cellpadding="3">
<tr bgcolor="#E8F1FF">
<td align="center" id="upid" height="80">
<!-- 设计多个隐藏域, 用于向 upfile_deal.asp 文件中传递参数 开始 -->
<input type="hidden" name="filepath" value="<%=uppath    '上传路径%>">
<input type="hidden" name="filelx" value="<%=filelx '默认文件类型 %>">
<input type="hidden" name="EditName" value="<%=EditName   '附件文本框名称%>">
<input type="hidden" name="FormName" value="<%=formName '在 fujian.asp 页面中编辑的表
```

单名称%>">
```
    <input type="hidden" name="act" value="uploadfile"><!-用于确定用户是否提交表单 -->
    <!-- 设计多个隐藏域，用于向 upfile_deal.asp 文件中传递参数 结束 -->
    <input type="file" name="file1" size="40" value=""> <input type="submit"
name="Submit" value="开始上传" onclick="javascript:mysub()"></td>
    </tr>
    </table>
    </form>
    <script language="javascript">
    <!--
    function mysub(){                                    //自定义 mysub 函数
      esave.style.visibility="visible";                 //使<div>标记 esave 处于显示状态
    }
    -->
    </script>
```

以上代码中的<form>标记中应包含 enctype="multipart/form-data"。

　　（4）在处理上传文件的页面中，首先包含一个自定义的用于将文件上传到服务器上的类文件，然后声明类并调用类的相关方法获取到上传文件的类型、大小，再将文件保存到服务器上的指定路径下，最后将文件所在的相对路径及随机生成的文件名称返回到页面 fujian.asp 中的"附件"文本框中。代码如下：

```
    <!--#include file="upload_wj.inc"-->
    <%
    set upload=new upload_myfile                         '声明类 upload_myfile
    if upload.form("act")="uploadfile" then
      filepath=trim(upload.form("filepath"))             '上传文件到指定的路径
      filelx=trim(upload.form("filelx"))                 '上传文件类型，这里默认为 jpg
      i=0
      for each file_name in upload.File                  '遍历所有的上传文件
        set file=upload.File(file_name)                  '获取文件名称
        fileExt=lcase(file.FileExt)                      '获取文件扩展名
        if file.filesize<100 then                        '文件小于 100B，则要求重新选择文件
          Response.Write "<script language=javascript>alert('请先选择文件！');
history.go(-1);</script>"
          Response.End
        end if
        if filelx="jpg" then                             '如果文件类型为 jpg，则限制上传的最大文件为 1MB
          if file.filesize>(1000*1024) then
            Response.Write "<script language=javascript>alert('图片文件大小不能超过 1MB！');
history.go(-1); </script>"
            Response.End
          end if
        end if
        '生成随机数字
        randomize                                        '初始化随机数生成器
        ranNum=int(90000*rnd)+10000                      '返回一个随机数
```

```
filename=filepath&year(now)&month(now)&day(now)&hour(now)&minute(now)&second(now)&
ranNum&"."&fileExt                        '根据当前系统时间以及生成的随机数，确定上传文件的名称

    if file.FileSize>0 then
        file.SaveToFile Server.mappath(FileName)          '将文件上传到服务器上的指定目录
        if filelx="swf" then          '如果文件类型为 swf，则设置 fujian.asp 页面表单接收数据的大小
            Response.write
"<script>window.opener.document."&upload.form("FormName")&".size.value='"&int(file.Fil
eSize/ 1024)&" K'</script>"
        end if
        Response.write
"<script>window.opener.document."&upload.form("FormName")&"."&upload.form("EditName")&
".value='"&FileName&"'</script>"          '将上传的文件名称返回给 fujian.asp 页面中的 "附件" 文本框
    end if
    set file=nothing
    next
    set upload=nothing
end if
%>
<script language="javascript">
window.alert("文件上传成功!请不要修改生成的链接路径! ");
window.close();
</script>
```

关于类文件 upload_wj.inc 中的详细代码，请参见本书配套光盘中附带的程序，由于篇幅限制这里不再赘述。

知识点提炼

（1）SMTP 是提供邮件服务和信息交换的协议。它与 POP 或 IMAP 协议不同，POP 或 IMAP 协议提供邮箱，为特定的用户保留信息，用户可以通过邮箱读取和发送邮件，而 SMTP 不提供邮箱。

（2）Jmail 组件是一个使用广泛的发送邮件组件，发送邮件速度快、功能丰富，并且不需要安装或配置邮件的客户端。Jmail 组件是由 Dimac 公司开发的、完全免费的组件，使用 Jmail 组件可以发送普通邮件、发送带附件的邮件以及实现邮件群发。

习　　题

10-1　什么是 SMTP?

10-2　一般情况下，邮件信息的开始几行用于描述邮件的基本信息，通常包含哪些信息?

10-3　简述在 Windows 2003 下安装和配置 SMTP 服务器的基本步骤。

10-4　如何注册 Jmail 组件?

10-5　使用哪个组件可以发送带附件的邮件?

实验：邮件群发

实验目的

掌握使用 Jmail 组件发送邮件的方法。

实验内容

使用 JMmail 组件实现邮件群发。

实验步骤

（1）下载并注册 JMail 组件。

（2）显示收件人的信息。

```
<%@LANGUAGE="VBSCRIPT" CODEPAGE="936"%>
<!--#include file="conn3.asp"-->
<%
set rs=server.createobject("adodb.recordset")
rs1="select * from tb_Myemail"
rs.open rs1,conn,1,3
'分页
 rs.pagesize=6
 page=clng(request("page"))
 if page<1 then page=1
 rs.absolutepage=page
 for i=1 to rs.pagesize
 %>
 <tr>
   <td height="13"><div align="center" >

    <input type="checkbox" name="email" value="<%=rs("email")%>">
</div>
   <div align="center"></div>   <div align="center"></div>
   <div align="center"></div></td>
   <td height="13"><div align="center" class="style4"><%=rs("id")%></div></td>
   <td height="13"><div align="center" class="style4"><%=rs("name1")%></div></td>
   <td height="25"><div align="center" class="style4"><%=rs("email")%></div></td>
 </tr>
 <%
 rs.movenext
 if rs.eof then exit for
 next
 %>
 <tr>
   <td height="25" colspan="3" class="style1">
   <input type="button" name="Submit4" value="取消选择"
onClick="CheckAll(myform.email)"></td>
```

（3）编写用于实现取消选择功能的自定义 JavaScript 函数。代码如下：

```
<script language="javascript">
```

```
function CheckAll(elementsA){
    var len=elementsA;
        for (i=0;i<len.length;i++){
            elementsA[i].checked=false;
            }
}
</script>
```

（4）单击"发送"按钮，提交到另一个页面（jmail_cl.asp）进行群发处理。代码如下：

```
<%
Emails=Split(Request("email"),",")
for i=0 to ubound(emails)
Set msg = Server.CreateObject("JMail.Message")
msg.silent = true
msg.Logging = true
msg.Charset = "gb2312"
msg.MailServerUserName =request("mailfrom")  '输入 smtp 服务器验证登录名（邮局中任何一个用
户的 E-mail 地址）
msg.MailServerPassword = request("mima") '输入 smtp 服务器验证密码（用户 E-mail 账号对应的密码）
msg.From =request("mailfrom")  '发件人 E-mail
msg.FromName = "sunmingli"'发件人姓名
msg.AddRecipient(emails(i)) '收件人 E-mail
msg.Subject = request("mailsubject") '信件主题
msg.Body = request("mailbody") '正文
msg.Send (request("smtpaddress")) 'smtp 服务器地址（企业邮局地址）
set msg = nothing
next
response.Write "<br>"
response.Write "发送成功！！"
%>
```

运行本实例，将显示图 10-15 所示的运行结果。

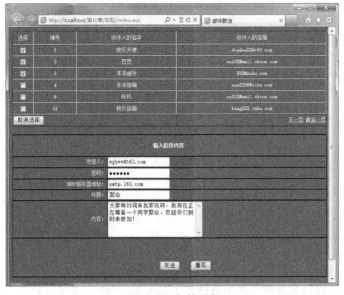

图 10-15　邮件群发

第 11 章
ASP 与 XML 高级编程

本章要点：

- 定义 XML 文档中的元素属性
- 使用 CSS 定义 XML 文档显示格式
- 使用 XSL 定义 XML 文档显示格式
- 应用 XML 数据岛技术定义 XML 文档显示格式
- 学会如何创建 XMLDOMDocument 对象
- 调用 load 方法直接加载 XML 文档
- 应用 ASP 向 XML 文档中添加数据
- 应用 ASP 读取 XML 数据
- 应用 ASP 动态修改 XML 数据
- 制作功能导航菜单
- 实现不刷新页面查询数据

随着 XML 技术的流行，网站中越来越注重使用 XML 来存储数据。本章对 XML 文档的结构和语法要求进行了详细介绍，同时还应用大量的典型实例介绍了如何在 ASP 中对 XML 文件进行操作、调用以及 XML 的一些高级应用，以便使读者能够更深入地学习 XML 技术。

11.1 XML 概述

XML 是 Extensible Markup Language 的缩写，意为可扩展的标记语言，主要用于提供数据描述格式，它适用于不同应用程序间的数据交换。本节将对 XML 文档结构、XML 语法要求、定义 XML 文档中的元素属性、字符和实体引用等基础知识进行介绍。

11.1.1 XML 文档结构

XML 是一套定义语义标记的规则，也是用来定义其他标识语言的元标识语言。使用 XML 时，首先创建类似 HTML 的标识语言，然后再应用创建的标识语言显示信息。

下面介绍一个简单的 XML 文档的实例，通过这个文档可以让读者了解 XML 文档的基本结构。代码如下：

```
<?xml version="1.0"?>                          <!-- 说明是 XML 文档,并指出 XML 文档的版本号-->
<?xml-stylesheet type= "text/css" href= "style.css" ?><!-- 表示引用的 CSS 样式表文件-->
<!-- 这是 XML 文档的注释 -->
<BOOKS>                                         <!-- 定义 XML 文档的根元素-->
    <name1>xxx 科技</name1 >                     <!-- 定义 XML 文档元素-->
    <address>长春市 xxx 大街</address>
    <cation>
        <BOOK>
            <titles>ASPxxxx 技术</titles>        <!-- 定义 XML 文档元素-->
            <ye>76x</ye>
        </BOOK>
        <BOOK>
            <titles>SQLxxxx 技术</titles>
            <ye>52x</ye>
        </BOOK>                                  <!-- XML 文档元素结束符-->
    </cation>
</BOOKS>
```

XML 文档的结构主要由两部分组成,即序言和文档元素。

1. 序言

序言中包含 XML 声明、处理指令和注释。序言必须出现在 XML 文件的开始处。

上面程序代码中的第 1 行是 XML 声明,用于说明这是一个 XML 文档,并且给出版本号;程序代码中的第 2 行是一条处理指令,应用处理指令的目的是引用有关 XML 应用程序信息,在此段代码中主要应用处理指令告诉浏览器使用了 CSS 样式表文件 style.css;程序代码中的第 3 行为 XML 的注释语句。

2. 文档元素

XML 文档中的元素是以树形分层结构排列的,元素可以嵌套在其他元素中。XML 文档中有且只有一个顶层元素,该元素被称为文档元素或根元素,类似于 HTML 页中的 BODY 元素,其他所有元素都嵌套在根元素中。文档元素中可以包含各种元素,如属性、文本内容、字符和实体引用等。

在上面的程序代码中,文档元素是 BOOKS,其起始和结束标记分别为<BOOKS>和</BOOKS>。在文档元素中定义了<BOOK>标记,又在<BOOK>标记中定义了<titles>和<ye>标记。

11.1.2 XML 语法要求

了解了 XML 文档的基本结构后,接下来需要熟悉创建 XML 文档的语法要求,因为只有知道了 XML 文档的语法要求,才能正确地创建 XML 文档。XML 文档的语法要求如下。

（1）在 XML 文档中只有一个顶层元素,其他元素必须都嵌入在顶层元素中。

（2）XML 元素必须正确地嵌套,不允许元素相互重叠或跨越。

（3）所有元素必须有结束标记,或者简写形式的空元素。

（4）起始标记中的元素类型名称必须与相应结束标记中的名称完全匹配。

（5）XML 元素名是区分大小写的,而且起始和结束标记必须准确匹配。例如,定义的起始标记<content>和结束标记</content>,如果起始标记的名称与结束标记的名称不匹配,则说明是非法的。

（6）元素可以包含属性,属性必须放在单引号或双引号中。在一个元素节点中,具有给定名称的属性只能有一个。

（7）XML 文档中的空格被保留。空格是节点内容的一部分,如果要删除空格,可以手动进行删除。

11.1.3　定义 XML 文档中的元素属性

元素所有的属性只能在元素的开始标签和空元素标签中出现。属性必须被声明，属性值必须是其声明的类型。

在一个元素的起始标记中，可以自定义一个或多个属性。属性是依附于元素存在的，另外，属性值需要用单引号或者双引号括起来。

例如，给元素 BOOK 定义属性 Type，用于说明书籍的类别。代码如下：

```
<BOOK Type="WebBook"></BOOK>
```

为元素添加属性是为元素提供信息的一种方法。当使用 CSS 样式表显示 XML 文档时，浏览器不会显示属性以及其属性值。如果使用数据绑定、HTML 页中的脚本或者 XSL 样式表显示 XML 文档则可以访问属性及属性值。

相同的属性名不能在元素起始标记中出现多次。

11.1.4　字符和实体引用

在 XML 中，字符引用和实体引用提供了一种表示 XML 保留字的方法。字符引用主要由十进制或十六进制的数字前面加上 "&#" 或 "&#x"，后面还需要添加分号（;）组成；而实体引用主要是由字符前面带有一个符号 "&"，后面再添加一个分号（;）组成。

XML 提供了一些常用的内部实体，如表 11-1 所示。

表 11-1　　　　　　　　　　　　XML 字符的内部实体表

实　　体	实 体 引 用	描　　　述
lt	&lt;	<小于
gt	&gt;	>大于
amp	&amp;	&和
apos	&apos;	'单引号
quot	&quot;	"双引号

【例 11-1】 下面介绍如何在 XML 文档中使用实体引用。代码如下：（实例位置：光盘\MR\源码\第 11 章\11-1）

```
<?xml version="1.0" encoding="gb2312" ?>    <!-- 说明是XML文档,并指出XML文档的版本号-->
<message>                                   <!-- 定义 XML 文档的根元素-->
<name>吉林省 xxxx 有限公司</name>            <!-- 定义 XML 文档元素-->
<em>douxxxx@163.com</em>
<hp>http://www.douxxx.com</hp>
<cation>
<book>
<!-- 下面的语句是错误的, 不能直接使用双引号
    <TITLE>"ASP 程序开发 xxx"</TITLE>
-->
<title>&quot;ASP 程序开发 xxx&quot;</title>             <!-- 此处应用了实体引用-->
```

```
<cb>xxx 出版社</cb>
</book>
<!-- 下面的语句是错误的，不能直接使用&号
        <TITLE>ASP&ASP 数据库 xxx</TITLE>
-->
<book>
<title>ASP&amp;ASP 数据库 xxx</title>                    <!-- 此处应用了实体引用-->
<cb>xxx 出版社</cb>
</book>
</cation>
</message>
```

实例的运行结果如图 11-1 和图 11-2 所示。

图 11-1　没有应用实体引用的运行结果

图 11-2　应用实体引用的运行结果

11.2　XML 的 3 种显示格式

显示 XML 文档内容，不但可以借助外部 CSS 样式表或外部 XSL 样式表实现，还可以借助一些客户端程序实现。本节将介绍如何通过 CSS、XSL 或 IE XML 数据岛显示 XML 文档。

11.2.1　使用 CSS 定义 XML 文档显示格式

在对 XML 文档进行动态显示时，可以使用 CSS 样式表显示 XML 文档。在指定的 XML 文档中可以直接引用一个 CSS 样式表文件。引用的语法格式如下：

```
<?xml-stylesheet type="text/css"href="style.css"?>
```

其中，style.css 代表 CSS 样式表文件的名称。

在定义 CSS 样式表文件时，需要注意的是，在 CSS 样式表中的样式名称应与 XML 文档中定义的元素名称相同。

【例 11-2】　XML 文档在 IE 5.0 及以上版本的浏览器中可以像普通 Web 页面一样直接打开。如果 XML 文档没有引用外部 CSS 文件，那么 IE 将只显示整个文档的文本，而如果引用了样式表文件，则将按样式表文件中指定的样式显示 XML 文档。例如，本实例将 index.xml 文件中的 "<?xml stylesheet href="style.css" type="text/css"?>" 语句删除后，在 IE 中打开的结果如图 11-3 所示；将 "<?xml-stylesheet href="style.css" type="text/css"?>" 语句加上后，在 IE 中打开的结果如图 11-4 所示。实现步骤如下：（实例位置：光盘\MR\源码\第 11 章\11-2）

（1）编写 CSS 样式表文件 style.css，在该样式表文件中指定 XML 文档中各元素的显示样式。代码如下：

```
book{                               /* 定义 CSS 样式标记*/
    border:1px solid;               /* 将表格边框的宽度固定在 2px*/
    width:95%;                      /* 表格的宽度为 95%*/
    font-size:12px;                 /* 表格内的字体大小为 12px*/
    margin:5px;                     /*设置外边距*/
    display:inline-table;           /*设置显示样式*/
    padding:5px;                    /*设置内边距*/
}
bookname{
    font-size:12px;                 /* 表格内的字体大小为 12px*/
    padding:10px;                   /* 设置文字与表格边框的间隙为 5px*/
}
author{
    font-size:12px;/* 表格内的字体大小为 12px*/
}
```

（2）编写 index.xml 文件，在该文件中创建一个 books 根元素，该元素由多个 book 元素组成。代码如下：

```
<?xml version="1.0" encoding="gb2312" ?>   <!-- 说明是 XML 文档,并指出 XML 文档的版本号-->
<?xml-stylesheet href="style.css" type="text/css"?>      <!-- 引用的 CSS 样式表文件-->
<books>                                      <!-- 定义 XML 文档的根元素-->
<book>                                       <!-- 定义 XML 文档元素-->
    <bookname>ASP 程序开发 XXXX</bookname>    <!-- XML 文档元素嵌套-->
    <author>豆豆 XXX</author>                 <!-- XML 文档元素嵌套-->
</book>                                       <!-- 结束 XML 文档元素-->
<book>                                        <!-- 定义 XML 文档元素-->
    <bookname>ASP 数据库系 XXXX</bookname>
    <author>明日科技</author>
</book>                                       <!-- 结束 XML 文档元素-->
<book>
    <bookname>ASP 实例开发 XXXX</bookname>
    <author>丽丽 XXX</author>
</book>
<book>
```

```
<bookname>ASP 开发技术 XXXX</bookname>
<author>小豆 XXX</author>
</book>
</books>                                              <!-- 结束 XML 文档的根元素-->
```

（3）在 index.xml 文件的第 2 行加入如下引用 CSS 样式表文件的代码。

```
<?xml-stylesheet href="style.css" type="text/css"?>
```

实例的运行结果如图 11-3 和图 11-4 所示。

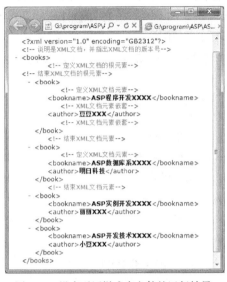

图 11-3　没有引用样式表文件的运行结果　　　　图 11-4　引用样式表文件的运行结果

11.2.2　使用 XSL 定义 XML 文档显示格式

XSL（eXtensible Stylesheet Language，可扩展式的样式表语言）语言和 CSS 样式表类似，它的用途就是将 XML 文档转换成 HTML 格式的文件，然后再交付给浏览器，由浏览器显示转换后的结果。

应用 CSS 样式表定义 XML 文档显示格式时，只允许指定每个 XML 元素的格式；而应用 XSL 样式表，则允许对整个 XML 文档的显示格式进行控制。通过 XSL 样式表可以精确地选择想要显示的 XML 数据，并且可以按照任意顺序排列显示的数据。

在 XML 文档中使用 XSL 样式表的语法如下：

```
<?xml-stylesheet type="text/xsl"href="XSL 样式表路径"?>
```

【例 11-3】下面介绍如何使用 XSL 样式表显示 XML 文档内容，实现步骤如下：（实例位置：光盘\MR\源码\第 11 章\11-3）

（1）编写 XSL 样式表文件 style.xsl，在该文件中将 XML 的<book>标签转换为表格的 TR 标记；<book>标签下的子元素转换为表格的 TD 标记，并将整个文档作为 HTML 输出。代码如下：

```
<?xml version='1.0' encoding='gb2312'?><!-- 说明是 XML 文档，并指出 XML 文档的版本号-->
<xsl:stylesheet version="1.0" xmlns:xsl="http://www.w3.org/1999/XSL/Transform">
<!-- 说明采用的是 XSL 样式表-->
<xsl:template match="/"><!-- 定义 XSL 模板规则-->
    <html>
```

```
       <head>
       <title>使用 XSL 显示 XML 文档</title>
        <style>
        td {
        font-size: 9pt;   color: #000000;
    }
    body {
        margin: 0px;
    }
    .tableBorder {
        border: #aaaaaa 1px solid
    }
        </style> </head>
<body>
<table width="780" border="0" align="center" cellpadding="0" cellspacing="0" backg
round="Images/bg.jpg" class="tableBorder">
   <tr>
    <td width="26%" height="112" valign="top"> </td>
    </tr>
    <tr>
        <td  height="248"  align="center"  valign="top"><table  width="90%"  border="1"
bordercolor="#FFFFFF" bordercolordark ="#FFFFFF" bordercolorlight="#999999" cellpadding
="0" cellspacing="0">
<tr height="27">
<td align="center">书号</td>
<td align="center">书名</td>
<td align="center">作者</td>
<td align="center">出版社</td>
</tr>
<xsl:for-each select="books/book">
<!--遍历 books 标记下所有的 book 标记-->
<tr height="27">
<td><xsl:value-of select="ISBN"/></td><!--绑定用于显示的文本-->
<td><xsl:value-of select="bookname"/></td><!--绑定用于显示的文本-->
<td><xsl:value-of select="author"/></td><!--绑定用于显示的文本-->
<td><xsl:value-of select="publishing"/></td><!--绑定用于显示的文本-->
</tr>
</xsl:for-each>
</table></td></tr>
<tr>
<td height="69" valign="top"> </td>
</tr></table></body></html>
</xsl:template>
</xsl:stylesheet>
```

（2）编写 index.xml 文件，在该文件中创建一个 books 根元素，该元素由多个 book 元素组成。
代码如下：

```
<?xml version="1.0" encoding="gb2312" ?><!-- 说明是 XML 文档，并指出 XML 文档的版本号-->
<?xml-stylesheet href="style.xsl" type="text/xsl"?><!-- 引用的 XSL 样式表文件-->
<books>><!-- 定义 XML 文档的根元素-->
<book><!-- 定义 XML 文档元素-->
    <ISBN>7-115-xxx</ISBN>
```

```
    <bookname>ASP 程序 xxxxx</bookname>
    <author>豆 xx</author>
    <publishing>xxx 出版社</publishing>
</book>
<book>
    <ISBN>7-115xxx</ISBN>
    <bookname>ASP 开发 xxx</bookname>
    <author>王 xx、李 xx、杨 xx</author>
    <publishing>xxx 出版社</publishing>
</book>
<book>
    <ISBN>719-6xxx</ISBN>
    <bookname>xxx 数据库系统</bookname>
    <author>国 xx、xx 易</author>
    <publishing>xxx 出版社</publishing>
</book>
<book>
    <ISBN>531-9xxxx</ISBN>
    <bookname>ASP 解析 xxx</bookname>
    <author>孙 xx、于 xx</author>
    <publishing>xxx 出版社</publishing>
</book>
</books>
```

（3）在 index.xml 文件的第 2 行加入以下引用 XSL 样式表文件的代码。

```
<?xml-stylesheet href="style.xsl" type="text/xsl"?><!-- 引用的 XSL 样式表文件-->
```

在 XML 文档中如果链接了多个 XSL 样式表，浏览器将使用第 1 个 XSL 样式表而忽略其他 XSL 样式表；如果同时链接一个 CSS 样式表和一个 XSL 样式表，浏览器将只使用 XSL 样式表。

实例的运行结果如图 11-5 所示。

书号	书名	作者	出版社
7-115-xxx	ASP程序xxxxx	豆xx	xxx出版社
7-115xxx	ASP开发xxx	王xx、李xx、杨xx	xxx出版社
719-6xxx	xxx数据库系统	国xx、xx易	xxx出版社
531-9xxxx	ASP解析xxx	孙xx、于xx	xxx出版社

图 11-5　使用 XSL 定义 XML 文档显示格式

11.2.3　应用 XML 数据岛技术定义 XML 文档显示格式

应用 XML 数据岛技术可以定义 XML 文档的显示格式，也可以有效地将显示格式和显示数据分离。应用数据岛技术将 XML 文档中的数据显示到 HTML 文件中，首先需要在 HTML 文件中链接 XML 文档，然后再进行显示。在 HTML 文件中链接 XML 文件的语法格式如下：

```
<xml id="value" src="XML 文件">
```

在 HTML 标签中，通过添加 datasrc 属性与 XML 中的记录进行关联。

> 　　与 XML 中的记录进行关联后，就可以使用<span>标记的 datafld 属性与 XML 元素相互绑定。

【例 11-4】　下面介绍如何使用 IE XML 数据岛输出 XML 文档，实现步骤如下：（实例位置：光盘\MR\源码\第 11 章\11-4）

（1）编写 friends.xml 文件，在该文件中创建一个 friends 根元素，该元素由多个 friend 元素组成。代码如下：

```
<?xml version="1.0" encoding="gb2312"?>      <!-- 说明是 XML 文档,并指出 XML 文档的版本号-->
<friends>                                    <!-- 定义 XML 文档的根元素-->
    <friend>                                 <!-- 定义 XML 文档元素-->
        <name>豆 xx</name>
        <address>长春市 xxx 街 66 号</address>
        <postcode>1300xx</postcode>
        <tel>327xxx</tel>
        <qq>6239xxxx</qq>
    </friend>
    <friend>
        <name>xx 儿</name>
        <address>长春市 xxx 街 77 号</address>
        <postcode>1300xxx</postcode>
        <tel>368xxx</tel>
        <qq>212xxx</qq>

    </friend>
</friends>
```

（2）使用一个 XML 数据岛（id=f）载入 friends.xml 文档，并将其绑定到 HTML 表格（datasrc=#f）上，然后再将<span>标记的 datafld 属性和 XML 文档对应的 XML 元素相互绑定。代码如下：

```
<xml id="f" src="friends.xml"></xml>
<!--使用一个 XML 数据岛（id=f）载入 friends.xml 文档-->
<table   width="90%"   border="1"   datasrc="#f"   cellpadding="0"   cellspacing="0"
bordercolor="#FFFFFF" bordercolordark ="#FFFFFF" bordercolorlight="#999999">
<thead>
<tr>
<td align="center">名称</td>
<td align="center">联系地址</td>
<td align="center">邮政编码</td>
<td align="center">联系电话</td>
<td align="center">OICQ 号码</td>
</tr>
</thead>
<tr>
<td><span datafld="name"></span></td>
<!--将<span>标记的 datafld 属性和 XML 文档对应的 XML 元素相互绑定-->
<td><span datafld="address"></span></td>
<td><span datafld="postcode"></span></td>
```

```
<td><span datafld="tel"></span></td>
<td><span datafld="qq"></span></td>
</tr>
</table>
```

实例的运行结果如图 11-6 所示。

图 11-6　应用 XML 数据岛技术定义 XML 文档显示格式

11.3　XMLDOMDocument 技术

XMLDOMDocument 对象是 XML 文件的根对象，通过该对象可以实现对 XML 文档的加载。下面将介绍如何创建 XMLDOMDocument 对象以及如何加载 XML 文档。

11.3.1　创建 XMLDOMDocument 对象

XMLDOMDocument 对象是 XML 文件的根对象，通过该对象可以实现对 XML 文档的加载。
语法：

```
newxml=Server.CreateObject("Microsoft.XMLDOM")
```

newxml：表示创建的对象名称。

【例 11-5】　应用 Server 对象的 CreateObject 方法创建 XMLDOMDocument 对象。代码如下：
（实例位置：光盘\MR\源码\第 11 章\11-5）

```
<body>
<%
Set newxml=Server.CreateObject("Microsoft.XMLDOM")
'应用 Server 对象的 CreateObject 方法创建 XMLDOMDocument 对象
%>
</body>
```

11.3.2　调用 load 方法直接加载 XML 文档

在 ASP 应用程序中，可以使用 XMLDOMDocument 对象的 load 方法加载 XML 文档。使用该方法加载 XML 文档时，如果指定的 XML 文档加载成功则返回 True，否则返回 False。
语法：

```
load(filename)
```

filename：需要加载的文件名。

【例 11-6】　应用 XMLDOMDocument 对象的 load 方法加载一个 XML 文档。代码如下：（实

例位置：光盘\MR\源码\第 11 章\11-6）

```
<body>
<%
Dim xml                                          '定义变量
Set xml=Server.CreateObject("Microsoft.XMLDOM")  '创建 XMLDOMDocument 对象
xml.load(Server.MapPath("./add.xml"))            '应用 load 方法加载 XML 文档
%>
</body>
```

11.3.3　调用 loadXML 方法加载 XML 文档片断

通过 loadXML 方法可以将指定的 XML 文档中的字符串加载到当前的 XMLDOMDocument 文档对象中，如果加载成功则返回 True，否则返回 False。

语法：

```
loadXML(xmlString)
```

xmlString：需要加载的 XML 字符串，此字符串应是符合 XML 语法规则的 XML 片断。

【例 11-7】　应用 loadXML 方法加载 XML 文档片断。代码如下：（实例位置：光盘\MR\源码\第 11 章\11-7）

```
<body>
<%
Dim xml,str                                      '定义变量
str="<username><name1>豆豆</name1></username>"   '为字符串赋值
Set xml=Server.CreateObject("Microsoft.XMLDOM")  '创建 XMLDOMDocument 对象
xml.loadXML(str)                                 '应用 loadXML 方法加载 XML 片断
%>
</body>
```

11.4　ASP 对 XML 数据的基本操作

本节将向读者介绍如何在 ASP 应用程序中对 XML 文件进行添加、读取和修改数据操作，通过本节的讲解，希望能够帮助广大读者更好地学习 XML 技术。

11.4.1　ASP 向 XML 文档中添加数据

向 XML 文档中添加数据时主要用到 XMLDOMDocument 对象。下面将对该对象中重要的方法和属性进行介绍。

1. createElement 方法

应用该方法可以创建一个 XMLDOMElement 对象。

语法：

```
xml=xmlobject. createElement("infor")
```

infor：表示新创建的 XMLDOMElement 对象的名称。

2. save 方法

应用该方法可以将当前文件存储到 filename 指定的位置。

语法：

```
xml.save("filename")
```

filename：表示文件存储的路径，如果 filename 是一个绝对路径，就将当前文件保存到指定的地址中；如果 filename 是一个 XMLDOMDocument 对象，则将当前文件保存到指定的对象中。

3. documentElement 属性

该属性表示当前文件最外层元素的 XMLDOMElement 对象。

XMLDOMDocument 对象的创建读者请参见 11.3.1 小节。

【例 11-8】 应用 ASP 实现向 XML 文档中添加数据，实现步骤如下：（实例位置：光盘\MR\源码\第 11 章\11-8）

（1）动态创建一个信息添加页面，在该页面中输入所需要的表单元素，并通过 ASP 代码向 XML 文档中添加数据。代码如下：

```
<%
if request("action")<>"" then                              '判断表单是否提交
    if (request("action")="newadd") then                   '接收表单传值
    SaveFile=Server.MapPath("addnew.xml")                  '获取指定的 XML 文档
    Set xmladd=Server.CreateObject("Microsoft.XMLDOM")     '创建 XMLDOMDocument 对象
    FS=xmladd.load(SaveFile)                                '应用 load 方法加载 XML 文档
        if FS= true then                                   '判断是否成功加载 XML 文档
        '创建一个 XMLDOMElement 对象，对象名称为 infor
        set AddMent=xmladd.createElement("infor")
        '创建一个 XMLDOMElement 对象，对象名称为 name1
        set Elementadd=xmladd.createElement("name1")
        Elementadd.text=request.Form("name1")    '获取的值赋值给 Elementadd.text
        AddMent.appendChild(Elementadd)     '将新的元素添加到当前元素的子元素列表的末尾
        '创建一个 XMLDOMElement 对象，对象名称为 telephone
        set Elementadd=xmladd.createElement("telephone")
        Elementadd.text=request.Form("telephone")    '获取的值赋值给 Elementadd.text
        AddMent.appendChild(Elementadd)     '将新的元素添加到当前元素的子元素列表的末尾
        '创建一个 XMLDOMElement 对象，对象名称为 address
        set Elementadd=xmladd.createElement("address")
        Elementadd.text=request.Form("address")      '获取的值赋值给 Elementadd.text
        AddMent.appendChild(Elementadd)     '将新的元素添加到当前元素的子元素列表的末尾
        '创建一个 XMLDOMElement 对象，对象名称为 bianhao
        set Elementadd=xmladd.createElement("bianhao")
        Elementadd.text=request.Form("bianhao")      '获取的值赋值给 Elementadd.text
        AddMent.appendChild(Elementadd)     '将新的元素添加到当前元素的子元素列表的末尾
        '创建一个 XMLDOMElement 对象，对象名称为 number1
        set Elementadd=xmladd.createElement("number1")
        Elementadd.text=request.Form("number1")      '获取的值赋值给 Elementadd.text
        AddMent.appendChild(Elementadd)     '将新的元素添加到当前元素的子元素列表的末尾
        '将新的元素添加到当前元素的子元素列表的末尾
        xmladd.documentElement.appendChild(AddMent)
        xmladd.save(SaveFile)                        '应用 save 方法保存指定的 XML 文档
```

```
            end if
        end if
end if
%>
```

（2）应用 JavaScript 脚本判断输入的数据信息是否为空。代码如下：

```
<script language="javascript">
function Mycheck()                        //创建自定义函数
{
if(form1.name1.value=="")                 //判断用户名的文本框是否为空
{
alert("用户名不能为空!!");                  //弹出提示对话框
form1.name1.focus();                      //获取焦点
return false                              //返回 false
}
if(form1.telephone.value=="")             //判断电话号码的文本框是否为空
{alert("请输入电话号码!!");form1.telephone.focus();return false}
if(form1.address.value=="")
{alert("通讯地址不允许为空!!");form1.address.focus();return false}
if(form1.bianhao.value=="")
{alert("邮编不允许为空!!");form1.bianhao.focus();return false}
if(form1.number1.value=="")
{alert("请输入QQ号码!!");form1.number1.focus();return false}
}
</script>
```

（3）创建 index.asp 页面，通过该页面对 XML 文档中的数据信息进行循环显示。代码如下：

```
<%
Set newxml=Server.CreateObject("Microsoft.XMLDOM")    '创建 XMLDOMDocument 对象
newxml.load(Server.MapPath("addnew.xml"))             '应用 load 方法加载 XML 文档
Set newlist=newxml.getElementsByTagName("infor")      '用于返回一个 XMLDOMNodeList 对象
newint=newlist.length                                 '用于返回当前元素中的数据的字符数
%>
<table  width="496"  border="1"  align="center"  cellpadding="1"  cellspacing="1"
bordercolordark="#000000" bordercolorlight ="#CCCCCC">
    <tr>
    <td width="71" class="STYLE3"><div align="center"><span class="STYLE3"> </span>
用户名</div></td>
    <td width="88" class="STYLE3"><div align="center">电话</div></td>
    <td width="150" class="STYLE3"><div align="center">地址</div></td>
    <td width="71" class="STYLE3"><div align="center">邮编</div></td>
    <td width="88" class="STYLE3"><div align="center">QQ 号</div></td>
    </tr>
<%
for i=0 to newint-1                    '循环显示 XML 文档中的数据
Set newobj=newlist.item(i)             '返回 XMLDOMNodeList 对象列表中第 i 个 XMLDOMNode 对象
%>
<tr>
<td><div align="center"><span class="STYLE3"><%=newobj.childNodes(0).text
%><%'返回当前元素的子元素%></span></div></td>
<td><div align="center"><span class="STYLE3"><%=newobj.childNodes(1).text
```

```
%><%'返回当前元素的子元素%></span></div></td>
<td class="STYLE3"><div align="center"><%=newobj.childNodes(2).text
%><%'返回当前元素的子元素%></div></td>
<td class="STYLE3"><div align="center"><%=newobj.childNodes(3).text%></div></td>
<td class="STYLE3"><div align="center"><%=newobj.childNodes(4).text%></div></td>
</tr>
<%next%>
</table>
```

实例的运行结果如图 11-7 所示。

通过单击"添加"按钮进入信息录入页面，在该页面中输入所需要添加的数据后，单击"提交"按钮完成信息添加。程序运行结果如图 11-8 所示。

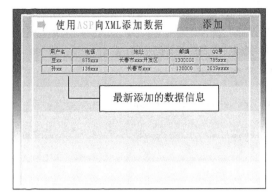

图 11-7　XML 信息显示页面

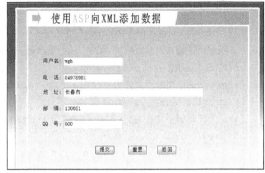

图 11-8　使用 ASP 向 XML 文件添加信息页面

11.4.2　ASP 读取 XML 数据

应用 ASP 来读取 XML 数据时，首先需要应用 Server 对象的 CreateObject 方法动态创建 XMLDOM-Document、XMLDOMNodeList 和 XMLDOMNode 对象，然后再应用相应对象的属性和方法来实现对指定的 XML 数据进行读取。下面分别对 XMLDOMDocument、XMLDOMNodeList 和 XMLDOM-Node 对象进行介绍。

1. XMLDOMDocument 对象

语法：

```
newxml=Server.CreateObject("Microsoft.XMLDOM")
```

newxml：表示创建的对象名称。

有关 load 方法的使用，请读者参见 11.3.2 小节。

2. XMLDOMNodeList 对象

XMLDOMNodeList 对象是指由 XMLDOMNode 对象组成的列表。

语法：

```
xml=Server.CreateObject("Microsoft.XMLDOM")
```

xml：表示创建的对象名称。

在应用 ASP 读取 XML 数据时，将应用到 item 方法。应用该方法返回 XMLDOMNodeList 对象列表中的第 Index 个 XMLDOMNode 对象。第 1 个 Index 的值等于 0。如果 Index 的值超出了

XMLDOMNodeList 对象指定的值，此时就会返回一个 Null 值。

3. XMLDOMNode 对象

XML 文件树中所有类型的元素和元素的属性都是从 XMLDOMNode 对象中继承来的，因此该对象是所有元素的基础。

语法：

```
dom=Server.CreateObject("Microsoft.XMLDOM")
```

dom：表示创建的对象名称。

【例 11-9】 应用 ASP 来读取 XML 数据时，首先需要在服务器上创建一个 XMLDOMDocument 对象，然后再对指定的 XML 数据进行读取。实现步骤如下。（实例位置：光盘\MR\源码\第 11 章\11-9）

（1）需要创建一个新的 XML 文档，并命名为 index.xml。代码如下：

```xml
<?xml version="1.0" encoding="gb2312"?><!-- 说明是 XML 文档，并指出 XML 文档的版本号-->
<Mycheck><!-- 定义 XML 文档的根元素-->
    <site><!-- 定义 XML 文档元素-->
        <test>ASP 程序 xxxxx</test>
        <address >
            <URL>http://www.mingxxxxx.com</URL>
        </address>
    </site>
    <site>
        <test>xxxxx 开发</test>
        <address >
            <URL>http://www.mingrisoft1.com</URL>
        </address>
    </site>
    <site>
        <test>xxxxASP 图书</test>
        <address >

            <URL>http://www.douxxxxx.com</URL>
        </address>
    </site>
    <site>
        <test>欢迎光临本网站 xxx</test>
        <address >
            <URL>http://www.smlxxx.com</URL>
        </address>
    </site>
</Mycheck>
```

（2）应用 Server 对象的 CreateObject 方法动态创建 XMLDOMDocument、XMLDOMNodeList 和 XMLDOMNode 对象，然后再应用这些对象所提供的方法来实现对指定的 XML 数据进行读取。代码如下：

```
<%
Set XML = Server.CreateObject("Microsoft.XMLDOM")      '创建 XMLDOMDocument 对象
Set List = Server.CreateObject("Microsoft.XMLDOM")     '创建 XMLDOMNodeList 对象
Set add = Server.CreateObject("Microsoft.XMLDOM")      '创建 XMLDOMNode 对象
XML.async = False                                      '设置加载的 XML 文档加载
XML.Load (Server.MapPath("index.xml"))                 '应用 load 方法加载 XML 文档
```

```
If XML.parseError.errorCode <> 0 Then          '判断文件是否被正常解析
'处理错误
End If
Set List = XML.getElementsByTagName("site")    '用于返回一个 XMLDOMNodeList 对象
newlines = List.length                         '用于返回当前元素中的数据的字符数
%>
<body>
<%
For i = 0 To (newlines -1)                      '循环显示当前元素中数据的字符数
Set add = List.item(i)                          '返回 XMLDOMNodeList 对象列表中第 i 个 XMLDOMNode 对象
Response.Write("<a
href="""&add.childNodes(1).childNodes(0).text&""">"&add.childNodes(0).text&"</a><br>")
'动态输出数据信息
Next
%>
```

实例的运行结果如图 11-9 所示。

11.4.3　ASP 动态修改 XML 数据

ASP 应用程序对 XML 数据进行修改时，主要应用到了 Stream 对象的 WriteText 和 SaveToFile 方法。通过 WriteText 方法可以向 XML 文件写入新的数据，在完成新数据的写入后，可以应用 SaveToFile 方法对 XML 文件进行重新保存。下面分别对 WriteText 和 SaveToFile 方法进行讲解。

图 11-9　ASP 读取 XML 数据

1. WriteText 方法

语法：

```
Object.WriteText (Data,[Options])
```

- Data：表示要写入的数据。
- Options：可选参数，表示写入的选项。

2. SaveToFile 方法

语法：

```
Object.saveTofile(FileName,[Options])
```

- FileName：需要保存的指定文件。
- Options：指定存取的选项。

【例 11-10】　在编写修改程序时，可以通过很多方法进行相关数据信息的修改操作。在此笔者将向读者介绍如何应用 ASP 对指定的 XML 文件进行动态修改。实现步骤如下。（实例位置：光盘\MR\源码\第 11 章\11-10）

（1）在页面中，添加所需要的表单元素。代码如下：

```
<form action="index.asp?action=ok" method="post">
<div align="center">
<textarea name="content" cols="50" rows="12">
<%=server.execute("content.xml")%>
</textarea>
<br>
<input type="submit" value="修 改">
</div>
</form>
```

（2）通过使用 Stream 流技术实现 XML 文件的修改。代码如下：

```
<%
Function Save(wenjian,wenname)              '创建自定义函数
Set sun=Server.CreateObject("ADODB.Stream") '创建 Stream 对象
      sun.Type=2                           '返回的数据类型
      sun.Open                             '打开 Stream 对象
      sun.Charset="GB2312"                 '指定流的字符集
      sun.Position=sun.Size                '返回对象内数据的当前指针，同时返回对象内数据的大小
      sun.WriteText=wenjian                '应用 WriteText 向指定的 XML 文件中写入新数据
      sun.SaveToFile Server.MapPath(wenname),2 '应用 SaveToFile 方法重新保存 XML 文件
      sun.Close
Set sun=Nothing
      '释放 Stream 对象
End Function
if Request.QueryString("action")="ok" then
      '判断表单是否提交
callSave(Request.Form("content"),"content.x
ml")'调用自定义函数
      end if
%>
```

实例的运行结果如图 11-10 所示。

图 11-10　ASP 动态修改 XML 数据

11.5　综合实例——分页显示 XML 文件中的数据

当用户进行数据信息显示时，反馈给用户的记录数是繁琐。如果记录较多，此时用一个页面显示所有记录，会给用户的浏览带来很大不便。为了解决这个问题，通常都需要使用分页来限制单一页面显示的记录数。本实例将向读者介绍如何应用 XML 文件进行记录的分页显示。运行结果如图 11-11 所示。

图 11-11　分页显示 XML 文件中的数据

具体步骤如下。

（1）首先创建一个 XML 对象，其次获取 XML 文件路径，然后再选取 NEWLIST 节点，代码如下：

```
<%
Set newXML=Server.CreateObject("Microsoft.FreeThreadedXMLDOM")
newXML.load(server.mappath("content.xml"))
Set newobj=newXML.documentElement.selectSingleNode("newxml")
%>
```

（2）通过以下代码实现对 XML 文件进行分页显示，代码如下：

```
<%
PageSize =5
```

```
'设置每页显示 5 条留言信息
newNum =newobj.childNodes.length-1
PageN=newNum\PageSize+1
'算出总页数
PNo=request.querystring("PageNo")
if PNo="" then
'确定每一页显示最新的留言
PNo=PageN
end if
Ends=PNo*PageSize-1
'获得起始节点
Strs=(PNo-1)*PageSize
'获得结束节点
if Strs<0 then
Strs=0
end if
if Ends>newNum then
Strs=Strs-(Ends-newNum)
Ends=newNum
end if
if Strs<0 then
Strs=0
end if
while Strs<=Ends
'从结束节点到起始节点之间读取节点数据
title=newobj.childNodes.item(Strs).childNodes.item(0).text
content = newobj.childNodes.item(Strs).childNodes.item(1).text
'取得留言内容
content = replace(content,chr(13),"<br>")
'应用 replace 函数替代回车符
content = replace(content,chr(32)," ")
'应用 replace 函数替代空格符
%>
<tr>
<td ><div align="center" class="STYLE2"><%=title%></div></td>
<td class="STYLE2"><div align="center"><%=content%></div></td>
</tr>
<%
Strs=Strs+1
wend
set newXML=nothing
%>
</table><br>共有<<%=PageN%>>页
<%
'分页
if cint(PNo)<>1 then
response.write "<a href='index.asp?PageNo="&(PNo-1)&"'>上一页</a> "
end if
if cint(PNo)<>PageN then
response.write "<a href='index.asp?PageNo="&(PNo+1)&"'>下一页</a>"
end if
%>
```

知识点提炼

（1）XML 是 Extensible Markup Language 的缩写，意为可扩展的标记语言，主要用于提供数据描述格式，它适用于不同应用程序间的数据交换。XML 是一套定义语义标记的规则，也是用来定义其他标识语言的元标识语言。

（2）XMLDOMDocument 对象是 XML 文件的根对象。通过该对象可以实现对 XML 文档的加载。

（3）XMLDOMNodeList 对象是指由 XMLDOMNode 对象组成的列表。

（4）XMLDOMNode 对象：XML 文件树中所有类型的元素和元素的属性都是从 XMLDOM-Node 对象中继承来的，因此该对象是所有元素的基础。

习　　题

11-1　应用 ASP 来读取 XML 数据时，首先需要应用 Server 对象的哪个方法动态创建 XMLDOM-Document、XMLDOMNodeList 和 XMLDOMNode 对象？

11-2　在定义 CSS 样式表文件时，需要注意什么？

11-3　在 ASP 应用程序中，可以使用 XMLDOMDocument 对象的哪个方法加载 XML 文档？

11-4　向 XML 文档中添加数据时主要用到哪个对象？

11-5　XML 文件树中所有类型的元素和元素的属性都是从哪个对象中继承来的？

实验：向 XML 文件中动态添加数据

实验目的

（1）掌握在服务器端应用 VBScript 脚本语言创建 XMLDOMDocument 对象。

（2）掌握使用 XMLDOMDocument 对象操作 XML 数据。

实验内容

应用 ASP 向 XML 文件中添加新的数据信息，同时将新添加的数据信息快速地显示出来。

实验步骤

（1）首先创建一个 index.asp 页面，通过此页面可以快速地将新添加的数据信息显示出来，代码如下：

```
<%@LANGUAGE="VBSCRIPT" CODEPAGE="936"%>
<html xmlns="http://www.w3.org/1999/xhtml">
<head>
<meta http-equiv="Content-Type" content="text/html; charset=gb2312" />
```

```
<title>使用 ASP 向 XML 文件添加信息</title>
<style type="text/css">
<!--
body
{
    margin-top: 0px;
    margin-bottom: 0px;
}
.STYLE3 {font-size: 10pt}
-->
</style>
</head>
<%
Set newxml=Server.CreateObject("Microsoft.XMLDOM")
newxml.load(Server.MapPath("addnew.xml"))
Set newlist=newxml.getElementsByTagName("infor")
newint=newlist.length
%>
<body>
<table width="637" border="0" cellspacing="0" cellpadding="0">
  <tr>
    <td width="637"><img src="images/2.gif" width="637" height="59" border="0"
usemap="#Map" />
  </td>
  </tr>
</table>
<table width="637" height="367" border="0" cellpadding="0" cellspacing="0">
  <tr>
    <td width="637" valign="top" background="images/3.gif"><p> </p>
      <table width="496" border="0" align="center" cellpadding="0" cellspacing="0">
<%
for i=0 to newint-1
Set newobj=newlist.item(i)
%>
      <tr>
        <td width="76">
<span class="STYLE3"><%=newobj.childNodes(0).text%> </span>
</td>
        <td width="94"><span class="STYLE3"><%=newobj.childNodes(1).text%>
</span> </td>
        <td width="140" class="STYLE3"><%=newobj.childNodes(2).text%> </td>
        <td width="96" class="STYLE3"><%=newobj.childNodes(3).text%> </td>
        <td width="90" class="STYLE3"><%=newobj.childNodes(4).text%> </td>
      </tr>
<%
next
%>
</table>
</td>
</tr>
</table>
<p> </p>
<map name="Map" id="Map"><area shape="rect" coords="410,34,478,56" href="newinfo.asp" />
</map>
</body>
</html>
```

（2）创建 newinfo.asp 动态页面，通过该页面向 XML 文件中添加新的数据信息。代码如下：

```
<%@LANGUAGE="VBSCRIPT" CODEPAGE="936"%>
<html xmlns="http://www.w3.org/1999/xhtml">
<head>
<script language="javascript">
function Mycheck()
{
//判断文框中是否为空值
if(form1.name1.value=="")
{
alert("用户名不能为空!!");form1.name1.focus();return false
}
if(form1.telephone.value=="")
{
alert("请输入电话号码!!");form1.telephone.focus();return false
}
if(form1.address.value=="")
{
alert("通讯地址不允许为空!!");form1.address.focus();return false
}
if(form1.bianhao.value=="")
{
alert("邮编不允许为空!!");form1.bianhao.focus();return false
}
if(form1.number1.value=="")
{
alert("请输入 QQ 号码!!");form1.number1.focus();return false}
}
</script>
<meta http-equiv="Content-Type" content="text/html; charset=gb2312" />
<title>使用 ASP 向 XML 文件添加信息</title>
<style type="text/css">
<!--
a:link
{
    text-decoration: none;
}
a:visited
{
    text-decoration: none;
}
a:hover
{
    text-decoration: none;
}
a:active
{
    text-decoration: none;
}
.STYLE2
{
font-size: 9pt
}
```

```
.STYLE3 {
font-size: 10pt
}
-->
</style>
</head>
<%
if request("action")<>"" then
    if (request("action")="newadd") then
    SaveFile=Server.MapPath("addnew.xml")
    Set xmladd=server.CreateObject("Microsoft.XMLDOM")
    FS=xmladd.load(SaveFile)
        if FS= true then
        set AddMent=xmladd.createElement("infor")
        set Elementadd=xmladd.createElement("name1")
        Elementadd.text=request.Form("name1")
        AddMent.appendChild(Elementadd)
        set Elementadd=xmladd.createElement("telephone")
        Elementadd.text=request.Form("telephone")
        AddMent.appendChild(Elementadd)
        set Elementadd=xmladd.createElement("address")
        Elementadd.text=request.Form("address")
        AddMent.appendChild(Elementadd)
        set Elementadd=xmladd.createElement("bianhao")
        Elementadd.text=request.Form("bianhao")
        AddMent.appendChild(Elementadd)
        set Elementadd=xmladd.createElement("number1")
        Elementadd.text=request.Form("number1")
        AddMent.appendChild(Elementadd)
        xmladd.documentElement.appendChild(AddMent)
        xmladd.save(SaveFile)
        end if
    end if
end if
%>
<body>
<table width="634" height="426" border="0" cellpadding="0" cellspacing="0">
  <tr>
    <td valign="top" background="images/1.jpg"><p> </p>
      <p> </p>
      <p> </p>
      <table width="461" height="246" border="0" align="center" cellpadding="0"
cellspacing="0">
      <form action="newinfo.asp?action=newadd" method="post" name="form1" id="form1"
onsubmit="return Mycheck()">
        <tr>
          <td width="61" height="36"><span class="STYLE3">用户名:</span>
</td>
          <td width="426" height="15"><input name="name1" type="text" id="name1" size
="20" />
</td>
        </tr>
        <tr>
        <td height="30" class="STYLE3">电  话:</td>
        <td height="30">
        <input name="telephone" type="text" id="telephone" size="20" />
```

```
        </td>
      </tr>
      <tr>
        <td height="27" class="STYLE3">地　址:</td>
        <td><input name="address" type="text" id="address" size="50"/>
  </td>
      </tr>
      <tr>
        <td height="37" class="STYLE3">邮　编:</td>
        <td><input name="bianhao" type="text" id="bianhao" size="20" />
  </td>
      </tr>
      <tr>
        <td height="25" class="STYLE3"> QQ　号:</td>
        <td><input name="number1" type="text" id="number1" size="20" /></td>
      </tr>
      <tr>
  <td height="48" colspan="2" align="center" valign="bottom">
  <input name="submit" type="submit" value="提交" />
   <input type="reset" name="Submit" value="重置" />
   <input  type="button"  name="Submit2"  value=" 返 回 "  onclick="window.location=
'index.asp'"/>
  </td>
  </tr>
  </form>
  </table>
  </td>
  </tr>
  </table>
  <p> </p>
  </body>
  </html>
```

（3）向 XML 文件中添加新的数据信息，代码如下：

```
<?xml version="1.0" encoding="gb2312"?>
<Mycheck>
<infor>
<name1>豆豆</name1>
<telephone>45**</telephone>
<address>长春市临河街</address>
<bianhao>13000</bianhao>
<number1>235***</number1>
</infor>
<infor>
<name1>漂</name1>
<telephone>136****</telephone>
<address>长春市宽城区 26 号</address>
<bianhao>130032</bianhao>
<number1>123****</number1>
</infor>
<infor>
<name1>漂逸</name1>
<telephone>145***</telephone>
```

```
<address>长春绿园区 56 号</address>
<bianhao>130033</bianhao>
<number1>178****</number1>
</infor>
<infor>
<name1>陌生人</name1>
<telephone>135******</telephone>
<address>长春市南关区 98 号</address>
<bianhao>130034</bianhao>
<number1>985****</number1>
</infor>
<infor>
<name1>实务人生</name1>
<telephone>456***</telephone>
<address>长春市临河街 7 区</address>
<bianhao>130000</bianhao>
<number1>456***</number1>
</infor>
<infor>
<name1>蓝枫</name1>
<telephone>789***</telephone>
<address>长春市经济技术开发区</address>
<bianhao>1300000</bianhao>
<number1>985****</number1>
</infor>
</Mycheck>
```

运行本实例，将显示图 11-12 所示的运行结果。

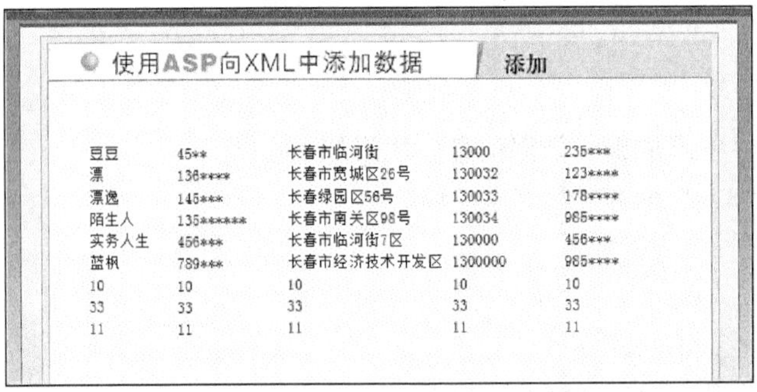

图 11-12　向 XML 文件中动态添加数据

第12章
Ajax 编程技术

本章要点：

- 了解 Ajax 技术的概念
- 熟悉 Ajax 的工作原理
- 了解 Ajax 包含的关键技术
- 掌握在应用程序中使用 Ajax 技术实现局部刷新的具体步骤
- 熟悉 Ajax 在 ASP 中的应用

随着 Web 2.0 时代的到来，Ajax 应运而生并逐渐成为主流。相对于传统的 Web 应用开发，Ajax 运用了更加先进、更加标准化、更加高效的 Web 开发技术体系。Ajax 极大地改善了传统 Web 应用的用户体验，也被称为传统的 Web 技术革命。

12.1　Ajax 概述

Ajax（Asynchronous JavaScript And XML，异步 JavaScript 和 XML）是多种技术的综合。JavaScript、XHTML 和 CSS、DOM、XML 和 XSTL、XMLHttpRequest 等技术在协作过程中按照一定的方式发挥各自的作用，从而构成了 Ajax。

12.1.1　Web 2.0 中的 Ajax

互联网从 Web 1.0 到 Web 2.0 的转变，可以说在模式上是从单纯的 "读"、"写" 向 "共同建设" 的发展。Web 2.0 不是一个具体的事物，而是一个阶段。在这个阶段中，是以用户为中心，主动为用户提供互联网信息。在 Web 2.0 中，互联网将成为一个平台，在这个平台上将实现可编程、可执行的 Web 应用。

Ajax 是 Web 2.0 中非常重要的技术。Ajax 是一种用于浏览器的技术，它可以在浏览器和服务器之间使用异步通信机制进行数据通信，从而允许浏览器向服务器获取少量信息而不是刷新整个页面。

12.1.2　分析 Ajax 的工作原理

与传统 Web 技术不同，Ajax 采用的是异步交互处理技术。Ajax 的异步处理可以将用户提交的数据在后台进行处理，这样，数据在更改时可以不用重新加载整个页面而只是刷新页面的局部。

传统 Web 工作模式的流程为：当客户端浏览器向服务器发出一个浏览网页的 HTTP 请求后，服务器接收该请求，查找所要浏览的动态网页文件，然后执行动态网页中的程序代码，并将动态网页转换成标准的静态网页，最后将生成的 HTML 页面返回给客户端。在这种模式下，当服务器处理数据时，用户一直处于等待状态。

Ajax 的工作原理如下。

（1）客户端浏览器在运行时首先加载一个 Ajax 引擎（该引擎由 JavaScript 编写）。

（2）Ajax 引擎创建一个异步调用的对象，向 Web 服务器发出一个 HTTP 请求。

（3）服务器端处理请求，并将处理结果以 XML 形式返回。

（4）Ajax 引擎接收返回的结果，并通过 JavaScript 语句显示在浏览器上。

从 Ajax 的工作原理能看到使用 Ajax 可以：

（1）减轻服务器的负担，因为 Ajax 的原则是"按需取数据"；

（2）无需刷新更新页面，减少用户心理和实际的等待时间；

（3）可以把以前一些服务器负担的工作转交给客户端，利用客户端闲置的能力来处理，减轻服务器和带宽的负担，节约空间和宽带租用成本。

12.1.3　列举 Ajax 使用的技术

Ajax 使用的并不是新技术，而是多种技术的集合。下面介绍 Ajax 中使用到的主要技术。

1．JavaScript

JavaScript 是一种在 Web 页面中可以添加动态脚本代码的解释性程序语言，其核心已经嵌入到目前主流的 Web 浏览器中。JavaScript 是一种具有丰富的面向对象特性的程序设计语言，利用它能执行许多复杂的任务。Ajax 就通过 JavaScript 将 DOM、XHTML（或 HTML）、XML 以及 CSS 等多种技术综合起来，并控制它们的行为。关于 JavaScript 脚本语言可参见本书第 5 章的介绍。

2．XML

XML 是 Extensible Markup Language（可扩展的标记语言）的缩写，它是一种提供数据描述格式的标记语言，适用于不同应用程序间的数据交换，而且这种交换不以预先定义的一组数据结构为前提，增强了可扩展性。XMLHttpRequest 对象与服务器交换的数据通常采用 XML 格式。

3．XMLHttpRequest

Ajax 的核心技术就是 XMLHttpRequest，它是一个具有应用程序接口的 JavaScript 对象，能够使用超文本传输协议（HTTP）连接一个服务器。通过 XMLHttpRequest 对象，Ajax 可以像桌面应用程序一样只同服务器进行数据层面的交换，而不用每次都刷新整个页面。

4．DOM

DOM 是 Document Object Model（文档对象模型）的简称。在 DOM 中，将 HTML 文档看成是树形结构。DOM 是可以操作 HTML 和 XML 的一组应用程序接口。在 Ajax 应用中，通过 JavaScript 操作 DOM，可以达到在不刷新页面的情况下实时修改用户界面的目的。

5．CSS

CSS 是 Cascading Style Sheet（层叠样式表）的缩写，用于控制网页样式并允许将样式信息与网页内容分离的一种标记性语言。在 Ajax 中，可以在异步获得服务器数据之后，根据实际需要来更改网页中的某些元素样式。

Ajax 使用了 JavaScript 和 Ajax 引擎，而这些内容需要浏览器提供足够的支持。目前提供这些支持的浏览器有 IE 5.0 及以上版本、Mozilla 1.0、Netscape 7.0 及以上版本。Mozilla 虽然也支持 Ajax，但是提供 XMLHttpRequest 对象的方式不一样，因此使用 Ajax 的程序必须测试针对各个浏览器的兼容性。

12.2　Ajax 的实现过程

　　为了使读者更好地认识和掌握 Ajax，本节将循序渐进地介绍在应用程序中使用 Ajax 的具体实现过程，从而使读者能够灵活地应用 Ajax 技术。

12.2.1　实现 Ajax 的步骤

　　要实现一个 Ajax 异步调用和局部刷新的功能，需要以下几个步骤。

（1）创建 XMLHttpRequest 对象，即创建一个异步调用的对象。

（2）创建一个新的 HTTP 请求，并指定该请求的方法、URL 以及验证信息等。

（3）设置响应 HTTP 请求状态变化的函数。

（4）发送 HTTP 请求。

（5）获取异步调用返回的数据。

（6）使用 JavaScript 和 DOM 实现局部刷新。

12.2.2　创建 XMLHttpRequest 对象

　　不同的浏览器使用的异步调用对象也有所不同。在 IE 浏览器中，异步调用使用的是 XMLHTTP 组件中的 XMLHttpRequest 对象，而在 Netscape、Firefox 浏览器中则直接使用 XMLHttpRequest 对象。因此，在不同浏览器中创建 XMLHttpRequest 对象的方法也不同。

1. 在 IE 浏览器中创建 XMLHttpRequest 对象

语法：

```
var xmlHttp= new ActiveXObject("Msxml2.XMLHTTP");
```

或者

```
var xmlHttp= new ActiveXObject("Microsoft.XMLHTTP");
```

2. 在 Netscape 浏览器中创建 XMLHttpRequest 对象

语法：

```
var xmlHttp = new XMLHttpRequest();
```

由于无法确定用户使用的浏览器，在创建 XMLHttpRequest 对象时应同时考虑以上两种创建方法。

　　【例 12-1】 创建 XMLHttpRequest 对象的关键代码如下：

```
<script language="javascript" type="text/javascript">
var xmlHttp =False;                          //定义变量 xmlHttp，并赋值为 False
try {
    xmlHttp = new ActiveXObject("Msxml2.XMLHTTP");//高版本 IE 浏览器创建 XMLHttpRequest 对
象的方法
} catch (e) {
try {
    xmlHttp = new ActiveXObject("Microsoft.XMLHTTP");//低版本 IE 浏览器创建 XMLHttpRequest 对象
的方法
```

```
        } catch (e2) {}
    }
    if (!xmlHttp && typeof XMLHttpRequest != "undefined") {
        try {
            xmlHttp = new XMLHttpRequest();//使用其他浏览器创建 XMLHttpRequest 对象的方法
        }catch(e3){ xmlHttp =False;}       //为变量 xmlHttp 赋值为 False
    }
    </script>
```

XMLHttpRequest 对象的常用属性和方法如表 12-1 所示。

表 12-1   XMLHttpRequest 对象的属性和方法

属性或方法	说　明
readyState 属性	返回当前的请求状态
onreadystatechange 属性	当 readyState 属性改变时即可读取此属性值
status 属性	返回 HTTP 状态码
ResponseText 属性	将返回的响应信息用字符串表示
ResponseBody 属性	返回响应信息正文，格式为字节数组
ResponseXML 属性	将响应的 Document 对象解析成 XML 文档并返回
Open 方法	初始化一个新请求
Send 方法	发送请求
GetAllReponseHeaders 方法	返回所有 HTTP 头信息
GetResponseHeader 方法	返回指定的 HTTP 头信息
SetRequestHeader 方法	添加指定的 HTTP 头信息
Abort 方法	停止当前的 HTTP 请求

由于 JavaScript 具有动态类型特性，而且 XMLHttpRequest 对象在不同浏览器上的实例是兼容的，所以可以用同样的方式访问 XMLHttpRequest 实例的属性的方法，不需要考虑创建该实例的方法。

12.2.3　创建 HTTP 请求

创建了 XMLHttpRequest 对象后，必须为 XMLHttpRequest 对象创建 HTTP 请求，用于说明 XMLHttpRequest 对象要从何处获取数据。一般情况下可以从网站中获取数据，也可以从本地其他文件中获取数据。

通过调用 XMLHttpRequest 对象的 Open 方法可以创建 HTTP 请求。

语法：

```
xmlHttp.open(String method, String url, Boolean asyn, String user, String password)
```

其中，xmlHttp 表示创建的 XMLHttpRequest 对象，method 和 url 是必选参数，asyn、user 和 password 是可选参数。Open 方法各参数的说明如表 12-2 所示。

表 12-2   Open 方法各参数的说明

参 数 名 称	说　明
method	此参数指明了新请求的调用方法，取值有 GET 和 POST
url	表示要请求页面的 url 地址。格式可以是相对路径、绝对路径或者网络路径
asyn	说明该请求是异步传输还是同步传输，默认值为 True（允许异步传输）
user	服务器验证时的用户名
password	服务器验证时的密码

通常使用以下代码访问一个网站中的文件内容，例如：

```
xmlHttp.open("get","URL 地址/ajax.asp",true);
```

使用以下代码访问一个本地文件内容，例如：

```
xmlHttp.open("get","ajax.asp",true);
```

　　　　如果使用 XMLHttpRequest 对象的 Open 方法的页面在 Web 服务器上，在 Netscape 浏览器中的 JavaScript 安全机制是不允许与本机之外的主机进行通信的。而 IE 浏览器则无此限制。

12.2.4　设置响应 HTTP 请求状态变化的函数

从创建 XMLHttpRequest 对象开始，到发送数据、接收数据，XMLHttpRequest 对象一共要经历 5 种状态：未初始化状态、初始化状态、发送数据状态、接收数据状态和完成状态。要获取从服务器端返回的数据，就必须先判断 XMLHttpRequest 对象的状态。

XMLHttpRequest 对象的 readystate 属性用于返回当前的请求状态，请求状态共有 5 种，如表 12-3 所示。

表 12-3　　　　　　　　　　　　　　　　readystate 属性

属　性　值	说　　　明
0	表示尚未初始化，即未调用 Open 方法
1	建立请求，但还未调用 Send 方法发送请求
2	发送请求
3	处理请求
4	完成响应，返回数据

XMLHttpRequest 对象可以响应 readystatechange 事件，该事件在 XMLHttpRequest 对象状态改变时激发。因此，可以通过该事件调用一个函数，在该函数中判断 XMLHttpRequest 对象的 readystate 属性值。

【例 12-2】　当 readystate 属性值为 4 时（即异步调用已完成），获取数据。代码如下：

```
<script language="javascript" type="text/javascript">
    xmlHttp.open("post","ajax.asp", true);              //创建 HTTP 请求
    xmlHttp.onreadystatechange = function(){            //定义函数
        if(xmlHttp.readyState == 4){                    //判断 readystate 属性值
            //获取数据
        }
    }
</script>
```

12.2.5　设置获取服务器返回数据的语句

当异步调用过程完毕并且异步调用成功后，就可以通过 XMLHttpRequest 对象的 ResponseText 属性和 ResponseXML 属性来获取数据。也就是说，当 XMLHttpRequest 对象的 readystate 属性值为 4，并且判断 XMLHttpRequest 对象的 status 属性值为 200 时，才能成功获取服务器返回的数据。

下面分别介绍 status 属性、ResponseText 属性和 ResponseXML 属性。

1. status 属性

status 属性用于返回 HTTP 状态码。常用 HTTP 状态码如表 12-4 所示。

表 12-4　　　　　　　　　　　　　　　　status 属性

属 性 值	说　　明
200	操作成功
404	没有发现文件
500	服务器内部错误
505	服务器不支持或拒绝请求中指定的 HTTP 版本

2. ResponseText 属性

ResponseText 属性将返回的响应信息用字符串来表示。在默认情况下，返回的响应信息的编码格式为 utf-8。

3. ResponseXML 属性

ResponseXML 属性用于将响应的 Document 对象解析成 XML 文档并返回。

【例 12-3】 设置获取服务器返回数据的代码如下：

```javascript
<script language="javascript" type="text/javascript">
    xmlHttp.open("post","ajax.asp", true);              //创建 HTTP 请求
    xmlHttp.onreadystatechange = function(){            //定义函数
        if(xmlHttp.readyState == 4){                     //判断 readyState 属性值
            if(xmlHttp.status==200 || xmlHttp.status==0){  //判断 Status 属性值
                tet=xmlHttp.ResponseText;                //获取返回的数据
                document.write(tet);
            }
        }
    }
</script>
```

 　　如果程序不是在 Web 服务器上运行，而是在本地运行，则 xmlHttp.status 的返回值为 0。因此，以上代码中加入了 xmlHttp.status==0 的判断。

12.2.6　发送 HTTP 请求

创建了 HTTP 请求并设置相关属性后，即可将 HTTP 请求发送到 Web 服务器上。使用 XMLHttpRequest 对象的 Send 方法可以发送 HTTP 请求。

语法：

```
xmlHttp.send(data)
```

其中，data 是一个可选参数。如果没有要发送的内容，data 可以省略或者为 Null。

【例 12-4】 使用 XMLHttpRequest 对象的 Send 方法发送 HTTP 请求。代码如下：

```javascript
<script language="javascript" type="text/javascript">
    xmlHttp.open("post","ajax.asp", true);              //创建 HTTP 请求
    xmlHttp.onreadystatechange = function(){            //定义函数
        if(xmlHttp.readyState == 4){                     //判断 readyState 属性值
            if(xmlHttp.status==200 || xmlHttp.status==0){  //判断 status 属性值
```

```
                    tet=xmlHttp.ResponseText;                     //获取返回的数据
                    document.write(tet);
                }
            }
        }
xmlHttp.send(null);                                               //发送 HTTP 请求
</script>
```

只有在使用 Send 方法后，XMLHttpRequest 对象的 readystate 属性值才会改变，也才会激发 readystatechange 事件。

12.2.7　实现局部更新

通过 Ajax 的异步调用获取服务器端数据后，可以使用 JavaScript 或 DOM 将网页中的数据进行局部更新。下面介绍 3 种更新方法。

1. 表单元素的数据更新

表单元素的数据更新是指更改表单元素的 value 属性值。

【例 12-5】 更新指定的表单元素的数据。代码如下：

```
<html>
<head>
<script language="javascript" type="text/javascript">
function Data_change()
{
    document.form1.txt_data.value="新数据";
}
</script>
</head>
<body>
<form name="form1">
  <input name="txt_data" type="text" id="txt_data" value="原数据">
  <input type="submit" name="Submit" value="数据更新" onClick="Data_change()">
</form>
</body>
</html>
```

以上代码是实现表单元素的数据更新。如果要实现局部更新，应创建和使用 XMLHttpRequest 对象。

2. IE 浏览器标记间的文本更新

在 HTML 页面中，除了表单元素，还有很多其他元素。在元素的开始标记与结束标记之间往往会有文本内容。

IE 浏览器标记间的文本更新是指使用元素的 innerText 属性或者 innerHTML 属性来更改标记间的文本内容。其中，innerText 属性用于更改纯文本内容，innerHTML 属性用于更改 HTML 内容。

【例 12-6】 更新<div>标记间的文本内容。代码如下：

```
<html>
<head>
<script language="javascript" type="text/javascript">
```

```
function Data_change()
{
    showdata.innerText="新数据";
}
</script>
</head>
<body>
<div id="showdata">原数据</div>
  <input type="submit" name="Submit" value="数据更新" onClick="Data_change()">
</body>
</html>
```

说明　　读者还可以尝试更新<p>、<a>、<font>等标记间的文本内容。

3. 使用 DOM 技术更新标记间的文本

innerText 属性和 innerHTML 属性都是 IE 浏览器支持的属性，而在 Netscape 浏览器中是不支持这两个属性的。IE 浏览器和 Netscape 浏览器都支持 DOM，在 DOM 中可以修改标记间的文本内容。

在 DOM 中使用 getElementById 方法可以通过元素的 id 属性值来查找到标记（或者说是节点），然后通过 firstChild 属性获得节点下的第一个子节点，再使用节点的 nodeValue 属性来更改节点的文本内容。

【例 12-7】 使用 DOM 技术更新标记间文本内容的代码如下：

```
<html>
<head>
<script language="javascript" type="text/javascript">
function Data_change()
{
    var node=document.getElementById("showdata");              //获取标记
    node.firstChild.nodeValue="新数据";                        //更新标记内的文本内容
}
</script>
</head>
<body>
<div id="showdata">原数据</div>
  <input type="submit" name="Submit" value="数据更新" onClick="Data_change()">
</body>
</html>
```

说明　　目前主流的浏览器都支持 DOM 技术的局部刷新。

12.2.8　一个完整的 Ajax 实例

通过以上内容的介绍，读者对于应用 Ajax 技术的过程已有所了解。下面介绍一个完整的 Ajax 实例。

【例 12-8】 在 index.asp 页面中单击"数据更新"按钮时，会自动调用 ajax.asp 页面中的数据，

并将数据显示在 index.asp 页面中的指定标记内。代码如下：（实例位置：光盘\MR\源码\第 12 章\
12-1）

```
<%@LANGUAGE="VBSCRIPT" CODEPAGE="936"%>
<html>
<head>
<title>一个完整的 Ajax 实例</title>
<script language="javascript" type="text/javascript">
<!--
var xmlHttp =False;                              //定义变量 xmlHttp，并赋值为 False
function createObject()                          //定义创建 XMLHttpRequest 对象的函数
{
     try {xmlHttp = new ActiveXObject("Msxml2.XMLHTTP"); //高版本 IE 浏览器创建 XMLHttp
Request 对象的方法
     } catch (e) {
     try {xmlHttp = new ActiveXObject("Microsoft.XMLHTTP");//低版本 IE 浏览器创建 XMLHttp
Request 对象的方法
         } catch (e2) {}
     }
     if (!xmlHttp && typeof XMLHttpRequest != "undefined") {
         try{xmlHttp = new XMLHttpRequest();//使用其他浏览器创建 XMLHttpRequest 对象的方法
         }catch(e3){ xmlHttp =False;}                //为变量 xmlHttp 赋值为 False
     }
}
function httpSetting()                           //定义响应 HTTP 请求状态变化的函数
{
     if(xmlHttp.readyState == 4){                    //判断 readyState 属性值
         if(xmlHttp.status==200 || xmlHttp.status==0){        //判断 status 属性值
             var node=document.getElementById("showdata");    //获取标记
             node.firstChild.nodeValue=xmlHttp.responseText; //将获取到的数据赋予标记
         }
     }
}
function getData()                              //定义获取数据的函数
{
     createObject();                            //调用创建 XMLHttpRequest 对象的函数
     xmlHttp.open("get","ajax.asp",true);        //创建 HTTP 请求
     xmlHttp.onreadystatechange =httpSetting;    //调用响应 HTTP 请求状态变化的函数
     xmlHttp.send(null);                        //发送 HTTP 请求
}
-->
</script>
</head>
<body>
<div id="showdata">原数据</div>
<input type="submit" name="Submit" value="数据更新" onClick="getData()">
</body>
</html>
```

ajax.asp 页面中的代码如下：

```
<%
```

```
Response.ContentType = "text/html;charset=gb2312"        '设置页面的字符集
Response.Write("欢迎进入 Ajax 编程世界！实现局部刷新功能！")      '输出字符串
%>
```

调用 Ajax 技术页面的运行结果如图 12-1 和图 12-2 所示。

| 图 12-1 更新前的页面 | 图 12-2 更新后的页面 |

  运行以上实例，读者可以发现在单击"数据更新"按钮时，IE 浏览器的执行状态条不会发生任何变化。

12.3 综合实例——XML 留言板

留言板在网络上很普遍，很多网站上都设有留言板功能。本实例将实现一个可以匿名发言的、通过 XML 来存取的简易无刷新留言板。程序运行结果如图 12-3 所示。

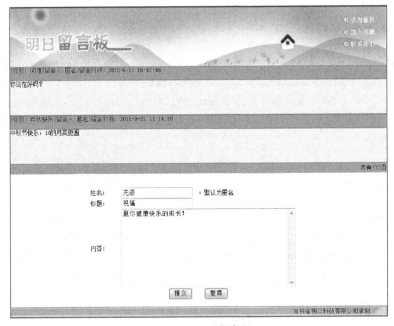

图 12-3 XML 留言板

下面来看看具体的程序代码。先给出程序的主页面（index.asp），其中省略的内容为留言信息的显示，与 show_all.asp 的内容一样，在后面读取 XML 文档内容时再具体地讲解一下。

（1）这里要特别注意的是 response.ContentType = "text/html;charset=gb2312"这句话。XmlHttpRequest 对象采用的是 utf-8 的编码格式，如果不用 response 指定的编码格式，那么最后输出来的将会是一长串的问号。因此凡是需要输出的地方和使用中文的地方，一定要把这句加上。

代码如下：

```
<%@LANGUAGE="VBSCRIPT" CODEPAGE="936"%>
<!DOCTYPE HTML PUBLIC "-//W3C//DTD HTML 4.01 Transitional//EN" "http://www.w3.org/TR/
html4/loose.dtd">
<html>
<head>
<meta http-equiv="Content-Type" content="text/html; charset=gb2312">
<title>无刷新留言</title>
<script type="text/javascript" src="show_all.js"></script>
<script type="text/javascript" src="xmlHttpRequest.js"></script>
</head>
<body>
set XML_Show = server.CreateObject("Microsoft.FreeThreadedXMLDOM")
    XML_Show.load(server.mappath("content.xml"))
    set newobj = XML_Show.documentElement.selectSingleNode("newlist")
    response.ContentType = "text/html;charset=gb2312"
 xmlHtml = ""
……………………………………………………………
<div id="show">
  <%
    response.Write xmlHtml
%>
</div>
<tr>
  <td height="106" bgcolor="#f0f0f0" id="liuyan">
    <table width="500" border="0" align="center" cellpadding="0" cellspacing="0">
    <form action="#" method="post" name="formUpdate" id="formUpdate">
    <tr>
      <td colspan="2"> </td>
    </tr>
    <tr>
      <td width="93" align="center">姓名：</td>
      <td width="407"> <input type="text" name="username" id="username" value="匿名
"> <span class="style1">*</span> 默认为匿名</td>
    </tr>
    <tr>
      <td align="center">标题：</td>
      <td><input type="text" name="title" id="title"></td>
    </tr>
    <tr>
      <td align="center" bgcolor="#FFFFFF">内容：</td>
      <td><textarea name="text" cols="50" rows="10"></textarea></td>
    </tr>
    <tr align="center">
      <td  colspan="2"><input type="submit" name="submit" value=" 提交 " onClick=
"check(); return false">
      
      <input type="reset" name="submit2" value="重填"></td>
    </tr>
……………………………………………………………
</body>
</html>
```

上面就是页面中的留言板。当单击"提交"按钮时，将触发 check()函数。文本框"username"

的默认值为"匿名",即使用户删除并且清空,单击"提交"按钮后,在 check()函数的验证部分,也会自动加上默认值。

(2)下面看一下 check()函数所在的页面(show_all.js),在 check()函数中先判断 username、title 和 text 的内容是否不为空。如果为真,就将这几个参数传给 show_all()函数。

show_all()函数的作用是使用传过来的参数初始化一个新页面"addDate.asp",当完成请求并交易成功后,将 index.asp 页面的表单信息清空,同时调用 readHtml()函数。readHtml()函数和 show_all()函数的作用是一样的,只是最后多了一行"document.getElementById("show").innerHTML = xmlHttp.responseText;"将返回的 show_all.asp 页面的响应信息输出到屏幕。其关键代码如下:

```
<script>
function check(){
    var username = document.formUpdate.username.value;
    if (username == "")
        username = "匿名";
    var title = document.formUpdate.title.value;
    var text = document.formUpdate.text.value;

    if (title == "" || text == "")
    {
        alert("标题和内容不允许为空!");
        return false;
    }
    else
        show_all(username,title,text);
}
</script>
<script>
function show_all(username,title,text){
    var url = "addDate.asp?username=" + username + "&title=" + title + "&text=" + text;
    xmlHttp.open("get", url, true);
    xmlHttp.onreadystatechange = function(){
        if (xmlHttp.readyState == 4){
        if(xmlHttp.status == 200){
            formUpdate.username.value = "";
            formUpdate.title.value = "";
            formUpdate.text.value = "";
            alert("留言成功");
            readHtml();
        }
        }
    }
    xmlHttp.send ();
}
</script>
<script>
function readHtml(){
    xmlHttp.open ('post',"show_all.asp", true);
    xmlHttp.setRequestHeader("CONTENT-TYPE","application/x-www-form-urlencoded")
    xmlHttp.onreadystatechange = function() {
        if (xmlHttp.readyState == 4){
        document.getElementById("show").innerHTML = xmlHttp.responseText;
        }
```

```
        }
        xmlHttp.send();
    }
</script>
```

（3）对 XML 文档的存取是在 addDate.asp 和 show_all.asp 这两个页面中实现的。在讲解这两个页面之前先来了解一下实例中所使用到的 XML 文档（content.xml）结构。其关键程序代码如下：

```
<?xml version="1.0" encoding="gb2312"?>
<site>
    <newlist>
        <list>
            <username>匿名</username>
            <posttime>2012-6-17 16:47:46</posttime>
            <title>问候</title>
            <text>你现在好吗? </text>
        </list>
        <list>
            <username>无语</username>
            <posttime>2012/7/2 16:16:20</posttime>
            <title>祝福</title>
            <text>愿你健康快乐的成长! </text>
        </list>
            ............................... .
    </newlist>
</site>
```

（4）我们先来看一下 addDate.asp 文件，它的作用主要是将主页面传来的信息内容存储到 content.xml 文档中，代码如下：

```
<%
    username = request("username")
    if username <> "" then
    title = request("title")
    text = request("text")
    text = replace(text,"<","<")
    Posttime = now()
        SaveFile = server.MapPath("content.xml")
        set newXML = Server.CreateObject("Microsoft.XMLDOM")
        newXML.load(SaveFile)
```

创建 XMLDOM 对象，加载 XML 文档。

```
        set newobj = newXML.documentElement.selectSingleNode("newlist")
```

设置要添加的新节点的父节点。

```
        newline = chr(13) & chr(10) & chr(9)
        newXMLNodes = newline & "<list>" & newline & "<username>" & username &
"</username>" & newline & "<posttime>" & posttime & "</posttime>" & newline & "<title>"
& title & "</title>" & newline & "<text>" & text & "</text>" & newline & "</list>" & chr(13)
```

生成符合 XML 语法规则的 XML 片段（newXMLNodes）。

```
        set newXML1 = server.CreateObject("Microsoft.XMLDOM")
        newXML1.loadXML(newXMLNodes)
        set NewN = newXML1.documentElement
        newobj.appendChild(NewN)
        newXML.save(SaveFile)
```

向 XML 文档中写入新节点。

```
                set newXML = nothing
                set newXML1 = nothing
            end if
    %>
```

（5）而 show_all.asp 页面的作用正好相反，它是从 content.xml 文档中读取信息，再将格式化后的信息返还给主页面。

```
<%@LANGUAGE="VBSCRIPT" CODEPAGE="936"%>
<%
        set XML_Show = server.CreateObject("Microsoft.XMLDOM")
        XML_Show.load(server.mappath("content.xml"))
        set newobj = XML_Show.documentElement.selectSingleNode("newlist")
```

新建对象，加载要读取的 XML 文档，设置要提取节点的父节点。

```
        response.ContentType = "text/html;charset=gb2312"
    xmlHtml = ""
    xmlHtml = "<table width=774 height=242 border=0 align=center cellpadding=0
cellspacing=0><tr><td width=774 height=117 background='images/top.jpg'>   </td>
</tr><tr><td height=106><table width=100% height=99% border=0 align=center cellpadding=0
cellspacing=0>"
        PageSize = 3
        newNum = newobj.childNodes.length - 1
        pageN = newNum\PageSize + 1
        PNo = request.QueryString("PageNo")
```

设置分页信息。

```
        if PNo = "" then
            PNo = PageN
        end if
        Strs = PNo * PageSize - 1
        Ends = (PNo - 1) * PageSize
        if Ends < 0 then
            Ends = 0
        end if
        if Strs > newNum then
            Ends = Ends - (Strs - newNum)
            Strs = newNum
        end if
        if Ends < 0 then
            Ends = 0
        end if
        while Strs >= Ends
        username = newobj.childNodes.item(Strs).childNodes.item(0).text
        posttime = newobj.childNodes.item(Strs).childNodes.item(1).text
        title = newobj.childNodes.item(Strs).childNodes.item(2).text
        text = newobj.childNodes.item(Strs).childNodes.item(3).text
```

从 XML 文档中按节点顺序读取数据。

```
        text = replace(text,chr(13),"<br>")
        text = replace(text,chr(32)," ")
    xmlHtml = xmlHtml + "<tr><td width=100% height=25 valign=top class=line
bgcolor='#73BDF4'>|<font color=#766329>标题: </font>" & title & "|<font color=#766329>留言
人:</font>" & username & "|<font color=#766329>留言时间: </font>" & posttime & "</td></tr><tr><td
width=0% height=68 valign=top bgcolor=#f0f0f0 class=line>" & text & "</td></tr>"
            Strs = Strs - 1
        wend
        set XML_Show = nothing
```

```
xmlHtml = xmlHtml + "<tr bgcolor=#FFFFFF align=right><td height=20 colspan=2
bgcolor='#73BDF4'>共有<" & PageN & ">页"
            if cint(PNo) <> PageN then
                xmlHtml = xmlHtml + "<a href='?PageNo="&(PNo + 1) & "'>上一页</a>"
            end if
            if cint(PNo) <> 1 then
                xmlHtml = xmlHtml + "<a href='?PageNo="&(PNo - 1) & "'>下一页</a>"
            end if
    xmlHtml = xmlHtml + "</td></tr></table></td></tr></table>"
    response.Write xmlHtml
%>
```

知识点提炼

（1）Ajax（Asynchronous JavaScript And XML，异步 JavaScript 和 XML）是多种技术的综合，是 Web 2.0 中非常重要的技术。Ajax 是一种用于浏览器的技术，它可以在浏览器和服务器之间使用异步通信机制进行数据通信，从而允许浏览器向服务器获取少量信息而不是刷新整个页面。

（2）JavaScript 是一种在 Web 页面中可以添加动态脚本代码的解释性程序语言，其核心已经嵌入目前主流的 Web 浏览器中。JavaScript 是一种具有丰富的面向对象特性的程序设计语言，利用它能执行许多复杂的任务。

（3）XML 是 Extensible Markup Language（可扩展的标记语言）的缩写，它是一种提供数据描述格式的标记语言，适用于不同应用程序间的数据交换，而且这种交换不以预先定义的一组数据结构为前提，增强了可扩展性。

（4）XMLHttpRequest 对象是一个具有应用程序接口的 JavaScript 对象，能够使用超文本传输协议（HTTP）连接一个服务器。

（5）DOM 是 Document Object Model（文档对象模型）的简称。在 DOM 中，将 HTML 文档看成是树形结构。DOM 是可以操作 HTML 和 XML 的一组应用程序接口。

（6）CSS 是 Cascading Style Sheet（层叠样式表）的缩写，用于控制网页样式并允许将样式信息与网页内容分离的一种标记性语言。

习　　题

12-1　Ajax 的核心技术是什么？

12-2　通过调用 XMLHttpRequest 对象的哪个方法可以创建 HTTP 请求？

12-3　使用 XMLHttpRequest 对象的哪个方法可以发送 HTTP 请求？

12-4　XMLHttpRequest 对象的哪个属性用于返回当前的请求状态？请求状态共有 5 种，分别是什么？

12-5　从创建 XMLHttpRequest 对象开始，到发送数据、接收数据，XMLHttpRequest 对象一共要经历哪 5 种状态？

实验：验证注册的用户名

实验目的

掌握 XMLDOMElement 对象的 getAttribute 方法的应用。

实验内容

一般网站都提供用户注册模块，为了提高页面的加载速度，可以使用 Ajax 技术来实时地验证用户输入的注册用户名是否符合标准。

在注册页面的"用户名"文本框中输入信息，然后单击"检测用户名"按钮可以直接查看该用户名是否可用。其原理就是将用户输入的内容与数据库中的记录进行比较，然后应用 Ajax 技术将比较结果显示在页面中。运行结果如图 12-4 所示。

图 12-4　用户注册页面

实验步骤

（1）在 index.asp 页面中，建立用于用户注册的表单，并包含 xmlHttpRequest.js、check.js 和conn.asp 文件。代码如下：

```
<script type="text/javascript" src="xmlHttpRequest.js"></script>
<script type="text/javascript" src="check.js"></script>
<!--#include file="conn.asp"-->
<form action="index.asp" method="post" name="regForm">
用户名: <input name="UserName" type="text" class="textbox" id="UserName" size=20>
  <input id="smt" type="button" value="检测用户名" onClick="checkUser()">
密码:    <input name="Pass1" type="password" class="textbox" id="Pass1" size=20>
确认密码: <input name="Pass2" type="password" class="textbox" id="Pass2" size=20>
电子信箱: <input name="email" type="text" class="textbox" id="email" size="20">
<input type="submit" id="smt" value="提交" onClick="return regist(this)">
  <input type="reset" id="smt" value="重置"></td>
</form>
```

（2）"检测用户名"按钮的 onClick 事件中调用的 checkUser()函数是包含在 check.js 文件中的。checkUser()函数的详细代码如下：

```
function checkUser(){
    try{
        var userName = document.getElementById("UserName").value;    //获取标记
        var url = "checkUser.asp?userName=" + userName;              //定义链接的 URL 地址
        xmlHttp.open("get", url, true);                             //创建 HTTP 请求
        xmlHttp.onreadystatechange = function(){     //触发 onreadystatechange 事件
            if (xmlHttp.readyState == 4) {           //判断 readyState 属性值
                try{
                    var errMsg = xmlHttp.responseText;             //获取数据
                    var showErr = document.getElementById("u_id"); //获取标记
                    //根据 errMsg 值的不同，设置标记中的文本内容
                    if(errMsg == "1"){
                        showErr.innerHTML="<font color=red>不可用，<br>用户名不能为
空！</font>";
                    }else if(errMsg == "2"){
                        showErr.innerHTML="<font color=red>失败，<br>用户名不可以数
字开头!</font>";
                    }else if(errMsg == "3"){
                        showErr.innerHTML="<font color=red>失败，<br>含有非法字符!
</font>";
                    }else if(errMsg == "4"){
                        showErr.innerHTML="<font color=red>对不起，<br>此用户已经存
在！</font>";
                    }else if(errMsg == "5"){
                        showErr.innerHTML="<font color=blue>恭喜! <br>此用户名可用!
</font>";
                    }
                }catch(e1){}
            }
        }
        xmlHttp.send(null);                         //发送 HTTP 请求
    }catch(e2){}
}
```

 创建 XMLHttpRequest 对象的代码请参见本书配套光盘附带的 xmlHttpRequest.js 文件中的程序，或者参见 12.2.2 小节中的介绍。

（3）在 checkUser.asp 页面中检测用户输入的用户名是否符合定义标准，并将其与数据库中的已有记录进行比较，然后输出检测结果。代码如下：

```
<!--#include file="conn.asp"-->
<%
userName = request("userName")             '获得用户名
response.write(checkUserName(userName))    '输出结果
function checkUserName(checkName)          '定义验证用户名的函数
    dim ErrStr,con,rs                      '定义变量
    if(checkName="") then
```

```
                ErrStr = "1"                        '如果 checkName 为空，则给 ErrStr 赋值为 1
        else
            Set ch = New RegExp                      '创建 RegExp 对象
            ch.Pattern = "^\d{1}.*"                  '定义匹配模式
            if(ch.Test(checkName)) then              '如果用户名是以数字开头，则给 ErrStr 赋值为 2
                ErrStr = "2"
            else
                ch.Pattern = "[\- \+ \\ \/ \& ! ~ @ # \$ % \^ \* \( \) = \? '  \< \> \. , : ;
\] \[ \{ \} \|]" '定义匹配模式
                if(ch.Test(checkName)) then          '如果用户名中含有非法字符，则给 ErrStr 赋值为 3
                    ErrStr = "3"
                else
                    set rs= server.CreateObject("adodb.recordset") '创建 Recordset 对象实例
                    sql="select * from tb_reg where name ='" & checkName & "'" '查询记录
                    rs.open sql,conn,1,1              '打开记录集
                    if not rs.bof and not rs.eof then '如果记录集不为空，则给 ErrStr 赋值为 4
                        ErrStr = "4"
                    else
                        ErrStr = "5"                 '如果记录集为空，说明用户名可用，则给 ErrStr 赋值为 5
                    end if
                    rs.close                         '关闭 rs
                    conn.close                       '关闭连接
                    set rs=nothing                   '释放 rs 占用的资源
                    set conn=nothing                 '释放 Connection 对象占用的资源
                end if
            end if
        end if
        checkUserName = ErrStr                       '将 ErrStr 的值赋予 checkUserName
    end function
%>
```

　　将用户填写的信息插入数据库，并不是本实例介绍的重点，读者可参见本书配套光盘中的详细代码。

第13章
报表打印技术

本章要点：

- 了解报表打印技术
- 熟悉报表的设计和打印方法
- 使用 JavaScript 脚本进行打印报表
- 应用 Excel 报表进行报表打印
- 将网页内容保存到 Excel 报表中并进行打印
- 将数据库中的内容导入 Excel 报表中并进行打印
- 使用 XML 进行报表打印

报表打印是信息管理系统中的一个重要模块。在实际应用中，可以将用户录入的数据或者数据库中的统计结果以报表的形式表现出来并进行打印，这样不仅可以使用户宏观地查看数据，还可以针对当前的情况制定下一步的计划方案。

ASP 应用程序中，可以通过调用组件、Excel 或者应用 XML 技术等进行报表打印，另外，还可以根据实际情况设置页面及其他打印属性等。应用报表打印技术可以使数据信息具有概括性和统计性，方便用户的查看。

13.1　报表打印技术概述

报表打印是指先将存储的数据经过格式编排、适当运算，然后再将其进行打印，以供相关人员查看。本节将对报表打印技术及其设计、打印方法进行详细讲解。

13.1.1　了解报表打印技术

报表的应用范围很广，例如，为了反映企业某一特定时期的资产负债和所有者权益状况，以及某一特定时期的经营成果和现金流量情况，可以制订企业报表；为了明确产品的详细销售记录以及统计产品在某一时期的销售和收入情况，可以制订销售报表；为了宏观统筹国民经济各行业各部门的经营现状，可以制订月度、季度的定期统计报表和年度统计报表等。另外，报表还可以应用在财务、仓储和生产等各领域。

报表的基本类型主要有明细报表、主从报表、分组报表、分栏报表、子报表、图形报表和交叉报表等，其基本元素包括页眉、页脚、横表头、竖表头和报表细节等。

13.1.2 报表设计方法

在 ASP 应用程序中，可以根据实际情况设计报表的格式。下面介绍几种常见的报表设计方法，分别为"表格+CSS"设计方法、"DIV+CSS"设计方法、"XML+CSS"设计方法和"XML+XSL"设计方法。

1. 表格+CSS 设计方法

表格是网站中常用的页面元素。页面中使用表格来显示数据不仅直观清晰，而且使用起来非常灵活。在使用表格设计页面时，为了使页面更加美观，可以自定义 CSS 层叠样式表，通过调用其中的样式来规范文字显示方式和表格的显示格式等。下面对表格的常用内容进行讲解。

HTML 中的表格主要由 3 个标记构成，即表格标记<table>、行标记<tr>和单元格标记<td>。在页面中使用表格的语法如下：

```
<table>
  <tr>
    <td>…</td>
  </tr>
  <tr>
    <td>…</td>
  </tr>
</table>
```

表格的属性如表 13-1 所示。

表 13-1　　　　　　　　　　　　　　　　表格的属性

属　　性	描　　述
width	表格宽度
height	表格高度
align	表格水平对齐
cellspacing	表格单元格间距
cellpadding	表格单元格边距
bgcolor	表格背景颜色
background	表格背景图像
border	表格边框
bordercolor	表格边框颜色

下面介绍表格的相关标记，分别为行标记<tr>、单元格标记<td>、表格的标题与表头标记以及表格的结构标记。

（1）行标记<tr>

行标记<tr>的属性用于设定表格中某一行的显示格式，其属性如表 13-2 所示。

表 13-2　　　　　　　　　　　　　　　行标记<tr>的属性

行标记<tr>的属性	描　　述
align	行内容水平对齐
valign	行内容垂直对齐
bgcolor	行的背景颜色
bordercolor	行的边框颜色

（2）单元格标记<td>

单元格标记<td>的属性用于设定表格中某一单元格的显示格式，其属性如表 13-3 所示。

表 13-3　　　　　　　　　　　　　　单元格标记<td>的属性

单元格标记<td>的属性	描　　述
width	单元格宽度
height	单元格高度
align	单元格内容的水平对齐
valign	单元格内容的垂直对齐
bgcolor	单元格背景颜色
background	单元格背景图像
bordercolor	单元格边框颜色
rowspan	单元格的跨行属性
colspan	单元格的跨列属性

（3）表格的标题与表头标记

在 HTML 语言中，可以通过标记<caption>为表格添加标题。

● 表格的标题标记<caption>

通过标记<caption>设定表格的标题。

语法：

```
<caption>…</caption>
```

通过<caption>标记的 align 属性和 valign 属性可以设置标题在水平方向和垂直方向相对于表格的对齐方式。

● 表格的表头<th>

表头是指表格的第 1 行，应用标记<th>时，在<th>标记中的文字会居中对齐并且加粗显示。

语法：

```
<table>
  <tr>
    <th>…</th>
    <th>…</th>
  </tr>
</table>
```

2. DIV+CSS 设计方法

DIV+CSS 在网页布局中的应用得到不断的扩展。例如，在 XHTML 网站设计标准中，可以采用 DIV+CSS 的方式实现各种定位等。使用 DIV+CSS 设计网页主要有如下优点。

● 它本身符合 W3C 标准，同时支持浏览器的向后兼容。

● 更容易被搜索引擎收录。

● 能够将页面显示内容和外观样式分离开来，同时可以通过 CSS 样式对 DIV 标记进行格式限定，从而减少程序代码的编写数量，并且能缩短网页打开时间以方便用户浏览。

通过 DIV 可以对 HTML 文档内的区域块内容提供结构和背景的元素。DIV 起始标记<div>与结束标记</div>之间的所有内容都是用来构成这个块的，其中所包含元素的特性可以通过定义 DIV 标记属性或者通过使用样式格式化区域块来控制。

DIV 标记的属性如表 13-4 所示。

表 13-4 DIV 标记的属性

DIV 标记的属性	描 述
id	表示 DIV 标记的名称或者调用的样式名称
align	表示对齐方式
style	定义显示的样式。例如，在该属性中可以定义 DIV 显示的位置、是否透明显示等
class	调用的 CSS 样式
title	表示 DIV 元素的标题

　　　　　<div>标记与<p>标记都可以定义块，但是二者的作用不同。<div>标记本身没有特别的作用，不能产生空行或空格，并且<div>标记必须有结束标记；<p>标记本身可以增添一个空白行，可以有对应的结束标记</p>，也可以没有结束标记。

【例 13-1】 在实际应用中，一般使用定义的 CSS 样式来严格设定 DIV 的位置以及显示格式等。代码如下：

```
DIV{position:absolute; left:200px; top:40px; height:150px}
```

3. XML+CSS 设计方法

XML 文档中可以通过直接链接一个 CSS 样式表文件来调用其中定义的样式。但需要注意的是，CSS 样式表中指定的样式名称应与 XML 文档中定义的元素名称相同。

语法：

```
<?xml-stylesheet type="text/css"href="CSS 样式表文件路径"?>
```

4. XML+XSL 设计方法

XSL（eXtensible Stylesheet Language）语言与 CSS 样式表的功能类似，在一个 XML 文档中链接一个 XSL 样式表可以规范显示 XML 数据。在 XML 文档中应用 CSS 样式表只允许指定每个 XML 元素的格式，而 XSL 样式表允许对输出的数据进行完整的控制。XSL 样式表能够精确地选择想要显示的 XML 数据，并且可以对显示的数据进行任意顺序的排列，另外，它还可以方便地修改或者添加数据。

一个 XSL 样式表是一个遵守 XML 规范格式的正确有效的 XML 文档，其扩展名为.xsl。

在 XML 文档中使用 XSL 样式表的语法如下：

```
<?xml-stylesheet type="text/xsl"href="XSL 样式表路径"?>
```

13.1.3 报表打印方法

1. JavaScript 脚本打印技术

在 ASP 中，通过 JavaScript 脚本调用 IE 浏览器自身的打印功能可以将当前页面中的内容打印出来。调用 JavaScript 脚本中 Window 对象的 Print 方法，也可以实现打印功能。

语法：

```
window.print();
```

【例 13-2】 在超链接标记<a>中的 onClick 事件调用 Window 对象的 Print 方法。代码如下：

```
<a href="#" onClick="window.print()">JavaScript 脚本打印</a>
```

2. WebBrowse 组件打印技术

在 ASP 页面中，可以调用 IE 内置的浏览器控件 WebBrowser，并且通过使用 WebBrowser 控件的 ExecWB 方法可以实现打印预览和打印等功能。

在页面中调用控件 WebBrowser 的语法如下：

```
<object id=WebBrowser classid=ClSID:8856F961-340A-11D0-A96B-00C04Fd705A2 width="0"
height="0"></object>
```

下面介绍 WebBrowser 控件的 ExecWB 方法，该方法主要用于对 IE 浏览器的页面进行操作。

语法：

```
WebBrowser.ExecWB nCmdID,nCmdExecOpt,[pvaIn],[pvaOut]
```

- nCmdID：表示执行命令的 ID 号。
- nCmdExecOpt：命令执行的参数，一般设定其值为 1。

其中 nCmdID 参数值如表 13-5 所示。

表 13-5　　　　　　　　　　　　nCmdID 参数值

nCmdID 参数	参　数　值	描　　述
OLECMDID_OPEN	1	打开
OLECMDID_NEW	2	新建
OLECMDID_SAVE	3	保存
OLECMDID_SAVEAS	4	另存为
OLECMDID_SAVECOPYAS	5	复制另存为
OLECMDID_PRINT	6	打印
OLECMDID_PRINTPREVIEW	7	打印预览
OLECMDID_PAGESETUP	8	页面设置
OLECMDID_SPELL	9	拼写检查
OLECMDID_PROPERTIES	10	属性
OLECMDID_CUT	11	剪切
OLECMDID_COPY	12	复制
OLECMDID_PASTE	13	粘贴
OLECMDID_PASTESPECIAL	14	选择性粘贴
OLECMDID_UNDO	15	撤销
OLECMDID_REDO	16	重做
OLECMDID_selectALL	17	全选
OLECMDID_CLEARselectION	18	清除选区
OLECMDID_ZOOM	19	显示比例
OLECMDID_GETZOOMRANGE	20	获得显示比例
OLECMDID_updateCOMMANDS	21	更新
OLECMDID_REFRESH	22	刷新
OLECMDID_STOP	23	停止，停止当前所有操作
OLECMDID_HIDETOOLBARS	24	工具条
OLECMDID_SETPROGRESSMAX	25	设定进度条的最大值
OLECMDID_SETPROGRESSPOS	26	设定当前进度条的值
OLECMDID_SETPROGRESSTEXT	27	设定当前进度条的文本
OLECMDID_SETTITLE	28	设定标题
OLECMDID_SETDOWNLOADSTATE	29	设定下载状态
OLECMDID_STOPDOWNLOAD	30	停止下载

nCmdExecOpt 参数值如表 13-6 所示。

表 13-6   nCmdExecOpt 参数值

nCmdExecOpt 参数	参 数 值	描　述
OLECMDEXECOPT_DODEFAULT	0	预定执行动作
OLECMDEXECOPT_PROMPTUSER	1	显示输入
OLECMDEXECOPT_DONTPROMPTUSER	2	不显示输入
OLECMDEXECOPT_SHOWHELP	3	显示说明

以上介绍了各参数的取值，下面介绍一些常用的与打印相关的命令（其中 WebBrowser 表示调用 WebBrowser 控件时定义的 ID 名称）。

- WebBrowser.Execwb(6,1)表示打印页面。
- WebBrowser.Execwb(6,6)表示直接打印页面。
- WebBrowser.Execwb(7,1)表示打印预览页面。
- WebBrowser.Execwb(8,1)表示进行打印页面设置。
- WebBrowser.Execwb(10,1)表示查看页面属性。

3．Excel 报表打印技术

Excel 是微软公司提供的用于办公管理的应用软件，它具有强大的报表打印功能。

最初的一些信息管理系统基本上是采用客户机/服务器（C/S）模式进行开发的，但随着互联网的广泛应用，目前的信息管理系统已经逐渐开始从 C/S 模式向浏览器/服务器（B/S）模式转变。B/S 模式有很多优点，如更加开放、与软硬件无关、应用扩充性强等。由于 B/S 模式的广泛使用，Excel 报表打印功能也得到了进一步的应用。下面介绍几种常用的 Excel 报表打印方法。

（1）直接将网页内容导入 Excel

在 ASP 应用程序中，为了方便用户进行报表打印的操作，通过设置 Response 对象的 ContentType 属性值，可以将网页中的内容直接导入 Excel 中进行编辑。

通过 Response 对象的 ContentType 属性来指定服务器响应的 HTTP 内容类型。

语法：

```
Response.ContentType[=ContentType]
```

ContentType：描述内容类型的字符串，该字符串通常被格式化为类型/子类型，其中类型是常规内容范畴，而子类型为特定内容类型，默认为 text/html。

说明　　常用类型与子类型有 text/html、image/gif 和 image/jpeg。浏览器负责解释这些不同的类型和子类型，调用客户端安装的联合程序，对文档进行查看及浏览。

【例 13-3】将下面的语句放置在 ASP 页面的首行时，即可实现直接将网页内容导入 Excel 的操作。

```
<%response.ContentType="application/vnd.ms-excel"%>
```

（2）将网页内容写入 Excel

在 ASP 应用程序中，通过在 JavaScript 脚本中应用 Excel 的 Application 对象、Workbook 对象和 Worksheet 对象的相关属性和方法，可以实现将 Web 页面中的数据写入 Excel，然后由 Excel 实现自动打印报表内容的功能。下面将对这几个对象进行讲解。

① Excel 的 Application 对象

Application 对象是 Excel 对象模型中的顶级对象，使用 Application 对象可以确定或指定应用程序级属性或执行应用程序级方法，同时，它也是访问 Excel 对象模型的其他部分的转入点。

在 JavaScript 脚本中应用 ActiveXObject 构造函数可以创建一个 Excel.Application 对象的实例。下面介绍 Application 对象的常用属性和方法。

- ActiveCell 属性

ActiveCell 属性返回一个 Range 对象，该对象代表活动窗口的活动单元格，或者指定窗口的活动单元格。如果该窗口显示的不是工作表，则该属性无效。下列表达式都是返回活动单元格，并且都是等价的。

```
ActiveCell
```
或
```
Application.ActiveCell
```
或
```
ActiveWindow.ActiveCell
```
或
```
Application.ActiveWindow.ActiveCell
```

　　如果不指定对象识别符，本属性返回的是活动窗口中的活动单元格。活动单元格与选定区域是有区别的：活动单元格是当前选定区域内的单个单元格；而选定区域可能包含多个单元格，但其中只有一个是活动单元格。

- ActiveChart 属性

ActiveChart 属性主要用于返回 Chart 对象，该对象代表活动图表。当选定或激活嵌入式图表时，该嵌入式图表就成为当前活动的图表。如果当前没有活动的图表，此属性返回值为 Nothing。该属性为只读属性。

语法：
```
[对象识别符.]ActiveChart
```

　　如果未指定对象识别符，此属性返回活动工作簿上的活动图表。

- ActivePrinter 属性

通过 ActivePrinter 属性可以设置或者返回活动打印机的名称，该属性为可读写的字符串类型。
语法：
```
Application.ActivePrinter
```

- ActiveSheet 属性

ActiveSheet 属性返回一个 Worksheet 对象，该对象代表活动工作簿中的或者指定窗口工作簿中的活动工作表。如果没有活动的工作表，该属性返回值为 Nothing。

语法：
```
[对象识别符.]ActiveSheet[.对象对应的属性]
```

　　（1）如果未给出对象识别符，此属性返回活动工作簿中的活动工作表。
　　（2）如果某一工作簿在若干个窗口中出现，那么该工作簿的 ActiveSheet 属性在不同窗口中的返回值可能不同。

- ActiveWorkbook 属性

ActiveWorkbook 属性返回一个 Workbook 对象，该对象代表活动窗口的工作簿。此属性为只读属性。

语法：

[对象识别符.]ActiveWorkbook[.对象对应的属性]

 如果没有打开任何窗口、活动窗口、信息窗口或剪贴板窗口，则此属性返回值为 Nothing。

- Cells 属性

Cells 属性返回 Range 对象，该对象代表活动工作表中所有的单元格。该属性为只读属性。

语法：

[对象识别符.]Cells

 如果当前活动文档不是工作表，则不能读取此属性值。

- Charts 属性

Charts 属性返回一个 Sheets 集合，该集合代表活动工作簿中的所有图表工作表。该属性为只读属性。

语法：

[对象识别符.] Charts

 如果不给出对象识别符，将返回活动工作簿中所有的图表工作表。

- Path 属性

Path 属性是将 Excel 的完整路径返回给应用程序，但不包括末尾的分隔符和应用程序名称。该属性为字符串类型，并为只读属性。

语法：

对象识别符.Path

- Range 属性

Range 属性返回一个 Range 对象，该对象代表一个单元格或者单元格区域。

语法：

对象识别符.Range(Cell1,Cell2)

Cell1：表示区域名称，为必选项。可包括区域操作符（冒号）、相交区域操作符（空格）或合并区域操作符（逗号）。可在区域中任一部分使用局部定义名称。

Cell2：表示区域左上角和右下角的单元格，为可选项。可以是一个包含单个单元格、整列或者整行的 Range 对象，或者是一个用宏语言为单个单元格命名的字符串。

 如果没有使用对象识别符，则该属性是 ActiveSheet.Range 的快捷方式（它返回活动表的一个区域，如果活动表不是一张工作表，则该属性无效）。

● Rows 属性

Rows 属性返回代表活动工作表所有行的 Range 对象。如果活动文档不是工作表，Rows 属性无效。

语法：

[对象识别符.] Rows

　　　　　　　在不用对象识别符的情况下，使用此属性等价于 ActiveSheet.Rows。

● Sheets 属性

Sheets 属性返回代表活动工作簿中所有工作表的 Sheets 集合。

语法：

[对象识别符.]Sheets

　　　　　　　在不用对象识别符的情况下，使用此属性等价于使用 ActiveWorkbook.Sheets。

● Workbooks 属性

Workbooks 属性返回一个 Workbooks 集合，此集合代表所有打开的工作簿。该属性为只读属性。

语法：

[对象识别符.]Workbooks

　　　　　　（1）在不使用对象识别符的情况下，使用此属性等价于 Application.Workbooks。
　　　　　　（2）由 Workbooks 属性返回的集合并不包含打开的加载宏（一种特殊的隐藏工作簿）。
但如果已知宏文件名，则可返回单个打开的加载宏。例如，Workbooks("mr.xla")将打开
的名为 sml.xla 的加载宏作为 Workbook 属性返回结果。

● Quit 方法

调用 Quit 方法将退出 Excel。

语法：

对象识别符.Quit

使用此方法时，如果有未保存的工作簿处于打开状态，Excel 将弹出一个对话框，询问是否要保存所做的更改。为避免这一情况，可以在使用 Quit 方法前保存所有的工作簿或者将 DisplayAlerts 属性设置为 False，这时在 Excel 退出时，即使有未保存的工作簿，也不会显示对话框，而且不保存就执行退出命令。

② Excel 的 Workbook 对象

Workbook 对象表示一个.xls 或.xla 工作簿文件。使用 Workbook 对象可以处理单个 Excel 工作簿，而使用 Workbooks 集合可以处理所有当前打开的 Workbook 对象。

下面介绍几个 Workbook 对象的常用方法。

● Add 方法

使用 Workbook 对象的 Add 方法可以创建新的 Workbook 对象。Add 方法不但可以创建新的工作簿，而且可以立即打开创建的工作簿。调用 Add 方法还将返回一个表示创建的新工作簿的对象变量。

语法：

对象识别符.Add

● SaveAs 方法

调用 Workbook 对象的 SaveAs 方法并指定要保存的工作簿的名称，可以保存新工作簿。如果已存在该名称的工作簿，则调用此方法时将出现错误。使用 SaveAs 方法保存工作簿之后，可以使用 Workbook 对象的 Save 方法来保存其他更改，也可以使用 SaveCopyAs 方法用另一个文件名来保存现有工作簿的副本。

语法：

对象识别符.SaveAs(Filename)

Filename：表示保存的 Excel 文件名称。

Workbook 对象的 FullName 属性包含对象的路径和文件名，而 Path 属性只包含当前工作簿的已保存路径。

● Open 方法

Workbook 对象的 Open 方法可以打开现有工作簿。使用 Open 方法打开工作簿时，该工作簿将成为活动工作簿。

语法：

对象识别符.Open(Filename)

● Close 方法

应用 Workbook 对象的 Close 方法可以关闭已打开的工作簿。

语法：

对象识别符.Close

③ Worksheet 对象

用户在 Excel 中进行的大多数工作都是在工作表环境中进行的，工作表包含用于处理数据的单元格，以及多个用于处理工作表中数据的属性、方法和事件。

Worksheet 对象包含在 Worksheets 集合中，使用 Workbook 对象的 Worksheets 属性可以访问工作表中的数据，应用该属性还可以返回工作簿中所有工作表的集合。

4．XML 报表打印技术

XML 是由 W3C 定义的一种标记语言，由于 XML 是没有版权限制的，这样用户可以建立属于自己的一套软件而无需支付任何费用。利用 ASP 结合 XML 技术，可以实现对 XML 数据的报表打印操作。其原理是：通过 XML 强大的自定义功能，用户可以很方便地自定义出所需要的数据结构，然后在服务器端进行动态编码，通过 Web 服务器将数据发送到客户端，在客户端进行格式解析后，再根据服务器端定义的打印格式，从客户端直接控制打印机而打印出所需要的报表。

下面对 XML 文档的结构、语法要求进行讲解。

XML 可以定义其他标识语言的元标识语言，在 XML 文档中可以自定义标记和文档结构。

【例 13-4】 下面是一个常用的 XML 文档结构。

```
<?xml version="1.0"?>
<?xml-stylesheet type="text/css"href="style.css"?>
<!-- 这是XML文档的注释 -->
<resume>
```

```
<name>豆豆xxx</ name >
<email>mingxxx@163.com</email>
<homepage>http://www.mingxxx.com</homepage>
<publication>
    <book>
        <title>ASP 技术 xxxx</title>
        <pages>76xxx</pages>
    </book>
    <book>
        <title>SQL 技术 xxxx</title>
        <pages>52xxxx</pages>
    </book>
</publication>
</resume>
```

XML 文档总体上包括两部分：序言和文档元素。

- 序言

序言中包含 XML 声明、处理指令和注释。序言必须出现在 XML 文档的开始处。

上面实例代码的第 1 行是 XML 声明，用于说明这是一个 XML 文档，并且给出版本号。实例代码的第 2 行是一条处理指令，引用处理指令的目的是提供有关 XML 应用程序的信息，在程序代码中处理指令告诉浏览器使用 CSS 样式表文件 style.css。实例代码的第 3 行为注释语句。

- 文档元素

XML 文档中的元素是以树形分层结构排列的，元素可以嵌套在其他元素中。文档中必须只有一个顶层元素，称为文档元素或者根元素，类似于 HTML 页面中的 body 元素，其他所有元素都嵌套在根元素中。文档元素中包含各种元素、属性、文本内容、字符和实体引用等。

13.2　JavaScript 脚本打印报表

JavaScript 是由 Netscape Communication Corporation（网景公司）开发的，是目前客户端浏览程序应用最普遍的脚本语言之一。在 ASP 中，可以使用 JavaScript 脚本打印数据报表。本节将对 JavaScript 脚本打印报表技术进行详细讲解。

13.2.1　JavaScript 脚本打印明细报表

明细报表是指显示数据库表中一条记录的多个字段信息，或者同时显示多条明细数据，通过 JavaScript 脚本可以很方便地打印明细报表。

使用 JavaScript 脚本打印明细报表主要应用 Window 对象的 Print 方法来实现。

语法：

```
window.print();
```

【例 13-5】 动态网站的特点就是使浏览者能够实时查看到网站发布的信息，为浏览者提供最新、最准确的信息。在网页中提供报表打印，可以使浏览者快捷地获取到所需要的信息。下面以商务网后台管理系统的员工业绩管理模块为例，介绍 JavaScript 脚本打印员工业绩报表的过程。实现步骤如下。（实例位置：光盘\MR\源码\第 13 章\13-1）

（1）在员工业绩信息查看页面中，可以浏览到员工业绩的详细信息，并可以进行分页查看，单击"JavaScript 脚本打印明细报表"按钮可以打印"员工业绩登记表"中的数据。代码如下：

```asp
<%
Set rs=Server.CreateObject("ADODB.Recordset")          '创建记录集
sqlstr="select * from tb_result"                       '查询数据
rs.open sqlstr,conn,1,1                                 '打开记录集
If rs.eof or rs.bof Then                                '判断是否有记录
    Response.Write("<tr align=center><td colspan=8>暂时不能提供任何信息！</td></tr>")
'动态输出
    Response.End
End if
rs.pagesize=4                                          '定义每页显示的记录数
pages=clng(Request("pages"))                           '获得当前页数
If pages<1 Then pages=1
If pages>rs.recordcount Then pages=rs.recordcount
showpage rs,pages                                      '执行分页子程序 showpage
Sub showpage(rs,pages)                                 '分页子程序 showpage(rs,pages)
rs.absolutepage=pages                                  '指定指针所在的当前位置
For i=1 to rs.pagesize                                 '循环显示记录集中的记录
%>
  <tr align="center" valign="middle" bgcolor="#FFFFFF">
   <td height="22"><%=rs("id")%></td>
   <td height="22"><%=rs("Name")%></td>
   <td height="22"><%=rs("Sex")%></td>
   <td height="22"><%=rs("icebox")%></td>
   <td height="22"><%=rs("washer")%></td>
   <td height="22"><%=rs("TV")%></td>
   <td height="22"><%=rs("air-condition")%></td>
   <td height="22"><%=rs("cleaner")%></td>
  </tr>
  <%
  rs.movenext                                          '记录指针向下移动
  If rs.eof Then Exit For                              '退出 For 循环
  Next
  End Sub
%>
</table>
<br>
<table  width="450"  height="25"  border="0"  align="center"  cellpadding="-2"
cellspacing="0" class="Noprint">
<tr valign="middle" bgcolor="#FFFFFF">
<%If Not (rs.eof and rs.bof) Then%>
<td width="280" height="28"><% if pages<>1 then %>
<a href=?pages=1>第一页</a> <a href=?pages=<%=(pages-1)%>>上一页</a>
<%
end if
    if pages<>rs.pagecount then                        '应用 if 进行循环判断
%>
<a href=?pages=<%=(pages+1)%>>下一页</a> <a href=?pages=<%=rs.pagecount%>>最后一页</a>
<%end if%>
</td>
<%
```

```
If not(rs.Eof and rs.Bof) Then                    '应用 if 进行循环判断
%>
<td width="220" height="28" align="right" class="word_grey">[<%=pages%>/
<%= rs. PageCount%>]    每页<%=rs.PageSize%>条    共<%=rs.RecordCount%>条信
息</td>
<%
End If
     rs.close
     Set rs=Nothing
   End If
   %>
 </tr>
</table>
<br>
```

（2）调用 JavaScript 脚本中 Window 对象的 Print 方法，实现打印功能。代码如下：

```
<div align="center" class="Noprint">
<input                type="submit"
name="Submit" value="JavaScript 脚本打
印明细报表" onClick ="window.print()">
</div>
```

（3）在页面中定义了 CSS 样式，可以
应用此样式隐藏页面中不需要打印的元
素。代码如下：

```
<style type="text/css">
<!--
@media print{
.Noprint{display:none /*应用该样式的对象在实际打印时将不可见*/
}
-->
</style>
```

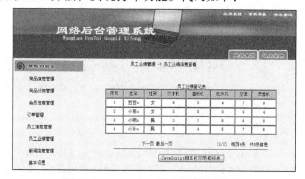

图 13-1　JavaScript 脚本打印明细报表

实例的运行结果如图 13-1 所示。

13.2.2　JavaScript 脚本打印分组报表

数据库中的数据是按照一定的规律和格式进行存储的，在显示数据时，为了使浏览者更加明
确数据的结构，可以将数据进行分组显示。开发人员可以应用 GROUP BY 子句实现数据的分组显
示。下面将对 GROUP BY 子句进行详细介绍。

在 SQL 语句中，可以使用 GROUP BY 子句按某一列数据的值进行分组，在分组的基础上再
进行查询。使用 GROUP BY 子句时，如果 SELECT 子句中包含聚合函数，则计算每组的统计值，
在 SELECT 子句中的查询数据列除了出现在聚合函数中的列以外，都必须在 GROUP BY 子句中
应用。在 GROUP BY 子句中，不支持字段列的别名，也不支持任何使用了统计函数的集合列。

GROUP BY 子句的语法如下：

```
group by [all] column1[,column2...]
```

all：关键字 all 只有当 select 命令语句中包含 where 参数时才会生效。

【例 13-6】　下面以某企业内部管理系统的销售管理模块为例，介绍 JavaScript 脚本打印分组
报表的过程。实现步骤如下。（实例位置：光盘\MR\源码\第 13 章\13-2）

（1）在季度销售报表查看页面中，用户可以查看到按年份进行分组后的季度商品销售信息，单击

"JavaScript 脚本打印分组报表"按钮，可以打印"某企业各季度销售报表"中的数据。代码如下：

```
<%
Set rsm=Server.CreateObject("ADODB.Recordset")                    '创建记录集
sqlstr="select sell_year from tb_total group by sell_year"'应用 GROUP BY 子句进行分组
rsm.open sqlstr,conn,1,1                                           '打开记录集
If rsm.eof or rsm.bof Then                                         '判断是否有记录
    Response.Write("<tr align=center><td colspan=6>暂时不能提供任何信息！</td></tr>")
'弹出提示信息
    Response.End
End if
do while not rsm.eof                                              '应用 do while 语句进行判断
%>
```

（2）首先将数据库中的数据进行分组，然后创建另一个 Recordset 记录集对象，读取分组后各记录的详细信息。代码如下：

```
<%
i=0                                                              '为 i 变量赋默认值
Set rs=Server.CreateObject("ADODB.Recordset")                   '创建记录集
sql_sub="select * from tb_total where sell_year="&rsm(0)&""      '查询数据
rs.open sql_sub,conn,1,1                                         '打开记录集
do while not rs.eof
%>
  <tr align="center" valign="middle" bgcolor="#F0F0F0">
    <td height="22"><%If i=0 Then%><%=rs("sell_year")%><%End If%></td>
  <!--输出记录信息-->
    <td height="22"><%=rs("sell_quarter")%></td>
    <td height="22"><%=rs("name")%></td>                         <!--输出记录信息-->
    <td height="22"><%=rs("price")%></td>
    <td height="22"><%=rs("money")%></td>                        <!--输出记录信息-->
    <td height="22"><%=rs("comment")%></td>
  </tr>
  <%
i=i+1                                                            '循环变量加 1
rs.movenext                                                      '将记录指针向下移动
loop
rsm.movenext                                                     '将记录指针向下移动
loop
rs.close                                                         '关闭记录集
Set rs=Nothing                                                   '释放内存空间
rsm.close
Set rsm=Nothing
%>
</table>
<br>
```

（3）应用 JavaScript 脚本打印页面中的数据报表。代码如下：

```
<div align="center" class="Noprint">
<input type="submit" name="Submit" value="JavaScript 脚本打印分组报表" onClick=
"window.print()">
  </div>
```

实例的运行结果如图 13-2 所示。

图 13-2 JavaScript 脚本打印分组报表

13.3 Excel 报表打印

报表打印在实际项目开发中占有重要位置，而 Excel 凭借其功能强大、应用灵活和通用性强等优势在报表打印中获得了广泛的应用。本节将对 Excel 报表打印技术进行详细讲解。

13.3.1 将 Web 页面中的数据导出到 Excel 并自动打印

在实际项目开发中，经常需要将 Web 页面中的数据导出到 Excel 并自动打印。下面介绍如何将 Web 页面中的信息列表导出到 Excel 中并保存，同时实现自动打印功能。

将 Web 页面中的数据导出到 Excel 中并自动打印主要通过 PrintOut 方法实现，该方法用于打印指定对象。

语法：

```
expression.PrintOut(From, To, Copies, Preview, ActivePrinter, PrintToFile, Collate,
PrToFileName)
```

PrintOut 语法中的参数说明如表 13-7 所示。

表 13-7 PrintOut 语法中的参数说明

参 数	描 述
expression	必选项。用于返回"Chart 对象"、"Charts 集合对象"、"Range 对象"、"Sheets 集合对象"、"Window 对象"、"Workbook 对象"、"Worksheet 对象"或"Worksheets 集合对象"中的某个对象
From	文本不卷绕；Label 水平地展开或缩短以使其与文本的长度相适应，并且垂直地展开或缩短以使其与字体的大小和文本的行数相适应
To	可选项。用于指定打印的终止页号。如果省略该参数，将打印至最后一页
Copies	可选项。用于指定要打印的份数。如果省略该参数，将只打印一份
Preview	可选项。值为 True 或 False，如果为 True，Excel 则在打印指定对象之前进行打印预览；如果为 False 或者省略此参数则立即打印该对象
ActivePrinter	可选项。用于设置活动打印机的名称
PrintToFile	可选项。值为 True 或 False，如果为 True，则打印输出到文件。如果没有指定 PrToFileName，Excel 将提示用户输入要输出文件的文件名
Collate	可选项。当值为 True 时，则逐份打印每份副本
PrToFileName	可选项。如果将 PrintToFile 设置为 True，则本参数指定要打印到的文件名

From 参数和 To 参数所描述的"页"指的是要打印的页，并非指定工作表或工作簿中的全部页。

【例 13-7】 下面应用 PrintOut 方法实现 Excel 报表打印。实现的步骤如下。（实例位置：光盘 \MR\源码\第 13 章\13-3 ）

（1）将显示信息表格的 id 设置为 pay，因为要打印此表格中的数据。代码如下：

```
<table border="1" align="center" cellspacing="0" id="pay">
```

（2）编写自定义的 outExcel 函数，主要用于将 Web 页面中的信息导出到 Excel，并实现自动打印。代码如下：

```
<script language="javascript">
function outExcel(){                                    //创建自定义函数
    var table=document.all.pay;                         //为 table 变量赋值
    row=table.rows.length;                              //获取表格行的宽度
    column=table.rows(1).cells.length;                  //获取表格单元格的宽度
    var excelapp=new ActiveXObject("Excel.Application");  //调用 Excel 运行环境
    excelapp.visible=true;                              //突出显示信息
    objBook=excelapp.Workbooks.Add();                   //添加新的工作簿
    var objSheet = objBook.ActiveSheet;                 //创建并激活 Excel
    for(i=0;i<row;i++){                                 //循环判断有多少行
        for(j=0;j<column;j++){                          //循环判断有多少列
objSheet.Cells(i+1,j+1).value=table.rows(i).cells(j).innerHTML.replace(" ","");
            //将表格中的数据信息存放在默认的 Excel 工作簿中
        }
    }
    objBook.SaveAs("payList.xls",2);                    //自动保存
    objSheet.Printout;                                  //自动打印
}
</script>
```

在 Excel 中查看并修改默认文档保存路径的方法如下：选择"工具"/"选项"命令，在弹出的对话框中选择"常规"选项卡，在"默认工作目录"文本框中将显示默认的工作目录，读者可以将其修改为其他可用路径。

（3）通过单击"打印"超链接调用自定义 JavaScript 函数 outExcel。代码如下：

```
<a href="#" onClick="outExcel();">打印</a>
```

实例的运行结果如图 13-3 所示。

图 13-3　将 Web 页面中的数据导出到 Excel 并自动打印

在 IE 浏览器下运行该程序时，如果出现错误提示"Automation 服务器不能创建对象"，那么需要在"Internet 选项"窗口中，启用"对未标记为可安全执行脚本的 ActiveX 控件初始化并执行脚本"选项。

13.3.2　建立 Excel 模板将数据库数据导入 Excel

在实际应用中，为了准确地得到数据库中的数据信息，方便用户查看和核实数据，可以将数据库中的信息直接导入 Excel 文件中，从而快捷地进行报表打印操作。这时可以先建立一个 Excel 模板，然后将数据库中的数据导入 Excel 中，该功能主要应用 Excel 的 Application 对象实现。有关该对象的介绍请读者参见 13.1.3 小节。

【例 13-8】 在企业商品信息查看页面中，单击"导入 Excel 进行报表打印"按钮，调用自定义的 VBScript 函数，即可将数据库中的内容导入已建立的以 Excel 模板为基础的 Excel 文件中，用户在此文件中可以根据实际情况对数据再做修改等。

在程序处理页面中，自定义一个 VBScript 函数，在该函数中首先创建一个 Excel 的 Application 对象实例，然后调用 Workbooks 集合的 Open 方法打开指定的.xlt 文件，再创建一个 Worksheet 对象实例，将数据表中字段的对应数据写入工作表中的指定单元格。代码如下：（实例位置：光盘\MR\源码\第 13 章\13-4）

```
<%@LANGUAGE="VBSCRIPT" CODEPAGE="936"%>
<!--#include file="conn.asp"-->                       <!--创建数据库连接文件-->
<script language="VBScript">
function xlprint()                                    //创建自定义函数
Set xlApp = CreateObject("EXCEL.APPLICATION")         //打开工作表
Set xlBook = xlApp.Workbooks.Open("D:\aa.xlt")        //修改文件的实际存放路径
set xlsheet1 = xlBook.ActiveSheet                     //创建并激活 Excel
<%
set rs=Server.CreateObject("adodb.recordset")         '创建记录集
str="select * from tb_goods"                          '查询数据
rs.open str,conn                                      '打开记录集
ii=1                                                  '为变量赋值
do while not rs.eof and ii<11                         '应用 do while 进行循环显示
%>
   <%Response.Write"xlSheet1.cells("&ii+1&",1).value="%>"<%=rs("id")%>"      <!-- 将信
息输出到 Excel 中-->
   <%Response.Write"xlSheet1.cells("&ii+1&",2).value="%>"<%=rs("Gname")%>" <!--将信息
输出到 Excel 中-->
   <%Response.Write"xlSheet1.cells("&ii+1&",3).value="%>"<%=rs("Gsupply")%>"<!--将信
息输出到 Excel 中-->
   <%Response.Write"xlSheet1.cells("&ii+1&",4).value="%>"<%=rs("Garea")%>" <!-- 将信
息输出到 Excel 中-->
   <%Response.Write"xlSheet1.cells("&ii+1&",5).value="%>"<%=rs("Ginprice")%>"<!-- 将
信息输出到 Excel 中-->
   <%Response.Write"xlSheet1.cells("&ii+1&",6).value="%>"<%=rs("Gstock")%>"<!-- 将 信
息输出到 Excel 中-->
   <%
```

```
    rs.movenext                                        '向下移动记录指针
    ii=ii+1                                            '循环变量加 1
   loop
  rs.close
  set rs=nothing                                       '释放内存变量
%>
xlSheet1.Application.Visible = True        //允许使用 Application 对象
end function
</script>
<table  width="500"  border="1"  align="center"  cellpadding="1"  cellspacing="0"
bordercolorlight="#84FFA3" bordercolordark ="#000000" bgcolor="#FF9900">
<caption align="center">
企业商品信息列表
</caption>
    <tr align="center">
       <td height="22">商品名称</td>
       <td height="22">供应商</td>
       <td height="22">产地</td>
       <td height="22">进价</td>
       <td height="22">库存</td>
</tr>
<%
Set rs=Server.CreateObject("ADODB.Recordset")          '创建记录集
sqlstr="select * from tb_goods"                        '查询数据
rs.open sqlstr,conn,1,1                                 '打开记录集
while not rs.eof                                        '循环显示记录信息
%>
<tr align="center" bgcolor="#FFFFFF">
<td height="22"><%=rs("Gname")%></td>
<td height="22"><%=rs("Gsupply")%></td>
<td height="22"><%=rs("Garea")%></td>
<td height="22"><%=rs("Ginprice")%></td>
<td height="22"><%=rs("Gstock")%></td>
</tr>
<%
rs.movenext                                            '向下移动记录指针
wend                                                   '结束循环
rs.close                                               '关闭对象
Set rs=Nothing                                         '释放内存变量
%>
<tr align="center" bgcolor="#FFFFFF">
<td        height="26"        colspan="5"
valign="middle"><input        name="Submit2"
type="button"  onClick="xlprint()"  onDblClick
="xlprint()" value="导入 Excel 进行报表打印"><!--
调用 xlprint()自定义函数--></td>
    </tr>
    </table>
```

实例的运行结果如图 13-4 所示。

图 13-4   建立 Excel 模板将数据库数据导入 Excel

13.4 XML 报表打印

随着 Internet 的迅速发展和广泛普及，XML 的出现体现出了它的适用性和重要性。利用 ASP 结合 XML 技术，可以实现对 XML 数据的报表打印操作。其原理是：通过 XML 强大的自定义功能，用户可以很方便地自定义出所需要的数据结构，然后在服务器端进行动态编码，通过 Web 服务器将数据发送到客户端，在客户端进行格式解析后，再根据服务器端定义的打印格式，从客户端直接控制打印机打印出所需要的报表。本节通过几个实例介绍如何使用 XML 技术进行报表打印。

13.4.1 XML 文档分页报表打印

在使用 XML 文档作为存储数据的容器时，可以对显示的数据进行分页控制。原理是：应用 JavaScript 脚本语言创建 XML 的 Document 对象，并使用 Document 对象的相关属性和方法，读取 XML 文档中各节点包含的数据，然后在 ASP 页面中通过 CSS 样式来规范读取到的 XML 数据的显示格式，最后应用打印技术按照显示的分页效果打印 XML 数据报表。此时将应用到 XMLDOMDocument 对象，有关该对象的相关介绍请读者参见 11.3 节。

【例 13-9】 应用 XML 文档实现分页报表打印。实现步骤如下：（实例位置：光盘\MR\源码\第 13 章\13-5）

（1）在进行程序开发前，需要建立有效的 XML 文档。代码如下：

```
<?xml version="1.0" encoding="gb2312"?>      <!-- 说明是XML文档,并指出XML文档的版本号-->
<Persons>                                    <!-- 定义 XML 文档的根元素-->
    <Person>                                 <!-- 定义 XML 文档元素-->
        <Name>豆豆 x</Name>
        <Sex>女</Sex>
        <Grand>本科</Grand>
        <Tel>139xxx</Tel>
        <Email>1xxxx@1.com</Email>
        <Like>计算机 xxx</Like>
    </Person>
    <Person>
        <Name>乐乐 xx</Name>
        <Sex>女</Sex>
        <Grand>本科</Grand>
        <Tel>133xxxx</Tel>
        <Email>2xxx@1.com</Email>
        <Like>上网 xxx</Like>
    </Person>
    <Person>
        <Name>心里乐 xxx</Name>
        <Sex>男</Sex>
        <Grand>专科</Grand>
        <Tel>135xxxx</Tel>
        <Email>3xxx@1.com</Email>
        <Like>唱歌 xxx</Like>
```

```
        </Person>
        <Person>
            <Name>赵 xx</Name>
            <Sex>女</Sex>
            <Grand>本科</Grand>
            <Tel>1392xxxx</Tel>
            <Email>4xxx@1.com</Email>
            <Like>绘画 xx</Like>
        </Person>
    </Persons>
```

（2）在页面中，用户可以通过单击"前一页"或"后一页"超链接进行分页查看信息的操作，也可以通过选择下拉列表框中的页码来分页查看数据信息。在此页面中，提供了"直接打印"、"页面属性"、"打印预览"和"打印"4 个关于打印技术的超链接，用户可以根据实际需要进行相应的操作。

在程序处理页面编写的 JavaScript 脚本中，首先创建 XML 的 Document 对象实例，调用对象的 load 方法加载指定的 XML 文档；然后获取 XML 文档中指定元素的个数，以及元素中包含节点的数目，根据所设置的初始值，计算显示的页码总数；再定义执行翻页操作的相关函数，并在定义的显示 XML 文档内容的函数中包含显示分页状态的函数；最后调用显示 XML 文档内容的函数，实现分页显示 XML 数据报表的功能。代码如下：

```
<script language="javascript">
var pagenum=2;                                      //每页显示的记录数
var page=0;                                         //为 page 设置默认值
var BodyHTML="";                                    //声明变量
var xmlDoc=new ActiveXObject("Microsoft.XMLDOM");   //创建 Document 对象实例
var mode="Person";                                  //为 mode 变量赋值
```

创建 Document 对象实例后，加载指定的 XML 文档。代码如下：

```
xmlDoc.async=false;                     //允许加载 XML 文档
xmlDoc.load("resume.xml");              //应用 load 方法加载 XML 文档
header="<table align='center' width='500' cellspacing='1' cellpadding='2' border='1'
bgcolor='#FFFFEE'> <caption> 职工档案登记表 </caption><tr align='center' class='title'
bgcolor='#C1E6DB'><td>姓名</td><td>性别</td><td>学历</td> <td>电话</td><td>Email</td><td>
爱好</td></tr>";
```

获取 XML 文档中的记录条数，以及记录包含的字段数，并计算显示的总页码数。代码如下：

```
recordNum=xmlDoc.getElementsByTagName(mode).length; //获取当前元素中所有 mode 属性所组成
的列表
column=xmlDoc.getElementsByTagName(mode).item(0).childNodes; //获取当前元素中所有 mode
属性的集合
colNum=column.length;                              //计算总页数
pagesNumber=Math.ceil(recordNum/pagenum)-1;        //为 pagesNumber 变量赋值
```

自定义显示"前一页"超链接的函数。代码如下：

```
function Up_Page(page)                              //创建自定义函数
{
thePage="<font class='input'>前一页</font>"          //为 thePage 变量赋值
if(page+1 > 1) thePage="<a  class='input'  href='#'  onclick='JavaScript:return
UpPageGo()'>前一页</a>";
return thePage;                                    //创建"前一页"超链接
```

```
}
function UpPageGo()                                    //创建 UpPageGo 自定义函数
{
if(page > 0) page--;                                  //分页显示
showContent();                                        //调用 showContent 函数
BodyHTML="";
}
```

自定义显示"后一页"超链接的函数。代码如下：

```
function Next_Page(page)                               //创建 Next_Page 自定义函数
{
thePage="<font class='input'>后一页</font>"          //为 thePage 变量赋值
if(page < pagesNumber) thePage="<a class='input' href='#' onclick='JavaScript:return
NextPageGo()'>后一页</a>";
    return thePage;                                   //返回变量值
}
function NextPageGo()                                  //创建自定义函数
{
if(page < pagesNumber) page++;                        //进行动态分页
showContent();                                        //调用 showContent 函数
BodyTex="";
}
```

将 XML 文档中的内容显示到页面后，可以调用 WebBrowser 组件对报表进行打印。代码如下：

```
<div id="showXML"></div>
<p class="Noprint">
<object id=WebBrowser classid=ClSID:8856F961-340A-11D0-A96B-00C04Fd705A2 width="0"
height="0"></object>
    <a href="#" onClick="document.all.WebBrowser.Execwb(6,6)">直接打印</a> <a href="#"
onClick="document.all.WebBrowser.Execwb
(8,1)">页面属性</a> <a href="#" onClick=
"document.all.WebBrowser.Execwb(7,1)">
打印预览</a> <a href="#" onClick="document.
all.WebBrowser.Execwb(6,1)">打印</a>
    </p>
```

实例的运行结果如图 13-5 所示。

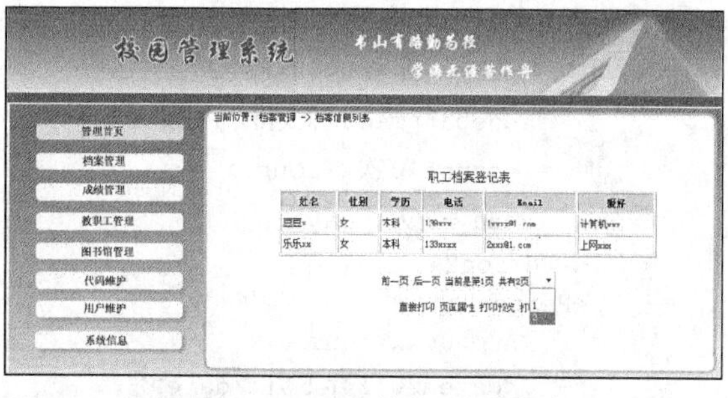

13.4.2 XSL 浏览报表打印

使用 XSL 语言可以灵活、快速地定义出

图 13-5　XML 文档分页报表打印

XML 文档的显示格式，使格式化后的 XML 文档数据以清晰的结构显示在用户面前。在 ASP 程序中，可以应用 XSL 浏览 XML 数据报表，并进行打印操作。

使用 XSL 浏览报表打印时，首先需要建立有效的.xml 文件和.xsl 文件，然后在 ASP 程序中创建 XML 的 DOMDocument 对象实例，应用该对象的相关方法加载建立好的两个文件，并应用.xsl 文件来格式化.xml 文件，这样 XML 文档中的数据就能够以.xsl 文件规定的格式进行显示了，最后应用相关的打印技术打印显示在 ASP 页面中的数据报表。

【例 13-10】　在实际应用中，不仅可以通过 CSS 样式来定义 XML 文档的显示格式，还可以应用 XSL 语言来转换或格式化 XML 文档，使浏览器可以识别 XML 文档中的数据结构，从而使数据以指定的格式显示在页面中。下面以企业绩效管理系统的员工考勤模块为例，介绍如何使用

XSL 格式化 XML 文档，并将 XML 文档中的数据以分页的形式显示在页面中，然后打印显示的报表。实现步骤如下。（实例位置：光盘\MR\源码\第 13 章\13-6）

（1）建立有效的 XML 文档。代码如下：

```
<?xml version="1.0" encoding="gb2312"?>          <!-- 说明是 XML 文档,并指出 XML 文档的版本号-->
<Persons>                                        <!-- 定义 XML 文档的根元素-->
    <Person>                                     <!-- 定义 XML 文档元素-->
        <num>01xx</num>
        <date>2012 年 5 月</date>
        <Name>豆豆 x</Name>
        <department>ASP 研发部</department>
        <count>10 次</count>
        <day>1 天</day>
    </Person>
    <Person>
        <num>02xx</num>
        <date>2012 年 5 月</date>
        <Name>小麻雀 x</Name>
        <department>质量部</department>
        <count>2 次</count>
        <day>0 天</day>
    </Person>
</Persons>
```

（2）定义两个<Person2>的标记作为分页的标识。代码如下：

```
    <Person2>                                    <!-- 定义 XML 文档元素-->
        <num>03xx</num>                          <!-- 定义 XML 文档元素-->
        <date>2012 年 5 月</date>
        <Name>杨 xxx</Name>
        <department>企划部</department>
        <count>0 次</count>
        <day>2 天</day>
    </Person2>
    <Person2>
        <num>04xx</num>
        <date>2012 年 5 月</date>
        <Name>孙 xx 圆</Name>
        <department>广告部</department>
        <count>1 次</count>
        <day>0 天</day>
    </Person2>
```

（3）建立了有效的 XML 文档后，为此 XML 文档建立.xsl 文件，在.xsl 文件中使用表格来规定数据的显示格式。代码如下：

```
<?xml version="1.0" encoding="gb2312"?>          <!-- 说明是 XML 文档,并指出 XML 文档的版本号-->
<xsl:stylesheet xmlns:xsl="http://www.w3.org/1999/XSL/Transform" version="1.0">
<!-- 说明引用了 XSL 文件-->
<xsl:template match="/Persons">
```

（4）首先在<p>标记中建立表格，此表格的作用是使 XML 文档中<Person>标记内的数据显示在指定的单元格中。代码如下：

```
<p><table align="center" width="500" cellpadding="2" cellspacing="1" border="0"
bgcolor="#666600" class= "table_ style">
<caption align="center">员工考勤记录表</caption>
  <tr align="center" class="title" bgcolor="#e5e5e5">
    <td width="25"><xsl:text disable-output-escaping="yes"></xsl:text></td>
    <td>序号</td>
    <td>日期</td>
    <td>姓名</td>
    <td>所属部门</td>
    <td>早退迟到次数</td>
    <td>缺席天数</td>
  </tr>
  <xsl:for-each select="Person"><!--使用 xsl 样式-->
  <tr bgcolor="#ffffff">
    <td align="right"><xsl:value-of select="position()"/></td><!--进行数据绑定-->
    <td style="color:#990000" align="center"><xsl:value-of select="num"/></td>
    <td style="color:#990000" align="center"><xsl:value-of select="date"/></td>
    <td style="color:#990000" align="center"><xsl:value-of select="Name"/></td>
    <td                style="color:#990000                align="center"><xsl:value-of
select="department"/></td>
    <td style="color:#990000" align="center"><xsl:value-of select="count"/></td>
    <td style="color:#990000" align="center"><xsl:value-of select="day"/></td>
  </tr>
  </xsl:for-each>
  </table></p>
```

（5）建立了有效的.xml 文件和.xsl 文件后，自定义一个函数，此函数的作用是创建 XML 的 DOMDocument 对象实例，应用对象的 load 方法分别加载.xml 文件和.xsl 文件，然后调用 DOMDocument 对象的 TransformNode 方法使用.xsl 文件格式化.xml 文件。代码如下：

```
<%
Function FormatXML(XMLfile,XSLfile)                         '创建自定义函数
Dim objXML,objXSL                                          '定义变量
strXMLfile=Server.MapPath(XMLfile)                         '获取 XML 文件
strXSLfile=Server.MapPath(XSLfile)                         '获取 XSL 文件
Set objXML=Server.CreateObject("MSXML2.DOMDocument")       '创建 DOM 对象实例
Set objXSL=Server.CreateObject("MSXML2.DOMDocument")       '创建 DOM 对象实例
objXML.async=false                                         '程序执行时,不同时加载 XML 文档
If objXML.Load(strXMLfile) Then                            '应用 load 方法加载 XML 文档
  objXSL.async=false                                       '程序执行时,不同时加载 XML 文档
  objXSL.ValidateonParse=false                             '检查文档模式
  If objXSL.Load(strXSLfile) Then                          '加载 XSL 文档
    On Error Resume Next                                   '设置陷阱
    FormatXML=objXML.transformNode(objXSL) '很重要          '指定 XSL 样式表中的子元素
    If objXSL.parseError.errorCode <> 0 Then               '判断是否出错
      Response.Write("<br><hr>")                           '输出水平线
      Response.Write("Error Code: "&objXSL.parseError.errorCode)     '输出错误信息
```

```
            Response.Write("<br>Error Reason: "&objXSL.parseError.reason)        '动态输出信息
            Response.Write("<br>Error Line: "&objXSL.parseError.line)            '动态输出信息
            FormatXML="<span class=""alert"">格式化 XML 文件时，出现异常错误！</span>"
        End IF
    Else
            Response.Write("<br><hr>")
            Response.Write("Error Code: "&objXSL.parseError.errorCode)
            Response.Write("<br>Error Reason: "&objXSL.parseError.reason)
            Response.Write("<br>Error Line: "&objXSL.parseError.line)
            FormatXML="<span class=""alert"">格式化 XML 文件时，出现异常错误！</span>"
    End If
Else
            Response.Write("<br><hr>")                                          '输出回车符
            Response.Write("Error Code: "&objXSL.parseError.errorCode)          '输出错误代码
            Response.Write("<br>Error Reason: "&objXSL.parseError.reason)       '输出错误原因
            Response.Write("<br>Error Line: "&objXSL.parseError.line)           '输出错误行数
    FormatXML="<span
class=""alert"">格式化 XML 文件时，
出现异常错误！</span>"
                                           '弹出提示对话框
End If
Set objXML=Nothing

'释放内存空间
Set objXSL=Nothing

'释放内存空间
End Function
%>
```
实例的运行结果如图 13-6 所示。

图 13-6　XSL 浏览报表打印

13.5 综合实例——将页面中的客户列表导出到 Word 并打印

在开发 Web 应用程序时，经常会遇到打印页面中的部分内容的情况，这时可以将这部分内容导出到 Word，然后再打印。本实例将介绍如何将页面中的客户列表导出到 Word 并打印。运行本实例，在页面中将显示客户信息列表，单击"打印"超链接后，将把 Web 页中的数据导出到 Word 的新建文档中，如图 13-7 所示，并且保存在 Word 的默认文档保存路径中，最后调用打印机打印该文档。

（1）创建数据库连接，代码如下：

```
<%
```

图 13-7　将页面中的客户列表导出到 Word 并打印

```
set conn=server.CreateObject("adodb.connection")
DBPath = Server.MapPath("db_database.mdb")
conn.open "provider=microsoft.jet.oledb.4.0; data source="&DBpath
%>
```

（2）创建记录集，并将数据库中的数据信息动态地显示到 IE 浏览器中，代码如下：

```
<%
Set rs=server.CreateObject("adodb.recordset")
sql="select * from tb_customer"
rs.open sql,conn,1,3
%>
<table width="777" border="0" align="center" cellpadding="0" cellspacing="0">
  <tr>
    <td width="44" height="380" valign="top"><img src="Images/tiring-room_03.gif"
width="44" height="248"></td>
    <td valign="top"><table width="100%" border="0" cellspacing="0" cellpadding="0">
      <tr>
        <td height="68" colspan="2" background="Images/H_customer.gif"> </td>
      </tr>
      <tr>
        <td width="1%"> </td>
        <td width="99%"><table  id="data" width="629"     border="0" align="center"
cellspacing="1" bgcolor="#000000">
    <tr>
      <td width="33" height="27" align="center" bgcolor="#efefef">编号</td>
      <td width="131" align="center" bgcolor="#efefef">客户名称</td>
      <td width="92" align="center" bgcolor="#efefef">联系地址</td>
      <td width="74" align="center" bgcolor="#efefef">电话</td>
      <td width="74" align="center" bgcolor="#efefef">传真</td>
      <td width="65" align="center" bgcolor="#efefef">邮政编码</td>
      <td width="70" align="center" bgcolor="#efefef">开户银行</td>
      <td width="76" align="center" bgcolor="#efefef">银行账号</td>
    </tr>
    <%for i=1 to rs.recordcount%>
    <tr>
      <td height="27" align="center" bgcolor="#efefef"><%=rs("id")%> </td>
      <td align="center" bgcolor="#efefef"><%=rs("name1")%> </td>
      <td align="center" bgcolor="#efefef"><%=rs("address")%> </td>
      <td align="center" bgcolor="#efefef"><%=rs("tel")%> </td>
      <td align="center" bgcolor="#efefef"><%=rs("cz")%> </td>
      <td align="center" bgcolor="#efefef"><%=rs("postcode")%> </td>
      <td align="center" bgcolor="#efefef"><%=rs("kai")%> </td>
      <td align="center" bgcolor="#efefef"><%=rs("ying")%> </td>
    </tr>
    <%
    rs.movenext()
    next
    %>
</table>
```

（3）将显示客户信息的表格的 id 设置为 data，因为要打印此表中的数据。关键代码如下：

```
<table  id="data" width="629" border="0" align="center" cellspacing="1" bgcolor=
"#000000">
```

（4）编写自定义 JavaScript 函数 outDoc，用于将 Web 页面中的客户列表信息导出到 Word 并进行自动打印，代码如下：

```javascript
<script language="javascript">
function outDoc()
{
  var table=document.all.data;
  row=table.rows.length;
  column=table.rows(1).cells.length;
  var wdapp=new ActiveXObject("Word.Application");
  wdapp.visible=true;
  wddoc=wdapp.Documents.Add();   //添加新的文档
  thearray=new Array();
//将页面中表格的内容存放在数组中
for(i=0;i<row;i++)
{
    thearray[i]=new Array();
    for(j=0;j<column;j++){
        thearray[i][j]=table.rows(i).cells(j).innerHTML;
    }
}
var range = wddoc.Range(0,0);
range.Text="客户信息列表"+"\n";
wdapp.Application.Activedocument.Paragraphs.Add(range);
wdapp.Application.Activedocument.Paragraphs.Add();
rngcurrent=wdapp.Application.Activedocument.Paragraphs(3).Range;
var objTable=wddoc.Tables.Add(rngcurrent,row,column)      //插入表格
for(i=0;i<row;i++)
{
    for(j=0;j<column;j++){
    objTable.Cell(i+1,j+1).Range.Text = thearray[i][j].replace(" ","");

    }
}
wdapp.Application.ActiveDocument.SaveAs("customerList.doc",0,false,"",true,"",false,false,false,false,false);
wdapp.Application.Printout();                    //自动打印
wdapp=null;
}
</script>
```

（5）通过单击"打印"超链接调用自定义 JavaScript 函数 outDoc。关键代码如下：

```html
<a href="vbscript:" onClick="javascript:outDoc()">打印</a>
```

知识点提炼

（1）报表打印是指先将存储的数据经过格式编排、适当运算，然后再将其进行打印，以供相关人员查看。

（2）表格是网站中常用的页面元素。页面中使用表格来显示数据不仅直观清晰，而且使用起来非常灵活。在使用表格设计页面时，为了使页面更加美观，可以自定义 CSS 层叠样式表，通过调用其中的样式来规范文字显示方式和表格的显示格式等。

（3）Application 对象是 Excel 对象模型中的顶级对象，使用 Application 对象可以确定或者指定应用程序级属性或执行应用程序级方法，同时，它也是访问 Excel 对象模型的其他部分的转入点。

（4）Workbook 对象表示一个.xls 或.xla 工作簿文件。使用 Workbook 对象可以处理单个 Excel 工作簿，而使用 Workbooks 集合可以处理所有当前打开的 Workbook 对象。

（5）Worksheet 对象包含在 Worksheets 集合中，使用 Workbook 对象的 Worksheets 属性可以访问工作表中的数据，应用该属性还可以返回工作簿中所有工作表的集合。

习　　题

13-1　HTML 中的表格主要由哪 3 个标记构成？

13-2　在 HTML 语言中，可以通过哪个标记为表格添加标题？

13-3　在 ASP 页面中，可以调用 IE 浏览器内置的哪个控件？并且通过使用该控件的 ExecWB 方法可以实现打印预览和打印等功能。

13-4　在 ASP 应用程序中，通过在 JavaScript 脚本中应用 Excel 的哪几个对象的相关属性和方法，可以实现将 Web 页面中的数据写入 Excel，然后由 Excel 自动打印报表内容的功能。

13-5　将 Web 页面中的数据导出到 Excel 中并自动打印主要通过什么方法实现？该方法用于打印指定对象。

实验：利用 Excel 打印学生信息报表

实验目的

熟悉 Response 对象的属性以及具体的应用。

实验内容

本实验利用 Excel 打印学生信息，在单击"用 Excel 打印"按钮后，将把 Web 页中的数据导入 Excel 中，并直接在浏览器中打开，程序运行结果如图 13-8、图 13-9 所示。

图 13-8　利用 Excel 打印学生信息报表

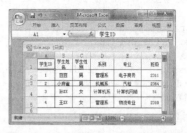

图 13-9　导出到 Excel 中的运行结果

实验步骤

（1）建立数据库连接，创建记录集并利用 for…next 语句把数据显示出来。

```
<%
set conn=server.CreateObject("adodb.connection")
DBPath = Server.MapPath("fs.mdb")
conn.open "provider=microsoft.jet.oledb.4.0; data source="&DBpath
set rs=conn.execute("select * from student")
%>
<table  border="1" align="center" cellspacing="0">
  <tr>
  <%
  j=2
  for i=0 to rs.fields.count-1
  %>
    <td width="80" height="32" align="center" bgcolor="#FFFFCC"><%= rs.fields(i). name%></td>
      <%next%>
  </tr>
  <%do while not rs.eof%>
  <tr>
  <%for i=0 to rs.fields.count-1%>
    <td height="29" align="center" ><%=rs(i)%></td>
    <%next%>
  </tr>
  <%
  rs.movenext
  j=j+1
  loop
  rs.close
  %>
</table>
```

（2）在单击"用 Excel 打印"按钮后，把数据提交到另一个文件（tble.asp）进行处理，利用 response 对象中的 ContentType，把网页直接用 Excel 打开。

```
<%response.ContentType="application/vnd.ms-excel"%>
<%
set rs=conn.execute("select * from student")
%>
<table  border="1" cellspacing="0">
  <tr>
  <%
  j=2
  for i=0 to rs.fields.count-1
  %>
    <td width="50" align="center" bgcolor="#FFFFCC"><%=rs.fields(i).name%></td>
      <%next%>
  </tr>
  <%do while not rs.eof%>
  <tr>
  <%for i=0 to rs.fields.count-1%>
    <td align="center" ><%=rs(i)%></td>
    <%next%>
  </tr>
  <%
  rs.movenext
  j=j+1
  loop
  rs.close
  %>
</table>
```

第14章
ASP 程序调试与网站安全

本章要点：

- 了解 ASP 程序错误分类
- 使用 Microsoft 脚本调试器调试
- 使用 Visual InterDev 调试工具调试
- 使用 VBScript 的 Stop 语句调试
- 应用 Error 对象调试
- 应用 ASPError 对象调试
- 了解网站安全概述
- 保证程序设计安全
- 解决 IIS 服务器安全问题
- 掌握安全防御措施

　　程序调试是 Web 应用程序开发过程中一个必不可少的阶段。程序调试的过程就是查找错误并解决错误的过程，这是每个程序员都应具备的技能。只有对所有程序进行完全测试之后，确定没有任何语法错误或者逻辑错误，并且同时满足设计的各项需求时，才可以将程序提交给最终用户使用。

　　网站属于计算机网络中的一部分，用来向用户提供服务及相关信息，因此网络中的安全隐患都会映射到它的身上。如何更有效地保护重要的数据信息，提高网站的安全性已经成为 Web 程序开发中必须考虑和解决的一个重要问题。

14.1　程序错误分类

　　在调试程序的过程中，大家可能会遇见各种类型的错误。有些错误可能导致脚本执行错误、中断程序的执行或者返回错误的结果。

1. 语法错误

　　语法错误是一种经常遇到的错误，它是由错误的脚本语法引起的。例如，命令拼写错误或者传递给函数的参数值错误。语法错误通常是最早出现并需要排除的，大多数情况下，解释器和编辑器会指出行号和所在行中的字符位置，以及在相应的位置上缺少的内容。语法错误会阻止脚本运行。

2. 运行时错误

　　运行时错误发生在脚本开始执行之后，它是由试图执行不可能操作的脚本指令所引起的。

【例 14-1】 如果没有符合条件的记录时，将会产生运行时错误。代码如下：

```
<!--#include file="conn.asp"-->
<%
ddate=request.Form("ddate")
If ddate<>"" Then
set rs=Server.CreateObject("ADODB.RecordSet")
    sql="select * from Tab_Email where dDate='"&ddate&"'"
    rs.open sql,conn,1,3
    '如果没有符合条件的记录时，会产生运行时错误
    Response.Write(rs("subject"))
End IF
%>
```

只有在运行并改正错误之后，脚本才会继续执行。

3. 逻辑错误

逻辑错误是最难发现的错误。通常逻辑错误是由输入错误或者程序逻辑上的缺陷引起的，脚本运行没问题，但产生的结果却不正确。例如，在数据查询时，本来想要查询的是"数量>0"的数据，但在查询条件中写成了"数量<0"，此时将会导致查询结果不正确。

14.2　常见程序调试方法

在应用程序开发过程中，大家经常会遇到各种类型的问题。因此，在开发 ASP 应用程序时，程序调试就显得极其重要。本节将介绍几种常见的 ASP 程序调试方法。

14.2.1　使用 Microsoft 脚本调试器调试

为了方便程序员发现和解决问题，Windows 7 提供了 Microsoft Script Debugger（Microsoft 脚本调试器）。Microsoft 脚本调试器功能强大，可以快速定位错误并交互式地测试服务器端脚本。使用脚本调试器可以查看脚本和定位错误，但不能直接编辑脚本。在执行服务器端的脚本期间，打开命令窗口可以监视变量、属性或数组元素的值。脚本调试程序可以与 IE 8.0 或更高版本一起使用。下面介绍 Microsoft Script Debugger 的调试方法。

在开始调试服务器端的脚本前，必须将 Web 服务器配置为支持 ASP 调试，操作步骤如下。

（1）在 Internet 服务管理器中，选择 Web 站点节点，在右侧将显示该站点的主页，双击图 14-1 所示的 ASP 图标。

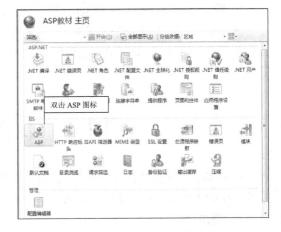

图 14-1　ASP 教材站点的主页

（2）在进入的 ASP 页面中，将"启用服务器端调试"属性设置为 True，如图 14-2 所示。这样，当脚本产生错误或者 ASP 在脚本中遇到断点时，将启动调试程序。

启用 Web 服务器调试后，可以使用下面任意一种方法调试脚本。

- 手工打开脚本调试程序调试 ASP 服务器端脚本。
- 使用 Internet Explorer 请求 ASP 文件。如果文件包含错误或者故意用来中断执行的语句，脚本调试程序将自动启动，显示脚本并标出错误的来源。启动的脚本调试工具窗口如图 14-3 所示。

在用户正式发布自己的程序之前，必须进行严密的调试与测试，这些测试包括：
- 输入合法的数据，测试结果是否正确；
- 输入不合法的数据，测试结果是否正确；
- 输入接近合法边界的数据，测试结果是否正确；
- 输入合法边界的数据，测试结果是否正确。

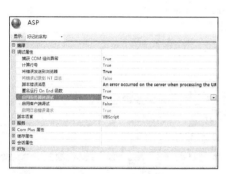

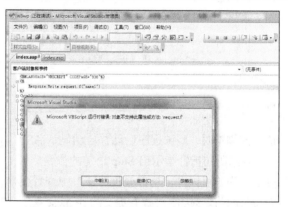

图 14-2　设置"启用服务器端调试"属性　　　　图 14-3　启动的脚本调试工具窗口

14.2.2　使用 Visual InterDev 调试工具调试

在对 ASP 程序进行调试时，也可以应用 Visual InterDev 调试工具进行程序调试。该调试器允许逐行调试应用程序，这样在执行时就可以检查变量的值。在应用 Visual InterDev 调试工具时，需要进行安装，在此不对该工具的安装进行相关的介绍。通过该工具的 Debug 菜单可以对程序进行逐步调试，Debug 菜单的各菜单项的详细介绍如下。

- Run to Cursor：继续执行，在鼠标所在行处暂停。
- Step Into：继续执行，在脚本的下一行暂停。如果存在子程序，则暂停在子程序第 1 条语句上。
- Step Over：继续执行，在脚本的下一行暂停。如果存在子程序，则跳过子程序，暂停在调用子程序语句的下一条语句上。
- Step Out：继续执行，在程序到达结尾前停止逐行调试。如果存在子程序，则从子程序中跳出，暂停在调用子程序语句的下一条语句上。

14.2.3　使用 VBScript 的 Stop 语句调试

也可以使用 VBScript 向编写的服务器端脚本中添加断点，方法是在服务器端脚本的可疑部分的某个位置插入一条 Stop 语句。

【例 14-2】 服务器端脚本包含一条 Stop 语句，该语句将在脚本调用自定义函数之前暂停执行脚本。（实例位置：光盘\MR\源码\第 14 章\14-1）

代码如下：

```
<%@LANGUAGE="VBSCRIPT" CODEPAGE="936"%>
<%
If Request.Form("number1")<>"" and request.Form("number2")<>"" Then
    Stop                    '设置断点
    Result=Division(Request.Form("number1"),request.Form("number2"))
    Response.Write("结果是"&Result)
    Function Division(x,y)
        Division=x/y
    End Function
Else
%>
<form name="form1" method="post" action="">
  <input name="number1" type="text" id="number1" size="5">
  /
  <input name="number2" type="text" id="number2" size="5">
  <input type="submit" name="Submit" value="计算">
</form>
<%
End If
%>
```

请求该脚本时，调试程序启动并自动显示 ASP
文件，并且用语句指针指示出 Stop 语句的位置。在
该断点处，用户可以在"局部变量"窗口中查看变
量或者参数的值。例如，要查看提交的 request 变量
的值，可以展开图 14-4 所示的节点。在调试通过后，
必须将 Stop 语句从生成的 ASP 文件中删除。

图 14-4　局部变量窗口

14.2.4　应用 Error 对象调试

在默认情况下，在 ASP 程序发生终止执行的错误时，浏览器会出现"无法显示网页"和许多
术语的错误信息，这对用户来说确实有些难以接受。为了避免这种情况发生，可以换一种写法，
利用 ASP 2.0 支持的 Err 对象及 VBScript 的 On Error Resume Next 语句，令 VBScript 引擎在遇到
ASP 程序的错误时，可以先跳过执行自定义的错误提示信息。

Err 对象只能应用在服务器端主脚本语言为 VBScript 的情况。

【例 14-3】　Err 对象的使用方法。代码如下：

```
If Err.Number>0 Then                    '当 Err 对象的 Number 属性大于零时，输出错误信息
    Response.Write Err.Number&Err.Description
End If
```

当有错误产生时，Err 对象的 Number 属性为错误代号，其值将大于 0。Err 对象的 Description
属性代表错误的类型。

VBScript 中提供内置对象 Err，可以捕捉错误信息。使用 On Error Resume Next 语句，关闭默
认的错误处理时，程序产生的错误会被忽略。但是通过 Err 对象的 Number 属性，可以检查是否
有错误出现，Err 对象存储了有关运行错误的信息。Err 对象是一个全局范围唯一的固有对象，无
须在代码中创建它的实例即可直接使用。

【例 14-4】 演示 On Error Resume Next 和 Err 对象的具体应用。代码如下：（实例位置：光盘
\MR\源码\第 14 章\14-2）

```
<%@LANGUAGE="VBSCRIPT" CODEPAGE="936"%>
<%
On Error Resume Next                            '设置错误陷阱
Strtemp="当前前时间是: "&Time()&"<br>"
Response.Write strtemp
time=datetime()
If Err.Number >0 Then                          '当程序出错时，执行下列语句
   Response.Write "对不起，程序发生错误，停止执行。<br>"
   Response.Write "错误代码: "&Err.Number&"<br>"
   Response.Write "错误原因: "&Err.Description&"<br>"
End if
%>
```

在这个例子中，由于加入了"On Error Resume Next"语句，所以当 VBScript 执行到第 6 行
时，原本会因为输入错误的函数而终止执行，但现在则会跳过产生错误的语句，直接去执行下面
的语句，这时用户就不会再看到"无法显示网页"和包含许多术语的错误信息了。

14.2.5 应用 ASPError 对象调试

ASPError 对象提供了关于 ASP 中发生的最后一个错误的详细信息，可以通过 Server 对象的
GetLastError 方法得到。ASPError 对象提供了 9 个属性，可以描述发生的错误、错误的本质和来源以
及返回导致错误的代码。

语法：

```
ASPError.property
```

ASPError 对象的属性如表 14-1 所示。

表 14-1   ASPError 对象的属性

属　　性	说　　明
ASPCode	整数，IIS 所生成的错误数字
ASPDescription	整数，如果错误与 ASP 相关，则表示错误的详细描述
Category	字符串，表示错误的来源
Column	整数，错误在文件内的字符信息
Description	字符串，错误的间断说明
File	字符串，当出现错误时正在处理的文件名称
Line	整数，错误在文件内的行编号
Number	整数，标准 COM 错误代码
Source	字符串，在可能的情况下，指导致错误的实际代码

下面详细介绍使用 ASPError 对象处理错误的情况。当 IIS 遇到一个 ASP 文件的编译错误或者
运行错误时，它将产生一个 500;100 错误。500-100.asp（默认存储路径为 C:\WINNT\Help\
iisHelp\common）文件处理 ASP 文件编译和运行期间发生的任何错误。当发生 ASP 错误时，IIS
返回 500-100.asp 文件并附带详细的错误信息，例如发生错误的行号和对错误的描述等。

在默认情况下，"默认 Web 站点"及其所有应用程序都将 ASP 错误进程传送到 500-100.asp

文件中。如果要为 ASP 文件开发附加的错误进程，可以将 500;100 错误映射到 ASP 文件，或者创建自己的错误进程。

在一个 500;100 错误产生之后，IIS 将同时产生一个 ASPError 对象实例，用于描述错误情况。设置自定义错误信息的方法如下。

（1）启动"Internet 信息服务管理器"，选择要设置错误信息的站点名称，在右侧的网站主页的"功能视图"中，双击"错误页"图标，将进入如图 14-5 所示的"错误页"页面。

（2）在"操作"栏中单击"添加"超链接，将打开"添加自定义错误页"对话框。在该对话框中设置状态代码为 500.100，设置自定义的错误处理文件的 URL 地址为"/error.asp"，其他采用默认设置，如图 14-6 所示。

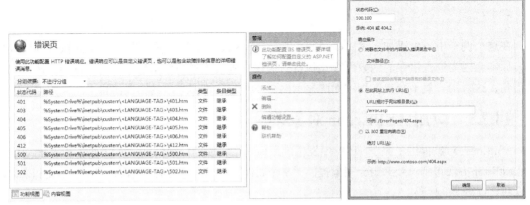

图 14-5　"错误页"页面　　　　图 14-6　"添加自定义错误页"对话框

（3）单击"确定"按钮，将返回到"错误页"窗口中。

【例 14-5】 应用 ASPError 对象自定义错误处理文件 error.asp。代码如下：（实例位置：光盘
\MR\源码\第 14 章\14-3）

```
<%@ language="VBScript" %>
<%
Set objASPError = Server.GetLastError
Response.Write objASPError.Category
If objASPError.ASPCode>"" Then Response.Write ","&objASPError.ASPCode
    Response.Write Server.HTMLEncode(" (0x" & Hex(objASPError.Number) & ")" ) & "<br>"
    Response.Write "<b>"&objASPError.Description&"</b><br>"
    If objASPError.ASPDescription>"" Then
        Respnse.Write objASPError.ASPDescrition & "<br>"
    End If
    BlnErrorWritten=False
If objASPError.Source > "" Then
    strServename=Lcase(Request.ServerVariables("SERVER_NAME"))
    strRemoteIP=Request.ServerVariables("REMOTE_ADDR")
    If(strServername="localhost" Or strServerIP=strRemoteIP) And ObjASP
Error.File<>"?" Then Response.Write objASPError.File
        If objASPError.Line>0 Then
            Response.Write ",line"&objASPError.Line
            If objASPError.Column>0 Then
                Response.Write ",column"&objASPError.Column
                Response.Write "<br>"
                Response.Write "<font style=""COLOR:000000;FONT:8pt/11pt courier
new""><br>"
```

```
                    Response.Write Server.HTMLEncode(objASPError.Source)&"<br>"
                    If objASPError.Column>0 Then Response.Write String((objASPError.
Column-1),"-")&"^<br>"
                    Response.Wrtie "</b></font>"
                    BlnErrorWritten = True
                End If
            End If
            If Not blnErrorWritten And objASPError.File<>"?" Then Response.Write
"<b>"&onjASPError.File
            If objASPError.Line >0 Then    Response.Write ",line"&objASPError.Line
            If objASPError.Column>0 Then Response.Write ",column"&objASPError.Column
            Response.Write "</b></br>"
        End If
        %>
```

创建一个 index.asp 文件，在该文件中编写一段错误的
ASP 代码。例如下面的代码：

```
<%@LANGUAGE="VBSCRIPT" CODEPAGE="936"%>
<%
Response.Write request.f("user")        '错误的 ASP 代码
%>
```

图 14-7　显示自定义的错误提示页面

运行本实例，将显示图 14-7 所示的错误页面。

14.3　网站安全

随着计算机硬件技术的发展，网站执行效率已经不再是程序开发人员首要关心的问题了，而
网站安全将成为网站经营者和开发人员所要考虑的首要问题。本节将对网站开发过程中较为基础
的安全因素进行阐述。

14.3.1　网站安全概述

由于 Web 程序中的数据是通过网络介质进行传输的，因此在开发 Web 程序时，数据加密是
程序开发人员需要首先考虑的问题。用优良的加密技术对传输的数据进行加密后，即使这些数据
被黑客所截取，也无法进行破解，从而可以有效地保证整个网站的安全性。下面将对网站开发过
程中常用的加密算法进行详细介绍。

14.3.2　保证程序设计安全

ASP 代码利用表单（form）实现与用户交互的功能，而相应内容会反映在浏览器的地址栏中，
如果不采用适当的安全措施，只要记下这些内容，即可绕过验证直接进入某一页面。

例如，在浏览器中输入"……page.asp?x=1"，即可不经过表单页面直接进入满足"x=1"条
件的页面。因此，在设计验证或注册页面时，必须采取特殊措施来避免此类问题的发生。

14.3.3　解决 IIS 服务器安全问题

由于 ASP 的方便易用，越来越多的网站后台程序都使用 ASP 脚本语言。但是，由于 ASP 本
身存在一些安全漏洞，稍不小心就会给黑客提供可乘之机。事实上，安全不仅是网管的事，程序
开发人员也必须在某些安全细节上注意，养成良好的编码习惯，否则会给自己的网站带来巨大的

安全隐患。目前，大多数网站上的 ASP 程序都有这样或那样的安全漏洞，但如果编写程序时稍加注意，还是可以避免的。本节将对 IIS 服务器的漏洞进行详细分析与解决。

1. 剖析 IIS 服务器的漏洞入侵

下面详细地剖析和解决 IIS 服务器的漏洞入侵的问题。

（1）漏洞危害及成因

在 IIS 环境下运行 ASP 程序，有几种方法可以看到 ASP 的源代码：

- 在浏览器地址栏内多加一个小数点；
- 在 ASP 的 URL 后多加::$DATA、%81 或%2e；
- 替换 ASP 文件的文件名和扩展名之间的点为%2e%；
- 使用 IE 浏览器的查看源代码功能。

（2）IIS 漏洞解决方案

解决方法有以下几种。

- 将目录设置为不可读。
- 安装 Microsoft 提供的补丁程序。
- 在服务器上安装高版本的 IIS。

2. 实战 Unicode 漏洞攻防

Unicode 是如今最热门的漏洞之一，也是经常被黑客利用的漏洞之一。如果能知道黑客所采用的入侵手段，即可进行有效的防御。下面介绍黑客是如何利用该漏洞进行入侵的，目的是通过对这种黑客手段的了解，来找到防御的方法。

（1）漏洞危害及成因

在 Unicode 字符解码时，IIS 4.0/5.0 存在一个安全漏洞，导致用户可以远程通过 IIS 执行任意命令。当用户使用 IIS 打开文件时，如果该文件名包含 Unicode 字符，系统会对其进行解码。如果用户提供一些特殊的编码，将导致 IIS 错误地打开或者执行某些 Web 根目录以外的文件。未经授权的用户可能会利用 IUSR_machinename 账号的上下文空间访问任何已知的文件。该账号在默认情况下属于 Everyone 和 Users 组的成员，因此任何与 Web 根目录在同一逻辑驱动器上的能被这些用户组访问的文件都可能被删除、修改或执行。通过此漏洞，用户可以查看文件内容、建立文件夹、删除文件、复制文件且更名、显示目标主机当前的环境变量、把某个文件夹内的全部文件一次性复制到另外的文件夹、把某个文件夹移动到指定的目录和显示某一路径下相同文件类型的文件内容等。

Unicode 漏洞不仅影响中文 Windows IIS 4.0+SP6，还影响中文 Windows 2000+IIS 5.0、中文 Windows 2000+IIS 5.0+SP1。

（2）漏洞检测

首先，对于网络内 IP 地址为*.*.*.*的 Windows 2000 主机，用户可以在 IE 地址栏中输入 http://*.*.*.*/scripts/..%c1%1c../winnt/system32/cmd.exe?/c+dir（其中%c1%1c 为 Windows 2000 漏洞编码，在不同的操作系统中，用户可以使用不同的漏洞编码），如果漏洞存在，还可以将 Dir 换成 Set 和 Mkdir 等命令。

其次，要检测网络中某个 IP 段的 Unicode 漏洞情况，可以使用如 Red.exe、SuperScan、RangeScan 扫描器、Unicode 扫描程序 Uni2.pl 及流光 Fluxay 4.7 和 SSS 等扫描软件来检测。

（3）Unicode 漏洞解决方案

如果黑客利用 Unicode 漏洞进入目标主机，并执行 FTP 命令，例如到某个 FTP 站点下载过文件，就会被记录下来，用户不要认为黑客删除那个文件或者给文件更名就可以逃脱入侵的证据。在目标主机的 winnt/system32/logfiles\msftpsvc1 目录下，可以找到运行 FTP 的日志，如果黑客执行过 FTP

命令，在日志文件里可以看到类似下面的记录（其中 127.0.0.1 为日志中记载的入侵者的 IP）。

- 10:21:08 127.0.0.1 [2]USER wr 331
- 10:21:08 127.0.0.1 [2]PASS – 230
- 10:21:08 127.0.0.1 [2]sent /aa.txt 226
- 10:21:08 127.0.0.1 [2]QUIT – 226

如果网络内存在 Unicode 漏洞，可以采取以下 4 种解决方案。

- 限制网络用户访问和调用 CMD 命令的权限。
- 在 SCRIPTS、MSADC 目录没必要使用的情况下，删除该文件夹或者更名。
- 安装 Windows NT 系统时不要使用默认的 WINNT 路径，可以更名为其他文件夹，例如 C:\mywindowsnt。

  - 用户可以下载 Microsoft 提供的补丁。

3．IIS CGI 解译错误漏洞

IIS CGI 也是经常被黑客们利用的漏洞之一。如果服务器存在这个漏洞而不及时修补，该漏洞有可能会被入侵者利用，加大服务器被攻击的指数。

（1）漏洞危害及成因

IIS 在加载可执行 CGI 程序时，会进行两次解码。第一次解码是对 CGI 文件名进行 HTTP 解码，然后判断此文件名是否为可执行文件，例如检查后缀名是否为 ".exe" 或 ".com" 等。在文件名检查通过之后，IIS 会进行第二次解码。正常情况下，应该只对该 CGI 的参数进行解码，然而，当漏洞被攻击后，IIS 会错误地将已经解过码的 CGI 文件名和 CGI 参数一起进行解码。这样，CGI 文件名就被错误地解码两次。通过精心构造 CGI 文件名，攻击者可以绕过 IIS 对文件名所做的安全检查。在某些条件下，攻击者可以执行任意的系统命令。

（2）漏洞检测

该漏洞对 IIS 4.0/5.0（SP6/SP6a 没有安装）远程本地均适用，用户可以通过 SSS 扫描软件进行测试。

（3）IIS CGI 漏洞解决方案

用户可以下载 Microsoft 提供的补丁。

4．深度剖析.printer 缓冲区漏洞

.printer 缓冲区漏洞也是经常被黑客们利用的漏洞之一。下面就来介绍该漏洞的危害以及解决方案。

（1）漏洞危害及成因

此漏洞仅存在于运行 IIS 5.0 的 Windows 2000 服务器中。由于 IIS 5.0 的打印 ISAPI（Internet Server Application Programming Interface）扩展接口建立了.printer 扩展名到 Msw3prt.dll 的映射关系（默认情况下该映射也存在），当远程用户提交对.printer 的 URL 请求时，IIS 5.0 会调用 Msw3prt.dll 解释该请求，再加上 Msw3prt.dll 缺乏足够的缓冲区边界检查，远程用户可以提交一个精心构造的针对.printer 的 URL 请求，其 "Host:" 域包含大约 420B 的数据，此时在 Msw3prt.dll 中发生典型的缓冲区溢出，潜在地允许执行任意代码。在溢出发生后，Web 服务会停止用户响应，而 Windows 2000 将接着自动重启它，进而使得系统管理员很难检查到已发生的攻击。

（2）漏洞检测

针对.printer 漏洞的检测软件很多，如 easyscan（http://www.netguard.com.cn）、x-scaner（http://www. xfocus. org）和 SSS 等。

（3）.printer 漏洞解决方案

可以通过安装 Microsoft 漏洞补丁来解决此影响系统的安全问题。

14.3.4　安全防御措施

由于网络环境越来越复杂,网站的安全问题不可忽视,因此我们要提高安全意识和实施安全措施。

（1）安装防火墙软件来防止入侵。

（2）安装杀毒软件防止病毒感染，而且还要及时给杀毒软件进行升级。

（3）检测系统中后台程序的运行状况，安装入侵探检软件，用来监听 TCP 和 UDP 端口，因为这两个端口最容易被黑客利用，可以使用一些个人防火墙软件，还要经常对用户系统和上网软件进行更新。

（4）防止特洛伊木马的侵害，不要随意下载来历不明的软件，定期检查系统运行的进程有无来历不明的进程在运行，备份重要的文件等。

知识点提炼

（1）程序调试的过程就是查找错误并解决错误的过程，这是每个程序员都应具备的技能。

（2）逻辑错误是最难发现的错误。通常逻辑错误是由输入错误或者程序逻辑上的缺陷引起的，脚本运行没问题，但产生的结果却不正确。

（3）运行时错误发生在脚本开始执行之后，它是由试图执行不可能操作的脚本指令所引起的。

（4）语法错误是一种经常遇到的错误，它是由错误的脚本语法引起的。语法错误通常是最早出现并需要排除的，大多数情况下，解释器和编辑器会指出行号和所在行中的字符位置，以及在相应的位置上缺少的内容。语法错误会阻止脚本的运行。

第 **15** 章
网站发布

本章要点：

- 了解注册域名
- 认识注册虚拟主机
- 了解动态域名解析服务
- 熟悉在局域网内发布网站
- 应用 FTP 上载网站

通过前面章节的学习，相信读者可以很轻松地自己开发网站了。本章重点讲解如何注册域名和虚拟主机并将开发的网站发布到服务器上，读者可以掌握如何应用 FTP 工具发布网站到 Internet 上、在局域网内发布网站的几种形式以及 DNS 服务器的安装与使用等。

15.1　网站发布基础

Internet 域名如同商标，是一个网站的标识。如果要将建设好的网站发布到网络上，首先要给网站申请一个名字，通过该名字可以让其他浏览者方便地访问到该网站，从而达到宣传和网络服务的效果。下面对网站发布的相关基础知识进行详细介绍。

15.1.1　注册域名

用户只有注册域名后才可以通过网络访问自己的网站，那么如何注册一个域名呢？目前网上有大量网站提供了域名注册服务功能。

1. 域名注册方式

域名注册最常见的方式有 3 种，下面分别进行介绍。

（1）Web 方式

可以在很多网站进行域名注册，例如，www.xinnet.com（新网）的网站直接联机填写域名注册申请表并提交。新网会对用户提交的申请表进行在线检查。填写完毕后单击"注册"按钮即可。

（2）E-mail 方式

可以从相关的网站上下载纯文本的注册申请表。

（3）电话方式

可以通过用电话联系服务商注册域名，填好域名申请表后提交给服务商进行注册。

当用户填写完注册申请表并且付款后，即可完成域名注册的全过程。此时用户便可以使用该域名。每个域名都会有使用期限，如果用户还想继续使用该域名，一定要在域名到期之前续费，否则很有可能被其他用户注册。

2．域名注册前期工作

进入域名提供商网站，填写想要注册的域名后，进行域名查询。查询国际顶级域名可到国际互联网络信息中心；查询国内顶级域名可到中国互联网络信息中心。

在域名查询框内输入想要查询的域名，单击"提交"按钮，如果该域名已经被注册，将会输出包括域名、域名注册单位、管理联系人、技术联系人等提示信息；如果该域名没被注册，用户即可注册该域名。

3．域名注册

域名注册应根据用户的实际情况选择确定注册域名的类型。域名注册分为付费和免费两种。网上有很多免费域名资源，相对来说，付费的域名更加稳定，而且有套餐服务。如果是架构企业网站，建议选择付费的域名。

15.1.2　注册虚拟主机

网站是建立在网络服务器上的一组计算机文件，它需要占据一定的硬盘空间，也就是一个网站所需的虚拟主机。

虚拟主机的主要功能如下：

- 存储网站文件；
- 搭建程序的运行环境；
- 配置数据库；
- 提供 Web、FTP、SMTP 和 NNTP 等服务。

虚拟主机注册分为付费和免费两种。虚拟主机的注册可以根据用户的实际情况选择确定注册虚拟主机的类型。其中包括要提供什么样的服务，使用何种数据库，再根据调查的结果决定使用空间的类型大小、操作系统。并选择出租虚拟主机的公司，在网络上有很多可以注册虚拟主机的公司，进入该公司的网站或者通过电话联系该公司进行注册。建议用户选择信誉较好的网络公司进行虚拟主机的注册工作。在购买虚拟主机之前应先购买域名，已经购买域名的用户只要将该域名和该虚拟主机空间绑定即可。

1．付费虚拟主机注册

公司申请空间时，需要和出租空间的公司签署合同，标明双方的权利和义务。在确认合同生效后，使用网络空间的公司需要向出租网络空间的公司缴纳费用。如果是在网站上直接申请，可以通过邮局汇款或者银行转账的形式向对方付款。

出租网络空间的公司收到用户所缴纳的费用后，会在公司的服务器上为用户划分一块用户指定大小的空间，同时会将用户空间的 FTP 账号和密码发送给用户，这样用户就可以使用这个账号和密码上传网站文件了。将所申请空间的 IP 地址通知域名申请空间的公司，绑定域名和 IP 地址，这样当网络用户输入域名时就可以直接访问网站了。

2．免费虚拟主机注册

免费虚拟主机无需任何费用，可作为个人主页、小型博客、小型网站、广告宣传等 Web 应用。但是支持的服务少、限定的空间小、速度慢、得不到相应的技术支持。个别免费的虚拟主机需要在规定时间内达到商家指定的访问量或者在用户的网页上强行附加一些宣传广告,保密性比较差,并且没有付费虚拟主机的稳定性，客户服务相对要差一些，数据库一般都是小型的免费数据库。

15.1.3　动态域名解析服务

动态域名解析服务就是实现固定域名到动态 IP 地址之间的解析。动态域名解析基于一种客户/服务器模式，由服务商在 Internet 上部署自己的动态域名解析服务器，用户在自己的主机上安装专用的动态域名解析客户端软件（由服务商提供）。每当用户的主机接入 Internet 时，动态域名解析客户端软件就会将用户主机当前的 IP 地址传送给服务器，并将此 IP 地址映射到自己主机的域名。这不同于 DNS 动态更新，动态域名解析服务的域名是静态的、固定的，IP 地址是动态的、变化的。

动态域名解析主要用于固定域名、动态 IP 地址，以及满足任何时间、任何地点建立的拥有固定域名和动态 IP 地址主机的需要，比较适合应用在如下条件中。

- 个人用户建立的网站，可以拥有一个真正属于自己的域名。
- 不用担心虚拟主机服务商人为的影响，不用担心主机托管或租用专线的高额成本。
- 硬件和软件服务商都可以通过将动态域名服务集成到产品，来加强网络定位功能。

由于网络上的计算机之间是通过 IP 地址来实现互相访问的，而域名解析的实际作用就是将网络上的域名解释成为相应的计算机所对应的 IP 地址，从而达到让其他计算机能够识别并访问的目的。

15.2　在局域网内发布网站

使用 IIS 可以方便地在局域网内实现 Web 网站的架设。在局域网内发布 Web 网站的方法有很多种，本节将对其进行详细的讲解。

1. 使用同一 IP 地址、不同端口号来架设多个 Web 网站

在进行 Web 网站架设时，可以使用系统已经建立的默认 Web 网站，也可以根据实际需要来架设 Web 网站。架设 Web 网站的方法有很多，本方案主要讲解使用同一 IP 地址、不同端口号来架设多个 Web 网站。

在浏览网站时，经常遇到在浏览器的地址栏中输入"http://IP 地址：端口号"的地址进行网站的访问。事实上这就是应用 TCP 端口号，在同一个服务器上架设不同端口号的 Web 网站。Web 服务器默认的 TCP 端口号是 80，可以说"http://IP 地址"就等于"http://IP 地址:80"。

通过使用不同的端口号，服务器只需一个静态的 IP 地址即可架设多个网站。当客户在访问网站时，只需要在 IE 地址栏中输入"http://+IP+端口号"即可访问网站。

使用同一 IP 地址、不同端口号来架设多个 Web 网站，其中 IP 地址是完全相同的，只有端口号是不同的。下面以 IIS 7 为例，介绍使用同一 IP 地址、不同端口号来架设多个 Web 网站。具体的配置操作步骤如下。

（1）启动 Internet 信息服务（IIS）管理器，在左侧的窗口中依次展开"WGH-PC（本地计算机）"/"网站"节点，在"网站"节点上单击鼠标右键，在弹出的快捷菜单中选择"添加网站"命令。

（2）在弹出的"添加网站"对话框中，设置"网站名称"为"新闻网"；设置网站的物理路径为"G:\program\ASP\ASP 教材\MR\源码\第 18 章"，可以通过单击"物理路径"后面的浏览器进行选择；设置 IP 地址为 192.168.1.66；设置端口号为 8686，如图 15-1 所示。

默认情况下，TCP 端口号为 80，如果需要自定义端口号，建议输入的端口要大于 1023，在使用多个端口号来区分 Web 网站时，应确定与已有网站的端口号不同。

另外，分配的 TCP 端口号也不要与 Internet 标准的 TCP 端口号相冲突。

（3）单击"确定"按钮，完成添加网站的操作。

（4）打开网站浏览器，在地址栏中输入"http://IP 地址：端口号"（例如，http://192.168.1.66:8686/）即可浏览配置好的网站。

2. 使用多个 IP 地址架设多个 Web 网站

在进行 Web 网站架设时，可以在一台计算机上建立多个 Web 网站，也可以在一台计算机上分配多个 IP 地址进行 Web 网站架设，本方案主要讲解使用多个 IP 地址架设多个 Web 网站。

在进行 Web 网站发布时，比较正规的虚拟主机一般都使用多个 IP 地址架设多个 Web 网站，并且确定每个域名对应于一个独立的 IP 地址，这种方案通常被称为 IP 虚拟主机技术，它是应用比较广泛的一种解决方案。

使用多个 IP 地址架设多个 Web 网站时，首先需要了解如何在一台计算机上配置多个 IP 地址，可以为每个 IP 地址附加一块网卡，也可以为一块网卡分配多个 IP 地址。

图 15-1　"添加网站"对话框

【例 15-1】 下面以一块网卡分配多个 IP 地址为例，介绍如何使用多个 IP 地址架设多个 Web 网站。具体步骤如下。

（1）进入"控制面板"，依次选择"网络和 Internet"/"网络和共享中心"窗口，如图 15-2 所示。

（2）单击"本地连接"超链接，将打开"本地连接 状态"对话框，在该对话框中，单击"属性"

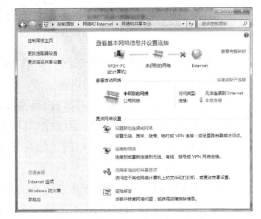

图 15-2　"网络和共享中心"窗口

按钮，将打开图 15-3 所示的"本地连接 属性"对话框。在该对话框中，选择"Internet 协议版本 4（TCP/IPv4）"选项后，单击"属性"按钮，将打开图 15-4 所示的在"Internet 协议版本 4（TCP/IPv4）属性"对话框。

当选择"Internet 协议版本 4（TCP/IPv4）"选项后，也可以通过双击鼠标左键打开"Internet 协议版本 4（TCP/IPv4）属性"对话框。

（3）在"Internet 协议版本 4（TCP/IPv4）属性"对话框中单击"高级"按钮，将打开"高级 TCP/IP 设置"对话框，如图 15-5 所示。

（4）在"高级 TCP/IP 设置"对话框中，通过单击"添加"按钮将打开"TCP/IP 地址"对话框，可以进行 IP 地址的添加操作。

图 15-3　"本地连接 属性"对话框　　图 15-4　"Internet 协议版本 4（TCP/IPv4）属性"对话框

（5）在弹出的"TCP/IP 地址"对话框中输入指定的"IP 地址"与"子网掩码"，如图 15-6 所示，单击"添加"按钮，完成 IP 地址的添加。

（6）完成 IP 地址的添加操作后，在图 15-5 所示的对话框的"IP 地址"栏中，将显示新添加的 IP 地址，如图 15-7 所示。

图 15-5　"高级 TCP/IP 设置"对话框　　图 15-6　"TCP/IP 地址"对话框　　图 15-7　完成 TCP/IP 地址的添加

（7）打开 Internet 信息服务（IIS）管理器，在左侧窗口中依次展开"WGH-PC（本地计算机）"/"网站"节点，选中"网站"，单击鼠标右键，在弹出的快捷菜单中选择"添加网站"菜单项，将打开"添加网站"对话框。

（8）在"添加网站"对话框中，设置"网站名称"为"校友录"；设置网站的物理地址为"G:\program\ASP\ASP 教材\MR\源码\第 17 章\校友录"，可以通过单击"物理地址"后面的浏览器进行选择；设置 IP 地址为 192.168.1.65；设置端口号为 80，如图 15-8 所示。

（9）单击"确定"按钮，完成新网站的架设。网站架设完毕后，再为其设置默认页，就可以通过在浏览器的地址栏中输入 http://192.168.1.65/来访问该网站了。

图 15-8　"添加网站"对话框

说明

参照步骤（7）～（9）即可完成其他新网站的架设。

3. 应用 DNS 服务器发布带域名的网站

在局域网内，通常是通过配置 IIS 服务器来实现网站发布的。通过该方法发布的网站，在用户进行浏览时，通常都是通过输入由 IP 地址、端口号或者本地服务器（localhost）组成的 URL 地址进行访问的（如 http://192.168.1.65:8686/index.asp），这样的网址比较繁琐，不容易记住。那么，如果将所要访问的网址生成见名知意的域名地址，将会给用户浏览网站时提供更多的方便。下面将以 Windows Server 2003 系统为例详细介绍应用 DNS 服务器发布带域名的网站。

（1）安装 DNS 服务

下面将以 Windows Server 2003 系统为例，介绍安装 DNS 服务器的具体方法。

① 选择"开始"/"控制面板"/"添加或删除程序"命令，打开"添加或删除程序"对话框，如图 15-9 所示。

② 选择"添加/删除 Windows 组件"选项，此时将打开"Windows 组件向导"对话框，选中"网络服务"复选框，如图 15-10 所示。

图 15-9　"添加或删除程序"对话框

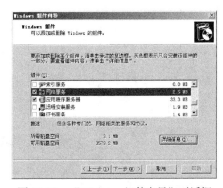

图 15-10　"Windows 组件向导"对话框

③ 单击"详细信息"按钮将打开"网络服务"对话框。在该对话框中用户可以选择自己所需要安装的任何网络服务或协议，在此笔者选择安装"域名系统（DNS）"服务，单击"确定"按钮完成选择，如图 15-11 所示。

④ 单击"下一步"按钮开始网络服务组件的安装，如图 15-12 所示。在安装过程中需要将系统的安装盘插入光驱中。如果没有插入系统安装盘，在安装的过程中则会打开一个"插入磁盘"的对话框，插入光盘后单击"确定"按钮即可继续进行安装。

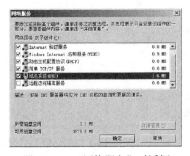

图 15-11　"网络服务"对话框

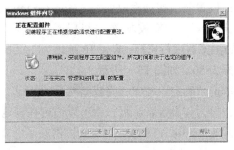

图 15-12　网络服务组件安装

⑤ 单击"下一步"按钮，在弹出的"完成安装"对话框中单击"完成"按钮，即可完成 DNS 服务的安装。

安装 DNS 服务器并不复杂，但需要注意的是安装 DNS 服务器所在的计算机必须有一个静态的 IP 地址，此 IP 地址可以通过配置 TCTP/IP 来获得。

（2）创建 DNS 区域

在 Windows Server 2003 系统中，通过手动添加 DNS 服务后，还需要对 DNS 服务进行相应的配置。下面对创建 DNS 区域进行详细的介绍，具体创建方法如下。

① 依次选择"开始"/"管理工具"/"DNS"命令，打开 DNS 服务的控制台，如图 15-13 所示。

② 在 DNS 管理器中的左侧窗口中依次展开"ASPLJD"/"正向查找区域"，在"正向查找区域"上单击鼠标右键，在弹出的快捷菜单中选择"新建区域"命令，如图 15-14 所示。

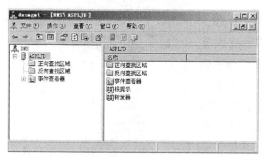

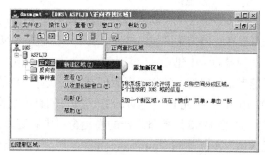

图 15-13　DNS 服务的控制台　　　　　　　　图 15-14　新建 DNS 区域

打开 DNS 服务控制台时，其中 ASPLJD 为笔者计算机的名称。

③ 弹出"新建区域向导"对话框，单击"下一步"按钮，进行区域类型的选择，如图 15-15 所示。

④ 区域类型选择后，下面就需要创建新区域文件。在"创建新文件，文件名为"文本框中输入需要创建的新区域文件的名称，单击"下一步"按钮进行动态更新的选择，如图 15-16 所示。

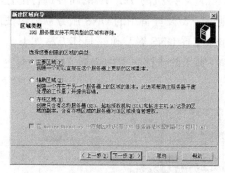
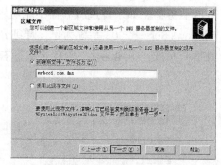

图 15-15　"新建区域向导"对话框　　　　　　图 15-16　创建新区域文件

⑤ 新区域文件创建成功后，需要进行动态更新类型的选择，如图 15-17 所示。

⑥ 在弹出的对话框中单击"完成"按钮，即可完成新建区域的创建，如图 15-18 所示。

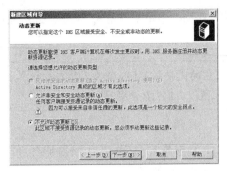
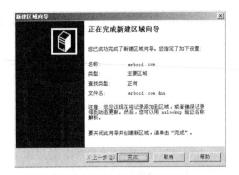

图 15-17　选择动态更新类型　　　　图 15-18　新建区域创建成功

说明　　　　DNS 区域分为两类：一类是正向搜索区域，用于提供将名称转换为 IP 地址的服务；另一类是反向搜索区域，用于提供将 IP 地址转换为名称的服务。

（3）新建主机

在多数情况下，DNS 客户机查询的是主机信息。例如，如果要在正向搜索区域 mrkjsml.com（在配置 DNS 服务时笔者新创建的）中建立一个名为 www.aspweb.com（在新建主机时笔者新创建的）的主机资源记录，并且计算机的 IP 地址为 192.168.1.115（此 IP 为笔者的 IP 地址）的具体配置方法如下。

① 在 DNS 服务管理器的左侧窗口中右键单击"正向查找区域"下新建的"mrbccd.com"区域，在弹出的快捷菜单中选择"新建主机"命令，如图 15-19 所示。

图 15-19　选择"新建主机"命令

② 在弹出的"新建主机"对话框的"名称"文本框中输入新建的主机名称，如 www。需要注意的是，在这里输入的是什么，在通过 IE 地址栏进行浏览时，就要输入同样的内容。

在"IP 地址"文本框中输入主机所对应的实际 IP 地址，例如，笔者的 IP 地址为 192.168.1.115。输入完 IP 地址后，单击"添加主机"按钮完成新建主机的添加操作，如图 15-20 所示。

（4）配置 DNS 客户机

由于客户机是 Windows Server 2003 操作系统，在对客户机的 TCP/IP 的属性进行配置时，选择首选 DNS 服务器，如果首选服务器不能使用，则还需要设置备用的 DNS 服务器以供使用。下面将以 Windows Server 2003 系统为例，详细介绍如何配置 DNS 客户机，具体方法如下。

① 在客户机的"本地连接"上单击鼠标右键，在弹出的快捷菜单中选择"属性"命令，如图 15-21 所示。

图 15-20　添加主机 IP 地址　　　　图 15-21　"网络连接"对话框

② 此时弹出"本地连接 2 属性"对话框，如图 15-22 所示。

③ 在列表项目中选择"Internet 协议（TCP/IP）"选项，再单击"属性"按钮，将打开图 15-23 所示的"Internet 协议（TCP/IP）属性"对话框。

图 15-22　"本地连接 2 属性"对话框　　　图 15-23　"Internet 协议（TCP/IP）属性"对话框

在"使用下面的 DNS 服务器地址"栏中输入 DNS 服务器的 IP 地址，可以分别输入两个 IP 地址，分别是首选 DNS 服务器和备用 DNS 服务器，一般都是指定的，主要用来解析域名的服务器。首选是指现在上网时用的那个指定的 IP 地址，备选是指当首选的 DNS 服务器有问题时，计算机将自动选择所备选的那个 DNS 服务器。

在配置 DNS 客户机时，备用的 DNS 服务器的 IP 地址可以不指定。

④ 将首选和备用DNS服务器的IP地址填加完毕后，单击"确定"按钮完成设置。

（5）配置默认站点

在完成 DNS 服务器的配置后，还需要对默认站点进行配置。下面将以 Windows Server 2003 系统为例，详细介绍如何配置默认站点，具体配置方法如下。

① 依次选择"开始"/"控制面板"/"管理工具"/"Internet 信息服务（IIS）管理器"命令，打开 IIS 管理器。在 IIS 管理器的左侧窗口中依次

图 15-24　"Internet 信息服务（IIS）管理器"对话框

展开"ASPLJD（本地计算机）"/"网站"/"默认网站"，在"默认网站"上单击鼠标右键，在弹出的快捷菜单中选择"属性"命令，如图 15-24 所示，打开"默认网站 属性"对话框。

② 选择"网站"选项卡，在该选项卡中通过 IP 地址的下拉列表框中选择所需要指定的 IP 地址，在此笔者选择了本机的 IP 地址"192.168.1.115"，如图 15-25 所示。再通过"主目录"选项卡，设置本地路径，单击"浏览"按钮选择网页所属的本地路径。

③ 当所有配置都完成后，还需要启用默认内容文档。在"默认网站 属性"对话框中选择"文档"选项卡，首先通过单击"添加"按钮完成默认页的添加，如 index.asp 页；其次，通过"上移"或"下移"按钮来调整默认页的顺序；最后单击"确定"按钮完成设置，如图 15-26 所示。

图 15-25 "默认网站 属性"对话框

图 15-26 "文档"选项卡

④ 在客户端的 IE 地址栏中输入所要访问的网址后即可浏览该网站的首页。

15.3 使用 FTP 上载网站

发布网站到 Internet 上时需要一些前提条件，并应用 FTP 上传工具将指定的网站发布到 Internet，这样就可以让更多的浏览者访问到该网站，从而增强网站经营者或者单位的知名度，同时为浏览者提供优良的网络服务。下面详细介绍如何应用 FTP 工具发布网站到 Internet 上。

如果要发布网站到 Internet 上，必须具备以下条件：

● 拥有一台可以连接到 Internet 上的计算机，并且要求是固定 IP；

● 拥有一个一级域名，并且域名的指向为可连接到 Internet 的计算机的 IP；

● 在可连接到 Internet 的计算机上要有 ASP 程序的运行环境，即已经成功安装了 IIS 服务器；

● 拥有一个可运行的 ASP 程序；

● 在用于发布 Web 网站的计算机上需要成功安装 FTP 工具。

需要说明的是，这里讲的是发布 ASP 程序到 Internet，是发布在自己可连接到 Internet 的计算机上，并且要求这台计算机必须是固定 IP，而不是发布到租用的服务器上。如果计算机的 IP 是动态获得的，或者是发布到租用的服务器上，发布的步骤与本节讲述的应有所不同，但发布网站的整体思路基本相同。

FTP 是文件传输协议（File Transfer Protocol）的简称，它是用于 TCP/IP 网络及互联网的最简单的协议之一。用户通过 FTP 协议能够在两台联网的计算机之间相互传送文件，它最突出的优点就是可以在不同类型的计算机之间传送和交换文件。

FTP 作为一种简单的文件传输协议，至今未被 HTTP 完全取代的原因就是因为它管理简单，且具备双向传输功能。在服务器端许可的前提下，使用 FTP 可以非常方便地将文件从本地计算机发送到远程 FTP 站点。

与大多数互联网服务一样，FTP 也是一个客户端/服务器系统。用户通过一个支持 FTP 协议的客户端程序，连接到在远程主机上的 FTP 服务器程序。用户通过客户端程序向服务器程序发出命令，服务器程序执行用户所发出的命令，并将执行的结果返回到客户端。例如，用户发出一条命令，要求服务器向用户传送某一个文件的一份备份，服务器会响应这条命令，将指定文件送至用户的计算机上，客户端程序代表用户接收这个文件，并将其存放在用户目录中。

使用 FTP 时，用户经常遇到两个概念："上传"和"下载"。"上传"是指将文件从自己的计算机复制到远程主机上；"下载"是指从远程主机复制文件至自己的计算机上。用互联网语言来说就是，用户可以通过客户端程序向（从）远程主机上传（下载）文件，但使用 FTP 时必须首先登录，在远程主机上获得相应的权限以后，方可上传或下载文件，即除非有用户 ID 和口令，否则便无法传送文件，而这种情况有时却违背了互联网的开放性。互联网上的 FTP 主机有很多，不可能要求每个用户在每一台主机上都拥有账号，这样一来匿名 FTP 登录就适时地出现了。

匿名 FTP 登录是这样一种机制，用户可通过它连接到远程主机上，并下载文件，而无须成为其注册用户。值得注意的是，匿名 FTP 登录并不适用于所有互联网主机，它只适用于那些提供了该服务的主机。当远程主机提供匿名 FTP 服务时，会指定某些目录向公众开放，允许匿名存取。系统中的其余目录则处于隐藏状态。作为一种安全措施，大多数匿名 FTP 主机都允许用户下载文件，而不允许上传文件，也就是说，用户可将匿名 FTP 主机上的所有文件全部复制到自己的计算机上，但不能将自己计算机上的任何一个文件复制到匿名 FTP 主机上，即使有些匿名 FTP 主机确实允许用户上传文件，用户也只能将文件上传至某一指定目录中，随后，系统管理员会检查这些文件是否安全。利用这种方式，远程 FTP 主机可以得到更有效的保护。

使用 FTP 工具发布网站到 Internet 上时，首先需要安装 FTP 工具，然后再通过该 FTP 工具进行网站的发布。下面以 CuteFTP 上传工具为例，详细介绍如何安装 FTP 工具和使用 FTP 工具上传网站，具体步骤如下。

（1）用鼠标双击 FTP 工具的安装文件，此时将进入 FTP 工具的安装启动界面，如图 15-27 所示。

（2）在"FTP 安装向导"对话框中，单击"下一步"按钮进行安装路径的选择，如图 15-28 所示。

图 15-27　安装 CuteFTP 上传工具的启动界面

图 15-28　FTP 安装向导

（3）在图 15-29 中通过单击"浏览"按钮可以为 FTP 安装程序选择目的地文件夹。

（4）在图 15-29 中选择 FTP 安装路径后，单击"下一步"按钮，继续安装 FTP 工具。FTP 工具安装完成后，出现图 15-30 所示的安装完成界面，默认选中"启动 CuteFTP 5.0 XP"复选框。

图 15-29　选择 FTP 安装路径

图 15-30　完成 FTP 上传工具的安装

说明

　　　　FTP 上传工具有很多种，在此笔者以 CuteFTP 上传工具为例进行详细讲解，读者可以到网上下载该工具。

　　（5）在图 15-30 中单击"完成"按钮将完成 FTP 工具的安装，同时启动 FTP 上传工具，并弹出"评估通知"对话框，如图 15-31 所示。

　　（6）在图 15-31 中，如果用户有 FTP 工具的序列号，可以通过单击"输入产品序号"按钮进行注册。在此由于笔者使用的是试用版，因此单击"我同意"按钮，进入"CuteFTP 连接向导"对话框，如图 15-32 所示，这里需要输入一个标签，主要用来识别 FTP 站点。

图 15-31　"评估通知"对话框

图 15-32　"CuteFTP 连接向导"对话框

　　（7）在图 15-32 中单击"下一步"按钮，进行 FTP 主机地址或者 IP 地址的输入，在此笔者连接的是 192.168.1.155，如图 15-33 所示。

　　（8）在图 15-33 中单击"下一步"按钮，进入图 15-34 所示的对话框。在该对话框中输入连接 FTP 站点时需要的登录用户名和密码，如果要连接的 FTP 站点允许匿名登录，可以直接选中"匿名登录"复选框；否则需要输入正确的用户名和密码。

图 15-33　输入 FTP 主机地址或者 IP 地址

图 15-34　输入登录用户名和密码

　　（9）在图 15-34 中单击"下一步"按钮，将跳转到图 15-35 所示的对话框，在此需要选择"默认本地目录"。

　　（10）在图 15-36 中可以选中"自动连接到该站点"和"添加到右键外壳集成"两个复选框。

图 15-35　选择默认本地目录

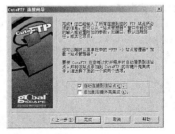

图 15-36　完成 FTP 站点连接设置

（11）在图 15-36 中单击"完成"按钮，完成 FTP 站点的连接设置，如果连接成功将进入 FTP 上传工具的主窗口，如图 15-37 所示。

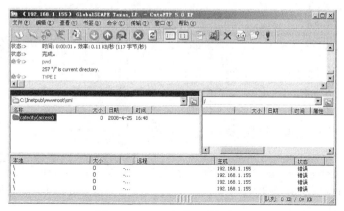

图 15-37　FTP 上传工具主窗口

（12）如果用户不是第一次使用该工具，则可以通过在其主窗口中单击工具栏上的按钮，并在工具栏下面的"主机"、"用户名"、"密码"和"端口"文本框中输入相应内容，按 < Enter > 键或者单击"端口"文本框后面的按钮，对 FTP 站点进行连接，如图 15-38 所示。

（13）在已经连接 FTP 站点的 FTP 上传工具的主窗口中，右键单击要上传的网站，在弹出的快捷菜单中选择"上传"命令，或者直接将要上传的网站用鼠标左键拖放到已连接 FTP 站点上的指定文件夹中，如图 15-39 所示。

（14）在上传网站的过程中，FTP 上传工具主窗口的上面部分显示正在传送哪些文件；中间的左边部分显示正在传送的文件所在文件夹中的所有文件；右边部分显示正在向哪个文件夹中传送文件，并且处于不可编辑的状态；下面部分显示文件传送的状态，如图 15-40 所示。

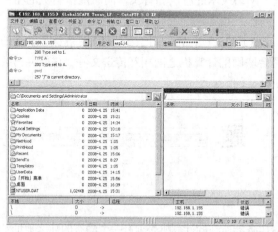

图 15-38　FTP 站点连接

图 15-39　开始上传网站

（15）指定的网站上传成功后，会在 FTP 上传工具主窗口的上面部分显示网站传送完成；中间的右边部分恢复到用户所选择的原始目录，左边部分则显示已连接 FTP 站点中所包含的文件夹，如图 15-41 所示。

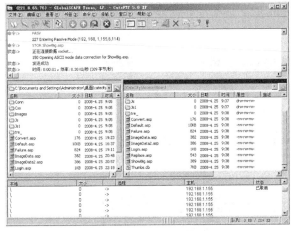

图 15-40　正在上传网站　　　　　　　图 15-41　完成网站上传

（16）网站成功上传后，即可在客户机上通过浏览器进行访问。

知识点提炼

（1）Internet 域名如同商标，是一个网站的标识。如果要将建设好的网站发布到网络上，首先要给网站申请一个名字，通过该名字可以让其他浏览者方便地访问到该网站，从而达到宣传和网络服务的效果。

（2）虚拟主机也叫"网站空间"，就是把一台运行在互联网上的服务器划分成多个"虚拟"的服务器，每一个虚拟主机都具有独立的域名和完整的 Internet 服务器（支持 WWW、FTP、E-mail 等）功能。虚拟主机是网络发展的福音，极大地促进了网络技术的应用和普及，同时虚拟主机的租用服务也成为网络时代新的经济形式。

（3）FTP 是文件传输协议（File Transfer Protocol）的简称，它是用于 TCP/IP 网络及互联网的最简单的协议之一。用户通过 FTP 协议能够在两台联网的计算机之间相互传送文件，它最突出的优点就是可以在不同类型的计算机之间传送和交换文件。

习　　题

15-1　域名注册有哪 3 种方法？

15-2　默认情况下，TCP 端口号为多少？

15-3　安装 DNS 服务器并不复杂，但安装 DNS 服务器所在的计算机必须有一个静态的什么地址？

15-4　如果要发布网站到 Internet 上，必须具备哪些条件？

15-5　虚拟主机主要有哪些功能？

第16章
综合案例——博客网站

本章要点：

- 了解博客网站的总体设计
- 掌握数据库设计方法
- 了解网站文件架构
- 掌握公共文件的编写
- 掌握前台页面、文章展示、相册展示、博主登录等主要功能模块的设计

16.1   概述

博客，译自英文 Blog，它是互联网平台上的个人信息交流中心。通常在博客上发表文章，博主可以提出个人的意见、表达自己的想法。它可以让每个人零成本、零维护地创建自己的网络媒体，每个人都可以随时把自己的思想火花和灵感更新到博客网站上。本章将介绍如何开发博客网站。

16.2   网站总体设计

16.2.1   项目规划

博客网站是一个 ASP 与数据库技术结合的典型应用程序，由前台用户操作和后台博主管理模块组成，规划系统功能模块如下。

- 前台用户操作

该模块主要包括我的文章、我的相册、博客管理、Blog 搜索、博主推荐、最新评论、网站统计等功能。

- 后台博主管理

该模块主要包括文章信息管理、相册信息管理、管理员资料管理等功能。

16.2.2   系统功能结构图

博客网站前台功能结构如图 16-1 所示。

博客网站后台功能结构如图 16-2 所示。

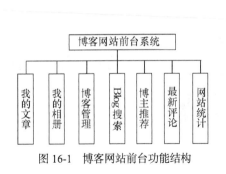

图 16-1　博客网站前台功能结构

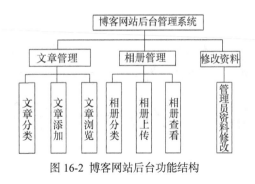

图 16-2　博客网站后台功能结构

16.3　数据库设计

16.3.1　数据库 ER 图分析

这一设计阶段是在系统功能结构图的基础上进行的，设计出能够满足用户需求的各种实体以及它们之间的关系，为后面的逻辑结构设计打下基础。根据以上的分析设计结果，得到文章信息实体、文章分类信息实体、文章评论信息实体、相册信息实体、相册分类信息实体和管理员信息实体。下面来介绍几个主要信息实体的 E-R 图。

- 文章信息实体

文章信息实体包括：文章 ID、文章所属分类 ID、文章标题、文章内容、作者名称和发表时间。文章信息实体的 E-R 图，如图 16-3 所示。

- 文章分类信息实体

文章分类信息实体包括：文章分类 ID、文章分类名称和添加时间。文章分类信息实体的 E-R 图，如图 16-4 所示。

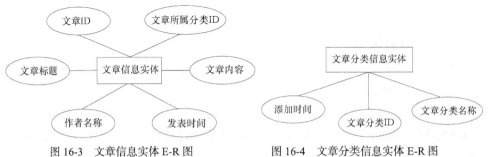

图 16-3　文章信息实体 E-R 图　　　　　图 16-4　文章分类信息实体 E-R 图

- 文章评论信息实体

文章评论信息实体包括：评论 ID、文章 ID、评论人昵称、评论内容和发表时间。文章评论信息实体的 E-R 图，如图 16-5 所示。

- 相册信息实体

相册信息实体包括：相册 ID、相册分类 ID、图片名称、图片标识、图片信息和添加时间。

相册信息实体的 E-R 图，如图 16-6 所示。

图 16-5 文章评论信息实体 E-R 图

图 16-6 相册信息实体 E-R 图

- 相册分类信息实体

相册分类信息实体包括：相册分类 ID、相册分类名称和添加时间。相册分类信息实体的 E-R 图，如图 16-7 所示。

图 16-7 相册分类信息实体 E-R 图

16.3.2 数据表概要说明

根据上一节的介绍，可以创建与实体对应的数据表。为了使读者对本系统数据库的结构有一个更清晰的认识，下面给出数据库中包含的数据表的结构图，如图 16-8 所示。

16.3.3 主要数据表的结构

数据库在整个管理系统中占据非常重要的地位，数据库结构设计的好坏直接影响系统的效率和实现效果。本系统采用的

图 16-8 数据表结构图

是 Access 2000 数据库，数据库名称为 db_Blog。下面介绍 db_Blog 数据库中的主要数据表结构。

- tab_article（文章信息表）

文章信息表主要用于保存添加的文章信息，tab_article 表的结构如表 16-1 所示。

表 16-1   tab_article 表结构

字段名称	数据类型	是否主键	长度	默认值	允许空	字段描述
id	自动编号	是				唯一标识
Aclass	数字		4	0		所属类别 ID
Atitle	文本		50		否	文章标题
Acontent	备注				否	文章内容
Aauthor	文本		50		否	作者名称
Adate	日期/时间		8	Now()		添加时间

● tab_article_class（文章分类信息表）

文章分类信息表主要用于保存文章的分类信息，tab_article_class 表的结构如表 16-2 所示。

表 16-2   tab_article_class 表结构

字段名称	数据类型	是否主键	长度	默认值	允许空	字段描述
id	自动编号	是				唯一标识
Acname	文本		50		否	文章分类名称
Acdate	日期/时间		8	Now()		添加时间

● tab_article_commend（文章评论信息表）

文章评论信息表主要用于保存对文章进行评论的信息，tab_article_commend 表的结构如表 16-3 所示。

表 16-3   tab_article_commend 表结构

字段名称	数据类型	是否主键	长度	默认值	允许空	字段描述
id	自动编号	是				唯一标识
Cid	数字		4	0		文章 ID 编号
Cname	文本		50		否	昵称
Ccontent	文本		200		否	评论内容
Cdate	日期/时间		8	Now()		添加时间

● tab_photo（相册信息管理表）

相册信息管理表主要用于保存上传的相册信息内容，tab_photo 表的结构如表 16-4 所示。

表 16-4   tab_photo 表结构

字段名称	数据类型	是否主键	长度	默认值	允许空	字段描述
id	自动编号	是				唯一标识
Pclass	数字		4	0		相册分类 ID
Pname	文本		50		否	图片名称
Ppic	文本		50		否	图片信息
Pdate	日期/时间		8	Now()		添加时间

● tab_photo_class（相册分类信息表）

相册分类信息表主要用于保存相册的分类信息，tab_photo_class 表的结构如表 16-5 所示。

表 16-5   tab_photo_class 表结构

字段名称	数据类型	是否主键	长度	默认值	允许空	字段描述
id	自动编号	是				唯一标识
Pcname	文本		50		否	相册分类名称
Pcdate	日期/时间		8	Now()		添加时间

16.4　文件架构设计

在网站构建的前期，可以把网站中可能用到的文件夹先创建出来（例如，创建一个名为 images 的文件夹，用于保存网站中使用的图片），这样可以规范网站的整体架构，使网站易于开发、管理和维护。笔者在开发博客网站时，设计了图 16-9 所示的文件夹架构。

图 16-9　文件夹架构图

16.5　公共文件的编写

公共文件是指将网站中多个页面都使用到的代码编写到一个单独的文件中，在使用时只要用 #include 指令包含此文件即可。

16.5.1　防止 SQL 注入和创建数据库连接

为了防止 SQL 注入漏洞，可以将其相关代码与创建数据库连接的代码放置在同一个文件中（例如 conn.asp 文件）。这样，可以保证网站中绝大部分文件都可以引用该公用文件，从而保证网站的安全。

1. 防止 SQL 注入

当应用程序使用输入内容来构造动态 SQL 语句访问数据库时，会产生 SQL 注入攻击，SQL 注入成功后，就会出现攻击者可以随意在数据库中执行命令的漏洞。因此，在程序代码中把一些 SQL 命令或者 SQL 关键字进行屏蔽，可以防止 SQL 注入漏洞的产生。

将防止 SQL 注入漏洞的程序代码写入数据库连接文件中，保证网站中的每个页面都调用此程序。程序逻辑是首先将需要屏蔽的命令、关键字、符号等用符号"|"分隔并存储在变量中，再使用 Split 和 Ubound 脚本函数将页面接收到的字符串数据与其作比较，如果接收到的字符串数据包含屏蔽的数据信息，则将页面转入指定页面，不允许访问者进行其他操作。代码如下：

```
<%
dim SQL_Injdata
SQL_Injdata =
"'|;|and|exec|insert|select|delete|update|count|*|%|chr|mid|master|truncate|char|decla
re"                                          '定义需要屏蔽的命令、关键字、符号等
    SQL_inj = split(SQL_Injdata,"|")         '获得由"|"分隔的一维数组
    If Request.QueryString<>"" Then
      For Each SQL_Get In Request.QueryString '遍历 QueryString 数据集合中的数据
        For SQL_Data=0 To Ubound(SQL_inj)
    '如果搜索到屏蔽的数据，则跳转到网站首页
          if instr(Request.QueryString(SQL_Get),Sql_Inj(Sql_Data))>0 Then
            Response.Redirect("index.asp")
          end if
        next
      next
```

```
    Next
End If
%>
```

2. 创建数据库连接

为了提高程序的运行效率，保证网站浏览者能够以较快地速度打开并顺畅地浏览网页，可以通过 OLE DB 方法连接 Access 数据库。OLE 是一种面向对象的技术，利用这种技术可以开发可重用软件组件。使用 OLE DB 不仅可以访问数据库中的数据，还可以访问电子表格 Excel、文本文件、邮件服务器中的数据等。使用 OLE DB 访问 Access 数据库的代码如下：

```
<%
Dim conn,connstr
Set conn=Server.CreateObject("ADODB.Connection")
connstr="Provider=Microsoft.Jet.OLEDB.4.0;User ID=admin;Password=;Data
Source="&Server.MapPath("DataBase/db_blog.mdb")&";"
conn.open connstr
%>
```

16.5.2　统计访问量

在网站中通过设计一个计数器可以统计网站的访问量，从而能够准确地掌握网站的访问情况。实现网站计数器的方法有很多，例如，可以使用 FileSystemObject 对象对文本文件进行操作。

设计思路如下。

（1）在判断指定的 Cookies 变量 visitor 为空的前提下，创建 FileSystemObject 对象并以只读方式打开文本文件 count.txt，读取其中的数据赋予指定的变量。

（2）再以写文件方式打开文本文件 count.txt，将访问量累加 1 后写入文件中。

（3）给 Cookies 变量 visitor 赋值，并设置此变量的有效期为 1 天。

代码如下：

```
<%
If Trim(Request.Cookies("visitor"))="" Then
'创建 FileSystemObject 对象
Set FSObject=Server.CreateObject("Scripting.FileSystemObject")
'以只读方式打开 count.txt 文件
Set TextFile=FSObject.OpenTextFile(Server.MapPath("count.txt"))
If not TextFile.AtEndOfStream Then
num3=TextFile.ReadLine                              '读取 count.txt 文件的数据
End If
Set TextFile=Nothing
'以写方式打开 count.txt 文件
Set TextFile=FSObject.OpenTextFile(Server.MapPath("count.txt"),2,true)
TextFile.WriteLine num3+1                           '将数值加 1 后写入 count.txt 文件
Set TextFile=Nothing
Set FSObject=Nothing
Response.Cookies("visitor")="visited"              '为 Cookies 变量 visitor 赋值
Response.Cookies("visitor").Expires=DateAdd("d",1,now())  '指定 Cookie 的有效时间
End If
%>
```

可以将以上代码编写在 conn.asp 文件中，以保证有效地统计网站访问量。

16.6　前台主页面设计

16.6.1　前台主页面概述

网站前台主页面是网站提供给浏览者的第一视觉界面。前台首页不仅要有合理的整体布局，使浏览者有一个流畅的视觉体验；还应该通过各功能模块体现出网站的主题内容，使浏览者在最短的时间内了解网站的用途。

本系统前台主页面的运行效果如图 16-10 所示。

图 16-10　前台主页面

16.6.2　前台主页面的布局

前台主页面框架采用两分栏结构，分为 4 个区域：页头、侧栏、页尾和内容显示区。实现前台主页面的 ASP 文件为 index.asp，该页面的布局如图 16-11 所示。

在 index.asp 文件中主要采用#include 指令来包含各区域所对应的 ASP 文件。例如，页头对应文件为 top.asp，侧栏对应文件为 left.asp。在内容显示区，则定义浮动框架标记 <iframe> 用于显示其他文件内容。

图 16-11　前台主页面布局

16.6.3　前台主页面的实现

根据图 16-11 所示的页面布局，可以在 index.asp 页面中创建一个 3 行 2 列的表格，然后在相应的单元格中使用#include 指令包含相应的 ASP 页面，并在左侧单元格中定义<iframe>标记。代码如下：

```
<table width="778" border="0" align="center" cellpadding="0" cellspacing="0">
  <tr>
    <!-- 包含页头文件 -->
    <td colspan="2"><!--#include file="top.asp"--></td>
  </tr>
  <tr>
    <!-- 包含侧栏文件 -->
    <td width="210" align="center" valign="top"><!--#include file="left.asp"--></td>
    <!-- 定义 iframe 标记-->
    <td width="568" align="center" valign="top"><iframe name="mainFrame"
src="web_index.asp" width="560" height="450" frameborder="0" marginheight="0"
marginwidth="0" scrolling="auto"></iframe></td>
  </tr>
  <tr>
    <td height="40" colspan="2" align="center" valign="middle">Copyright
    2008 &copy; Future PYJ</td>
  </tr>
</table>
```

16.7 文章展示模块设计

16.7.1 文章展示模块概述

文章展示模块的主要功能是浏览网站发表的文章列表，可以查看文章的详细内容，包括文章作者、发表时间等，并可以针对文章发表评论。

文章展示模块主要包括：前台主页面文章展示、文章分类列表展示，如图 16-12 所示；文章详细内容显示，如图 16-13 所示。

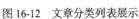
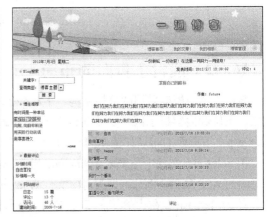

图 16-12 文章分类列表展示　　　　　图 16-13 文章详细内容显示

16.7.2 主页面文章展示的实现过程

在网站前台主页面中展示最新的两篇文章信息，包括文章标题、文章部分内容、发表时间以及评论数量，单击"阅读全文"超链接可以查看到文章的详细内容，如图 16-10 所示。

在 web_index.asp 页面中，首先查询文章信息表中最新的两条记录，然后在依次展示文章内容的同时查询文章评论信息表以获取文章对应的评论数量。代码如下：

```
<%
Set rs=Server.CreateObject("ADODB.Recordset")
'查询最新的两条记录信息
sqlstr="select top 2 id,Atitle,Adate,Aclass,Acontent from tab_article order by id desc"
rs.open sqlstr,conn,1,1
If rs.eof Then
Response.Write("<tr><td height=20 colspan=2 align=center>暂无收藏！</td></tr>")
Response.End()
Else
while not rs.eof                        '应用 while…wend 语句循环显示记录集中的记录
 Set rs_commend=conn.Execute("select count(id) as num from tab_article_commend where
Cid="&rs("id")&"")                      '获取评论数量
 %>
  <tr>
    <td height="20" colspan="2"><table width="100%" border="0">
     <tr>
       <td height="30"><%=rs("Atitle")   '显示文章标题%></td>
     </tr>
     <tr>
       <td><p align="left" style="width:240px; line-height:20px;"><%Response.Write
Left(rs("Acontent"),45) & "......"           '显示指定字节数的文章内容%></p></td>
       </tr>
       <tr>
       <td><p align="center" style="width:200px; line-height:20px;"><a href="web
_blog_view.asp?id=<%=rs("id")%>&amp;num=<%=rs_commend("num")%>">阅读全文</a> </p></td>
       </tr>
       <tr>
       <td align="right" valign="middle"><p align="left" style="width:300px;
line-height:20px;">发表时间：<%=rs("Adate")%> | 评论：<%=rs_commend("num")%></p></td>
       </tr>
    </table></td>
  </tr>
  <%
 Set rsc=Nothing
 rs.movenext                              '记录集指针向下移动
wend
End If
rs.close
Set rs=Nothing
%>
```

16.7.3　文章列表展示的实现过程

文章列表展示主要包括显示根据选择的文章分类或者通过 Blog 搜索查找到的文章列表内容。当用户在网站导航栏处单击"我的文章"超链接，将显示按照发表时间倒序排序的文章列表；在该页面中单击文章分类，可以显示对应分类的文章列表；当用户在前台主页面的 Blog 搜索栏目输入查询内容，则显示与之查询内容匹配的文章列表。

文章列表页面 web_blog_list.asp 首先获取传递的参数值，根据参数值确定显示文章列表的条件从而执行相应的 SQL 查询语句。关键程序代码如下：

```asp
<%
'获取传递的参数，根据参数值确定 SQL 查询语句
classid=Request.QueryString("classid")                      '获取文章分类 ID
classname=Request.QueryString("classname")                  '获取文章分类名称
If classname<>"" Then megstr="<font color=#FF0000>"&classname&"</font>"&" 之"
btype=Request.Form("btype")                                 '获取查询条件
keyword=Request.Form("keyword")                             '获取查询关键字

Set rs=Server.CreateObject("ADODB.Recordset")              '创建 Recordset 对象
'查询最新文章记录
sqlstr="select top 14 id,Atitle,Adate,Aclass from tab_article where 1=1"
'按分类查询
If IsNumeric(classid) and classid<>"" Then sqlstr=sqlstr&" and Aclass="&classid&""
'按查询条件搜索，如文章标题、文章内容或者作者
If keyword<>"" Then
Select case btype
case "1"
  sqlstr=sqlstr&" and Atitle like '%"&keyword&"%'"
case "2"
  sqlstr=sqlstr&" and Acontent like '%"&keyword&"%'"
case "3"
  sqlstr=sqlstr&" and Aauthor like '%"&keyword&"%'"
End Select
End If
sqlstr=sqlstr&" order by id desc"
rs.open sqlstr,conn,1,1                                     '打开记录集 rs
If rs.eof Then
%>
        <tr>
          <td height="20" colspan="2" align="center">您查询的记录暂无收藏！</td>
        </tr>
        <%End IF%>
        <%
while not rs.eof
Set rs_commend=conn.Execute("select count(id) as num from tab_article_commend where
Cid="&rs("id")&"")                                          '获取文章对应的评论数量%>
        <tr>
          <td> [<%=formatDateTime(rs("Adate"),2)            '显示发表时间%>]</td>
          <td><a    href="web_blog_view.asp?id=<%=rs("id")%>&amp;num=<%=rs_commend
("num")%>"><%=rs("Atitle")                                  '显示文章标题%></a></td>
        </tr>
        <%
Set rsc=Nothing
rs.movenext                                                '记录集指针向下移动
wend
rs.close                                                   '关闭 rs
Set rs=Nothing                                             '释放 rs 占用的资源
%>
```

16.7.4 文章详细显示的实现过程

文章详细显示包括显示文章的详细内容、文章作者以及文章发表时间，并展示文章对应的评论内容。在文章详细显示页面中，单击"评论"超链接，浏览者可以填写信息发表评论。下面介绍文章详细显示的实现过程。

（1）页面 web_blog_view.asp 根据接收到的参数，查询文章信息表展示文章内容，同时查询文章评论信息表展示文章对应的评论信息。关键程序代码如下：

```
<%
'-----显示文章的详细内容，包括文章标题、文章作者、发表时间以及文章内容-----
id=Request.QueryString("id")           '文章 ID
num=Request.QueryString("num")         '评论数量
If Not IsNumeric(id) Then
Else
Set rs=conn.Execute("select id,Atitle,Acontent,Aauthor,Adate from tab_article where
id="&id&"")
%>
  <tr align="left" bgcolor="FFFCE8">
   <td align="right">发表时间：<%=rs("Adate")%> 评论：<%=num%> </td>
  </tr>
  <tr>
   <td><h4><%=rs("Atitle")           '文章标题%></h4></td>
  </tr>
  <tr>
   <td><div style="width:200px;"   >作者：<%=rs("Aauthor")%></div></td>
  </tr>
  <tr>
   <td><p align="left" style="width:500px;line-height:22px; text-indent:5px"> <%=rs
("Acontent")      '文章内容%></p></td>
  </tr>
  <tr>
   <td>
<%
'-----显示对此篇文章发表的详细评论内容-----
Set rsc=Server.CreateObject("ADODB.Recordset")
sqlstr="select top 25 * from tab_article_commend where Cid="&id&" order by id desc"
rsc.open sqlstr,conn,1,1
while not rsc.eof
%>
<table  width="95%"   border="0"  align="center"  cellpadding="0"  cellspacing="1"
bgcolor="#CACACA">
       <tr bgcolor="#FFFFFF">
        <td><font class="font1">昵  称：</font><%=rsc("Cname")%></td>
        <td><font class="font1">评论时间：</font><%=rsc("Cdate")%></td>
       </tr>
       <tr bgcolor="#FFFFFF">
        <td><%=rsc("Ccontent")   '评论内容%></td>
       </tr>
    </table>
<%
rsc.movenext
```

```
wend
rsc.close
Set rsc=Nothing
%>
```

（2）当单击"评论"超链接时，显示用于提交评论信息的表单。代码如下：

```
<%'-----发表评论-----%>
  <tr id="xuxian" style="display:none">
    <td align="center" height="1" background="images/xuxian.gif"></td>
  </tr>
  <tr id="commend_show" style="display:none">
    <td>
<table width="100%" border="0" cellspacing="0" cellpadding="0">
    <form action="" method=post name="form1" id="form1">
      <tr>
        <td>昵称：</td>
        <td><input name="评论人昵称" type="text" class="textbox" id="评论人昵称" /></td>
      </tr>
      <tr>
        <td>评论内容：</td>
        <td><textarea name="评论内容" cols="60" rows="3" id="评论内容" onkeydown
="CountStrByte(this.form.评论内容,this.form.total,this. form.used, this. form. remain);"
onkeyup="CountStrByte(this.form. 评 论 内 容 ,this.form.total,this.form.used,  this.
form.remain);"></textarea>
            <br />提示（最多允许
        <input name="total" type="text" disabled="disabled" class="textbox" id=
"total"  value="200" size="3" />个字节 已用字节:
        <input name="used" type="text" disabled="disabled" class="textbox" id=
"used"  value="0" size="3" />剩余字节:
        <input name="remain" type="text" disabled="disabled" class="textbox" id=
"remain" value="200" size="3" />
            ) </td>
      </tr>
      <tr>
        <td>验证密码：</td>
        <td height="22"><%Session("verify")=randStr(4)%>
        <input name="验证密码" type="text" class="textbox" id="验证密码" size="6" />
        <font color="#FF0000"><%=Session("verify")%></font>
        <input  name="verify2"  type="hidden"  id="verify2"  value="<%=Session
("verify")%>" /></td>
      </tr>
      <tr>
        <td  height="22"><input  name="add"  type="submit"  class="button"  id="add"
onclick="return Mycheck(this.form)" value="提 交" />
        <input name="Submit2" type="reset" class="button" value="重 置" />
        <input name="id" type="hidden" id="id" value="<%=id%>" />
    <input name="num" type="hidden" id="num" value="<%=num%>" /></td>
      </tr>
    </form>
  </table></td>
  </tr>
  <%
  Set rs=Nothing
```

```
  End IF
%>
<script language="javascript">
function Mycheck(form){     //用于验证表单数据
  for(i=0;i<form.length;i++){
    if(form.elements[i].value==""){
    alert(form.elements[i].name + "不能为空!");return false;}
  if(form.elements[5].value!=form.elements[6].value){
    alert("验证码错误!");return false;}
  }
}
function show_tr(){      //用于显示或者隐藏"评论表单"
  if(xuxian.style.display=="none"){
     xuxian.style.display="block";
commend_show.style.display="block";
  }
  else {
     xuxian.style.display="none";
commend_show.style.display="none";
  }
}
</script>
```

（3）当用户填写昵称、评论内容以及验证密码后，程序将此信息添加到文章评论信息表中，代码如下：

```
<%
Session("verify")=""
'-----添加新的评论-----
Sub add()
  id=Request.Form("id")           '文章ID
  num=Request.Form("num")
  str1=Str_filter(Request.Form("评论人昵称"))
  str2=Str_filter(Request.Form("评论内容"))
If str1<>"" and str2<>"" Then
  Set rs=Server.CreateObject("ADODB.Recordset")
  sqlstr="select * from tab_article_commend"
  rs.open sqlstr,conn,1,3
  rs.addnew
  rs("Cid")=id
  rs("Cname")=str1
  rs("Ccontent")=str2
  rs.update
  rs.close
  Set rs=Nothing
  Response.Redirect("web_blog_view.asp?id="&id&"&num="&num+1&"")
Else
  Response.Write("<script>alert('您填写的信息不完整!');history.back();</script>")
End IF
End Sub
If Not Isempty(Request("add")) Then call add()
%>
```

16.8　相册展示模块设计

16.8.1　相册展示模块概述

相册展示模块主要用于分类展示上传的相册图片信息，即列出相册的分类以及分类中包含的图片。相册分类展示如图 16-14 所示；相册分类对应的图片展示，如图 16-15 所示。

图 16-14　相册分类展示　　　　　　　　　　图 16-15　相册图片展示

16.8.2　相册展示的实现过程

1. 相册分类展示

相册分类展示是指显示数据库中的相册分类信息。相册分类页面读取相册分类信息数据表以及相册信息数据表中与分类对应的第一张图片信息，并以表格形式显示分类对应的第一张图片信息以及分类名称，如果分类没有图片信息则以默认图片代替。web_photo.asp 页面的关键程序代码如下：

```
<%
n=1
Set rs=Server.CreateObject("ADODB.Recordset")
sqlstr="select id,Pcname from tab_photo_class"   '查询相册分类信息表
rs.open sqlstr,conn,1,1
while not rs.eof
'读取分类对应的第一张图片信息
Set rsc=conn.Execute("select top 1 Ppic from tab_photo where Pclass="&rs("id")&"")
%>
<td>
<table border="0" align="center" cellpadding="0" cellspacing="0">
    <tr>
      <td                                                      align="center"><a
href="web_photo_list.asp?classid=<%=rs("id")%>&amp;classname=<%=rs("Pcname")%>">
       <%'显示图片，如分类没有对应图片则显示默认图片
        If Not rsc.eof Then%>
        <img src="upfile/<%=rsc("Ppic")%>" height="100" width="120" border="0" />
        <%Else%>
```

```
        <img src="upfile/instead.jpg" height="100" width="120" border="0" />
        <%End If%>
     </a></td>
    </tr>
    <tr>
       <td height="22" align="center"><a href="web_photo_list.asp?classid=<%=rs("id")
%>&amp;classname=<%=rs("Pcname")%>"><%=rs("Pcname")        '显示图片名称%></a></td>
       </tr>
      </table>
          </td>
          <%If n mod 3=0 Then    '一行显示 3 张图片%>
  </tr>
  <tr>
    <%End If%>
    <%
Set rsc=Nothing
n=n+1
rs.movenext
wend
rs.close
Set rs=Nothing
%>
```

2．相册图片显示

相册图片显示是按照选择的分类显示该分类的全部图片信息，包括图片以及图片名称。由于相册图片是上传到服务器的，因此读取时使用 HTML 语言的<image>标记，指定图片路径即可显示图片信息。web_photo_list.asp 页面的关键程序代码如下：

```
<%
classid=Request.QueryString("classid")
n=1
Set rs=Server.CreateObject("ADODB.Recordset")
'查询对应分类的图片信息
sqlstr="select id,Pname,Ppic from tab_photo where Pclass="&classid&""
rs.open sqlstr,conn,1,1
while not rs.eof
%>
        <td>
      <table border="0" align="center" cellpadding="0" cellspacing="0">
       <tr>
      <!-- 显示图片 -->
        <td align="center"><img src="upfile/<%=rs("Ppic")%>" height="100" width="120"
border="0" /></td>
       </tr>
       <tr>
        <td height="22" align="center"><%=rs("Pname")        '图片名称%></td>
       </tr>
      </table>
          </td>
          <%If n mod 3=0 Then                    '一行显示 3 张图片%>
  </tr>
  <tr>
    <%End If%>
    <%
   n=n+1
```

```
rs.movenext
wend
rs.close
Set rs=Nothing
%>
```

16.9   博主登录模块设计

16.9.1   博主登录功能概述

当用户通过单击前台主页面导航栏处的"博客管理"超链接后，将进入博主登录页面，如图 16-16 所示。

当用户没有输入用户名和密码，或者输入了错误的用户名和密码进行登录时，页面会给出相应的提示信息。当用户输入正确的用户名和密码，则允许进入博客后台系统进行操作。博主登录模块的操作流程如图 16-17 所示。

图 16-16   博主登录

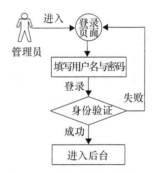

图 16-17   博主登录模块流程图

在博主登录页面中，除了输入用户名和密码，还要求用户输入随机生成的验证码，这样可以提高网站的安全性。为了防止非博主用户非法登录博客后台系统，还应定义浏览器缓存该登录页面的有效期限。

16.9.2   博主登录的实现过程

1. 设置页面缓存有效期限

通过 Response 对象的 Expires 属性和 CacheControl 属性不允许浏览器缓存页面，以提高网站安全性，代码如下：

```
<%
Response.Buffer=true
Response.Expires=0                   '设置 Expires 属性的属性值为 0，使缓存的页面立即过期
Response.CacheControl="no-cache"     '禁止代理服务器高速缓存页面
%>
```

以上代码应放置在页面 login.asp 的开头。

2. 设计表单

建立表单，用于输入用户名、密码和验证码，代码如下：

```
<form name="form1" method="post" action="">
```

用户名：<input name="txt_name" type="text" class="textbox" id="txt_name" size="18" maxlength="50">

密　码：<input name="txt_passwd" type="password" class="textbox" id="txt_passwd" size="19" maxlength="50">

验证码：<input name="verifycode" id="verifycode" class="textbox" onFocus= "this. select();" onMouseOver="this.style.background='#E1F4EE';" onMouseOut="this.style. background='#FFFFFF'" size="6" maxlength="4">

<span style="color: #FF0000"><%=session("verifycode")%></span>

<input type="hidden" name="verifycode2" value="<%=session("verifycode")%>">

<input name="login" type="submit" id="login" value="登　录" class="button" onClick ="return Mycheck()">

<input type="reset" name="Submit2" value="重　置" class="button"></td>

</form>

3. 实现登录验证

当用户提交登录表单，程序将首先验证用户输入的验证码是否正确，然后依次验证输入的用户名、密码。如果信息通过验证则将用户名保存到 Session 变量中，并允许用户登录到后台首页面。代码如下：

```
<!--#include file="include/conn.asp"-->
<%
session("verifycode")=randStr(4)          '根据 conn.asp 文件中自定义的函数获得生成的随机字符
If Not Isempty(Request("login")) Then
   '获取表单数据
   txt_name=Str_filter(Request.Form("txt_name"))
   txt_passwd=Str_filter(Request.Form("txt_passwd"))
   verifycode=Str_filter(Request.Form("verifycode"))
   verifycode2=Str_filter(Request.Form("verifycode2"))
   '检查验证码
   If verifycode <> verifycode2 then
       Response.write"<SCRIPT language='JavaScript'>alert('您输入的验证码不正确！');location.href='login.asp'</SCRIPT>"
       Response.End()
   Else
       Session("verifycode")=""
   End IF
   If txt_name<>"" Then
     Set rs=Server.CreateObject("ADODB.Recordset")
     sqlstr="select Mname,Mpasswd from tab_manager where Mname='"&txt_name&"'"
     rs.open sqlstr,conn,1,1
     If rs.eof Then
       Response.Write("<script lanuage='javascript'>alert('用户名不正确,请核实后重新输入!');location.href='login.asp';</script>")
     Else
       If rs("Mpasswd")<>txt_passwd Then
         Response.Write("<script lanuage='javascript'>alert('密码不正确,请确认后重新输入!');location.href='login.asp';</script>")
       Else
         Session("Mname")=rs("Mname")          '将用户名保存到 Session 变量中
         Response.Redirect("index.asp")
       End If
     End If
   Else
```

```
    errstr="请输入用户名!"
  End If
End If
%>
```

16.10   文章管理模块设计

16.10.1   文章管理模块概述

文章管理模块的主要功能包括文章分类的管理，文章信息的添加、查询、修改和删除操作以及对文章相关评论的管理。

进入后台主页面后，单击左侧导航栏处的"文章分类"超链接，可以对文章分类进行添加、修改和删除操作，如图 16-18 所示。

添加文章分类后，单击左侧导航栏处的"文章添加"超链接，可以添加新的文章，如图 16-19 所示。

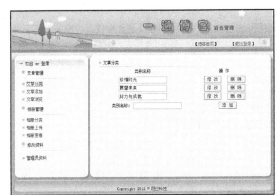

图 16-18   文章分类

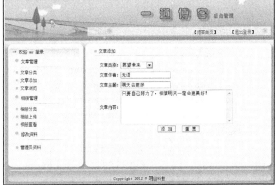

图 16-19   文章添加

单击左侧导航栏处的"文章浏览"超链接，可以在打开的页面中执行查询或者删除文章的操作，在该页面中还提供"修改"文章以及查看"评论"的入口，如图 16-20 所示。

在图 16-20 中单击文章对应的"评论"超链接可以查看评论信息，如图 16-21 所示。

图 16-20   文章列表浏览

图 16-21   文章评论浏览

16.10.2　文章分类管理的实现过程

文章分类管理是指实现对文章分类名称的添加、修改以及删除操作。下面介绍文章分类管理的实现过程。

（1）在文章分类管理页面 ad_article_class.asp 中，建立两个表单：一个用于展示现有的文章分类信息；另一个用于添加文章分类。代码如下：

```
<table width="90%" border="0" align="center" cellpadding="0" cellspacing="2">
 <tr align="center">
  <td height="22">类别名称</td>
  <td height="22">操 作</td>
 </tr>
 <%
Set rs=Server.CreateObject("ADODB.Recordset")
sqlstr="select id,Acname from tab_article_class"       '查询文章分类信息表
rs.open sqlstr,conn,1,1
while not rs.eof
'应用 while…wend 语句遍历记录集中的记录，并将分类名称显示在文本框中
%>
 <form name="form2<%=rs("id")%>" method="post" action="">
  <tr align="center">
    <td height="22"><input name="类别名称" type="text" id="类别名称" value
="<%=rs("Acname")%>" class="textbox"></td>
    <td height="22"><input name="id" type="hidden" id="id" value="<%=rs("id")%>">
     <input name="edit" type="submit" id="edit" value="修改" class="button" onClick
="return Mycheck(this.form)">
     <input name="delete" type="submit" id="delete" value="删 除" onClick="return
confirm('确定要删除吗?')" class="button"></td>
   </tr>
 </form>
 <%
rs.movenext
wend
rs.close
set rs=nothing
%>
</table>
<!-- 添加文章 -->
<table width="90%" border="0" align="center" cellpadding="2" cellspacing="0">
<form name="form1" method="post" action="">
  <tr>
    <td width="106" height="22" align="right">类别名称: </td>
    <td width="261" height="22"><input name="类别名称" type="text" id="类别名称 3"
class="textbox"></td>
    <td width="133" height="22"><input name="add" type="submit" id="add" value="添 加
" class="button" onClick="return Mycheck(this.form)"></td>
   </tr>
 </form>
 </table>
```

（2）定义 3 个子过程，分别使用 Insert into、Update 和 Delete 语句实现添加、修改和删除文章类别名称的功能。关键程序代码如下：

```
<!--#include file="include/conn.asp"-->
<!--#include file="checklogin.asp"-->
<%
'添加新记录
Sub add()
  str1=Str_filter(Request.Form("类别名称"))
  sqlstr="insert into tab_article_class(Acname) values('"&str1&"')"
  conn.Execute(sqlstr)
  Response.Redirect("ad_article_class.asp")
End Sub
'修改记录
Sub edit()
  str1=Str_filter(Request.Form("类别名称"))
  id=Request.Form("id")
  sqlstr="update tab_article_class set Acname='"&str1&"' where id="&id&""
  conn.Execute(sqlstr)
  Response.Redirect("ad_article_class.asp")
End Sub
'删除记录
Sub del()
  id=Request.Form("id")
  sqlstr="delete from tab_article where Aclass="&id&""
  conn.Execute(sqlstr)
  sqlstr="delete from tab_article_class where id="&id&""
  conn.Execute(sqlstr)
  Response.Redirect("ad_article_class.asp")
End Sub
'执行子过程
If Not Isempty(Request("add")) Then call add()
If Not Isempty(Request("edit")) Then call edit()
If Not Isempty(Request("delete")) Then call del()
%>
```

16.10.3 文章添加的实现过程

文章添加是指将文章的相关信息，包括文章分类、文章作者、文章主题和文章内容添加到数据库中，添加的文章信息将展示在网站前台页面中。下面介绍文章添加的实现过程。

（1）在页面 ad_article.asp 中建立表单，用于输入文章信息，代码如下：

```
<table width="90%" border="0" align="center" cellpadding="0" cellspacing="0">
<form name="form1" method="post" action="">
  <tr>
    <td height="28" align="right">文章类别: </td>
    <td height="28"><select name="文章类别" id="select">
      <option selected>选择类别</option>
      <%
        Set rs=Server.CreateObject("ADODB.Recordset")
        sqlstr="select id,Acname from tab_article_class"
        rs.open sqlstr,conn,1,1
        while not rs.eof
      %>
      <option value="<%=rs("id")%>"><%=rs("Acname")%></option>
      <%
```

```
                rs.movenext
                wend
                rs.close
                Set rs=Nothing
                %>
            </select></td>
        </tr>
        <tr>
            <td height="28" align="right">文章作者: </td>
            <td height="28"><input name="文章作者" type="text" class="textbox" id="文章作者"></td>
        </tr>
        <tr>
            <td height="28" align="right">文章主题: </td>
            <td height="28"><input name="文章主题" type="text" id="文章主题" class="textbox"></td>
        </tr>
        <tr>
            <td height="22" align="right">文章内容: </td>
            <td height="22"><textarea name="文章内容" cols="45" rows="6" id="文章内容"></textarea></td>
        </tr>
        <tr>
            <td height="28" colspan="2" align="center"><input name="add" type="submit" class="button" id="add" value="添 加" onClick="return Mycheck(this.form)">
             
            <input type="reset" name="Submit2" value="重 置" class="button"></td>
        </tr>
    </form>
</table>
```

（2）定义用于添加数据的子程序，将获取到的表单信息使用 Recordset 对象的 AddNew 方法添加到数据库中。关键程序代码如下：

```
<!--#include file="include/conn.asp"-->
<!--#include file="checklogin.asp"-->
<%
'添加新记录
Sub add()
  str1=Str_filter(Request.Form("文章类别"))
  str2=Str_filter(Request.Form("文章作者"))
  str3=Str_filter(Request.Form("文章主题"))
  str4=Str_filter(Request.Form("文章内容"))
  If str1<>"" and str2<>"" and str3<>"" and str4<>"" Then
  Set rs=Server.CreateObject("ADODB.Recordset")
  sqlstr="select * from tab_article"
  rs.open sqlstr,conn,1,3
  rs.addnew
  rs("Aclass")=str1
  rs("Aauthor")=str2
  rs("Atitle")=str3
  rs("Acontent")=str4
  rs.update
  rs.close
  Set rs=Nothing
```

```
    Response.Redirect("ad_article_list.asp")
Else
    Response.Write("<script>alert('您填写的信息不完整!');history.back();</script>")
End If
End Sub
If Not Isempty(Request("add")) Then call add()
%>
```

16.10.4　文章查询和删除的实现过程

文章浏览的主要功能是以分页形式显示所有文章信息，可以按照条件查询文章，可以删除指定文章，而且提供了修改文章以及查看文章评论的入口。

1.　查询文章

（1）在页面 ad_article_list.asp 中建立用于查询的表单，在该表单中插入列表/菜单、文本框，以选择或输入查询条件，如文章类别、标题、作者名称，代码如下：

```
<table width="90%" border="0" align="center" cellpadding="0" cellspacing="2">
  <form name="form1" method="get" action="">
    <tr>
      <td height="22" align="right">类别:  </td>
      <td><select name="txt_class" id="select">
        <option selected>选择类别</option>
        <%
                Set rs=Server.CreateObject("ADODB.Recordset")
                sqlstr="select id,Acname from tab_article_class"
                rs.open sqlstr,conn,1,1
                while not rs.eof
                %>
        <option value="<%=rs("id")%>"><%=rs("Acname")%></option>
        <%
                rs.movenext
                wend
                rs.close
                Set rs=Nothing
                %>
      </select></td>
      <td height="22" align="right">文章标题:  </td>
      <td><input name="txt_title" type="text" class="textbox" id="txt_title" size="15" ></td>
      <td height="22"> </td>
    </tr>
    <tr>
      <td height="22" align="right">作者名称: </td>
      <td><input  name="txt_author"  type="text"  class="textbox"  id="txt_author"
size="12">    </td>
      <td height="22" align="right"> </td>
      <td><input name="query" type="submit" class="button" id="query" value="查 询"></td>
      <td height="22"> </td>
    </tr>
  </form>
</table>
```

（2）页面根据获得的查询参数（如文章类别、文章标题、文章作者）来确定 SQL 查询语句，并以分页形式显示查询到的文章信息。关键程序代码如下：

```asp
<table width="90%" border="0" align="center" cellpadding="0" cellspacing="1" bgcolor=
"#FF6600">
    <tr align="center">
        <th width="86" bgcolor="#FFFFFF">类别</th>
        <th width="77" height="22" bgcolor="#FFFFFF">作者</th>
        <th width="191" height="22" bgcolor="#FFFFFF">文章标题</th>
        <th width="146" height="22" bgcolor="#FFFFFF">操 作</th>
    </tr>
    <%
txt_class=Request("txt_class")
txt_title=Request("txt_title")
txt_author=Request("txt_author")
Set rs=Server.CreateObject("ADODB.Recordset")
sqlstr="select * from tab_article where 1=1"
If txt_class<>"" and txt_class<>"选择类别" Then sqlstr=sqlstr&" and Aclass=" &txt_class&""
If txt_title<>"" Then sqlstr=sqlstr&" and Atitle like '%"&txt_title&"%'"
If txt_author<>"" Then sqlstr=sqlstr&" and Aauthor like '%"&txt_author&"%'"
sqlstr=sqlstr&" order by id desc"
rs.open sqlstr,conn,1,1
If Not (rs.eof and rs.bof) Then
    rs.pagesize=8                         '定义每页显示的记录数
    pages=clng(Request("pages"))          '获得当前页数
    If pages<1 Then pages=1
    If pages>rs.recordcount Then pages=rs.recordcount
    showpage rs,pages                     '执行分页子程序 showpage
    Sub showpage(rs,pages)                 '分页子程序 showpage(rs,pages)
    rs.absolutepage=pages                 '指定指针所在的当前位置
    For i=1 to rs.pagesize                 '循环显示记录集中的记录
%>
    <form name="form1" method="post" action="">
        <tr align="center">
            <td align="center" bgcolor="#FFFFFF"><%Set rsc=conn.Execute("select Acname from
tab_article_class where id="&rs("Aclass")&"")
            Response.Write(rsc("Acname"))
            Set rsc=Nothing
        %></td>
            <td height="22" align="center" bgcolor="#FFFFFF"><%=rs("Aauthor")%></td>
            <td height="22" align="left" bgcolor="#FFFFFF"><%=Left(rs("Atitle"),15)%></td>
            <td height="22" bgcolor="#FFFFFF"><input name="id" type="hidden" id="id" value="<
%=rs("id")%>">
            <a href="ad_article.asp?id=<%=rs("id")%>&action=view">修改</a> <a href= "
ad_article_commend.asp?id=<%=rs("id")%>&Atitle=<%=rs("Atitle")%>">评论</a>
            <input name="delete" type="submit" id="delete" value="删除" onClick="return
confirm('确定要删除吗?')" class="button"></td>
        </tr>
    </form>
    <%
    rs.movenext    '指针向下移动
    If rs.eof Then exit for
    Next
    End Sub
End If
```

```
%>
  <tr align="center">
    <form name="form" action="?" method="get">
     <td height="22" colspan="4" bgcolor="#FFFFFF"><%
     if pages<>1 then
     response.Write("  <a
href="&path&"?pages=1&txt_class="&txt_class&"txt_title="&txt_title&"txt_author="&txt
_author&">首页</a>")
     response.Write("  <a
href="&path&"?pages="&(pages-1)&"txt_class="&txt_class&"txt_title="&txt_title&"txt_
author="&txt_author&">上一页</a>")
     end if
     response.Write("  当 前   <font  color='#FF0000'>  "&pages&"/"  &rs.
pagecount&"</font> 页")
       if pages<>rs.pagecount then
          response.Write("  <a
href="&path&"?pages="&(pages+1)&"txt_class="&txt_class&"txt_title="&txt_title&"txt_
author="&txt_author&">下一页</a>")
          response.Write("  <a
href="&path&"?pages="&rs.pagecount&"txt_class="&txt_class&"txt_title="&txt_title&"t
xt_author="&txt_author&">末页</a>")
       end if
       rs.close
       Set rs=Nothing
     %>
       </td>
     </form>
   </tr>
</table>
```

2. 删除文章

在页面 ad_article_list.asp 中单击"删除"按钮可以删除选定的文章，并同时删除与文章对应的所有评论信息，代码如下：

```
<%
If Not Isempty(Request("delete")) Then
  id=Request.Form("id")
  sqlstr="delete from tab_article_commend where Cid="&id&""
  conn.Execute(sqlstr)
  sqlstr="delete from tab_article where id="&id&""
  conn.Execute(sqlstr)
  Response.Redirect("ad_article_list.asp")
End If
%>
```

16.11 相册管理模块设计

16.11.1 相册管理模块概述

相册管理模块的主要功能包括对相册分类的管理以及上传、浏览和删除照片。

进入后台主页面后，单击左侧导航栏处的"相册分类"超链接，可以对相册分类进行添加、修改和删除操作，如图 16-22 所示。

　　添加相册分类后，单击左侧导航栏处的"相册上传"超链接，在打开的页面中选择相册类别、输入图片名称，单击"浏览"按钮选择上传图片路径并单击"上传"按钮实现上传图片到服务器的功能，如图 16-23 所示。

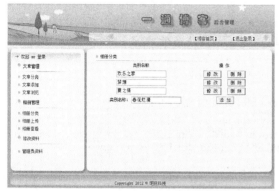

图 16-22　相册分类

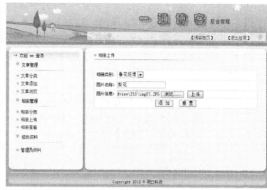

图 16-23　相册上传

　　单击左侧导航栏处的"相册查看"超链接，可以执行查询或者删除图片信息的操作，在该页面中还提供"修改"图片信息的入口，如图 16-24 所示。

16.11.2　上传图片的实现过程

　　上传图片的实现原理是首先获取到图片的二进制数据，然后将其添加到数据库中，再利用 Stream 对象加载数据库中的图片信息将其保存到指定的服务器路径下。下面介绍上传图片的实现过程。

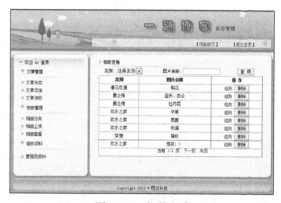

图 16-24　相册查看

　　（1）在页面 ad_photo.asp 中建立表单，在表单中插入列表/菜单、文本框以选择相册类别和输入图片名称，并定义<iframe>标记用于包含上传图片的表单，代码如下：

```
<table  width="90%"  border="0"  align="center"  cellpadding="0"  cellspacing="1"
bgcolor="#E3E3E3">
<form name="form1" method="post" action="">
  <tr>
  <td width="121" height="28" align="right" bgcolor="#FFFFFF">相册类别：</td>
  <td width="566" height="28" bgcolor="#FFFFFF"><select name="相册类别" id="select">
         <option selected>选择类别</option>
         <%
         Set rs=Server.CreateObject("ADODB.Recordset")
         sqlstr="select id,Pcname from tab_photo_class"
         rs.open sqlstr,conn,1,1
         while not rs.eof
         %>
      <option value="<%=rs("id")%>"><%=rs("Pcname")%></option>
      <%
         rs.movenext
```

```
                        wend
                        rs.close
                        Set rs=Nothing
                        %>
                    </select></td>
        </tr>
        <tr>
          <td height="28" align="right" bgcolor="#FFFFFF">图片名称: </td>
          <td height="28" bgcolor="#FFFFFF"><input name="图片名称" type="text" id="图片名称"
class="textbox"></td>
        </tr>
        <tr>
          <td height="22" align="right" bgcolor="#FFFFFF">图片信息: </td>
          <td height="22" bgcolor="#FFFFFF"><div align="left">
              <iframe     src="UpFile.asp"     width="300"     height="22"     scrolling="no"
MARGINHEIGHT="0" MARGINWIDTH="0" align="middle" frameborder="0"></iframe>
            </div></td>
        </tr>
        <tr>
          <td height="28" colspan="2" align="center" bgcolor="#FFFFFF"><input name="add"
type="submit" class="button" id="add" value="添 加" onClick="return Mycheck(this.form)">
           
              <input type="reset" name="Submit2" value="重 置" class="button"></td>
            </tr>
      </form>
    </table>
```

（2）在页面 UpFile.asp 中建立表单，在表单中插入文件域和按钮，用于上传图片，代码如下：

```
<table width="400" border="0" cellspacing="0" cellpadding="0" align="center">
<form name="formup" method="post" action="UpLoad.asp" enctype="multipart/form-data">
    <tr align="center" valign="middle">
      <td align="left" id="upid" height="20" width="400" bgcolor="#FFFFFF">
        <input name="file1" type="file" class="tx1" style="width:200" value="" size="40">
        <input type="submit" name="Submit" value="上传">
      </td>
    </tr>
  </form>
</table>
```

（3）当用户选择了上传图片并单击"上传"按钮后，在程序处理页面 UpLoad.asp 中将根据文件格式提取图片数据，并将其保存在 Session 变量中。同时，获取上传的图片路径，也将其保存在 Session 变量中。代码如下：

```
<%
'限制文件的大小
imgsize=request.TotalBytes
If imgsize/1024>3000 Then
    Response.write "<script language='javascript'>alert('您上传的文件大小超出规定的范围,
请重新上传! ');window.location.href='Upfile.asp';</script>"
    response.End()
End If

imgData=request.BinaryRead(imgsize)
Hcrlf=chrB(13)&chrB(10)
Divider=leftB(imgdata,clng(instrB(imgData,Hcrlf))-1)
```

```
dstart=instrB(imgData,chrB(13)&chrB(10)&chrB(13)&chrB(10))+4
Dend=instrB(dstart+1,imgdata,divider)-dstart
Mydata=MidB(imgdata,dstart,dend)
Session("pic")=Mydata                    '保存图片信息


'获取客户端文件路径
datastart=InstrB(imgData,Hcrlf)+59
dataend=InstrB(datastart,imgData,Hcrlf)-2
datalen=dataend-datastart+1
filepath=MidB(imgData,datastart,datalen)
filepath=toStr(filepath)
Session("filepath")=filepath             '保存上传图片路径


'将二进制数据转换为字符串
Function toStr(Byt)
    Dim blow
    toStr = ""
    For i = 1 To LenB(Byt)
    blow = MidB(Byt, i, 1)
    If AscB(blow) > 127 Then
    toStr = toStr & Chr(AscW(MidB(Byt, i + 1, 1) & blow))
    i = i + 1
    Else
    toStr = toStr & Chr(AscB(blow))
    End If
    Next
End Function
%>
```

（4）当用户输入图片信息并完成上传图片的操作后，在 ad_photo.asp 页面中单击"添加"按钮即可将图片相关信息保存到数据库中，并将图片上传到服务器上。代码如下：

```
<!--#include file="include/conn.asp"-->
<!--#include file="checklogin.asp"-->
<%
'根据日期和时间获取文件名称
Function GetFileName(dDate)
'根据传递的时间字符串以及 Year、Month、Day、Hour、Minute 和 Second 函数定义返回的字符串格式
    GetFileName = RIGHT("0000"+Trim(Year(dDate)), 4)+RIGHT("00"+Trim (Month(dDate)),2)
+RIGHT("00"+Trim(Day(dDate)),2)+RIGHT("00" + Trim(Hour(dDate)),2)+RIGHT ("00"+Trim (Minute
(dDate)),2)+RIGHT("00"+Trim(Second(dDate)),2)
End Function


'定义用于获取文件扩展名的函数
Function GetExt(filepath)
    Dim arr                          '定义变量
    arr=split(filepath,".")          '使用 split 函数以小数点为分隔符，返回一维数组
    nums=Ubound(arr)                 '获取数组元素个数
    If nums=0 Then                   '如果 nums 值为 0，则说明没有文件扩展名
        GetExt="无"
    Else                             '如果 nums 值不为 0，则将数组指定元素赋予 GetExt
        GetExt="."&arr(nums)
    End If
End Function
```

```
'添加新记录
Sub add()
  str1=Str_filter(Request.Form("相册类别"))
  str2=Str_filter(Request.Form("图片名称"))
  str3=Session("pic")
  filepath=Session("filepath")
  filename=GetFileName(now())&GetExt(filepath)
If str1<>"" and str2<>"" and str3<>"" Then
  Set rs=Server.CreateObject("ADODB.Recordset")
  sqlstr="select * from tab_photo"
  rs.open sqlstr,conn,1,3
  rs.addnew
  rs("Pclass")=str1
  rs("Pname")=str2
  rs("Ppic")=filename
  rs("Pinfo").appendchunk str3        '将二进制图片数据添加到数据库中
  Session("pic")=""
  Session("filepath")=""
  rs.update
  '获取上传后记录的 ID 编号
  temp=rs.bookmark
  rs.bookmark=temp
  fileID=rs("id")
  rs.close
  '将数据库中的文件保存到服务器
  sqlstr="select * from tab_photo where id="&fileID&""
  rs.open sqlstr,conn,1,3
  Dim objStream
  Set objStream=Server.CreateObject("ADODB.Stream")
  objStream.Type=1
  objStream.Open
  objStream.Write rs("Pinfo").GetChunk(8000000)
  objStream.SaveToFile Server.MapPath("../upfile")&"/"&filename,2
  objStream.Close
  Set objStream=Nothing
  rs.close
  Set rs=Nothing
  Response.Redirect("ad_photo_list.asp")
Else
  Response.Write("<script>alert('您填写的信息不完整!');history.back();</script>")
End If
End Sub
If Not Isempty(Request("add")) Then call add()
%>
```

16.11.3 浏览图片的实现过程

浏览图片包括查看所有的图片信息以及浏览查询到的图片信息。下面介绍浏览图片的实现过程。

（1）在页面 ad_photo_list.asp 中建立用于查询的表单，在该表单中插入列表/菜单、文本框，以选择或输入查询条件，如选择相册类别或者输入图片名称，代码如下：

```
<table width="90%" border="0" align="center" cellpadding="2" cellspacing="0">
<form name="form1" method="get" action="">
```

```
<tr>
  <td height="22" align="right">类别: </td>
  <td><select name="txt_class" id="select">
      <option selected>选择类别</option>
      <%
            Set rs=Server.CreateObject("ADODB.Recordset")
            sqlstr="select id,Pcname from tab_photo_class"
            rs.open sqlstr,conn,1,1
            while not rs.eof
            %>
      <option value="<%=rs("id")%>"><%=rs("Pcname")%></option>
      <%
            rs.movenext
            wend
            rs.close
            Set rs=Nothing
            %>
  </select></td>
  <td height="22" align="right">图片名称: </td>
<td><input name="txt_title" type="text" class="textbox" id="txt_title" size="15"></td>
<td><input name="query" type="submit" class="button" id="query" value="查 询"></td>
      </tr>
    </form>
  </table>
```

（2）页面根据获得的查询参数（如相册类别、图片名称），来确定 SQL 查询语句，并以分页形式显示查询到的文章信息。关键程序代码如下：

```
<table  width="90%"  border="0"  align="center"  cellpadding="0"  cellspacing="1"
bgcolor="#FF6600">
        <tr align="center">
          <th width="134" bgcolor="#FFFFFF">类别</th>
          <th width="246" height="22" bgcolor="#FFFFFF">图片名称</th>
          <th width="170" height="22" bgcolor="#FFFFFF">操 作</th>
        </tr>
<%
txt_class=Request("txt_class")
txt_title=Request("txt_title")
Set rs=Server.CreateObject("ADODB.Recordset")
sqlstr="select * from tab_photo where 1=1"
  If  txt_class<>""  and  txt_class<>"选择类别" Then sqlstr=sqlstr&" and  Pclass =
"&txt_class&""
  If txt_title<>"" Then sqlstr=sqlstr&" and Pname like '%"&txt_title&"%'"
  sqlstr=sqlstr&" order by id desc"
  rs.open sqlstr,conn,1,1
  If Not (rs.eof and rs.bof) Then
      rs.pagesize=8                        '定义每页显示的记录数
      pages=clng(Request("pages"))          '获得当前页数
      If pages<1 Then pages=1
      If pages>rs.recordcount Then pages=rs.recordcount
      showpage rs,pages                     '执行分页子程序 showpage
      Sub showpage(rs,pages)                '分页子程序 showpage(rs,pages)
      rs.absolutepage=pages                 '指定指针所在的当前位置
      For i=1 to rs.pagesize                '循环显示记录集中的记录
  %>
        <form name="form1<%=rs("id")%>" method="post" action="">
```

```
            <tr align="center">
              <td align="center" bgcolor="#FFFFFF">
                <%Set  rsc=conn.Execute("select  Pcname  from  tab_photo_class  where  id
="&rs("Pclass")&"")
        If Not rsc.eof or Not rsc.bof Then
          Response.Write(rsc("Pcname"))
        End If
        Set rsc=Nothing
     %></td>
            <td><%=Left(rs("Pname"),15)%></td>
            <td><input name="id" type="hidden" id="id" value="<%=rs("id")%>">
                <a href="ad_photo.asp?id=<%=rs("id")%>&action=view">修改</a>
            <input name="delete" type="submit" id="delete" value="删除" onClick="return
confirm('确定要删除吗?')" class="button"></td>
          </tr>
          </form>
          <%
     rs.movenext   '指针向下移动
     If rs.eof Then exit for
     Next
     End Sub
    End If
    %>
     <tr align="center">
       <form name="form" action="?" method="get">
         <td height="22" colspan="3" bgcolor="#FFFFFF">
          <%
      if pages<>1 then
        response.Write("<a
href="&path&"?pages=1&txt_class="&txt_class&"&txt_title="&txt_title&">首页</a>")
        response.Write("<a href="&path&"?pages="&(pages-1)&"&txt_class= "&txt_class&"
&txt_title="&txt_title&">上一页</a>")
        end if
response.Write("当前 <font color='#FF0000'>"&pages&"/"&rs.pagecount&"</font> 页")
        if pages<>rs.pagecount then
        response.Write("<a href="&path&"?pages ="&(pages+1)&"&txt_class="&t xt_class&
"&txt_title="&txt_title&">下一页</a>")
        response.Write("<a href="&path&"?pages="&rs.pag ecount&"&txt _class= "&txt_
class&"&txt_title="&txt_title&">末页</a>")
        end if
        rs.close
        Set rs=Nothing
       %>
         </td>
       </form>
     </tr>
    </table>
```

16.11.4   删除图片的实现过程

删除图片包括删除存储在服务器上的图片文件以及数据库中对应的图片记录。

在页面 ad_photo_list.asp 中单击"删除"按钮，即可删除对应的图片信息。在页面中首先创建 FileSystemObject 对象并调用 Delete 方法删除指定路径和名称的图片文件，然后再执行 Delete 语句删除数据库中的记录。代码如下：

```
<!--#include file="include/conn.asp"-->
<!--#include file="checklogin.asp"-->
```

```
<%
If Not Isempty(Request("delete")) Then
  id=Request.Form("id")
  Set rs=conn.Execute("select Ppic from tab_photo where id="&id&"")
  pic=rs("Ppic")                              '获取图片名称
  Set rs=Nothing
  pic="../upfile/"&pic                        '指定图片路径
  Set FSObject=Server.CreateObject("Scripting.FileSystemObject")
  If FSObject.FileExists(Server.MapPath(pic)) Then
    Set FileObject=FSObject.GetFile(Server.MapPath(pic))
    FileObject.Delete True                    '删除图片文件
  End If
  sqlstr="delete from tab_photo where id="&id&""    '删除记录
  conn.Execute(sqlstr)
  Response.Redirect("ad_photo_list.asp")
End If
%>
```

16.12　网站发布

博客网站开发完成后就可以进行网站的发布了。发布网站需要经过注册域名、申请空间、解析域名和上传网站 4 个步骤。下面分别进行介绍。

16.12.1　注册域名

域名就是用来代替 IP 地址，以方便记忆及访问网站的名称，如 www.163.com 就是网易的域名；www.yahoo.com.cn 就是中文雅虎的域名。域名需要到指定的网站中注册购买，名气较大的有 www. net.com（万网）和 www.xinnet.com（新网）。

购买注册域名步骤如下。

（1）登录域名服务商网站。

（2）注册会员。如果不是会员则无法购买域名。

（3）进入域名查询页面，查询要注册的域名是否已经被注册。

（4）如果用户欲注册的域名未被注册，则进入域名注册页面并填写相关的个人资料。

（5）填写成功后，单击"购买"按钮，即注册成功。

（6）付款后，等待域名开启。

16.12.2　申请空间

域名注册完毕后就需要申请空间了，空间可以使用虚拟主机或者租借服务器。目前，许多企业建立网站都采用虚拟主机，这样既节省了购买计算机和租用专线的费用，同时也不必聘用专门的管理人员来维护服务器。申请空间的步骤如下。

（1）登录虚拟空间服务商网站。

（2）注册会员（如果已有会员账号，则直接登录即可）。

（3）选择虚拟空间类型（空间支持的语言、数据库、空间大小和流量限制等）。

（4）确定机型后，直接购买。

（5）进入缴费页面，选择缴费方式。

（6）付费后，空间在 24 小时内开通，随后即可使用此空间。

注意
● 申请的空间一定要支持相应的开发语言及数据库。如本网站要求空间支持的语言为 ASP，数据库是 Access。

16.12.3　将域名解析到服务器

域名和空间购买成功后就需要将域名地址指向虚拟服务器的 IP 了。进入域名管理页面，添加主机记录，一般要先输入主机名，注意不包括域名，如解析 www.bccd.com，只需输入 www 即可，后面的 bccd.com 不需要填写，接下来填写 IP 地址，最后单击"确定"按钮即可。如果想添加多个主机名，重复上面的操作即可。

16.12.4　上传网站

最后是上传网站。上传网站需要使用 FTP 软件，例如，CuteFTP 软件。下面就以 CuteFTP 软件为例，详细介绍上传网站的操作步骤。

（1）打开 FTP 软件。

（2）选择 File/Site-Manager 命令，将弹出站点面板。

（3）单击 New 按钮，新建一个站点。

（4）在 Label for site 中输入站点名。

（5）在 FTP Host Address 中输入域名。

（6）在 FTP site User Name 中输入用户名。

（7）在 FTP site Password 中输入密码。

（8）单击"Edit..."按钮，弹出编辑窗口。

（9）取消选中 Use PASV mode 和 Use firewall setting 复选框。

（10）单击"确定"按钮。

（11）单击 Connet 按钮连接到服务器。

（12）连接服务器后，在左侧的本地页面中，选中需要上传的文件，单击"上传文件"按钮即可。

（13）如果上传过程中出现错误，用鼠标右键单击"继续上传"即可。

（14）上传成功后，关闭 FTP 软件。

第17章
课程设计——新闻网站

本章要点：

- 总体设计
- 数据库设计
- 前台主要功能模块详细设计
- 后台主要功能模块详细设计
- 疑难问题分析解决
- 程序调试及错误处理

随着网络科技的不断发展，信息的来源不再局限在报纸、电视、广播等传统媒体，可以通过新闻网站快速地得到最新的信息。新闻网站通过发布包含多方面准确的信息，成为人们工作、生活和学习过程中的得力助手。根据浏览者的信息需求，促使新闻网站的内容也在不断地变化。

17.1　课程设计目的

本章提供了"新闻网站"作为这一学期的课程设计之一，本次课程设计旨在提升学生的动手能力，加强学生对专业理论知识的理解和实际应用。本次课程设计的主要目的如下。

- 能对网站功能进行合理分析，并设计合理的代码结构。
- 掌握 ASP 网站的基本开发流程。
- 掌握 ADO 访问数据库技术在实际开发中的应用。
- 掌握 Access 数据库备份与恢复的方法。
- 提供网站的开发能力，能够运用合理的控制流程编写高效的代码。
- 培养分析问题、解决实际问题的能力。

17.2　功能描述

新闻网站系统是一个典型的数据库开发应用程序，由前台展示区和后台管理组成，规划系统功能模块如下。

- 前台功能模块

前台功能模块的主要功能包括新闻分类、站内搜索、焦点导读、往日新闻查看、最新排行、一周排行。

- 后台管理模块

后台管理模块的主要功能包括按照分类对新闻信息的管理、管理员信息及管理权限的设置和对数据库的维护管理。

17.3　程序业务流程

新闻网站系统功能结构图，即前台功能模块如图 17-1 所示。

后台功能模块如图 17-2 所示。

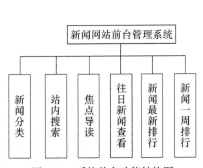

图 17-1　系统前台功能结构图

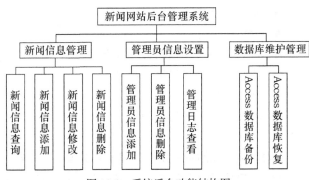

图 17-2　系统后台功能结构图

17.4　数据库设计

随着 Microsoft Access 新版本的推出，Access 数据库管理系统的数据库处理功能不断增强，同时也提供了更强大的 Web 服务功能，例如，使用 Access 数据库存储数据，并作为 ASP 应用程序的后台数据库。

本系统数据库采用 Access 2003 数据库，应用的数据库名称为 db_News.mdb。数据库 db_News.mdb 中包含 4 张数据表。下面分别给出数据表概要说明和主要数据表的结构。

17.4.1　数据表概要说明

从读者角度出发，为了使读者对本系统数据库中的数据表有一个更清晰的认识，笔者设计了一个数据表树形结构图，如图 17-3 所示。

图 17-3　数据表树形结构图

17.4.2　主要数据表的结构

- tb_News（新闻信息表）

新闻信息表主要用于保存添加的新闻内容，tb_News 表的结构如表 17-1 所示。

表 17-1　　　　　　　　　　　　　　　　　新闻信息表 tb_News 的结构

字段名称	数据类型	长度	默认值	必填字段	允许空字符串	字段描述
id	自动编号					唯一标识
Title	文本	100		是	否	新闻标题
Content	备注			是	否	新闻内容
Style	文本	100		是	否	大类别
Type	文本	100		是	否	详细类别
IssueDate	日期/时间	8		是		添加时间
Nfocus	是/否	1		否		是否为焦点报道
Nnums	数字	17	0	否		浏览次数

- tb_log（新闻日志表）

新闻日志表主要用于记录管理员进入后台管理系统后进行的操作，tb_log 表的结构如表 17-2 所示。

表 17-2　　　　　　　　　　　　　　　　　新闻日志表 tb_log 的结构

字段名称	数据类型	长度	默认值	必填字段	允许空字符串	字段描述
id	自动编号					唯一标识
Name	文本	50		是	否	管理员名称
Content	文本	200		是	否	管理员的操作信息
IssueDate	日期/时间	8		否		添加时间

- tb_Manager（管理员信息表）

管理员信息表主要用于保存管理员的信息，tb_Manager 表的结构如表 17-3 所示。

表 17-3　　　　　　　　　　　　　　　　管理员信息表 tb_Manager 的结构

字段名称	数据类型	长度	默认值	必填字段	允许空字符串	字段描述
id	自动编号					唯一标识
Counts	文本	100		是	否	管理员名称
PassWord	文本	50		是	否	管理员登录密码
Type	文本	50		是	否	管理权限
RealName	文本	100		是	否	管理员真实姓名
IssueDate	日期/时间	8		是		添加时间

- tb_Count（网站访问量统计表）

网站访问量统计表主要用于记录用户访问的 IP 地址和访问时间，tb_Count 表的结构如表 17-4 所示。

表 17-4 网站访问量统计表 tb_Count 的结构

字段名称	数据类型	长度	默认值	必填字段	允许空字符串	字段描述
id	自动编号					唯一标识
Name	数字	4	0	否		访问者编号
Cip	文本	50		是	否	访问者 IP 地址
Cdatetime	日期/时间	8		是		记录用户访问的日期及时间
Cdate	日期/时间	8		是		记录用户访问的日期

17.5 前台主要功能模块详细设计

17.5.1 前台文件总体架构

1. 模块功能介绍

前台页面主要包括以下功能模块。

- 网站导航：主要包括网站的旗帜广告条、主功能导航两部分。
- 新闻展示模块：主要用于按照不同分类展示新闻信息内容。
- 焦点导读模块：主要用于展示近日关注的新闻内容。
- 往日新闻查看模块：主要用于根据选择的日期查看新闻内容。
- 新闻排行模块：主要用于展示新闻的最新排行和一周排行信息。

2. 文件架构

新闻网站系统的前台文件架构图，如图 17-4 所示。

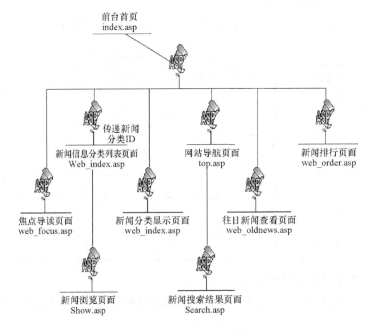

图 17-4 新闻网站的前台文件架构图

3.　前台页面运行结果

网站前台页面的运行结果如图 17-5 所示。

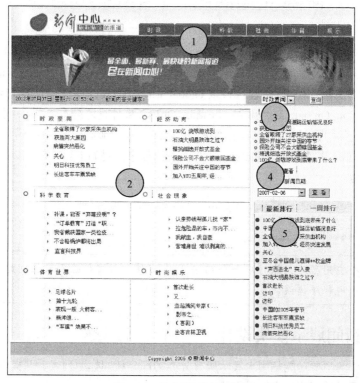

图 17-5　前台页面运行结果

为了方便读者阅读本章内容，将前台页面的各部分说明以列表形式给出，如表 17-5 所示。

表 17-5　　　　　　　　　　　　　　　　前台首页解析

区域	名称	说明	对应文件
1	网站导航	主要用于显示网站的标题及为用户提供前台功能导航	top.asp
2	新闻信息分类	主要用于按照分类展示新闻信息列表	web_index.asp
3	焦点导读	展示焦点新闻	web_focus.asp
4	往日新闻查看	提供新闻日历，查看往日新闻	web_oldnews.asp
5	新闻排行	展示最新和一周新闻排行	web_order.asp

17.5.2　连接数据库模块设计

连接数据库模块的主要功能是使用相应的连接数据库技术进行数据库连接，保证对数据库的有效操作。

在 ASP 应用程序中可以通过 ADO 组件访问 Access 数据库，并将连接数据库的语句写入 conn.asp 文件中。ADO（ActiveX Data Ojbect，ActiveX 数据对象）是微软公司开发的数据库访问组件，是一种既易于使用又可扩充的数据库访问技术。连接数据库的程序代码如下：

```
<!--*********************** include/conn.asp ***********************-->
<%
```

```
Dim conn,connstr
path=Application("DBpath")
  set conn = Server.CreateObject("ADODB.Connection")
ConnStr="Driver={Microsoft Access Driver (*.mdb)};DBQ="&path
  conn.Open ConnStr
%>
```

在 conn.asp 文件中应用的 Application 变量是在 Global.asa 文件中定义的。Global.asa 文件是用来存放执行任何 ASP 应用程序期间的 Application、Session 事件程序，当 Application 或者 Session 对象被第一次调用或者结束时，就会执行该 Global.asa 文件内的对应程序。用户可以在 Global.asa 文件中为 Application_OnStart 事件和 Application_OnEnd 事件指定脚本。当应用程序启动时，服务器在 Global.asa 文件中查找并处理 Application_OnStart 事件脚本；当应用程序终止时，服务器处理 Application_OnEnd 事件脚本。Global.asa 文件中的程序代码如下：

```
<script language="vbscript" runat="server">
sub application_onstart
application("DBpath")=Server.MapPath("\Database\db_News.mdb")
end sub
</script>
```

一个应用程序只能对应一个 Global.asa 文件，该文件应存放在网站的根目录下运行，否则会出现程序错误。

17.5.3 新闻展示模块设计

新闻展示模块的主要功能是用来展示所有分类的部分新闻标题列表，并提供所属分类的全部新闻标题列表以及设计新闻搜索结果页面。

1. 新闻信息分类展示页面设计

新闻信息分类展示页面根据传递的日期参数，按新闻分类展示当日的新闻内容。其关键程序代码如下：

```
<!--*********************** web_index.asp ***********************-->
<table border="0" cellpadding="0" cellspacing="0">
<%
If Request("NewsDate")="" Then times=date() Else times=Request("NewsDate")
Set rs=Server.CreateObject("ADODB.Recordset")
  sql="Select top 6 * from tb_News where Style='时政要闻' and IssueDate=#"&times&"#"
rs.open sql,conn
  While Not rs.Eof
%>
<tr align="left" valign="top">
<td width="84" height="20"><div align="center">【<%=rs("Type")%>】</div></td>
  <td width="186">  <a href="#" onclick="window.open ('Show.asp?id =<%= rs
("ID")%>','详细内容查看','width=630,height=400,scrollbars=yes,toolbar= no, location =
no,status=no,menubar=no')">
    <%If len(rs("Title"))>15 Then
        Response.Write(left(rs("Title"),13)&"...")
        Else
        Response.Write(rs("Title"))
        End If
%></A> </td>
</tr>
```

```
<% rs.movenext
    Wend
    Set rs=Nothing
%>
</table>
```

2. 新闻信息分类列表页面设计

新闻信息分类列表页面的主要功能是根据选择的新闻分类,展示此新闻分类的当日新闻列表。

页面中首先获取查看的新闻日期时间,再根据选择的新闻分类确定 SQL 查询语句,按顺序显示新闻标题列表并进行分页处理。其关键程序代码如下:

```
<!--*****************************Web-index.asp*****************************-->
<%
If Request("NewsDate")="" Then times=date() Else times=Request("NewsDate")
id=request.QueryString("id")
select case id
case 1
    table="时政要闻"
case 2
    table="经济动向"
case 3
    table="科学教育"
case 4
    table="社会现象"
case 5
    table="体育世界"
case 6
    table="时尚娱乐"
end select
Set rs=Server.CreateObject("ADODB.Recordset")
sql="Select * from tb_News where Style='"&table&"' and IssueDate=#"&times&"#"
rs.Open sql,conn,1,3
If Not (rs.eof and rs.bof) Then
    rs.pagesize=4    '定义每页显示的记录数
    pages=clng(Request("pages"))    '获得当前页数
    If pages<1 Then pages=1
    If pages>rs.recordcount Then pages=rs.recordcount
    showpage rs,pages    '执行分页子程序 showpage
    Sub showpage(rs,pages)    '分页子程序 showpage(rs,pages)
    rs.absolutepage=pages    '指定指针所在的当前位置
    For i=1 to rs.pagesize    '循环显示记录集中的记录
%>
    <tr>
        <td width="111"> 【<%=rs("Type")%>】</td>
        <td width="489">  <a href="#" onclick="window.open('Show.asp? id=<%= rs
("ID")%>','详细内容查看','width=630,height=400,scrollbars=yes,toolbar=no, location =
no,status=no,menubar=no,resized=yes')"> <%=rs("Title")%></a></td>
    </tr>
<%
    rs.movenext    '指针向下移动
    If rs.eof Then exit for
    Next
```

```
     End Sub
     End If
     %>
        </table></td>
        </tr>
        <tr>
         <form name="form" action="?" method="get">
         <td  align="right">
         <%
         if pages<>1 then
               response.Write("  <a href=?pages=1&id="&id&"&NewsDate="&times&">
首页</a>")
               response.Write("  <a
href=?pages="&(pages-1)&"&id="&id&"&NewsDate="&times&">上一页</a>")
           end if
         response.Write("  当前 <font color='#FF0000'>"&pages&"/" &rs. page
count &"</font> 页")
         if pages<>rs.pagecount then
               response.Write("  <a
href=?pages="&(pages+1)&"&id="&id&"&NewsDate="&times&">下一页</a>")
               response.Write("  <a
href=?pages="&rs.pagecount&"&id="&id&"&NewsDate="&times&">末页</a>")
         end if
         rs.close
         Set rs=Nothing
         %></td>
        </form> </tr>
```

新闻信息分类列表页面的运行结果如
图 17-6 所示。

3. 新闻搜索结果页面设计

新闻搜索结果页面的主要功能是显示
根据选择的日期时间、搜索关键字和选择
的新闻分类进行搜索得到的新闻内容列
表，其关键程序代码如下：

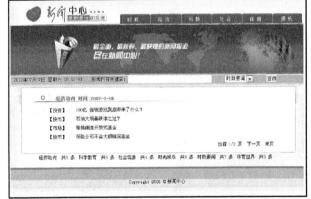

图 17-6 新闻信息分类列表页面

```
<!--*****************************
**Search.asp****************************-->
<table width="550" height="55" border="0" cellpadding="0" cellspacing="0">
<%
If Request("NewsDate")="" Then times=date() Else times=Request("NewsDate")
key=Request.Form("keyword")
id=Request.Form("id")
 select case id
 case 1
   table="时政要闻"
 case 2
  table="经济动向"
 case 3
  table="科学教育"
 case 4
  table="社会现象"
 case 5
```

```
   table="体育世界"
  case 6
   table="时尚娱乐"
  end select
  Set rs=Server.CreateObject("ADODB.Recordset")
  sql="select * from tb_News where Content Like '%"&key&"%' and Style='"&table&"' and
IssueDate=#"&times&"#"
  rs.open sql,conn,1,1
  %>
  <tr>
    <td  height="21"><table  width="550"  height="20"  border="0"  cellpadding="0"
cellspacing="0">
        <tr>
          <td width="27"><img src="Image/top1.gIf" width="27" height="21"></td>
          <td width="486" valign="baseline" background="Image/top2.gIf"><div align="
center"> 您 的 查 询 条 件 是 ： <%=table%> 类 新 闻 ， 内 容 关 键 字 为 “ <%=key%> ” , 时 间 <%=
formatdatetime(times,2)%></div></td>
          <td width="37"><img src="Image/top3.gIf" width="37" height="21"></td>
        </tr>
    </table></td>
  </tr>
  <tr>
    <td>
      <table width="550" height="350" border="0" cellpadding="0" cellspacing="0">
        <tr>
          <td colspan="3" valign="top">
           <table width="545" border="0" align="center" cellpadding="2" cellspacing="2">
              <tr bgcolor="#CED3DE">
                <td height="20"><div align="center">新闻类型</div></td>
                <td height="20"><div align="center">新闻标题</div></td>
              </tr>
              <% while not rs.eof %>
              <tr>
                <td width="127" height="20"><div align="center">【<%=rs("Type")%>】
</div></td>
                <td width="423" height="20"><a href="#" onclick="window.open ('Show.
asp?id=<%=rs("ID")%>','详细内容查看','width=630,height=400,scrollbars=yes')">
                    <%If len(cstr(rs("Title")))>30 Then Response.Write (left(cstr (rs
("Title")),28)&"...")          Else
Response.Write(rs("Title"))   End
If %>
                  </A> </td>
              </tr>
              <% rs.movenext
                wend
                set rs=nothing
                %>
            </table></td>
        </tr>
      </table></td>
  </tr>
  </table>
```

新闻搜索结果页面的运行结果
如图 17-7 所示。

图 17-7　新闻搜索结果页面

17.5.4 往日新闻查看模块设计

往日新闻查看模块的主要功能是根据日历选择日期，查看当日的新闻内容。页面设计效果如图 17-8 所示。

图 17-8 往日新闻查看页面设计效果

往日新闻查看页面中使用<object>标记嵌入日期拾取组件（Microsoft Date and Time Picker），用户可以通过日期拾取器选择日期时间。在表单按钮的 OnClick 事件中调用 JavaScript 脚本函数，通过脚本的日期时间函数获得用户选择的日期。其关键程序代码如下：

```
<!--*********************** web_oldnews.asp ***********************-->
<meta http-equiv="Content-Type" content="text/html; charset=gb2312">
<table width="240" border="0" cellspacing="2" cellpadding="0">
    <tr>
      <td width="56%" height="22" align="right">选择新闻日期：</td>
      <td width="44%" height="22"></td>
    </tr>
    <tr align="center">
      <td height="22">
<script language="javascript">
function myevent(){
  var date=new Date(mydate.value)  ;
  year=date.getUTCFullYear();
  month=date.getUTCMonth()+1;
  day=date.getUTCDate();
myform.NewsDate.value=year+"-"+month+"-"+day;
myform.submit();
  }
</script>
    <object   classid="clsid:20DD1B9E-87C4-11D1-8BE3-0000F8754DA1"   name="mydate"
width="110" height="20">
    <param name="format" value=1>
</object></td>
<form name="myform" method="post" action="">
<td height="22" align="left" valign="middle">
<input type="hidden" name="NewsDate" size="18">
  <input type="button" name="Submit" value="查看" class="button" onClick =" myevent()">
</td>
</form>
</tr>
</table>
```

17.5.5 新闻排行模块设计

新闻排行模块的主要功能是根据新闻的浏览次数以及更新时间，对新闻信息进行最新排行以及一周排行。页面设计效果如图 17-9 所示。

图 17-9 新闻排行页面设计效果

新闻排行页面首先确定两个包含在<DIV>标记中的信息列表，信息列表分别用于显示根据浏览次数、添加时间对新闻进行最新排行和一周排行的列表，再使用 CSS 样式以及标记的 display 属性实现对列表的隐藏或者显示功能。其关键程序代码如下：

```
<!--****************************web_order.asp ***************************-->
<DIV class=item_bg>
<TABLE class=bg_item_0 id=top_item height=21 cellSpacing=0 cellPadding=0
width=202 border=0>
  <TR>
     <TD width="76" class=left onmouseover="SetItem ('top_item','bg_item_0', 'view
_item_0','view_item_1')">
       <A title=最新排行 href="#">最新排行</A></TD>
       <TD width="126" class=right onmouseover="SetItem('top_item','bg_item_ 1',' view
_item_1','view_item_0')">
       <A title=一周排行 href="#">一周排行</A></TD> </TR></TABLE>
</DIV>
<DIV id=view_item_0>
<TABLE >
<TR><TD vAlign=top align=left height=200>
  <TABLE style="MARGIN-TOP: 5px" cellSpacing=0 width=220>
     <TR><TD colSpan=2 height=106>
     <%
     Set rs=Server.CreateObject("ADODB.Recordset")
     sqlstr="select top 18 ID,Title from tb_News order by Nnums desc,ID desc"
     rs.open sqlstr,conn,1,1
     while not rs.eof
     Response.Write("<FONT class=f7 color=#00349a>·</FONT> ")
     Response.Write("<a href=# onclick=window.open('Show.asp?id="&rs("ID")&"','详
细内容查看','width=630,height=400, scrollbars=yes, toolbar=no,location=no, status=no,
menubar=no') title="&rs("Title")&">")
     Response.Write(Left(rs("Title"),16)&"</a><BR>")
     rs.movenext
     wend
     rs.close
     Set rs=Nothing
     %> </TD> </TR></TABLE></TD></TR></TABLE>
</DIV>
<DIV id=view_item_1 style="DISPLAY: none">
<TABLE>
<TR> <TD vAlign=top align=left height=200>
     <TABLE style="MARGIN-TOP: 5px" cellSpacing=0 width=220>
       <TR><TD colSpan=2 height=106>
          <%
          Set rs=Server.CreateObject("ADODB.Recordset")
          sqlstr="select top 18 ID,Title,IssueDate from tb_News order by Nnums desc,ID desc"
          rs.open sqlstr,conn,1,1
          while not rs.eof
          If DateDiff("d",rs("IssueDate"),date())<=7 Then
          Response.Write("<FONT class=f7 color=#00349a>·</FONT> ")
          Response.Write("<a href=# onclick=window.open('Show.asp?id="&rs ("ID")&"
','详细内容查看','width=630,height=400, scrollbars=yes,toolbar=no,location=no, status=no,
menubar=no') title="&rs("Title")&">")
          Response.Write(Left(rs("Title"),16)&"</a><BR>")
          End If
          rs.movenext
          wend
          rs.close
          Set rs=Nothing
          %></TD></TR></TABLE></TD></TR></TABLE>
</DIV>
```

调用的 JavaScript 脚本函数如下：

```
<SCRIPT language=javascript type=text/javascript>
<!--
function GetObjName(objName){
    if(document.getElementById){
        return eval('document.getElementById("' + objName + '")');
    }else if(document.layers){
        return eval("document.layers['" + objName +"']");
    }else{
        return eval('document.all.' + objName);
    }
}
function SetItem(objId, cClass, divID0, divID1){
    GetObjName(objId).className = cClass;
    GetObjName(divID0).style.display = "block";
    GetObjName(divID1).style.display = "none";
}
//-->
</SCRIPT>
```

17.6 后台主要功能模块详细设计

17.6.1 后台总体架构

1. 模块功能介绍

后台页面主要包括以下功能模块。

● 新闻信息管理模块：主要包括根据新闻分类进行添加、查询、修改和删除新闻信息的操作。

● 管理员设置模块：主要用于添加和删除管理员信息、修改密码以及查看管理员日志信息。

● 数据库维护管理模块：主要用于对网站数据库进行备份和恢复。

2. 文件架构

新闻网站系统的后台文件架构图，如图 17-10 所示

3. 后台页面运行结果

网站后台页面的运行结果如图 17-11 所示。

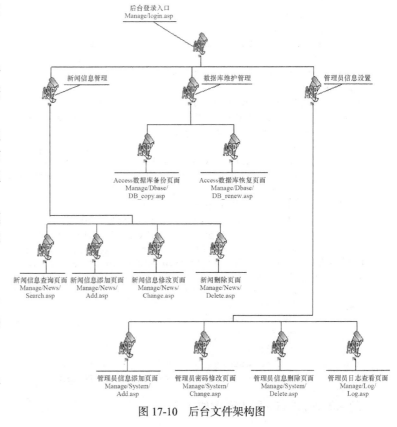

图 17-10 后台文件架构图

图 17-11　网站后台页面运行结果

为了方便读者阅读此章节内容，将后台页面的各部分说明以列表形式给出，如表 17-6 所示。

表 17-6　　　　　　　　　　　　　　　后台页面解析

区域	名称	说明	对应文件
1	后台管理导航	主要用于选择各种后台管理操作	manage/left.asp
2	后台功能管理区	主要用于进行各种后台管理操作	manage/Log/Delete.asp manage/Log/Log.asp manage/News/Add.asp manage/News/Change.asp manage/News/Delete.asp manage/News/News.asp manage/News/Search.asp manage/System/Add.asp manage/System/Change.asp manage/System/Default.asp manage/System/Delete.asp manage/System/Manager.asp

17.6.2　功能菜单模块设计

功能菜单模块的主要功能是根据选择不同的项目名称而显示对应的菜单项。页面中定义 3 个子过程，分别表示用户在选择"新闻类别"、"管理员设置"或者选择"数据库管理"时显示的相应按钮菜单项。其关键程序代码如下：

```
<!--********************************Manage/left.asp********************************-->
<!-- 子过程 Manager(),关于管理员设置的菜单按钮 -->
<%Sub Manager()
  If Session("MType")="Super" Then
%>
<input name="Submit5" type="button" class="go-wenbenkuang" value="查看管理员信息"
onclick="javascript:location.href='index.asp?action=see'">
<input name="Submit1" type="button" class="go-wenbenkuang" value="添加管理员" onClick
="systemadd()">
<input name="Submit3" type="button" class="go-wenbenkuang" value="删除管理员" onClick
="systemdelete()">
<input name="Submit4" type="button" class="go-wenbenkuang" value="管理员日志查看"
onclick="jscript:location='?action=日志查看'">
```

```
<%Else%>
<input name="Submit2" type="button" class="go-wenbenkuang" value="修改密码" onClick
="systemchange()">
<%
End If
End Sub %>
```

<!-- 子过程 News(),关于新闻模块的菜单按钮 -->

```
<%Sub News()
  style=Request.QueryString("action")
%>
<input name="Submit1" type="button" class="go-wenbenkuang"
<% if style<>"" then %>value="<%=style%>查询" onClick="searchs('<%=style%>')"
<% Else%> value="操"disabled <% End If %>>
<input name="Submit2" type="button" class="go-wenbenkuang"
<% If style<>"" Then %>value="<%=style%>添加" onclick="add('<%=style%>')"
<% Else%> value="作" disabled <% End If %>>
<input name="Submit3" type="button" class="go-wenbenkuang"
<% if style<>"" then %>value="<%=style%>修改" onClick="change('<%=style%>')"
<% else%> value="区" disabled <% End If %>>
<input name="Submit4" type="button" class="go-wenbenkuang"
<% if style<>"" then %>value="<%=style%>删除" onClick="deletes('<%=style%>')"
<% Else%> value="域"disabled <% End If %>>
<% End Sub %>
```

<!-- 子过程 Dbase(),关于数据库管理模块的菜单按钮 -->

```
<%Sub Dbase()%>
<input name="Submit1" type="button" class="go-wenbenkuang" value="Access 数据库备份"
onClick="DB_copy()">
<input name="Submit3" type="button" class="go-wenbenkuang"  value="Access 数据库恢复"
onClick="DB_renew()">
<% End Sub %>
  <tr>
    <td align="center">
    <%
    action=Request.QueryString("action")
    Select case action
    case "管理员设置"
      call Manager()
    case "日志查看"
      call Manager()
    case "数据库管理"
      call Dbase()
    case else
      call News()
    End Select
    %>
```

17.6.3　新闻信息管理模块设计

新闻信息管理模块的主要功能是实现按照新闻分类进行查询、添加、修改以及删除新闻内容的操作。

1. 新闻信息查询页面设计

新闻信息查询页面的主要功能是通过输入新闻的标题或者新闻对应的 ID 编号，查询新闻信息。
页面通过在表单中使用 POST 方法传递表单内容，并调用 JavaScript 脚本函数实现在 Manage/index-
.asp 页面中浏览查询结果，其关键程序代码如下：

```
<!--*********************** Manage/News/Search.asp  ***********************-->
<% names=request.QueryString("name")
    sqlstr="insert              into              tb_Log(Name,Content,IssueDate)
values('"&session("Mname")&"','"&names&"类新闻信息查询','"&Now()&"')"
    conn.Execute(sqlstr)
%>
<script language="javascript">
function searchs(){
    var num=form1.id.value;
    if(num=="") alert("请输入您要查询的新闻题目或新闻题目对应的 ID 号码");
    else{
    window.close();
    opener.location="../index.asp?action=<%=names%>&id="+num;
    }
}
</script>
```

　　　　　JavaScript 脚本语言区分大小写，在每个语句结尾处要加分号 ";"。

新闻信息查询页面的运行结果如图 17-12 所示。

2. 新闻信息添加页面设计

新闻信息添加页面的主要功能是根据获取的参数判断
正在操作的新闻类别，然后添加详细的新闻内容。

新闻信息添加页面对提交的表单信息进行判断，防止

图 17-12　新闻信息查询页面

在同一新闻类别中添加相同的新闻信息，并且将操作情况记录到管理员日志表中。其关键程序代
码如下：

```
<!--***************************Manage/News/Add.asp  ************************-->
<%
names=Request.QueryString("name")  '类别名称
If Not Isempty(Request("add")) Then
  if Request.Form("Content")="" or Request.Form("Title")="" then
    Response.Write("<script  lanuage='javascript'>alert(' 您 添 加 的 信 息 不 完 整 !
');history.back();</script>")
    else
     Set rs=Server.CreateObject("ADODB.Recordset")
     sql="select * from tb_News where Title='"&Request.Form("Title")&_
      "' and Type='"&Request.QueryString("type")&"'"
     rs.open sql,conn
     if not rs.Eof And not rs.Bof Then '用户输入的新闻信息已经存在时，执行的操作
         set rs=nothing
         sql="insert into tb_Log(Name,Content,IssueDate) values('"&_
         session("Mname")&"','新闻信息 "&Request.Form("Title")&" 添加失败',' "&Now
()&"')"
         conn.Execute(sql)
```

```
                Response.Write("<script  lanuage='javascript'>alert(' 此 信 息 已 经 存 在 ！');
history.back();</script>")
        Else    '用户输入的新闻信息不存在时，执行的操作
            set rs=nothing
            sql="insert into tb_News(Title,Content,Style,Type,IssueDate) values('"&_
             Request.Form("Title")&"','"&Request.Form("Content")&"','"&_
             names&"','"&Request.Form("Type")&"','"&Date()&"')"
            conn.Execute(sql)
            sql="insert into tb_Log(Name,Content,IssueDate) values ('"&session ("Mname")&_
              "','新闻信息--"&Request.Form("Title")&"添加成功','"&Now()&"')"
            conn.Execute(sql)
            Response.Write("<script lanuage='javascript'>alert('信息添加成功!'); window.
close();opener.location.reload();</script>")
        End if
        rs.close
        Set rs=Nothing
     End If
    End If
    %>>
```

新闻信息添加页面的运行结果如图 17-13 所示。

> Inser into 语句与 Recordset 对象 AddNew 方法的区别：数据表中的字段数比较少，并对大量数据进行操作时，直接使用 SQL 语句将会加快存取数据的速度，节省 ADO 调用 SQL 语句再执行的时间；当对包含多个字段的数据表进行操作时，使用 AddNew 方法可以增强程序的可读性，减少程序出错的机会。

3. 新闻信息修改页面设计

新闻信息修改页面的主要功能包括修改新闻所属的小类、详细内容以及设置是否成为焦点导读。页面设计效果如图 17-14 所示。

图 17-13　新闻信息添加页面　　　　图 17-14　新闻信息修改页面设计效果

新闻信息修改页面根据用户输入的新闻标题或者新闻 ID 编号，判断该新闻数据是否存在，如果存在则执行修改操作，并且可以设置新闻是否为焦点导读，如果选择是，则该条新闻信息将显示在网站前台首页的"焦点导读"栏目中。其关键程序代码如下：

```
<!--***************************Manage/News/Change.asp********************-->
<%
sql="insert into tb_Log(Name,Content,IssueDate) values('"&session("Mname")&_
  "','进行"&request.QueryString("name")&"类新闻信息修改','"&Now()&"')"
conn.Execute(sql)
names=request.QueryString("name")
If Not Isempty(Request("edit")) Then
    name1=Request.Form("title")
```

```
      content=Request.Form("content")
      types=Request.Form("type")
      style=Request("names")
      fig=Request("fig")
      If Not isnumeric(name1) Then num=0 Else num=name1 End If
      Set rs=Server.CreateObject("ADODB.Recordset")
      sql="select * from tb_News where (ID="&num&" or Title='"&name1&"') and Style ='"&style&"'"
      rs.open sql,conn
      If Not rs.Eof or Not rs.Bof Then '当用户输入的新闻标题/ID存在时
        If content="" Then
           sql="update tb_News Set Type='"&types&"',Nfocus='"&fig&"' where (ID="&num&"
  or Title='"&name1&"') and Style='"&style&"'"
           else
           sql="update tb_News Set Content='"&content &"',Type='"&types&"', Nfocus ='
  "&fig&"' where (ID="&num&" or Title='"&name1&"') and Style='"&style&"'"
           end if
           conn.Execute(sql)
           sql="insert into tb_Log(Name,Content,IssueDate) values ('"&session ("Mname")&_
             "',"'&style&"类新闻信息"&name1&"成功修改','"&Now()&"')"
           conn.Execute(sql)
           Response.Write("<script lanuage='javascript'>alert('信息修改成功！');
  window.close();opener.location.reload();</script>")
        Else '当用户输入的新闻标题/ID不存在时
          Response.Write("<script lanuage='javascript'>alert('您要修改的新闻标题/ID不存在!
  ');history.back();</script>")
        End If
      End If
      %>
```

17.6.4 管理员信息设置模块设计

管理员信息设置模块的主要功能是网站后台管理系统的超级管理员可以添加新的管理员信息、查询或删除管理员信息、查看管理员日志，每个管理员都有修改密码的权限。

1. 管理员密码修改页面设计

管理员密码修改页面的主要功能是修改登录用户的密码。通过将 Session 变量中存储的用户登录名称与数据库中的信息进行比较，如果信息符合，则接收用户提交的新密码。其关键程序代码如下：

```
<!--*********************** Manage/System/Change.asp ***********************-->
<%
If request.Form("password1")<>"" then
    sql="update tb_Manager set Password='"&request.form("password1")&_
     "' where Name='"&Session("Mname")&"'"
    rs.open sql,conn
    set rs=nothing
    Response.Write("<script language='javascript'>alert('密码修改成功！'); opener.
location.reload();window.close();</script>")
    End if
    %>
```

管理员密码修改页面的运行结果如图 17-15 所示。

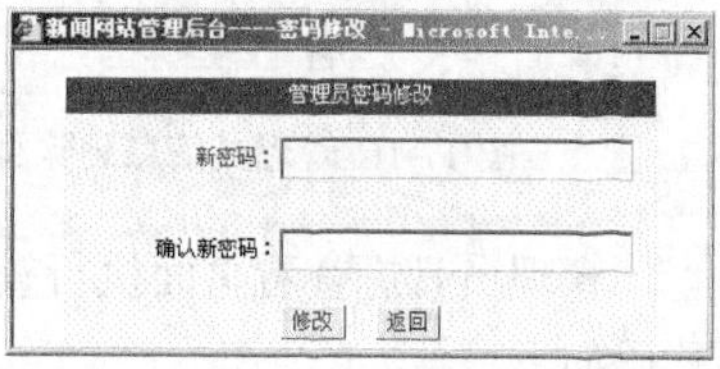

2. 管理员信息删除页面设计

管理员信息删除页面的主要功能是删除指定的管理员信

图 17-15　管理员密码修改页面

息。页面可以根据获取到的管理员 ID 编号进行删除，也可以删除全部的管理员信息。在删除操作中，禁止删除 ID 编号为 1 的 Super 管理员，以保证管理员对网站信息的有效管理。其关键程序代码如下：

```
<!--********************* Manage/System/Delete.asp ***********************-->
<%
sqlstr="insert into tb_Log(Name,Content,IssueDate) values('"&session("Mname")&"','
管理员信息删除','"&Now()&"')"
conn.Execute(sqlstr)
If Not Isempty(Request("Delete")) Then
  names=Request.Form("deletes")
  If names=1 Then
     Response.Write("<script language='javascript'>alert('Super 管理员无法删除！');
history.back();</script>")
    Else
     sqlstr="select * from tb_Manager where ID="&names
     rs.open sqlstr,conn,1,1
     If Not rs.Eof Or Not rs.Bof Then
       sqlstr="delete from tb_Manager where ID="&names
       conn.Execute(sqlstr)
       Response.Write("<script language='javascript'>alert('信息删除成功！'); window.
close();opener.location.reload();</script>")
     Else
       Response.Write("<script language='javascript'>alert('您要删除的信息不存在！');
history.back();</script>")
     End if
     Set rs=nothing
     conn.close
     Set conn=nothing
   End If
End IF
If Not Isempty(Request("DeleteAll")) Then
     sqlstr="delete from tb_Manager where ID<>1"
     conn.Execute(sqlstr)
     Response.Write("<script language='javascript'>alert('信息全部删除成功！'); window.
close();opener.location.reload();</script>")
End If
%>
```

管理员信息删除页面的运行结果如图 17-16 所示。

3. 管理员日志查看页面设计

管理员日志查看页面是用来显示管理员在网站后台管理中进行的所有操作信息。页面设计效果如图 17-17 所示。

图 17-16 管理员信息删除页面

图 17-17 管理员日志查看页面设计效果

管理员日志查看页面执行查询管理员日志表的操作，并通过表格显示相关信息。其关键程序代码如下：

```
<!--************************Manage/Log/Log.asp  ************************-->
<%
Set rs=Server.CreateObject("ADODB.Recordset")
sqlstr="select * from tb_Log order by IssueDate DESC"
rs.open sqlstr,conn,1,1
If Not (rs.eof and rs.bof) Then
    rs.pagesize=10   '定义每页显示的记录数
    pages=clng(Request("pages"))   '获得当前页数
    If pages<1 Then pages=1
    If pages>rs.recordcount Then pages=rs.recordcount
    showpage rs,pages   '执行分页子程序 showpage
    Sub showpage(rs,pages)   '分页子程序 showpage(rs,pages)
    rs.absolutepage=pages    '指定指针所在的当前位置
    For i=1 to rs.pagesize   '使用 for…to…语句循环显示记录
%>
  <tr>
    <td height="22"><%=rs("Name")%></td>
    <td height="22"><%=rs("Content")%></td>
    <td height="22"><%=rs("IssueDate")%></td>
  </tr>
  <%
  rs.movenext   '指针向下移动
  If rs.eof Then exit for
  Next
  End Sub
End If
%>
  <tr>
    <form name="form" action="?" method="get">
     <td height="22" colspan="3" align="center"><div style="float:left"> <a href="#"
onClick="javascript:window.open('Log/Delete.asp')">删除当天</a> <a href="Manager.asp? action=Log"
onClick="javascript:window.open('Log/Delete.asp?action=all')">删除全部</a> </div>
  <%
      if pages<>1 then
          response.Write("  <a href="&path&"?pages=1&action=日志查看>首页</a>")
          response.Write("  <a href="&path&"?pages="&(pages-1)&"&action=日
志查看 >上一页</a>")
      end if
      response.Write("   当 前  <font  color='#FF0000'>"&pages&"/"  &rs.
pagecount&"</font> 页")
      if pages<>rs.pagecount then
          response.Write("  <a href="&path&"?pages="&(pages+1)&"&action=日
志查看>下一页</a>")
          response.Write("  <a
href="&path&"?pages="&rs.pagecount&"&action=日志查看>末页</a>")
      end if
      rs.close
      Set rs=Nothing
      %></td>
    </form>
  </tr>
```

调用删除日志数据页面的程序代码如下：

```
<!--****************************Manage/Log/Delete.asp*****************-->
<%
if Request.QueryString("action")="all" then
    sql="delete from tb_Log"
else
    sql="delete * from tb_Log where IssueDate between #"&Cdate(date()&_
    " 00:00:01")&"# And #"&Now()&"#"
end if
conn.Execute(sql)

if Request.QueryString("action")="all" then
    sql="insert into tb_Log(Name,Content,IssueDate) values('"&_
    session("Mname")&"','全部日志被删除','"&Now()&"')"
    conn.Execute(sql)
else
    sql="insert into tb_Log(Name,Content,IssueDate) values('"&_
    session("Mname")&"','当天日志被删除','"&Now()&"')"
    conn.Execute(sql)
end if
Response.Write("<script lanuage='javascript'>alert('日志已删除!');
  window.close();opener.location.reload();</script>")
%>
```

管理员日志查看页面的运行结果如图 17-18 所示。

图 17-18 管理员日志查看页面

17.6.5 数据库维护管理模块设计

数据库维护管理模块的主要功能是实现对网站数据库的备份以及恢复的操作。

1. Access 数据库备份页面设计

Access 数据库备份页面的主要功能是通过创建 FileSystemObject 对象并使用其方法实现将当前数据库复制到指定的目录下。设计思路如下。

（1）创建 FileSystemObject 对象。

（2）判断指定备份的数据库是否存在，如果存在则执行以下程序，不存在则给出提示信息，重新输入备份数据库的相对路径。

（3）判断备份数据库的目录是否存在，如果不存在则新建该目录。

（4）进行数据库备份。

Access 数据库备份页面的关键程序代码如下：

```
<!--***************************Manage/Dbase/DB_copy.asp*********************-->
<%
if Request.QueryString("action")="login" then
cff=request.form("cff")    '获取当前数据库路径
cff=server.mappath(cff)
loginf=request.form("loginf")  '获取备份数据库目录
loginf=server.mappath(loginf)
loginfy=request.form("loginfy")   '获取数据库备份名称
on error resume next
Set scofso = Server.CreateObject("Scripting.FileSystemObject")
'判断所要备份的数据库是否存在，如果不存在则给予提示
  if scofso.fileexists(cff) then
    if err then
     err.clear
     response.write "<div class=tdc>不能建立 FileSystemObject 对象，请确保空间支持
FileSystemObject! "
     response.end
    end if
    if scofso.Folderexists(loginf) then
    else
      Set fy=scofso.CreateFolder(loginf)
    end if
    scofso.copyfile cff,loginf& "\"& loginfy,true
    response.write "<div align='center'>备份数据库成功，数据库备份路径为" &loginf& "\"&
loginfy&"<BR>"
    Response.Write("<input  type='button'  value=' 关 闭 '  onclick = 'javascript:
window.close();'></div>")
    response.end
  else
    response.write "<script language=javascript>alert('所要备份的数据库不存在,请重新输
入!');history.login(-1);</script>"
    response.end
  end if
end if
%>
```

Access 数据库备份页面的运行结果如图 17-19 所示。

图 17-19　Access 数据库备份页面

在维护网站过程中要定期备份数据库，在当前数据库损坏的情况下，及时调用备份数据库，可以保证网站的正常运行。

2. Access 数据库恢复页面设计

Access 数据库恢复页面的主要功能是将备份的数据库恢复为当前数据库。

页面中通过创建 FileSystemObject 对象，并使用其 Copyfile 方法以备份的数据库替换当前数据库。其关键程序代码如下：

```
<!--************************Manage/Dbase/DB_renew.asp************************-->
<%
if Request.QueryString("action")="login" then
  cf=request.form("cf")    '获取当前数据库路径
  cf=server.mappath(cf)
  bf=request.form("bf")    '获取备份数据库路径
  if bf="" then
    response.write "<script>alert(""请输入您要恢复的数据库完整路径
"");history.back();</script>"
  else
   bf=server.mappath(bf)
  end if
  on error resume next
  Set of = Server.CreateObject("Scripting.FileSystemObject")
  if err then
   err.clear
   response.write "<script>alert(""不能建立 FileSystemObject 对象，请确保你的空间支持
FileSystemObject对象! "");history.back();</script>"
   response.end
  end if
  if of.fileexists(bf) then
   of.copyfile ""&bf&"","";""&cf&"",true
   response.write "<script>alert(""恢复数据库成功"");window.close();</script>"
   response.end
  else
   response.write  "<script>alert("" 错 误 ： 没 有 找 到 您 的 备 份 文 件 ！ "");
history.back();</script>"
   response.end
  end if
end if
set rs=nothing
%>
```

Access 数据库恢复页面的运行结果如图 17-20 所示。

图 17-20　Access 数据库恢复页面

17.7　程序调试及错误处理

　　用户在浏览网页时，经常会遇到"未被授权"查看页面的情况（即身份认证配置不正确），如图 17-21 所示。

　　IIS 服务器支持 Web 身份验证方法有匿名身份验证、Windows 集成身份验证、摘要身份验证和 NET Passport 身份验证。出现错误的原因是用户没有通过以上任何一种身份验证。

　　解决方法：根据需要配置不同的身份认证（一般为匿名身份认证，这是大多数站点使用的认证方法）。步骤如下。

　　（1）在打开的 Internet 信息服务（IIS）对话框中，选中网站名称并单击鼠标右键，选择"属性"选项，打开网站属性对话框，单击"目录安全性"选项卡。

　　（2）在"身份验证和访问控制"栏中，单击"编辑"按钮。勾选"启用匿名访问"复选框，然后在"用户访问需经过身份验证"栏中，勾选"集成 Windows 身份验证"复选框，依次单击"确定"按钮完成匿名身份验证的配置，如图 17-22 所示。

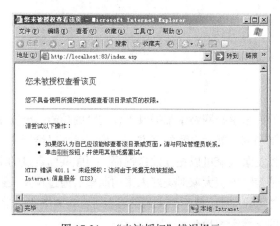

图 17-21　"未被授权"错误提示

图 17-22　设置身份验证

17.8　课程设计总结

　　课程设计是一件很累人很伤脑筋的事情，在课程设计周期中，大家几乎每天都要面对计算机 10 个小时以上，上课时去机房写程序，回到宿舍还要继续奋斗。虽然课程设计很苦很累，有时候还很令人抓狂，不过它带给大家的并不只是痛苦的回忆，它不仅拉近了同学之间的距离，而且对大家学习计算机语言是非常有意义的。

　　在没有进行课程设计实训之前，大家对 ASP 知识的掌握只能说是很肤浅的，只知道分开来使用那些语句和语法，对它们根本没有整体概念，因此在学习时经常会感到很盲目，甚至不知道自己学这些东西是为了什么。但是通过课程设计实训，不仅能使大家对 ASP 有更深入的了解，同时还可以学到很多课本上学不到的东西，最重要的是，它让我们能够知道学习 ASP 的最终目的和将来发展的方向。

第18章

课程设计——新城校友录

本章要点：

- 总体设计
- 数据库设计
- 前台文件总体架构
- 班级相册模块设计
- 加入同学详细信息模块设计
- 真情祝福模块设计
- 后台主要功能模块详细设计
- 程序调试及错误处理

校友录在网络中应用地非常广泛，现在的许多学校网站中都提供了校友录的功能。校友录不仅是新老同学联系的桥梁，而且还是网络休闲和网上展示自我的好方式。校友录可以给毕业后在某个城市的校友一个充分交流的平台，通过校友录大家可以相互发送祝福，回顾共同走过的学生时光，交流在这个工作、生活的城市的酸甜苦辣，展望大家对美好未来的期望。通过校友录还可以组织同学聚会以及上传照片等，加强校友之间的沟通。从不熟悉到熟悉，通过共同毕业的学校，通过校友录这个大家共同的纽带，使同学间的友情天长地久。

18.1 课程设计目的

本章提供了"新城校友录"作为这一学期的课程设计之一，本次课程设计旨在提升学生的动手能力，加强学生对专业理论知识的理解和实际应用。本次课程设计的主要目的如下。

- 能对网站功能进行合理分析，并设计合理的代码结构。
- 掌握 ASP 网站的基本开发流程。
- 掌握 ADO 访问数据库技术在实际开发中的应用。
- 掌握使用 ADODB.Stream 组件上传文件的方法。
- 提高网站的开发能力，能够运用合理的控制流程编写高效的代码。
- 培养分析问题、解决实际问题的能力。

18.2　功能描述

新城校友录网站是一个典型的 ASP 数据库开发应用程序，主要由前台信息添加与后台管理两部分组成。

- 前台信息添加

主要包括加入班级、加入同学、真情祝福、班级相册、班级通讯录、在线帮助等。

- 后台管理

主要对网站内的一些基础数据信息进行有效管理，包括班级信息管理、同学信息管理、上传照片信息管理、发送真情祝福信息管理、班级通讯录信息管理等。

18.3　程序业务流程

新城校友录网站前台功能结构如图 18-1 所示。

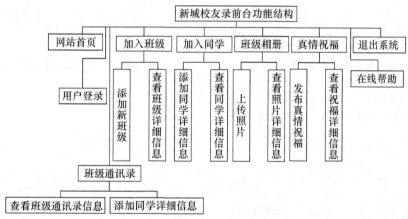

图 18-1　网站前台功能结构图

新城校友录网站后台功能结构如图 18-2 所示。

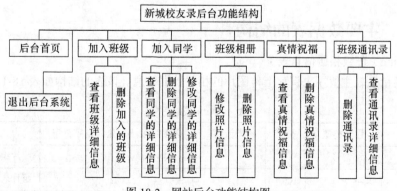

图 18-2　网站后台功能结构图

18.4　数据库设计

本系统数据库采用 Access 2003 数据库，系统数据库名称为 db_schoolcomputer。数据库 db_schoolcomputer 中包含多张数据表。下面给出主要数据表的实体 E-R 图、主要数据表结构及数据表概要说明。

18.4.1　数据表的实体 E-R 图

根据数据表结构的设计，规划出相应的实体 E-R 图，这些实体中包含各种具体信息，并通过相互之间的作用形成数据的流动。具体数据表的实体 E-R 图描述如下。

图 18-3 所示为班级相册信息实体 E-R 图。

图 18-4 所示为真情祝福信息实体 E-R 图。

图 18-3　班级相册信息实体 E-R 图

图 18-4　真情祝福信息实体 E-R 图

图 18-5 所示为加入班级信息实体 E-R 图。

图 18-6 所示为服务条款信息实体 E-R 图。

图 18-5　加入班级信息实体 E-R 图

图 18-6　服务条款信息实体 E-R 图

18.4.2　主要数据表的结构

- tb_album（班级相册信息表）

班级相册信息表主要用来保存上传图片的相关数据信息。该表的结构如表 18-1 所示。

表 18-1　　　　　　　　　　　　　　　　tb_ album 表的结构

字段名	数据类型	长度	默认值	必填字段	允许空字符串	描述
ID	自动编号					照片编号
name1	文本	100		否	是	照片名称
photo	备注			否	是	照片介绍

字段名	数据类型	长度	默认值	必填字段	允许空字符串	描述
photo_time	日期/时间		Now()	否	是	照片上传的时间
picture	备注			否	是	上传的照片名字

- tb_bless（真情祝福信息表）

真情祝福信息表主要用于保存发送祝福的相关数据信息。该表的结构如表 18-2 所示。

表 18-2　　　　　　　　　　tb_ bless 表的结构

列名	数据类型	长度	默认值	必填字段	允许空字符串	描述
bless_id	bless_id					祝福编号
bless_title	文本	100		是	否	祝福标题
bless_content	备注			是	否	祝福内容
bless_data	日期/时间			否	是	发送祝福的时间
bless_fu	文本	50		否	是	发送祝福的心情符

- tb_tongxun（班级通讯信息表）

班级通讯信息表主要用于保存新创建的班级名称信息。该表的结构如表 18-3 所示。

表 18-3　　　　　　　　　　tb_tongxun 表的结构

列名	数据类型	长度	默认值	必填字段	允许空字符串	描述
id	自动编号					
Time1	备注			是	否	
Name1	日期/时间		Now()	否	是	

- tb_tongxunadd（班级通讯详细信息表）

班级通讯详细信息表主要用于保存新加入同学的详细信息。该表的结构如表 18-4 所示。

表 18-4　　　　　　　　　　tb_tongxunadd 表的结构

列名	数据类型	长度	默认值	必填字段	允许空字符串	描述
ID	自动编号					自动编号
name11	备注			是	否	同学姓名
birthday	日期/时间			是	否	出生日期
sex	备注			是	否	性别
hy	备注			是	否	婚姻状况
dw	备注			是	否	单位
department	备注			是	否	所属班级
zw	备注			是	否	职位
sf	备注			是	否	省份
cs	备注			是	否	城市

续表

列名	数据类型	长度	默认值	必填字段	允许空字符串	描述
phone	备注			是	否	移动电话
phone1	备注			是	否	办公电话
email	备注			是	否	E-mail 地址
postcode	备注			是	否	邮政编码
OICQ	备注			是	否	OICQ
family	备注			是	否	家庭电话
address	备注			是	否	家庭住址
remark	备注			是	否	备注
name1	数字			是	否	所属班级

18.4.3　数据表概要说明

从读者角度出发，为了使读者对本系统后台数据库中的数据表有一个清晰的认识，笔者设计了一个数据表树形结构图，该数据表树形结构图包含系统中所有的数据表，如图 18-7 所示。

图 18-7　数据表树形结构图

18.5　前台主要功能模块详细设计

18.5.1　班级相册模块设计

1. 上传照片

当用户进入网站首页后，可以通过功能导航条进入相关功能模块。单击"班级相册"超链接可以进入班级相册模块。在进入该模块前首先需要判断一下，该用户是否成功登录到该网站，如果用户成功登录该网站则可以上传照片；否则不允许进入该模块上传照片。照片上传页面的设计效果如图 18-8 所示。

照片上传页面所涉及的 HTML 表单元素如表 18-5 所示。

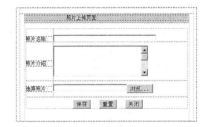

图 18-8　照片上传页面的设计效果

表 18-5　　　　　　　　　　　照片上传页面所涉及的 HTML 表单元素

名称	类型	含义	重要属性
form1	form	表单	<form name="form1" method="post" action="add.asp" enctype="multipart/form-data">
name1	text	照片名称	<input name="name1" type="text" id="name1" size="35">

续表

名称	类型	含义	重要属性
photo	textarea	照片介绍	`<textarea name="photo" cols="30" rows="6" id="photo"></textarea>`
picture	file	选择照片	`<input name="picture" type="file" id="picture" size="25" />`
Submit	button	"保存" 按钮	`<input type="button" name="Submit" value=" 保存 " onclick="Mycheck();">`
Submit2	reset	"重置" 按钮	`<input type="reset" name="Submit2" value="重置" />`
Submit3	button	"关闭" 按钮	`<input type="button" name="Submit3" value="关闭" onClick="javascript:window.close();">`

　　照片信息填写完毕后，通过单击"保存"按钮将填写的数据信息提交给数据处理页面，此时数据处理页面将相关的数据信息存储到指定的数据表中。数据处理页面的程序代码如下：

```
<!-- ************** ***************** **add.asp*********** *************** ********* ***-->
<%@LANGUAGE="VBSCRIPT" CODEPAGE="936"%>
<!--#include file="Conn/conn.asp"-->
<%
 Response.Buffer=true
formsize=Request.TotalBytes
if formsize/1024 >200 then
%>
<script>
alert("上传文件不能大于200KB!现在文件大小为:<%=int(formsize/1024)%>KB");
history.go(-1);
</script>
<%
end if
formdata=Request.BinaryRead(formsize)
crlf=chrB(13)&chrB(10)
strflag=leftb(formdata,clng(instrb(formdata,crlf))-1)
Sql_2 = "Select * from tb_album"
Set rs_2 = Server.CreateObject("ADODB.Recordset")
rs_2.open Sql_2,conn,1,3
rs_2.AddNew
'获得表单所有元素的值
k = 1
While  instrb(k,formdata,strflag)  <  instrb((instrb(k,formdata,strflag)  +lenb
(strflag)),formdata,strflag)
    start = instrb(k,formdata,strflag) + lenb(strflag) + 2
    endsize = instrb((instrb(k,formdata,strflag)+lenb(strflag)),formdata,strflag) - start - 2
    bin_content = midb(formdata,start,endsize)
    pos1_name = instrb(bin_content,toByte("name="""))
    pos2_name = instrb(pos1_name+6,bin_content,toByte(""""))
    nametag = midb(bin_content,pos1_name+6,pos2_name-pos1_name-6)
    pos1_filename = instrb(pos2_name,bin_content,toByte("filename="""))
        If(pos1_filename = 0)Then
            namevalue = toStr(midb(bin_content,pos2_name+5, lenb(bin_content) -
pos2_name-4))
            If(InStr(toStr(nametag),"name1") > 0)Then
    Set rs_2a = Server.CreateObject("ADODB.Recordset")
ww="select * from tb_album where name1='"&namevalue&"'"
conn.execute(ww)
```

```
rs_2a.open ww,conn,1,3
if not(rs_2a.eof) then
%>
<script language="javascript">
alert("该信息已存在!")
window.location.href='album_shang.asp';
</script>
<%
response.End()
end if
            rs_2("name1") = namevalue
            End If
            If(InStr(toStr(nametag),"photo") > 0)Then
                rs_2("photo") = namevalue
            End If

            If(InStr(toStr(nametag),"introduce") > 0)Then
                If(namevalue = "")Then
                rs_2("introduce") = "空"
                Else
                rs_2("introduce") = namevalue
                End If
            End If
        Else
            '取 filename 的值
            pos2_filename = instrb(pos1_filename+10,bin_content,toByte(""""))
            fullpath = midb(bin_content,pos1_filename+10,pos2_filename-pos1_ filename-10)
            If(fullpath <> "")Then
                '判断上传的格式
                filename = GetFileName(toStr(fullpath))
                expandname = Mid(filename,InStrRev(filename,".")+1)
                imgarray = Array("gif","jpg","jpeg","jpe","bmp")
                imgflag = false
                For q=0 To Ubound(imgarray)
                    If(InStr(Lcase(expandname),imgarray(q)) > 0)Then
                    imgflag = true
                    End If
                Next
                If(imgflag = false)Then
%>
    <script>
    alert("上传格式不对! ");
    history.go(-1);
    </script>
<%
                Response.End()
                End If
                realname = Mid(filename,InStrRev(filename,"/")+1)
                If(realname <> "")Then
                rs_2("picture") = realname
                Else
                rs_2("picture") = "空"
                End If
                bin_start = instrb(bin_content,crlf&crlf) + 4
                filedata=midb(bin_content,bin_start)
                '把图片数据上传到文件夹
```

```
                 Set objstream = CreateObject("ADODB.Stream")
                 objstream.mode = 3
                 objstream.type = 1
                 objstream.open
                 objstream.write formdata
                 objstream.position = instrb(instrb(formdata,toByte ("filename =
"""")),formdata,crlf&crlf) + 3   '是加3不是4
                 set guyu = server.CreateObject("adodb.stream")
                 guyu.mode = 3
                 guyu.type = 1
                 guyu.open
                 objstream.copyto guyu,lenb(filedata)
                 guyu.savetofile Server.MapPath("Images/goods/"&realname),2
                 guyu.close
                 Set guyu = nothing
                 objstream.close
                 Set objstream = nothing
             Else
                 rs_2("picture") = "空"
             End If
         End If
     k = instrb((instrb(k,formdata,strflag)+lenb(strflag)),formdata,strflag)
Wend
rs_2.Update
%>
<script language="javascript">
alert("照片上传成功! ");
opener.location.reload();
window.close();
</script>
<%
'将字符串转换成二进制数
 Private function toByte(Str)
   dim i,iCode,c,iLow,iHigh
   toByte=""
   For i=1 To Len(Str)
   c=mid(Str,i,1)
    iCode =Asc(c)
   If iCode<0 Then iCode = iCode + 65535
   If iCode>255 Then
     iLow = Left(Hex(Asc(c)),2)
     iHigh =Right(Hex(Asc(c)),2)
     toByte = toByte & chrB("&H"&iLow) & chrB("&H"&iHigh)
   Else
     toByte = toByte & chrB(AscB(c))
   End If
   Next
 End function
'将二进制数转换成字符串
  Private function toStr(Byt)
     toStr=""
     for i=1 to lenb(byt)
     blow = midb(byt,i,1)
     if ascb(blow)>127 then
     toStr = toStr&chr(ascw(midb(byt,i+1,1)&blow))
     i = i+1
     else
```

```
            toStr = toStr&chr(ascb(blow))
        end if
    Next
  End function
'获得上传文件的路径
 Private function GetFilePath(FullPath)
   If FullPath <> "" Then
    GetFilePath  =  left(FullPath,InStrRev(FullPath,
"\"))
    Else
    GetFilePath = ""
   End If
  End  function
'获得上传文件的名称
 Private function GetFileName(FullPath)
   If FullPath <> "" Then
     GetFileName  =  mid(FullPath,InStrRev(FullPath,
"\")+1)
    Else
    GetFileName = ""
   End If
  End  function
  %>
```

图 18-9　照片上传页面的运行结果

照片上传页面的运行结果如图 18-9 所示。

2. 照片详细信息显示

在班级相册管理页面中，对上传的照片信息应用 Order by 语句进行降序排序，同时对照片信息进行分栏、分页显示。在该页面中，通过单击每张照片下面的"详细信息"按钮的超链接将进入指定照片的详细信息页面。照片详细信息显示页面的设计效果如图 18-10 所示。

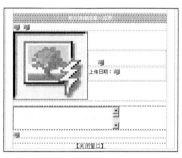

图 18-10　照片详细信息显示页面的设计效果

照片详细信息显示页面所涉及的 HTML 表单元素如表 18-6 所示。

表 18-6　　　　　　　　照片详细信息显示页面所涉及的 HTML 表单元素

名称	类型	含义	重要属性
photo	textarea	照片相关信息	`<textarea name="photo" cols="35" rows="4" class="wenbenkuang" id="photo"><%=rs("photo")%></textarea>`

用户可以在照片展示页面中单击任意一张照片，进入照片详细信息展示页面。在详细信息页面中主要通过传递的参数进行数据检索，在本例中以照片的 ID 号作为参数进行数据检索，同时将结果集输出到浏览器中。程序代码如下：

```
<!-- ********** ************** ***********chakan.asp**** ********* ** **** **** ****
**************-->
<table width=88% border=0 align=center cellpadding=0 cellspacing=0>
<tr>
  <td width="62%" height=13 colspan=3></td>
</tr>
<tr>
<td height="22" colspan="3" bgcolor="#FAC33C">
<div align=center class="STYLE1"><font color="#FFFFFF">照片详细信息一览表</font></div>
</td>
</tr>
<tr>
```

```
<td colspan=3></td>
</tr>
<tr>
<td colspan=3>
<!-- #include file="Conn/conn.asp" -->
<%
    if request.QueryString("id")<>"" then
    ID=request.QueryString("id")
    end if
    set rs=server.CreateObject("adodb.recordset")
    sql="select * from tb_album where ID="&ID
    rs.open sql,conn,1,3
    IF not rs.eof or not rs.bof then
%>
<table width="367" height="238" border="0" align="center" cellpadding="0" cellspacing="0">
<tr>
<td width="157" height="152">
<img src="images/goods/<%=rs("picture")%>" width="180" height="160" border="1">
</td>
<td width="156">
<table width="195" height="76" border="0" align="center">
<tr>
<td width="150" height="24" valign="bottom">
<span class="style10">   <%=rs("name1")%> </span></td>
</tr>
<tr>
<td height="20" valign="top" class="STYLE6">上传日期: <%=rs("photo_time")%></td>
</tr>
</table>
</td>
</tr>
<tr>
<td height="12" colspan="2">
<div align="center" class="STYLE1"><span class="STYLE7">照片详细信息</span></div>
</td>
</tr>
<tr>
<td height="55" colspan="2">
<div align="left">
<textarea name="photo" cols="35" rows="4" class="wenbenkuang" id="photo"><%= rs
("photo")%></textarea>
</div>
</td>
</tr>
</table>
<%
    End if
    set rs=nothing
    conn.close
    set conn=nothing
%>
</td>
</tr>
<td height="26">
</div>
<div align="center"><a href="#" onClick=
"javascript:window.close()">【关闭窗口】</a></div>
</table>
```

照片详细信息显示页面的运行结果如图 18-11 所示。

图 18-11　照片详细信息显示页面的
运行结果

3. 按实际尺寸显示照片

在照片展示页面中，通过单击每张照片的超链接可以进入该照片详细信息显示页面。程序代码如下：

```
<!-- ********** ****************** *****class_album.asp************ ******* **
**************-->
<a href="ShowBig.asp?picture=<%=rs_sale("picture")%>" target="_blank">
<img src="images/goods/<%=rs_sale("picture")%>" width="155" height="120" border="1"
alt="单击放大图片">
</a>
```

通过以下代码实现按实际尺寸显示照片。程序代码如下：

```
<!-- ***** ********** ************* ********ShowBig.asp* ******** ****** **** ** **
**************-->
<body>
<img src="images/goods/<%=Replace(Request("picture"),"'"," ")%>">
</body>
```

18.5.2 添加同学详细信息模块设计

添加同学详细信息模块主要用于添加加入同学的详细信息。首先添加登录校友录时所需的同学姓名和密码。在进行同学姓名添加时，不可以同名。之后，进入同学详细信息的添加页面，完成对同学详细信息的添加操作。添加同学详细信息页面的设计效果如图18-12 所示。

添加同学详细信息页面所涉及的 HTML 表单元素如表 18-7 所示。

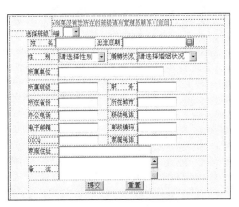

图 18-12 添加同学详细信息页面的设计效果

表 18-7 　　　　　　　　　　　　添加同学详细信息页面所涉及的 HTML 表单元素

名称	类型	含义	重要属性
Form2	form	表单	\<form name="form2" method="post"\>
user_number	text	学号	\<inputname="user_number"type="text"class="text" id="user_number" size="8"\>
user_sex	select	性别	\<selectname="user_sex"id="user_sex"\>\<option value="我是男生"selected\>我是男生\</option\> \<option value="我是女生"\>我是女生\</option\>\</select\>
user_birthday	text	生日	\<inputname="user_birthday"type="text"class="text" id="user_birthday" size="30"\>
user_nick	text	昵称	\<input name="user_nick"type="text" class="text" id="user_nick"\>
user_zhuangye	select	所属专业	\<selectname="user_zhuangye"id="user_zhuangye"\> \<optionselected\>请选择......\</option\> \<option value="电子商务"\>电子商务\</option\>\<option value="公共关系"\>公共关系\</option\>\<option value="计算机科学与技术"\>计算机科学与技术\</option\>\<option value="销售指南学"\>销售指南学\</option\>\<option value="干部经济管理学"\>干部经济管理学\</option\>\<option value="涉外管理学"\>涉外管理学\</option\>\<option value="交通大学法学院"\>交通大学法学院\</option\>\<option value="长春理工大学"\>长春理工大学\</option\>\<option value="长春工业大学"\>长春工业大学\</option\>\</select\>

续表

名称	类型	含义	重要属性
user_class	select	所属班级	`<selectname="user_class"id="class_id"><%rs1.movefirstwhile(not rs1.eof) %><option value="<%=rs1("class_name")%> "><%= rs1("class_name")%></option><% rs1.movenext() wend %> </select>`
user_address	text	通信地址	`<input name="user_address" type="text" class="text" id="user_address" size="35">`
user_size	text	邮政编码	`<input name="user_size" type="text" class="text" id="user_size">`
user_telephone	text	电话号码	`<input name="user_telephone" type="text" class="text" id="user_telephone" size="30">`
user_OICQ	text	OICQ	`<input name="user_OICQ" type="text" class="text" id="user_OICQ">`
user_homepage	text	个人主页	`<input name="user_homepage" type="text" class="text " id="user_homepage" size="30">`
button	button	"提交"按钮	`<input name="button" type="button" class="button" value="提交" onclick="Mycheck();">`
button	reset	"重置"按钮	`<input name="button" type="reset" class="button" value="重置">`

通过以下代码实现同学姓名、密码的添加。程序代码如下：

```
<!--
*****************************schoolbook_classmate.asp*******************************
***-->
<%
user_name=request.form("user_name")
user_pass=request.form("user_pass")
user_pass1=request.form("user_pass1")
user_email=request.form("user_email")
user_data=now()
if user_name<>"" then
Set rs=Server.Createobject("ADODB.Recordset")
sql="select * from tb_user where user_name='"&user_name&"'"
rs.open sql,conn,1,3
if rs.eof and rs.bof then
%>
<%
ins="insert into tb_user (user_name,user_pass,user_email,user_data) values ('"&user_name&"','"&user_pass&"','"&user_email&"','"&user_data&"')"
conn.execute(ins)
%>
<%
session("user_name")=user_name
%>
<script language="javascript">
alert("~@_@~,恭喜,恭喜!您已经成功地加入了校友录,现在请进入下一步来确认您的班级及个人详晰资料信息! ");
window.location.href="schoolbook_classmate1.asp?user_name=<%=user_name%>"
</script>
<%else%>
<script language="javascript">
        alert("此用户已存在!! ");
        window.location.href="schoolbook_classmate.asp";
</script>
<%
```

```
end if
end if
%>
```

同学详细信息填写完毕后，通过单击"提交"按钮将填写的数据信息提交给数据处理页面，此时数据处理页面再将相关的数据信息存储到指定的数据表中。数据处理页面的程序代码如下：

```
<!-- *************************** ***schoolbook_classmate1.a sp******** ******** **
***************-->

<%
'通过用户名进行传递的，不能通过自动生成的 ID 号进行传递。因此在编写 update 语句的条件时，用 where
user_name='"&user_name&"'来进行限定
if request.querystring("user_name")<>"" then
user_name=request.querystring("user_name")
end if
    if request.Form("user_number")<>"" then
user_number=request.Form("user_number")
  user_sex=request.form("user_sex")
user_birthday=request.form("user_birthday")
user_nick=request.form("user_nick")
user_zhuangye=request.form("user_zhuangye")
user_class=request.form("user_class")
user_address=request.form("user_address")
user_size=request.form("user_size")
user_telephone=request.form("user_telephone")
user_OICQ=request.form("user_OICQ")
user_homepage=request.form("user_homepage")
Set rs2=Server.CreateObject(ADODB.Recordset)
    ins="update tb_user set user_number='"&user_number&"',user_sex ='"&user_sex&"',
user_birthday='"&user_birthday&"',user_nick='"&user_nick&"',user_zhuangye='"&user_zhua
ngye&"',user_class='"&user_class&"',user_address='"&user_address&"',user_size='"&user_
size&"',user_telephone='"&user_telephone&"',use
r_OICQ='"&user_OICQ&"',user_homepage='"&user_ho
mepage&"' where user_name='"&user_name&"'"
conn.execute(ins)
%>
<script language="javascript">
alert("信息已添成功，返回首页!! ")
window.location.href='schoolbook.asp';
</script>
<%
end if
%>
```

添加同学详细信息页面的运行结果如图 18-13 所示。

图 18-13　添加同学详细信息页面

18.5.3　真情祝福模块设计

真情祝福模块主要用于发送祝福信息，通过该页面可以向朋友发送自己的真情祝福。在此需要注意的是，如果没有登录校友录则不允许发送祝福信息。

首先需要在程序代码页面对 session("user_name")进行判断，如果值为空，则说明没有登录校友录，不能进行祝福信息发送操作；否则将成功发送祝福信息。程序代码如下：

```
<!-- ************* ******************schoolbook_bless.asp******************* *
*************-->
<!--#include file="Conn/Conn.asp"-->
<%
if session("user_name")="" then
```

```
%>
<script laguage="javascript">
alert("请您先登录校友!!! ");
location.href='index.asp';
</script>
<%end if%>
<%
Set rs1=Server.CreateObject("ADODB.Recordset")
sql1="select * from tb_class order by class_data desc"
rs1.open sql1 ,conn,1,3
%>
<%
if request.querystring("id")<>"" then
user_id=request.querystring("user_id")
end if
Set rs3=Server.CreateObject("adodb.recordset")
sql3="select * from tb_user order by user_data desc"
rs3.open sql3,conn,1,3
%>
<%
if request.Form("bless_title")<>"" then
bless_title=request.Form("bless_title")
bless_content=request.Form("bless_content")
bless_data=now()
bless_fu=request.Form("bless_fu")
Set rs=Server.CreateObject ("ADODB. Recordset")
sql="select * from tb_blesss"
ins="insert   into   tb_bless  (bless_title,bless
_content,bless_data,bless_fu)     values    ('"&bless_
title&"','"&bless_content&"','"&bless_data&"','"&bl
ess_fu&"')"
```
　　conn.execute(ins)
　　%>
　　<script language="javascript">
　　alert("真情祝福已经成功发布!! ");
　　window.location.href="schoolbook.asp"
　　</script>
　　<%end if%>

真情祝福发送页面的运行结果如图 18-14 所示。

图 18-14　真情祝福发送页面的运行结果

18.6　后台主要功能模块详细设计

18.6.1　后台管理页面的实现过程

　　在主页面中提供了后台登录入口，管理人员可通过输入用户名及密码进入后台管理页面。通过后台管理页面将完成对新城校友录相关功能模块中的数据进行添加、删除、修改、显示等操作。后台管理页面的运行结果如图 18-15 所示。

图 18-15　后台管理页面运行结果

为了方便读者阅读和有效利用本书附赠光盘的实例，笔者将网站页面的各部分说明以列表形式给出，如表 18-8 所示。

表 18-8　　　　　　　　　　　　　　　　　网站后台首页解析

区域	名称	说明	对应文件
1	网站后台功能导航区	主要用于显示当前网站后台相关的功能导航	Manage\top.asp
2	状态显示区	主要用于显示当前所在位置以及访问该系统的当前日期和时间	Manage\top.asp
3	相关功能展示区	主要用于展示相关功能模块的操作	Manage/schoolbook_index.asp
4	版权信息区	主要用于展示网站的版权信息	Manage/ copyright.asp

18.6.2　班级相册管理模块设计

班级相册管理模块主要包括班级相册信息的修改、删除、显示 3 部分。在班级相册管理页面中，管理员可以通过单击"修改"按钮对指定的相册信息进行修改操作；同时管理员还可以对指定的相册信息进行删除。下面将对修改、删除功能模块进行详细介绍。

1．班级相册信息修改

为了方便管理员能够准确地对指定的相册信息进行修改操作，系统还提供了相册详细信息查看功能。通过该功能可使管理员方便、快捷地完成修改操作。班级相册信息修改页面的设计效果如图 18-16 所示。

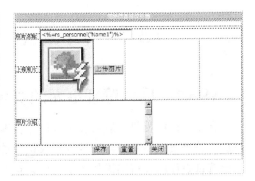

图 18-16　班级相册信息修改页面

班级相册信息修改页面所涉及的 HTML 表单元素如表 18-9 所示。

表 18-9 班级相册信息修改页面所涉及的 HTML 表单元素

名称	类型	含义	重要属性
form1	Form	表单	`<form name="form1" method="post" action="album_update.asp">`
Name1	text	照片名称	`<input name="Name1" type="text" id="Name1" value="<%=rs_personnel("Name1")%>" size="35" />`
photo	textarea	照片介绍	`<textarea name="photo" cols="40" rows="6" id="photo" onKeyDown="if(event.keyCode==13){form1.Submit.focus();}"> <%=rs_personnel("photo")%></textarea>`
submit	submit	"保存"按钮	`<input type="submit" name="Submit" value="保存">`
Submit2	reset	"重置"按钮	`<input type="reset" name="Submit2" value="重置">`
Submit3	button	"关闭"按钮	`<input type="button" name="Submit3" value=" 关 闭 " onClick="javascript:window.close();">`

在设计页面中将所涉及的表单元素添加完毕后,通过以下代码实现班级相册信息的修改操作。程序代码如下:

```
<!-- *********************** ********Manage\album_update.as p********** ****** ** **
**************-->
<!--#include file="conn/conn.asp"-->
<%
If Request.QueryString("ID")<>""then
session("ID")=Request.QueryString("ID")
end if
Set rs_personnel = Server.CreateObject("ADODB.Recordset")
sql_P="SELECT Name1,photo,picture FROM tb_album where ID="&session("ID")&""
rs_personnel.open sql_p,conn,1,3
%>
<%
if request.Form("Name1")<>"" then
    Name1=request.Form("Name1")
    photo=request.Form("photo")
    picture=request.Form("picture")
    photo_time=date()
    UP="Update tb_album set Name1='"&Name1&"',photo= '"&photo&"',photo_time ='"
&date()&"' where ID="&session("ID")&""
    conn.execute(UP)
    %>
    <script language="javascript">
    alert("上传照片信息修改成功! ");
    opener.location.reload();
    window.close();
    </script>
<%
end if
%>
```

在班级相册修改页面中,通过单击"上传照片"按钮的超链接将进入上传照片页面,重新上传照片。在进行照片上传时,上传照片的大小不能大于 200KB,如果上传的照片过大,系统将给出相关提示信息。程序代码如下:

```
<!-- *****************************Manage\tre_shang.asp******** ********** *****
**************-->
<%
Response.Buffer=true
```

```
        formsize=Request.TotalBytes
                        if formsize/1024 >200 then
    %>
                                <script>
                                alert("上 传 文 件 不 能 大 于 200KB! 现 在 文 件 大 小 为 :<%=int
(formsize/1024)%>KB");
                                history.go(-1);
                                </script>
    <%
    end if
    formdata=Request.BinaryRead(formsize)
    crlf=chrB(13)&chrB(10)
    strflag=leftb(formdata,clng(instrb(formdata,crlf))-1)
    k = 1        '注意不要用 i 了
    While instrb(k,formdata,strflag) < instrb((instrb(k,formdata,strflag) +lenb
(strflag)),formdata,strflag)
        start = instrb(k,formdata,strflag) + lenb(strflag) + 2
        endsize = instrb((instrb(k,formdata,strflag)+lenb(strflag)),formdata,strflag) - start - 2
        bin_content = midb(formdata,start,endsize)
        pos1_name = instrb(bin_content,toByte("name="""))
        pos2_name = instrb(pos1_name+6,bin_content,toByte(""""))
        nametag = midb(bin_content,pos1_name+6,pos2_name-pos1_name-6)
        pos1_filename = instrb(pos2_name,bin_content,toByte("filename="""))
            If(pos1_filename = 0)Then
                namevalue = toStr(midb(bin_content,pos2_name+5, lenb(bin_content) -pos2
_name-4))
            Else
                '取 filename 的值
                pos2_filename = instrb(pos1_filename+10,bin_content,toByte(""""))
                fullpath = midb(bin_content,pos1_filename+10,pos2_filename-pos1_ filenam e-10)
                If(fullpath <> "")Then
                    filepath = GetFilePath(toStr(fullpath))
                    '判断上传图片的格式
                    filename = GetFileName(toStr(fullpath))
                    expandname = Mid(filename,InStrRev(filename,".")+1)
                    imgarray = Array("gif","jpg","jpeg","jpe","bmp")
                    imgflag = false
                    For q=0 To Ubound(imgarray)
                        If(InStr(Lcase(expandname),imgarray(q)) > 0)Then
                        imgflag = true
                        End If
                    Next
                    If(imgflag = false)Then
    %>
                                <script>
                                alert("上传格式不对! ");
                                history.go(-1);
                                </script>
    <%
                                Response.End()
                    End If
                    '获得上传图片的二进制数据
                    realname = Mid(filename,InStrRev(filename,"/")+1)
                    If(realname = "")Then
```

```
                    realname="空"
                    else
                    End If
                    bin_start = instrb(bin_content,crlf&crlf) + 4
                    filedata=midb(bin_content,bin_start)
                    '将图片数据上传到文件夹
                    Set objstream = CreateObject("ADODB.Stream")
                    objstream.mode = 3
                    objstream.type = 1
                    objstream.open
                    objstream.write formdata
                   objstream.position = instrb(instrb(formdata,toByte("filename=""")),
formdata,crlf&crlf) + 3  '是加3不是4
                    set guyu = server.CreateObject("adodb.stream")
                    guyu.mode = 3
                    guyu.type = 1
                    guyu.open
                    objstream.copyto guyu,lenb(filedata)
                    guyu.savetofile Server.MapPath("../images/goods/"&realname),2
                    guyu.close
                    Set guyu = nothing
                    objstream.close
                    Set objstream = nothing
                Else
                rs_2("picture") = "空"
                End If
            End If
        k = instrb((instrb(k,formdata,strflag)+lenb(strflag)),formdata,strflag)
    Wend
    Sql = "Update tb_album Set picture = '"&realname&"' Where Id = "&session("ID")
    conn.Execute(Sql)
    response.Write("<script language='javascript'>opener. location. reload(); window .
close();</script>")
    Response.End()
'将字符串转换成二进制数据
 Private function toByte(Str)
   dim i,iCode,c,iLow,iHigh
   toByte=""
   For i=1 To Len(Str)
   c=mid(Str,i,1)
   iCode =Asc(c)
   If iCode<0 Then iCode = iCode + 65535
   If iCode>255 Then
     iLow = Left(Hex(Asc(c)),2)
     iHigh =Right(Hex(Asc(c)),2)
     toByte = toByte & chrB("&H"&iLow) & chrB("&H"&iHigh)
   Else
     toByte = toByte & chrB(AscB(c))
   End If
   Next
 End function
'将二进制数据转换成字符串
 Private function toStr(Byt)
     toStr=""
```

```
        for i=1 to lenb(byt)
        blow = midb(byt,i,1)
        if  ascb(blow)>127 then
        toStr = toStr&chr(ascw(midb(byt,i+1,1)&blow))
        i = i+1
        else
        toStr = toStr&chr(ascb(blow))
        end if
        Next
      End function
    '获得上传文件的路径
    Private function GetFilePath(FullPath)
     If FullPath <> "" Then
      GetFilePath = left(FullPath,InStrRev(FullPath, "\"))
     Else
      GetFilePath = ""
     End If
    End  function
    '获得上传文件的名称
    Private function GetFileName(FullPath)
     If FullPath <> "" Then
     GetFileName=
mid(FullPath,InStrRev(FullPath, "\")+1)
     Else
      GetFileName = ""
     End If
    End  function
    %>
```

班级相册信息修改页面的运行结果如图 18-17 所示。

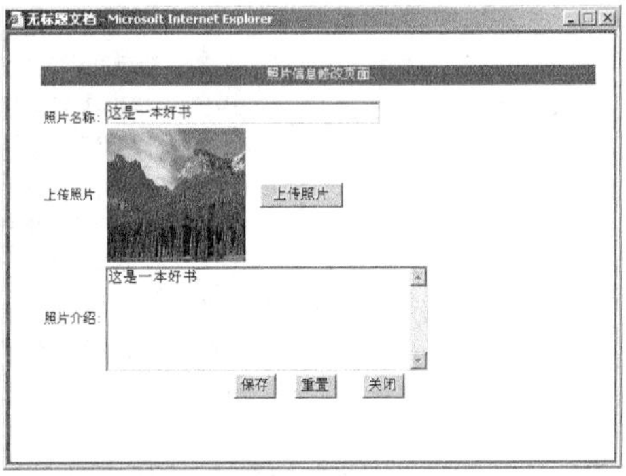

图 18-17 班级相册信息修改页面的运行结果

2. 班级相册信息删除

当管理员成功登录后台管理系统时，可以对网站中的相关信息进行修改、查看、删除操作。在对班级相册信息进行删除时，主要通过传递的 ID 值指定要删除的记录。程序代码如下：

```
    <!--    ******************************Manage\album_index.asp*********************
**********-->
    <a href="#"
    onClick="if(confirm(' 是否确认删除?')){window.location.href ='album_ del.asp? id=
<%=rs("id")%>';}">删除
    </a>
```

通过以下程序代码删除指定的相册信息，程序代码如下：

```
    <!--    ******************************Manage\album_del.asp**********************
**********-->
    <!--#include file="conn/conn.asp"-->
    <%
    if request.QueryString("id")<>"" then
        Del="Delete from tb_album where ID="&request.QueryString("id")
        conn.execute(Del)
    %>
    <script language="javascript">
    window.location.href='album_index.asp';
    </script>
    <%
    end if
    %>
```

18.6.3　同学信息管理模块设计

1. 同学信息修改

在同学信息管理页面中，通过单击"修改"按钮的超链接进入同学信息修改页面进行修改操作。在该页面中主要应用 Update 语句实现同学信息的修改功能。程序代码如下：

```
<!--                          ****************************Manage\classmate_update.asp
********************************-->
<!--#include file="conn/conn.asp"-->
<%
If Request.QueryString("user_id")<>""then
session("user_id")=Request.QueryString("user_id")
end if
Set rs_personnel = Server.CreateObject("ADODB.Recordset")
sql_P="SELECT  user_name,user_email,user_number,user_sex,user_birthday, user_nick,
user_zhuangye,user_class,user_address,user_size,user_telephone,user_OICQ,user_homepage
FROM tb_user where user_id="&session("user_id")&""
rs_personnel.open sql_p,conn,1,3
%>
<%
if request.Form("user_name")<>"" then
    user_name=request.Form("user_name")
    user_email=request.Form("user_email")
    user_number=request.Form("user_number")
    user_sex=request.Form("user_sex")
    user_birthday=request.Form("user_birthday")
    user_nick=request.Form("user_nick")
    user_zhuangye=request.Form("user_zhuangye")
    user_class=request.Form("user_class")
    user_address=request.Form("user_address")
    user_size=request.Form("user_size")
    user_telephone=request.Form("user_telephone")
    user_OICQ=request.Form("user_OICQ")
    user_homepage=request.Form("user_homepage")
    UP="Update tb_user set user_name='"&user_name&"',user_email ='"&user_email&"',
user_number='"&user_number&"',user_sex='"&user_sex&"',user_birthday='"&user_birthday&"
',user_nick='"&user_nick&"',user_zhuangye='"&user_zhuangye&"',user_class='"&user_class
&"',user_address='"&user_address&"',user_size='"&user_size&"',user_telephone='"&user_t
elephone&"',user_OICQ='"&user_OICQ&"',user_homepage='"&user_homepage&"' where user_id=
"&session("user_id")&""
    conn.execute(UP)
    %>
<script language="javascript">
    alert("同学信息修改成功! ");
    opener.location.reload();
    window.close();
    </script>
<%
end if
%>
```

2. 同学信息删除

应用 Delete 语句实现指定记录信息的删除功能。程序代码如下：

```
<!-- ****************************Manage\classmate_del.asp*************** ***** **
***********-->
<!--#include file="Conn/conn.asp"-->
```

```
<%
del="delete from tb_user where user_id="&request.QueryString("id")&""
conn.execute(del)
%>
<table width="650" height="190" border="0" align="center" cellpadding="0" cellspacing ="0">
<tr>
<td height="190">
<table width="322" height="147" border="0" align="center" cellpadding="0" cellspacing ="0">
<tr>
<td>
<div align="center" class="style4">加入的第<%=request.QueryString("id")%>个同学已被删除! </div>
</td>
</tr>
</table>
<p align="center">
<input name="myclose" type="button" class="Style_button_del" id="myclose"
value="关闭窗口" onClick="javascrip:opener.parent.location.reload();self.close()">
</p>
</td>
</tr>
</table>
```

同学信息删除页面的运行结果如图 18-18 所示。

图 18-18　同学信息删除页面的运行结果

18.7　程序调试及错误处理

18.7.1　更新 Access 数据库出现错误的原因

在更新 Access 数据库的时候，可能会出现下面的错误：

操作必须使用一个可更新的查询。

详细错误提示信息如下：

Microsoft OLE DB Provider for ODBC Drivers 错误 '80004005'

[Microsoft][ODBC Microsoft Access Driver] 操作必须使用一个可更新的查询

一般来说，这是一个访问权限问题，通常在对数据库内容做更新或者更改内容时产生，也可能由于下面的原因产生。

● 可能是由于服务器的 Internet 来宾账号（Iuser_machine）没有写入数据库（Access）的权限，可以在浏览器安全设置里给该账号设置正确的权限。

● 也可能是由于数据库打开的方式不正确，例如打开的方式是不可写的，也会导致错误。

● 还有可能是在 ODBC 管理器里相应的 DNS 设置中，选中了"Read Only"选项。

● 此外对于 SQL Server 数据库来说，可能是操作违反了数据库的参照完整性。

经过分析，笔者的主机硬盘采用的是 FAT32 分区，而测试的主机硬盘则采用 NTFS 分区。由于 NTFS 分区对用户权限进行严格限制，使每个用户只能按照系统赋予的权限进行操作（这样可以充分保护网络系统与数据的安全），当一般用户需要对数据库的内容进行写操作时，就需要拥有足够的权限。

下面将解决访问权限的问题，具体的操作步骤如下。

（1）以 Administrator 身份登录系统，只有 Administrator 才可以对用户的权限进行设置。

（2）在"我的电脑"中找到存放本实例的文件夹，打开该文件夹找到存放数据库的文件夹。

（3）选中 Database 文件，在该文件上单击鼠标右键，在打开的快捷菜单中选择"属性"菜单项，将打开"Database 属性"对话框，在该对话框中打开"安全"选项卡，如图 18-19 所示。

（4）选中组或用户名称列表中的"Users（MRKJSML\Users）"选项，在下面 Users 的权限列表中将显示该用户所拥有的权限，此时选中"完全控制"所对应的"允许"复选框，"修改"和"写入"所对应的"允许"复选框也同时被选中，即用户可以完全控制（包括修改、写入、读取及运行）该文件，然后单击"确定"按钮即可。

图 18-19　"Database 属性"对话框

18.7.2　使用 Err 对象实现错误处理

在默认的情况下，在 ASP 程序发生终止执行的错误时，浏览器会出现"无法显示网页"和包含许多术语的错误信息，这对用户来说确实有些难以接受。为了避免这种情况的发生，可以换一种写法，利用 ASP 支持的 Err 对象及 VBScript 的 On Error Resume Next 语句，使 VBScript 引擎在遇到 ASP 程序的错误时，先跳过，然后执行自定义的错误提示信息。

Err 对象只能应用在服务器端主脚本语言为 VBScript 的情况。

例如通过以下方法使用 Err 对象，程序代码如下：

```
<%
If Err.Number>0 Then
    Response.write Err.Number&Err.Description
End If
%>
```

当有错误产生时，Err 对象的 Number 属性为错误代号，其值将大于 0。Err 对象的 Description 属性代表错误的类型。

VBScript 中提供内置对象 Err，可以捕捉错误信息。但是通过 Err 对象的 Number 属性，可以检查是否有错误出现，Err 对象存储了有关运行错误的信息，其成员详细信息如表 18-10 所示。Err 对象是一个全局范围唯一的固有对象，可以直接使用。

表 18-10　　　　　　　　　　　　VBScript Err 对象的属性和方法

属性	方法
Description	设置或返回一个描述错误的字符串
Number	(默认)设置或返回指定一个错误的值
Source	设置或返回产生错误对象的名称
Clear	清除当前所有的 Err 对象设置
Raise	抛出一个运行期错误

下面将通过具体的应用程序来进一步说明 On Error Resume Next 和 Err 对象的具体应用方法。其相关代码如下：

```
<%@LANGUAGE="VBSCRIPT" CODEPAGE="936"%>
<%
On Error Resume Next
'设置错误陷阱
Strtemp="当前时间是: "&Time()&"<br>"
Response.write strtemp
time=datetime()
If Err.Number >0 Then
'当程序出错时
   Response.write "对不起，程序发生错误，停止执行。<br>"
   Response.write "错误代码: "&Err.Number&"<br>"
   Response.write "错误原因: "&Err.Description&"<br>"
End if
%>
```

在这段程序中，由于加入了 On Error Resume Next 语句，因此当 VBScript 执行到第 6 行时，原本会因为输入错误的函数而终止执行，但现在则会跳过产生错误的语句，直接去执行下面的语句，这时用户就不会再看到"无法显示网页"和包含许多术语的错误信息了。

18.8　课程设计总结

课程设计是一件很累人很伤脑筋的事情，在课程设计周期中，大家几乎每天都要面对计算机 10 个小时以上，上课时去机房写程序，回到宿舍还要继续奋斗。虽然课程设计很苦很累，有时候还很令人抓狂，不过它带给大家的并不只是痛苦的回忆，它不仅拉近了同学之间的距离，而且对大家学习计算机语言是非常有意义的。

在没有进行课程设计实训之前，大家对 ASP 知识的掌握只能说是很肤浅的，只知道分开来使用那些语句和语法，对它们根本没有整体概念，因此在学习时经常会感到很盲目，甚至不知道自己学这些东西是为了什么。但是通过课程设计实训，不仅能使大家对 ASP 有更深入的了解，同时还可以学到很多课本上学不到的东西，最重要的是，它让我们能够知道学习 ASP 的最终目的和将来发展的方向。